航天测控通信原理及应用

贺 涛 李 滚 编著

国防工业出版社

·北京·

内 容 简 介

本书立足航天测控通信领域的现状和发展趋势，结合最新的航天活动实例，介绍航天测控通信的基本原理及应用。内容涉及航天测控空间科学基础、航天测控通信技术基础、航天器轨道测量与跟踪、航天遥测遥控信息传输技术、统一载波测控体制、天基测控通信系统、深空测控通信系统、航天测控通信应用系统等方面。

本书可作为高等院校航空航天工程、飞行器控制与信息工程、通信工程、信息工程等专业的本科生教材与研究生参考书，也可供相关领域的科技人员参考。

图书在版编目(CIP)数据

航天测控通信原理及应用/贺涛，李滚编著．—北京：国防工业出版社，2024.8 重印
ISBN 978 - 7 - 118 - 12490 - 3

Ⅰ.①航… Ⅱ.①贺… ②李… Ⅲ.①航天测控 - 通信理论 Ⅳ.①V556

中国版本图书馆 CIP 数据核字(2022)第 048943 号

※

国防工业出版社出版发行
(北京市海淀区紫竹院南路 23 号　邮政编码 100048)
北京虎彩文化传播有限公司印刷
新华书店经售

*

开本 787×1092　1/16　印张 17½　字数 400 千字
2024 年 8 月第 1 版第 2 次印刷　印数 1501—2300 册　定价 89.00 元

(本书如有印装错误，我社负责调换)

国防书店：(010)88540777　发行邮购：(010)88540776
发行传真：(010)88540755　发行业务：(010)88540717

前　言

“地球是人类的摇篮,但人类不可能永远生活在摇篮里,人类总是小心翼翼地向着大气层边缘探索,然后走向整个太阳系。”这是现代火箭理论奠基人、苏联科学家齐奥尔科夫斯基所说过的一句名言。到20世纪中叶,随着第一颗人造地球卫星发射成功以及第一位航天员访问太空,广阔无垠的宇宙开始成为人类活动的新疆域之一。通常人们把通过驾驭高技术工具体系探索宇宙并加以利用的航行活动统称为宇航。我国著名科学家钱学森提出航天的概念,特指人造航天器在太阳系内部的航行探索活动。航天是宇航的第一阶段。迄今为止,人类开展的航天活动主要包括发射人造地球卫星、载人航天和深空探测等。航天活动可以帮助人类进一步认识和探索宇宙奥秘,发现和利用太空资源,进行空间探测和科学实验。同时,以通信、导航、遥感为代表的空间应用和相关产业,对世界政治、经济、军事、科学技术等方面都产生了广泛而深远的影响。通过航天活动,人类正在逐步走出“摇篮”。

人类开展航天活动,必须要建立以航天器为核心的庞大航天工程系统,主要包括航天器系统、运载火箭系统、发射场系统、航天测控通信系统、地面运控与应用系统等。其中,航天测控通信系统由火箭或航天器上的测控设备、地面或空间测控站以及将它们联结为一个整体的通信网络组成。系统的主要作用是对运载火箭和航天器的各飞行阶段进行跟踪与测量、遥测、遥控和数据传输,以确保测控对象按照计划完成航天任务。跟踪与测量指测量航天器的位置、速度、加速度等信息,以精确测定航天器的轨道参数;遥测指将航天器内传感器所采集到的数据,通过多路通信信道传输到地面遥测接收点,以便及时了解航天器的飞行状态、航天器内仪器的工作情况和航天员的生理状态等;遥控指利用多路通信信道,在地面对航天器进行远距离的指令控制,以实现对航天器的控制和在飞行器发生故障时发射“自毁”的“安全控制”指令等;数据传输是利用测控系统传输各种信息,包括语音、图像、遥感、气象、导航信息等。历史上常将遥测、跟踪和指挥称为测控(TT&C),近年来又将其简写为T,而加上通信技术后统称为C&T,即测控通信。

航天测控通信系统从20世纪40年代开始出现并迅速发展,从技术上主要经历了分离测控体制、频分统一载波测控体制和时分统一测控体制3个阶段。其中分离测控体制由相互分离的跟踪定轨分系统、遥测分系统和遥控分系统等部分组成,这种基于分散体制的测控系统目前已经被淘汰。频分统一载波测控系统,也称为标准统一测控系统,用一个载波调制若干个测控信号以完成多种功能,是当今许多国家主要使用的航天测控体制。时分统一测控体制采用扩频通信体制,又称为扩频统一测控系统,具有多目标测控、抗干扰性强等优点,应用前景广阔。根据测控站所处地理或空间位置,航天测控通信系统可分为地基测控通信系统、空基测控通信系统和天基测控通信系统。其中:地基测控站布置在陆地或者海面上;空基测控站一般布置在空中的测量飞机上;天基测控则是利用地球同步卫星上的中继转发器,实现对中、低轨航天器跟踪测轨和数据中继传输。天基测控通信系统极大地解决了地基测控系统覆盖率不高的问题,在未来的航天和通信工程中将会发挥越来越重要的作用。

航天测控通信技术以空间科学为基础,涵盖雷达、电子、光学、通信、自动控制、计算机等多个领域。随着航天技术和信息技术的飞速发展,航天测控通信技术也处于快速发展和变革中。例如,使用更高通信频段的太赫兹、激光等能极大地提高测控通信系统的容量,而采用一些新型编码技术能有效地提高测控数据传输的可靠性等。另外,航天测控通信在许多领域的应用也有新的突破。人类对通信资源和质量的无止境追求使得通信在航天测控通信系统中的地位日趋突出。例如,我国北斗系统组网成功为人们导航定位的使用带来巨大改变;再如目前大力发展的低轨卫星星座以及临近空间通信将在未来的天地一体化泛在通信系统中发挥重要作用。

为了充分体现航天测控通信技术和应用的发展与变化,我们围绕航天及相关技术的最新发展,结合航天测控通信的一些新应用和实践编著了本书。本书内容包含3部分,共9章。第1部分包括第1~3章,介绍航天测控的基础知识,其中:第1章概述航天活动发展历史、航天系统组成以及航天测控通信系统的功能、组成和发展趋势;第2章和第3章分别介绍航天测控通信涉及的部分空间科学和通信基础知识。第2部分由第4章和第5章组成,主要介绍航天测控通信的工作原理,其中:第4章介绍航天器跟踪测量技术,包括测速、测距、测角的原理及主要测量设备;第5章介绍遥测遥控信息传输技术以及空间数据传输协议。第3部分包括第6~9章,重点介绍航天测控通信的应用,其中:第6章介绍统一载波测控系统,包含频分统一测控系统和时分统一测控系统;第7章介绍天基测控系统,包括跟踪与数据中继卫星系统和卫星导航定位系统;第8章介绍深空测控系统;第9章简要介绍几个典型的测控通信系统应用实例,应用对象包括载人航天、导弹靶场、临近空间飞行器和低轨卫星互联网。

在本书编写过程中,得到了所在单位——电子科技大学航空航天学院的大力支持。同时,国防工业出版社的熊思华编辑为本书的出版提供了很多帮助。此外,本书在写作过程中参考了有关书籍和文献,在此一并表示感谢。

由于作者水平有限,书中难免有疏漏和错误之处,敬请读者批评指正。

作 者

2021年12月

目　录

第1章　绪　　论

航天是人类探索宇宙奥秘的重要活动之一,具有重大的科学技术、经济文化等意义。人类借助航天工程系统开展航天活动。航天测控通信系统是航天工程系统的核心组成部分之一。本章从航天活动的意义出发:首先介绍航天活动的分类,回顾航天活动历史以及航天系统的构成等内容;其次重点介绍测控通信信息传输的特点,以及测控通信系统的功能、组成和设备;最后简要讨论航天测控通信的未来发展趋势。

1.1　航天活动

人类的活动范围经历了从陆地到海洋,从海洋到大气层,从大气层到宇宙外太空的逐渐拓展过程。可以说,航空航天的实现,使人类的空间探索活动真正意义上从二维空间拓展到了三维空间。在地球大气层以外,太阳系之内的活动称为航天,飞出太阳系之外的宇宙探测称为航宇。宇航技术的先驱者——俄国的康斯坦丁·齐奥尔科夫斯基曾说过:"地球是人类的摇篮,但人类不可能永远生活在摇篮里,人类总是小心翼翼地向着大气层边缘探索,然后走向整个太阳系。"

人类进行航天活动,可以进一步认识和探索宇宙奥秘,发现和利用太空资源,开展空间探测和科学实验。与此同时,以通信、导航、遥感为代表的空间应用和相关产业,对世界政治、经济、军事、科学技术等方面都将产生广泛而深远的影响。

航天活动包括空间探测和空间利用。空间探测是指为了一定科学目的对空间环境和天体进行的一种探测活动,主要包括近地空间探测、月球探测及火星探测等深空探测;空间利用是指为了科学研究和应用,借助一个或多个航天器及其系统直接或间接为人类提供各类应用服务,所用航天器通常包括人造地球卫星、航天飞机(已退役)、载人飞船、空间站等。

1.1.1　航天活动分类

按功能和特点,人类航天活动大致可分为人造地球卫星、载人航天和深空探测,如图1-1所示。

1. 人造地球卫星

人造地球卫星是目前发射数量最多、用途最广的一种航天器。人造地球卫星由运载火箭送入空间轨道并环绕地球运行。按运行轨道可分为低地球轨道(LEO)卫星、中圆地球轨道(MEO)卫星和地球静止轨道(GEO)卫星;按任务性质通常可分为科学卫星、技术试验卫星和应用卫星。

2. 载人航天

早在空间技术兴起时,人们就已经认识到人在空间发挥的能动作用。航天员直接参

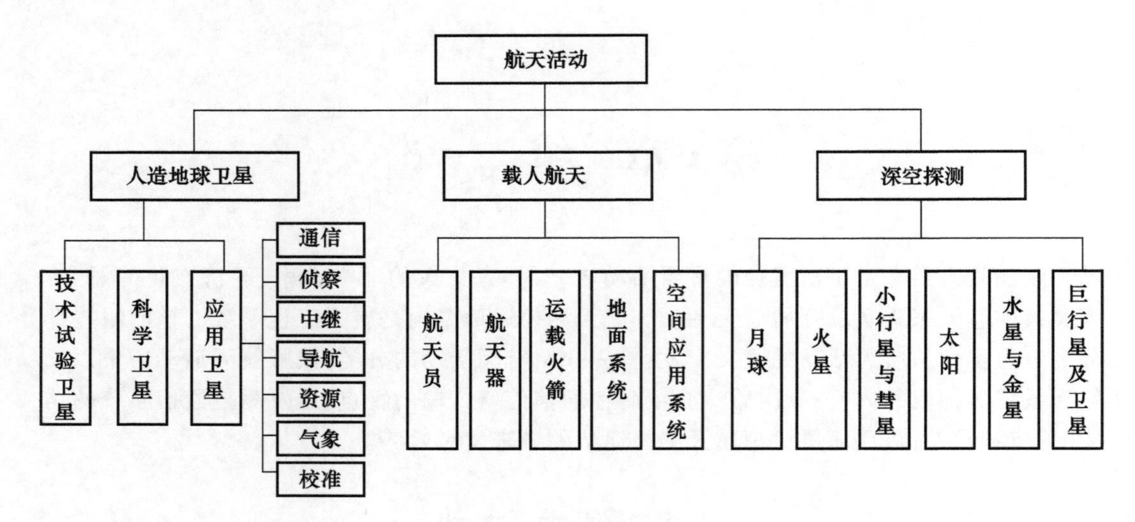

图 1－1　航天活动分类

与研究、试验和利用、开发资源的工作，是从根本上扫除阻碍空间科学技术进步并且进一步利用、开发空间资源的重要步骤。因此，载人航天是人类航天活动的必经阶段，也是空间技术发展的必然历程。

载人航天技术体系包括航天员、航天器、运载火箭、地面系统和空间应用系统 5 个方面。

3. 深空探测

深空探测是指脱离地球引力场，进入太阳系空间和宇宙空间的探测。深空探测是人类认识和研究太阳系天体及宇宙的第一步，是人类进行空间资源开发与利用、空间科学技术发展与创新的重要途径。

目前深空探测的 6 个重点方向为月球探测、火星探测、小行星与彗星探测、太阳探测、水星与金星的探测、巨行星及其卫星的探测。

1.1.2　航天活动简史

自从 1957 年 10 月 4 日世界上第一颗人造地球卫星发射以来，俄罗斯（苏联）、美国、法国、中国、日本、印度、以色列和英国等国家以及欧洲空间局（ESA）先后研制出各种能力的运载火箭，修建了多个大型航天发射场，建立了完善的航天测控网。迄今为止，世界各国和地区先后成功发射的航天器包括各类人造卫星、载人航天器以及空间探测器等，数量多达数千个。已有多名航天员造访过太空，12 名航天员曾经踏上月球。今天，全球航天探索方兴未艾，多个国家和组织正在积极计划和开展各类新的航天活动。

现代意义上的航天活动虽然不足百年，但是其历史内涵丰富，意义重大。根据航天活动的类型，相应部分的航天活动发展历史简单介绍如下：

1. 火箭技术

火箭技术是关于火箭的原理、设计、制造、试验和使用的一门科学技术。火箭技术的发展推动了人类航天活动的发展。

早期火箭的原理和应用包括中国隋唐时期发明的火药、18 世纪印度和英国的战争使用的火箭武器等。近代火箭技术先驱者的代表人物有苏联的齐奥尔科夫斯基、美国的戈达德和德国的奥伯特等。近代火箭最早出现的是第二次世界大战时期德国 1942 年 10 月成功发射的 V－2 火箭。后来苏联、美国等国家为发射航天器,先后研制了种类繁多的运载火箭。中国也已经研制了包括轻型、中型和重型火箭在内的多种型号的长征系列运载火箭,运载能力能够满足不同航天器低、中、高地球轨道的发射。2020 年 5 月,长征五号 B 在海南文昌发射中心成功发射,其近地轨道运载能力大于 22t,是目前中国近地轨道运载能力最大的火箭。另外,欧洲空间局、日本、印度、英国等机构和国家均有制造或租用运载火箭来发射人造卫星的能力。

2. 人造卫星

1957 年 10 月 4 日,苏联用“卫星”号运载火箭把世界上第一颗人造地球卫星送入太空,把人类几千年的梦想变成现实。美国于 1958 年 1 月 31 日成功发射了第一颗“探险者”1 号人造卫星。之后,美国相继发射了侦察卫星、气象卫星、导航卫星、测地卫星、广播卫星、跟踪和数据中继卫星等,是目前拥有人造地球卫星数量最多、种类最全的国家。中国于 20 世纪 50 年代中期开始发展导弹事业。1970 年 4 月 24 日中国第一颗人造卫星——“东方红”1 号发射成功,成为世界上第 5 个独立自主研制和发射人造地球卫星的国家。目前中国研制并发射了返回式卫星、通信卫星、气象卫星、资源卫星、科学实验卫星、导航卫星、海洋卫星及各类小微卫星等多种卫星。除美国、俄罗斯、中国外,欧洲空间局、日本、印度、加拿大、巴西、印尼、巴基斯坦等机构和国家也拥有自己研制的卫星。

3. 载人航天

苏联 1961 年 4 月到 1970 年 9 月共发射了 17 艘载人飞船。1965 年 3 月航天员在“上升”号上第一次走出飞船,1966 年 1 月两艘“联盟”号飞船第一次在轨道上交会对接,1971—1982 年发射了 7 艘“礼炮”号空间站,并于 20 世纪 90 年代建成了由 7 个舱组成的大型空间站。

美国 1961 年 5 月至 1966 年 11 月发射了 16 艘载人飞船(“水星”和“双子星座”),1967—1972 年共发射了 14 次“阿波罗”飞船。1973 年发射了“天空实验室”并和“阿波罗”飞船进行过对接。20 世纪 70 年代开始研制载人航天飞机,90 年代起建立永久性载人空间站。近年来,美国提出了“重返月球”计划,并将载人火星探测作为其远景目标之一。

中国于 1992 年开始实施载人飞船航天工程。计划分为三步:第一步,发射若干艘无人飞船和一艘载人飞船,建成初步配套的试验性载人飞船工程,开展空间应用实验;第二步,突破载人飞船和空间飞行器的交会对接技术,发射一个小型的空间实验室,解决一定规模的、短期有人照料的空间应用问题;第三步,建造空间站,解决较大规模的、长期有人照料的空间应用问题。1999 年 11 月 20 日,中国成功发射并回收了第一艘神舟号无人试验飞船;2003 年 10 月 15 日神舟五号首次实现载人航天飞行;2008 年神舟七号首次实现了航天员出舱;2012 年神舟九号执行与天宫一号进行首次载人交会对接任务。2016 年 9 月和 10 月,天宫二号空间实验室和神舟十一号载人飞船先后成功发射,形成组合体并稳定运行,开展了较大规模的空间科学实验与技术实验。2021 年 6 月和 10 月,神舟十二号和神舟十三号载人飞船发射成功,这两次发射均搭载了 3 名航天员。2022 年前后,中国将完成空间站在轨建造计划。目前,中国已突破并掌握了载人天地往返、空间出舱、空间交会对接、组合体运行、航天员中期驻留等载人航天关键核心技术,建成了配套完整的载人航天体系。

4. 深空探测

迄今为止,美国、苏联、德国等国家发射了多个月球、行星和行星际探测器。美国1970年8月发射的“金星”7号第一次降落金星表面,探测了金星表面温度和压力;1964年11月发射的“水手”4号飞过火星,探测了火星电离层特性和大气密度分布情况;1975年8月发射的“海盗”1号第一次在火星上着陆成功;1973年11月发射的“水手”10号探测了水星的大气结构;1972年2月和1973年4月发射的“先驱者”10号和11号对木星进行了探测,发回了木星和土星云量图像。“先驱者”10号于1986年穿过冥王星的平均轨道,成为飞离太阳系的第一个航天器。1977年发射的“旅行者”1号探测器成为人类有史以来第一个冲出太阳系的人造物体。美国和欧洲空间局联合研制的“哈勃空间望远镜”于1990年4月发射升空,开展天文观测,向地球发回了黑洞、衰亡中的恒星、宇宙诞生早期的“原始星系”、彗星撞击木星以及遥远星系等许多壮观图像,是人类空间天文观测工作的一个里程碑。

中国于2004年正式开展月球探测工程,并命名为“嫦娥工程”。“嫦娥工程”分为“无人月球探测”“载人登月”“建立月球基地”3个阶段,其中探月工程又分为“绕、落、回”3期。2007年,嫦娥一号卫星成功实现环月探测;2018年12月8日,嫦娥四号发射成功,实现了国际首次月球背面软着陆和巡视探测;2020年12月17日,嫦娥五号返回器携带月壤返回,标志着我国首次地外天体采样返回任务圆满完成。在火星探测方面,2016年中国火星探测任务正式立项,2020年4月中国国家航天局宣布中国行星探测任务命名为“天问”系列,首次火星探测任务命名为天问一号。后续还将实施火星表面采样返回,小行星、木星和行星等探测任务,研究太阳系起源与演化、地外生命信息探寻等重大科学问题。

1.2 航天工程系统

人类为有效开展航天活动,实现对地球的综合观测与认知、空间通信与导航定位服务、对太阳系及宇宙空间探索、地球以外空间的地外文明探索等使命任务,必须要建立以航天器为核心的庞大的航天工程系统。

航天工程系统主要由航天器系统、航天运输系统、航天发射场系统、航天测控系统、运控与应用系统五大部分组成,载人航天工程还包括着陆场与航天员等系统。航天工程系统重点以航天器系统、航天运输系统及运控与应用系统的建造与应用为核心。

航天工程系统组成如图1-2所示。

1. 航天器系统

航天器系统是航天系统的核心组成部分。航天器是指运行于地球大气层以外空间,执行探索、开发和利用太空(包括地球以外天体)等航天任务的飞行器,又称空间飞行器,包括导弹、卫星、飞船、空间站、深空探测器等。通常航天器飞行高度在100km以上,高度超过2×10^6km时又称为深空探测器。常见的航天器分类如图1-3所示。

航天器根据任务的不同可由具有不同功能的若干分系统组成。各种航天器一般都具有的分系统有结构与机构分系统、热控制分系统、GNC(制导、导航与控制)分系统、推进

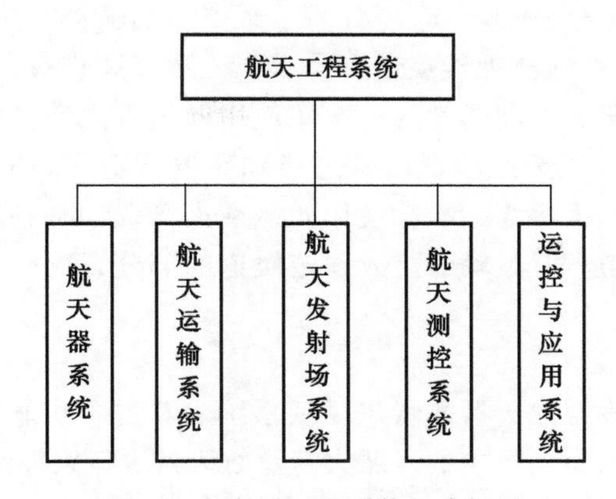

图 1-2　航天工程系统组成框图

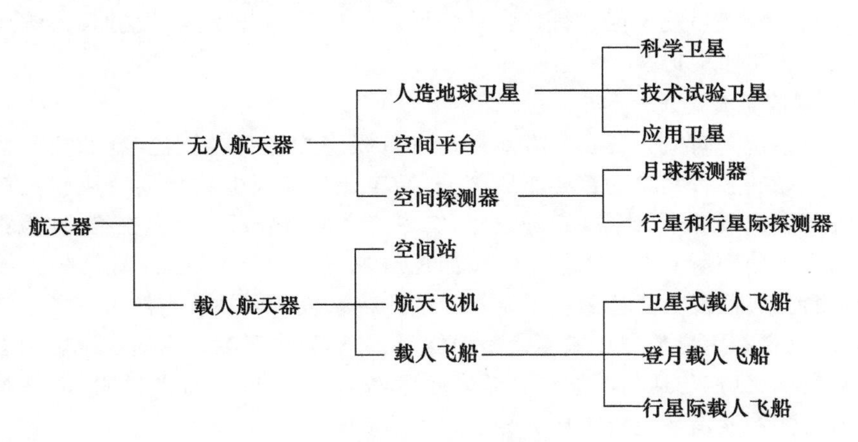

图 1-3　航天器分类

分系统、测控与通信分系统、数据管理分系统、电源分系统和有效载荷分系统。返回式航天器还配有返回着陆分系统,对于载人航天器,还有乘员分系统、环境控制与生命保障分系统、仪表与照明分系统和应急救生分系统等。各个分系统的规模和复杂性,视航天器的具体任务和载荷情况而不同。

航天器的发射与运行通常可以分为以下 5 个阶段。

(1) 主动段:由发射场点火起飞到轨道插入点,这一段属于动力段。

(2) 停泊轨道段:用于选择插入转移轨道的加速时间及地点。

(3) 转移轨道段:由停泊轨道到最终运行轨道之间的过渡段。

(4) 运行轨道:一般为圆形或椭圆形,是完成航天任务的主要轨道。

(5) 返回轨道段:加力脱离运行轨道返回地面的轨迹。

并非所有的航天器发射都需要以上 5 个阶段,如有的空间飞行器不需要返回,有的航天器能够一次入轨。

2. 航天运输系统

航天运输系统是指往返于地球表面和空间轨道之间,以及轨道与轨道之间运输各种仪器设备或物资的运输工具的总称。它包括载人或货运飞船及其运载火箭、航天飞机、空天飞机、应急救生飞行器和各种辅助系统等。

运输工具根据其服务任务的不同,可分为运载器和运输器两类。运送航天器进入预定轨道的称为运载器;为在轨航天器接送人员、装备、物资和进行在轨维修、更换、补给等服务的称为运输器。航天运载器通常为一次性使用的运载火箭,结构一般包括纵向串联与横向捆绑的多级火箭。航天运输器由推进级和轨道器组成。推进级是运输器发射起飞、加速上升的推进工具,大多为一次性使用的运载火箭,或为用降落伞回收可重复使用的固体火箭助推器。轨道器是运输器进入预定轨道的部分,可分为带主发动机和不带主发动机两种。

3. 航天发射场系统

航天发射场系统是发射航天器的特定场区系统。其主要功能是:完成运载火箭和航天器的装配、测试和发射;对飞行中的运载火箭及航天器进行跟踪测量,获取数据,进行处理和分析;对运载火箭及航天器进行监视和安全控制,完成检测和发射的后勤保障等。

发射场系统一般由技术区、发射区、勤务保障设施等部分组成,发射载人航天器的发射场还包括航天员生活区。

4. 航天测控系统

航天测控系统是对航天器及其有效载荷进行跟踪测量、监视与控制的技术系统。航天测控系统是航天工程系统的重要组成部分,用于保证航天器按计划完成航天任务。航天测控系统是航天系统中天地联系的枢纽,实现综合技术分析和信息交换,并为相关系统提供分析和应用处理所需的基本信息。按测控对象不同,航天测控系统可分为导弹测控系统、卫星测控系统、载人飞船测控系统和深空测控系统四大类。当航天测控系统中还包含天地语音、电视和用户数据传输等通信功能时,又称为航天测控通信系统。随着航天和信息技术的发展,测控与通信功能结合越来越紧密。因此,除非特别说明,本书对航天测控系统和航天测控通信系统将不作区分。

5. 运控与应用系统

运控与应用系统是直接执行航天任务,为科学研究、技术实验、国民经济建设和军事应用提供服务的系统。

运控与应用系统由有效载荷、有效载荷公用设备、有效载荷应用中心和应用终端系统等部分组成。其中,前两部分装载在航天器上,是应用系统的空间部分,而后两部分为应用系统的地面部分。应用系统的有效载荷部分构成航天器的专用有效载荷系统,它是航天器的核心,不同用途的航天器相互区别主要在于装有不同的专用有效载荷系统。应用系统的有效载荷公用设备为有效载荷与航天器之间提供测控和数据传输的统一接口,完成有效载荷的配电、数据管理、数据存储和专用高速数传等功能。有效载荷应用中心是制订有效载荷运行计划,对有效载荷运行进行监控和业务管理,并对有效载荷数据进行接收、处理、存储、加工,为用户提供应用服务的机构,又称为有效载荷操作控制中心。应用终端系统主要有应用地球站(如卫星通信地球站、遥感数据接收站)、应用用户设备(如导航用户接收机)等。

1.3 航天测控通信系统

航天测控通信是指对航天器飞行轨迹的测量和对航天器的遥测遥控,以及航天器与地面站间的信息相互传输。所传输的信息主要包括遥测、遥控、遥感、侦察、探测、制导、科学实验、空间环境观察信号以及声音、图像等。这些信息包含了航天器正常工作所必需的遥测遥控信息、有效载荷所获得或转发的各种应用信息以及对有效载荷进行遥测遥控的信息。建立航天测控通信系统,首先需要考虑航天测控通信信息在传输时不同于常规无线通信的特点。

1.3.1 航天测控通信信息传输特点

航天测控通信的基本形式包括地球站和航天器之间、航天器与航天器之间、通过航天器转发或反射电磁波进行的地球站之间的通信。根据航天器所处的位置,航天测控通信分为近地通信和深空通信。近地通信一般指地球上的测控站与地球卫星轨道上飞行器之间的通信,这些飞行器的轨道高度为数百千米至数十万千米,各种应用卫星(如通信卫星等)、载人飞船和航天飞机等都属于此类。深空通信一般指地球上的实体与离开地球卫星轨道进入太阳系的飞行器之间的通信,通信距离达几亿千米至几十亿千米。

相对于常规的无线通信,航天测控通信具有以下特点。

(1) 特殊的通信环境。一方面,通信需穿越大气层,太阳系八大行星中,除水星和火星外,都有浓厚的大气层包围,大气层对电磁波的传播带来很大的衰减,影响衰减程度的主要因素是通信所使用的电磁波频率;另一方面,行星大气层外的广阔自由空间只有极少的气体分子和离子存在,接近于理想的自由空间,对电磁波的传播衰减很小。因此,有利于提高载波频段,如可选用激光作为通信载波。

(2) 遥远距离引起巨大通信路径损失。航天测控通信距离通常很远,由此给通信信号传输带来极大的路径损失。以深空通信为例,若选取地球静止轨道(GEO)高度距离作为参考点来进行比较,当通信距离到达月球时,路径损失比 GEO 路径损失增加约 21.03dB;而到达海王星时路径损失则增加到 102.31dB。因此,在航天测控中需要采取相应措施以弥补巨大的通信路径损失,如采用大口径天线及高性能接收机以提高接收信号的功率噪声比。

(3) 遥远距离引起巨大通信时延。用电磁波作载体,地球到月球单程通信时延已达 0.0225min,开始出现串音干扰。而地球到火星的单程通信时延达到 22.294min,实时通话和实时遥控已经不可能进行。因而在深空通信中,只能采用允许大时延存在的通信方式,如存储转发等。

(4) 极高的可靠性要求。测控通信是航天器与地面联系的唯一手段,因此必须保证通信的可靠性。例如,遥控指令传输的误指令率要求低于 $10^{-9} \sim 10^{-8}$,需采用特殊的差错控制技术。再如,在载人航天中,一定要保证航天员的顺利入轨和安全返回,需要准确获取信息并及时做出判断,由此对测控通信提出了极高的可靠性要求。

(5) 较大的通信容量需求。测控通信系统中传输的信息包括遥测遥控、语音、图像、遥感、气象、导航等信息。近年来,互联网、物联网的普及和发展以及机载、船载、空间中继通信的应用,进一步增加了对测控通信系统容量的需求。采用高通信频段、建设低轨卫星网络、更先进的压缩算法等能有效地提高系统容量。

(6) “黑障”效应引起的衰减。飞行器(如载人飞船)重返大气层时,飞行速度极高,在飞行器的前端形成一个很强的激波。由于飞行器头部周围激波的压缩和大气的黏度作用,在飞行器周围的空气形成一层等离子鞘套,导致通信无线电波受到极大的衰减,甚至使通信完全中断(称为“黑障”)。黑障区的范围取决于再入飞行器的外形、材料,再入速度以及发射信号的频率和功率等,目前尚不能完全克服其对通信的影响。

1.3.2 航天测控通信系统的功能

航天测控通信系统是传输和处理测控通信信息的航天应用系统,它将火箭和航天器上的测控设备、地面或空间的测控站等设备、设施通过通信系统和时间系统连接构成一个统一整体。

航天测控通信系统是航天工程的重要组成部分,不论是无人航天系统还是载人航天系统,都必须借助航天测控通信,使地面人员随时掌握航天器的工作状况和航天员的身体情况,并做出判断和决策,发挥控制干预作用以达到预期的目的。航天测控通信系统通过测控站建立地面与航天器之间的天地通信链路,完成对航天器的跟踪测轨、遥测、遥控和天地通信、数据传输业务,为各相关系统提供分析和应用处理所需的信息。在航天任务各阶段及航天任务结束后,测控通信系统为其他航天系统提供准确的航天器轨道与姿态数据、遥测原始信息与处理结果数据、对航天器进行全程控制的信息等资料,供各系统进行准实时或事后详细分析和技术设计改进使用,也作为有效载荷应用数据处理的基准信息。

从信息处理角度而言,航天测控通信系统应具备信息获取功能、信息传递功能、信息实时计算显示功能、事后数据处理功能及控制功能。航天测控通信系统信息处理流程如图 1-4 所示。

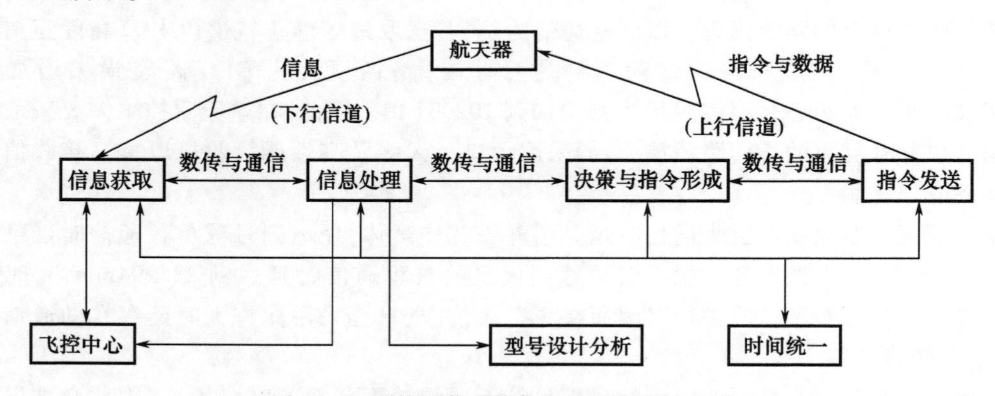

图 1-4　测控通信系统信息处理流程示意图

就处理的信息内容而言,航天测控通信系统的功能主要包括跟踪测轨、遥测、遥控和通信 4 个方面。

1. 跟踪测轨

测控通信系统的首要功能是跟踪测轨(Tracking)。跟踪测轨是指利用测量站的角度跟踪环路、距离跟踪环路、速度跟踪环路对飞行器的飞行轨迹进行跟踪测量。“轨迹”是一个统称。在航天飞行器中,卫星等航天器的无动力飞行轨迹称为轨道,它遵循轨道动力学;导弹、火箭等有动力飞行轨迹称为弹道;航空器的飞行轨迹则一般称为航迹,它遵循空气动力学规律。本书所述的测轨,主要是指航天器的轨道测量和导弹的弹道测量。

测轨又分为“外测”和“内测”两类:“外测”是指利用航天器外的设备,对航天器的飞行轨道参数(位置、速度、加速度等)进行精密测量;与“外测”相对应的另一种测轨方法称为“内测”,它是指在飞行器内部,对某些参数进行测量,可以推知飞行器的弹道变化规律。内测数据要发回地面进行处理、计算,内测通常通过遥测实现。“外测”和“内测”是互为补充的,可以起到相互备份作用。

2. 遥测

测控通信系统的第2个功能是遥测(Telemetry)。遥测的内涵是“近测远传”,即在航天器和导弹体内,采用各种技术手段测得它内部的工作状态、工作参数、航天员的生物医学参数、科学研究参数、侦察参数、环境参数等,然后将这些参数转换为无线电信号,远距离传输到地面测控站,再进行解调,处理还原出原参数数据,进行记录和显示。

遥测是测控系统的重要组成部分,对导弹、卫星的发射和运行有着举足轻重的作用。在导弹飞行试验过程中,根据遥测数据,发射场指挥人员和导弹设计人员可及时了解弹上各系统的工作情况与实际飞行条件下的性能。对于地面试验无法模拟或无法完全模拟的一些性能数据,可依靠飞行试验的遥测数据得到补充和修正。一旦导弹飞行失败或出现故障,可采用遥测数据对故障进行分析,快速、准确地实现故障隔离和故障诊断,进而采取相应的应对措施。在卫星发射和入轨运行中,利用遥测分系统监视卫星上设备的工作状况,利用遥测参数计算出卫星的姿态参数,为遥控调姿提供参考数据。在载人航天任务中,还可以监测航天员的生理参数、生活环境参数等,以保障航天员的生命安全。此外,航天器上的卫星测量数据以及应用卫星上的某些有效载荷所测得的信息也往往通过遥测链路传送到地面。

3. 遥控

测控通信系统的第3个功能是遥控(Command或Telecommand)。遥控的含义是对航天器或导弹实现远距离控制。在测控系统中,将地面的控制指令变换为无线电信号,远距离地传输到航天器或导弹上,实现对它们的控制。按用途的不同,可分为安全遥控和卫星遥控。安全遥控用于导弹及运载火箭发射过程中的安全控制,作为弹上自毁系统的备份手段,简称“安控”。这种安控指令具有保密性高、实时性强、执行任务时间短、指令内容少等特点。卫星遥控用于卫星的变轨、交会、回收等轨道控制,用于姿态控制以及备份件切换和开关的控制,用以保障卫星的正常工作和运行,还用于卫星的数据注入、启动卫星的自主程序等。卫星遥控指令具有内容多、执行任务时间长和要求复杂等特点。

在现代测控体系中,上述3个功能综合在一起,相辅相成,共同构成一个具有信息反馈的控制系统完成测控任务。其中,跟踪测轨和遥测完成数据的采集和反馈,遥控完成控制。在执行指令前和执行指令后都要利用遥测功能将航天器上收到的指令送回地面进行比对和校验,以保证遥控的绝对正确。

4. 通信

通信(Communication)主要负责将飞行器上测量设备及有效载荷所获得的信息传回地面测控通信站,一般是在航天器进入轨道并建立通信链路后才进行。历史上,航天测控领域将遥测、跟踪和指挥称为 TT&C(Telemetry,Tracking & Command)。后来随着航天技术和信息技术的发展,测控与通信已经紧密地联系在一起。因此,通常将测控与通信结合起来,统称为 C&T(测控通信),其中的"C"代表通信,"T"代表 TT&C。

通信在测控通信系统中占有重要地位,而且其重要性因人类对提高通信容量和效率的无止境追求而日益突出。例如,由于航天技术应用的特殊环境,通信中的许多新技术和新电子元器件通常首先在航天 C&T 中试验和使用,成功之后再推广到其他领域。再如近年来大力发展的遥感卫星、各种低空通信卫星以及天地一体化信息网络等新技术,为实现人类追求的泛在通信目标提供了重要支持。

在航天工程系统中,航天测控通信系统还需要数据处理、监控显示、地面通信、时间统一(时统)以及气象保障、大地测量等辅助支持系统。航天测控通信系统的功能框图如图 1-5所示。

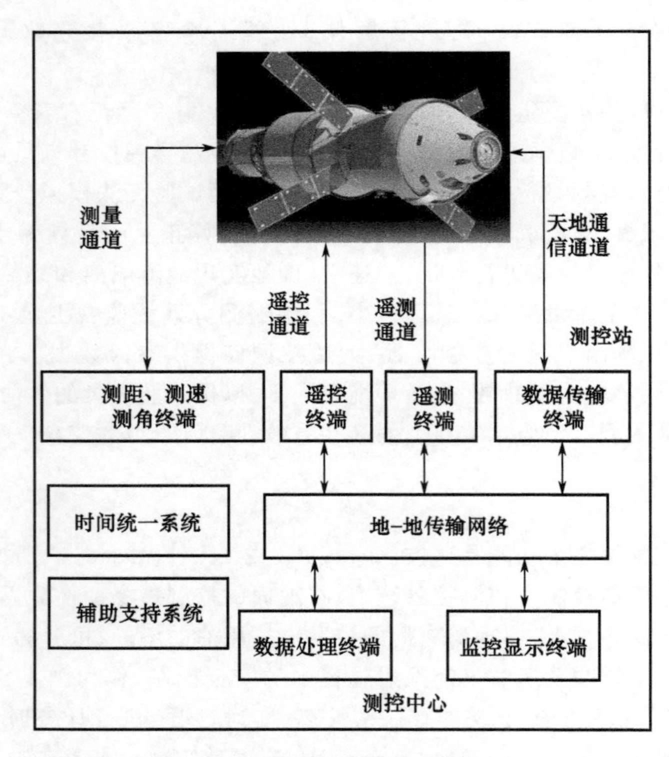

图 1-5　航天测控通信系统功能框图

在航天活动中,航天工程各系统互相协作并紧密联系。航天测控系统是各系统间数据传输和信息交换的枢纽。航天测控通信系统与其他各系统之间主要传输的数据信息如图 1-6 所示。

1.3.3　航天测控通信系统的组成及设备

航天测控通信系统一般由航天测控中心、若干航天测控站(包括海上测量船)、测控平台(如测量飞机、跟踪与数据中继卫星等)等系统组成。各测控单元通过通信系统连接构成测控通信网络。航天测控通信系统组成示意图如图 1-7 所示。

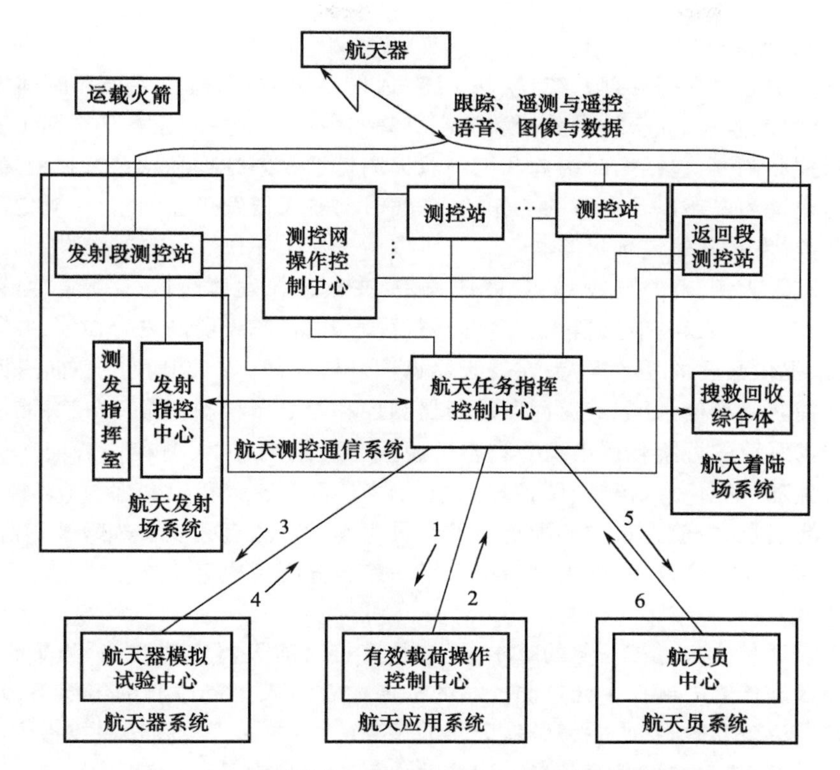

图 1－6　航天测控通信系统与其他系统间的数据传输

1—有效载荷数据、有关工程遥测数据、轨道与姿态数据；2—有效载荷控制指令与注入数据、有效载荷仿真与故障诊断结果数据；3—航天器飞行轨道与姿态数据、工程遥测数据、待确认与检验的重要遥控指令、注入数据与应急情况故障对策方案；4—检验验证与模拟仿真结果；5—航天员生理遥测数据、航天器环控生保等工程遥测数据；6—航天员医学信息库信息。

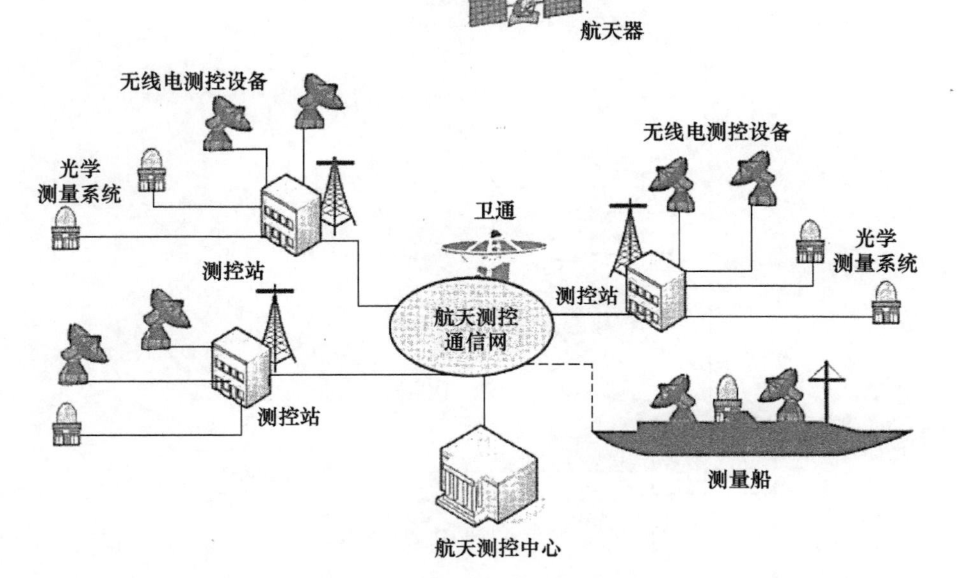

图 1－7　航天测控通信系统组成

1. 航天测控中心

航天测控中心由数据处理系统、软件系统、通信系统、指挥监控系统和时间统一系统组成，是综合状态监视、综合技术分析和控制决策的中枢。其主要任务是全面负责航天任务的组织指挥和调度，包括实时指挥和控制航天测控站收集处理和发送各种测量数据、监视航天器的轨道和姿态以及设备的工作状态、实时向航天器发送控制指令、确定航天器的飞行轨道参数、发布其轨道预报等。

以载人航天为例。测控中心的具体任务是：在航天器发射阶段，采集数据和监测参数，判断航天器是否入轨；航天器入轨后的运行阶段，进行航天器的飞行控制，并与有关系统交换数据，提供必要的任务支持；在航天器返回着陆阶段，航天测控中心向返回段测控站发送目标捕获引导信息，完成返回段航天器测控和着陆点精确预报任务，并将着陆点预报通知着陆场系统的搜索救援组织。在整个载人飞行期间，航天测控中心向航天员中心传送航天员生理遥测信息、语音、图像以及航天器上环境控制和生命保护（环控生保）等设备工程遥测信息，由航天员中心配合对航天员生理状态和有关设备故障进行监视分析，并提出相应控制支持建议，由航天测控中心组织综合分析后决策实施。

2. 测控站

航天测控站是执行测控任务的基本单位，是直接对航天器实施跟踪、测量、控制以及进行通信和数据传输的测控单元。测控站的任务是在航天控制中心的组织下，跟踪测量航天器的轨道运动参数，接收并解调航天器的遥测信号，向航天器发送遥控指令或注入数据，并与航天器通信和交换数据信息。测控站也可根据规定的程序独立实施对航天器的控制。

航天测控站的功能示意如图 1－8 所示。根据具体需要，测控站功能可以集遥测站、跟踪站和通信站于一体，也可以选择其中某一项或多项进行工作。

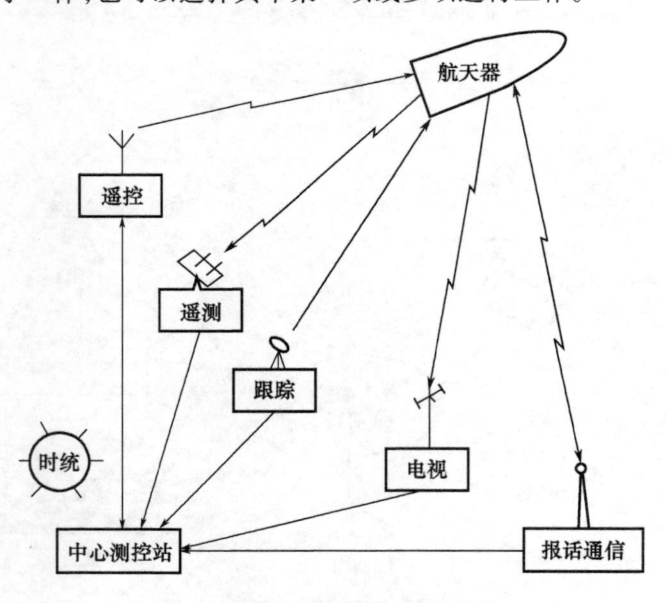

图 1－8　航天测控站功能示意图

测控站按不同的分类标准，可以分成多种类型。

（1）根据布设位置不同，分为天基测控站、空基测控站和地基测控站。

① 天基测控站。运行于地球同步轨道上的跟踪与数据中继卫星（TDRS，Tracking and Data Relay Satellite）、地面终端站和用户航天器上的合作设备组成跟踪与数据中继卫星系统（TDRSS）。系统中的TDRS作为测量基准点完成对用户航天器的跟踪测量，以及作为用户航天器和地面终端站之间的信息中继；地面终端站通过地－地通信链路与航天器控制中心相连，完成控制中心与天基测控站的信息交换任务。天基测控的一些功能也可以利用卫星导航定位系统实现。

② 空基测控站。它是一种空中机动测控站，即通过航空器（如测量飞机）完成相应测量任务。在航天测控中，空基测控主要用在载人航天器的入轨段和返回段，以保障天地间双向语音通信，接收和记录遥测信息，必要时还可向航天器发送遥控指令。

③ 地基测控站。分为陆上固定站、陆上机动站和海上测量船。

（2）按照站址是否固定，可分为固定站和活动站。

① 固定站。站址固定，有大型的固定设施（如机房、天线坐标校塔及输变电设备等）。设备固定使用，通常不能机动。

② 活动站。设备装在活动平台内，由汽车或其他动力系统牵引，设备轻便灵活。活动站机动性大，可按任务需要任意布设展开，活动站按其布设的空间位置又分为陆基活动测控站、海上测量船和空中测量飞机。

（3）按运载火箭、航天器飞行阶段不同，可分为初始段测控站、主动段测控站、入轨段测控站、运行段测控站和再入段测控站。各测控站的任务可以兼容。

① 初始段测控站。在发射场或阵地附近布置测量设备，多为光学电影经纬仪、高速摄影机、无线电遥测设备。完成运载火箭起飞初始段的姿态摄影和弹道测量，接收遥测信息。

② 主动段测控站。一般沿着射向两侧向前延伸布置测量设备，包括光学测量设备和无线电测量设备，通常以无线电测量为主。完成运载火箭主动飞行段的精密跟踪测量。

③ 入轨段测控站。将测量设备布置在对入轨段测量精度最好的位置上，以满足入轨点对测量精度的要求，一般应配置高精度的无线电外测设备、无线电遥测设备等。

④ 运行段测控站。根据不同轨道对测量的要求和需完成的测控任务而布置的测控站，除了配有光学电影经纬仪、单脉冲雷达、双频多普勒测速仪及电子计算机外，还配置了微波统一测控系统，集测轨、遥测、遥控、数传和电视接收功能于一体。

⑤ 再入段测控站。根据航天器再入速度大的特点，在射向两侧安全距离以外配置跟踪角速度大的外测设备或广视场角的弹道照相机等测量设备。

（4）按功能不同，可分为综合测控站和专用测控站。随着测控技术的发展，专用测控站已向综合测控站发展。早期的光学电影经纬仪采用三站交汇测量定位，一台光学设备就构成了一个测量站。现在普遍使用的综合测控站能同时完成多项测控任务，既便于对测控设备的管理，又能综合利用时统、通信及电源设施，且更为经济。

此外，航天测控站还可按测控对象不同，分为近地卫星（飞船）测控站、地球同步卫星测控站和深空测控站等。

3. 通信网络

航天测控系统是一种大范围分布的网状结构，通信网络以信息传输的方式将分散的设备、台站连接起来，采用集中和分布结合的方式，互联互通进行信息交换，构成具有一定自主运行管理和网络重构能力的天地一体智能化综合信息网络。航天测控通信网络示意图如图1－9所示。其中：地球上的固定站、车载站、船载站及其相互间的通信链路构成地面分系统；无人空间飞行器包括中继卫星、导航卫星、中继无人机、浮空器等，通过空间链路相互连接，组成空间分系统。

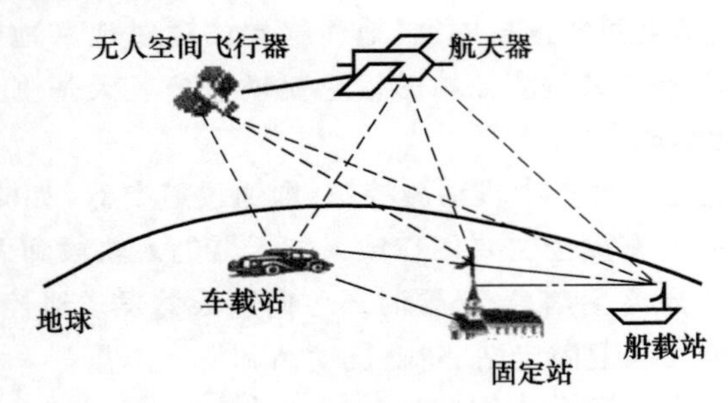

图1－9　航天测控通信网络示意图

在空间分系统中，卫星可以是单星，也可以是由同一轨道或不同轨道上多颗卫星组成的星座。按基本组成划分，空间段中的卫星可分为弯管式卫星和星上处理卫星。在弯管式卫星中，卫星有效载荷（卫星所携带的仪器设备）只完成信号放大和频率变换，对信号波形和通信协议是透明的，相当于传统中继通信中的中继器。弯管式卫星的突出优点是简单且易于实现，但卫星资源（功率、频率等）难以得到有效利用。星上处理卫星除了完成信号的放大和频率变换外，还包括信号检测、解调、解码、再编码、再调制以及通信协议转换等。与弯管式卫星相比，星上处理卫星较为复杂，但可以获得资源的充分、有效利用。

地面分系统包括众多的地球站和终端以及业务管理中心。通信业务管理中心由语音处理单元、数据处理单元、视频图像处理单元和通信网络监控单元组成。语音处理单元的工作可以按传输方向划分，地面通信分系统到遥测遥控分系统，完成语音信号的分路、编码处理，而后经通信线路（地面线路或卫通线路）传送；遥测遥控分系统到地面通信分系统，完成语音信号的译码与分送。数据处理单元完成空间与地面的各种测控数据的处理与传输。视频图像处理单元主要将航天员的活动图像、卫星采集图像传送到指控中心，并经译码处理后供有关人员观看。通信网络监控单元的主要功能是控制整个系统各种设备的运转，避免干扰和阻塞以及监视设备运转状态。地面通信通过地面通信传输系统完成。常见的地面通信传输系统有卫星通信网、国家公共通信网以及航天系统自建的专用光缆、电缆等传输系统。

4. 测量系统及设备

从航天测控所使用的测量手段而言，有无线电测量和光学测量之分。相应的测量系统分别称为无线电测量系统和光学测量系统。

1）无线电测量系统

无线电测量利用发射和接收的无线电信号完成对航天器飞行各阶段的跟踪、测量与控制。无线电测量系统包括无线电外测系统、遥测系统和遥控系统。

无线电外测利用无线电信号对运载火箭、航天器进行跟踪测量以确定其弹道和轨道、目标特性等参数。无线电外测系统的基本测量原理是由地面发射机产生无线电信号，通过天线发向目标，地面设备接收目标发射信号或应答机转发的信号，经接收机处理，最终由终端机给出目标距离、角度、距离变化率等测量参数。从工作体制分，无线电外测主要有脉冲测量和连续波测量。

无线电遥测系统是完成遥测功能的设备组合，通常由输入设备、传输设备和终端设备三部分组成。输入设备包括传感器和信号调节器，其功能是将需要测量的参数转换成适于采集并进行远距离传输的规范化信号。传输设备包括多路组合调制装置、信号发射装置、传输信道、信号接收装置和解调、分路装置，其功能是将规范化的各路遥测信号，按一定程式集合在一起形成群信号，进行编码并对副载波或载波进行调制，通过传输信道（有线或无线）传送到接收地点，进行解调、译码和分路，输出遥测信号。终端设备包括计算、记录与显示设备，其功能是对各路遥测信号进行处理，并记录和显示处理结果供用户使用。航天器下传的遥测数据除了反映航天器姿态和主要部件的工作状态和环境信息外，还可能包括有效载荷的探测信息。但遥测信道容量较低，最高仅达到几兆比特每秒。更高速率的探测数据一般用专门的更高频段的链路下行发送。

无线电遥控系统是利用编码信号对运载火箭和航天器进行远距离控制的设备组合。遥控系统由遥控控制台、遥控信号发射设备、引导或自跟踪设备及星上接收译码设备组成。遥控指令由计算机生成传至遥控主控台，经调制后发向目标，星上遥控接收机接收解调、译码后，送至执行机构执行控制任务。

无线电测量系统基本结构如图 1 - 10 所示。

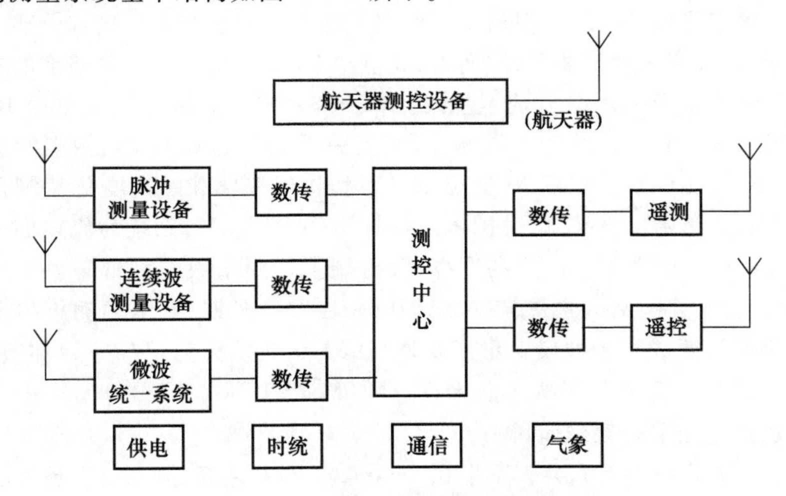

图 1 - 10　无线电测量系统结构框图

无线电测量系统设备由航天器载测控设备和地面测控设备两大部分组成。航天器载测控设备包括无线电外测系统应答机（连续波应答机和脉冲应答机）、信标机、遥控接收机、遥测发射机及相应天线等。地面测控设备由各种测控站按其功能配置，如连续波测量设备、干涉仪系统、脉冲雷达、遥测设备、遥控设备等。

2）光学测量系统

光学测量系统是利用光学信号对运载火箭进行飞行轨迹参数测量、飞行状态图像记录和物理特性测量的专用系统。用于运载火箭测量的光学测量设备有光电经纬仪、光电望远镜、高速摄像（影）机、红外辐射仪、弹道照相机、激光测距机、激光雷达等。早期的近程、中近程和中程导弹飞行试验外弹道测量主要采用光学测量系统。光学测量系统具有定位精度高、直观性强、性能较稳定、不受“黑障”和地面杂波干扰影响等优点，其缺点是（与无线电测量系统相比）测量距离较近，传统光测设备不能实时输出外测信息，并易受气象条件件的制约等。近年来，无线电测量逐渐成为航天测控的主要手段，但光学高新技术也不断发展，使得光学测量在航天测控通信系统中仍然发挥着重要作用。

1.4 航天测控通信系统的发展历程与技术发展趋势

1.4.1 航天测控通信系统发展历程

航天测控通信系统的发展历程要追溯到第二次世界大战时期。德国研制了 V－2 火箭，利用测控设备来获得靶场试验数据。当时支持火箭试验的有 Naples 多普勒跟踪系统和其他遥测、光测、声呐设备，这是一种简单的测控系统。随着军事的需要和航天技术的发展，第二次世界大战后，测控技术取得了迅速进步。测控通信系统经历了以下 4 个发展阶段。

1. 分离测控系统阶段

最早的测控系统是由相互分离的跟踪测轨设备、遥测设备、遥控设备组合而成的，因而称为分离测控系统。起初，测控设备仅用于对导弹进行安全控制，通常利用单台雷达来测量角度和距离就能满足要求。但后来需要测量导弹制导系统的精度和分离制导元件误差，这种方法的测量精度就不够了，因而在 20 世纪 50 年代出现了中等精度的被动式基线干涉仪。这种干涉仪用来跟踪人造卫星时，对 500km 高的卫星定位误差约 100m。当时还采用了双频多普勒测速系统对卫星测速，其测速误差约为 0.1m/s，相应的卫星位置测量误差为几十米到几百米。到了 20 世纪 60 年代，将干涉仪和距离变化率测量设备联合组成测控系统配合使用，出现了以美国米斯特拉姆（MISTRAM）系统为代表的一系列干涉仪高精度测量系统。随着卫星高度的升高，又研制了适用于跟踪测量高轨卫星的距离和距离变化率系统，如美国戈达德系统（GRARR）。在这一时期，美国的测控技术走在世界前列。1957 年前后建成了干涉仪卫星跟踪网，1962 年又扩大为卫星跟踪和数据获取网，之后在 1958—1971 年间建造了载人航天飞行网（MSFN）。

2. 统一载波测控通信系统阶段

测控通信系统的一个重大突破发生在 1966 年。当时用于“阿波罗”登月的统一 S 频段（USB，Unified S－Band）测控系统将跟踪测轨、遥控、遥测、电视、语音综合为一体，是测控技术发展史上的一个里程碑。USB 测控系统的目的是解决 20 世纪 60 年代初的“水星”和“双子星座”载人航天测控网的两大缺陷：一是该网采用多种频段的设备，导致飞船上设备复杂、负荷过重、电磁兼容性差；二是其作用距离不能到达月球之远。

USB 测控网有力地支持了美国“阿波罗”载人航天计划的完成，此后 USB 测控系统在空间技术领域中迅速得到广泛应用。USB 测控系统的应用领域涉及各种火箭、卫星、飞船、空间站、深空跟踪、导弹试验以及航空飞行器的测控。到 20 世纪 80 年代，USB 被纳入国际空间数据系统咨询委员会（CCSDS）标准，并为世界上多数国家接受。今天，中国、美国、俄罗斯、法国、日本、德国、巴西、印度以及国际航天组织，如欧洲空间局、阿拉伯卫星通信组织、亚洲卫星通信组织都相继建立了自己的 USB 或 UCB（统一 C 频段）测控系统。

3. 天基测控系统阶段

近代航天技术的一个重大发展是载人航天,包括载人飞船、航天飞机和空间站等。载人航天的一个重要特点是要求更高的测控通信覆盖率以保证飞行器和航天员的生命安全。

提高测控覆盖率的一种方案是建立"天基"测控系统。早在20世纪60年代,美国在执行"阿波罗"登月计划时期,就着手建立"跟踪与数据中继卫星系统",即利用位于地球同步轨道的跟踪与数据中继卫星对中低轨航天器进行测控。到1995年7月完成了第一代的TDRS在轨工作,使之对中/低轨航天器的覆盖率达到100%。除了民用的TDRSS外,美国于20世纪70年代开始建立军用数据中继卫星系统,主要为军事侦察卫星提供高速数据传输,并已经发展了3代。此外,苏联于20世纪90年代初建成了自己的数据中继卫星测控通信系统。欧洲和日本也在大力研究,并协商同美国联网,用以支持自己的航天计划。

在天基测控系统中,除了前述的TDRSS外,还有全球卫星定位系统。全球卫星定位系统只有和遥控、遥测设备组合在一起才能成为一个完整的测控系统。美国和苏联(俄罗斯)相继用了近20年的时间,建立了各自的新一代全球卫星定位系统。美国的系统简称为GPS,俄罗斯的系统简称为GLONASS。此外,欧盟发展了伽利略(Galileo)导航系统,中国也自主建立起北斗卫星导航系统(BDS)。

4. 深空测控通信阶段

深空探测是当今宇航领域的热点。从1958年8月美国发射第一个月球探测器先驱者0号开始,人类迈向太阳系的深空探测活动至今已有60年的历史。迄今为止,美国、苏联/俄罗斯、欧洲空间局、日本、中国和印度独立开展了深空探测活动,实现了对太阳系内各类天体的飞越、撞击、环绕、软着陆、巡视、采样返回等多种探测方式。目前,美国国家航空航天局(NASA)、欧洲空间局(ESA)、俄罗斯联邦航天局(RSA)等已经建立了深空测控网。在月球探测工程的带动下,中国也正在开展深空测控通信网的研制建设。日本、印度、意大利、德国等国家也建设了自己的深空测控网。

与近地航天器相比,深空探测航天器与地球之间的距离非常遥远,从而产生了巨大的信号衰减和传输时延,也给测控通信带来了许多新问题。这些问题促进了测控通信技术的不断发展,产生了众多新的概念、理论和前沿技术,如行星际网络、相对导航、天线组阵技术、高增益信道纠错编/解码技术、空间光通信、自主科学探测等。

1.4.2 航天测控通信技术发展趋势

测控与信息传输技术的发展与航天技术的发展息息相关。自20世纪90年代以来,世界上航天技术和航天任务不断发展和更新。例如:载人航天第二次高潮兴起,人类提出重返月球的目标,并推进了以火星探测为代表的深空探测;人造地球卫星从试验卫星进入了应用卫星时代等。这些航天技术成就牵引了测控技术的发展,如:跟踪与数据中继卫星系统的建成,实现了天基测控与信息传输,并促使扩频测控通信网的发展;全球卫星导航系统(GNSS)等卫星定位系统的使用和研究形成了天基导航网;深空探测使一些测控与信息传输技术向极限挑战。

航天技术发展是无限的,测控通信技术的发展也是无穷的。目前可以预见的趋势是,未来测控通信技术的发展将在测控信息网、测控通信系统、卫星数据高效传输和测控通信技术等方面取得重大突破。

1. 测控信息网的发展趋势

网络化与多网综合是测控信息网的发展趋势。国际上各航天大国对测控信息网进行了许多研究，包括网络的体系结构、自适应网络拓扑结构、网络的互联互通以及网络管理模式等，并大力研究把地面"类因特网"的概念扩展到空间组网。

未来的测控通信网将是跨地域、跨空域、跨海域的空天地一体化网络，如图 1－11 所示。天地一体化网络将主要由三部分组成：由深空探测器、遥感卫星、导航卫星、通信卫星等组成的天基网；由低轨卫星、临近空间飞行器等组成的空基网；由地面站、用户终端等组成的地基网。其中，地基网又包括蜂窝无线网络、卫星地面站和移动卫星终端以及地面的数据与处理中心等。随着天地一体化的统一协议建立和应用，各种不同类型的卫星与地面网络之间将实现互联互通，空天一体化卫星互联网将支撑全时空、陆海空天、万物互联、泛在接入，具备高、中、低轨地面协同体系架构，异构无线传输接入及差异化服务质量保证等能力。

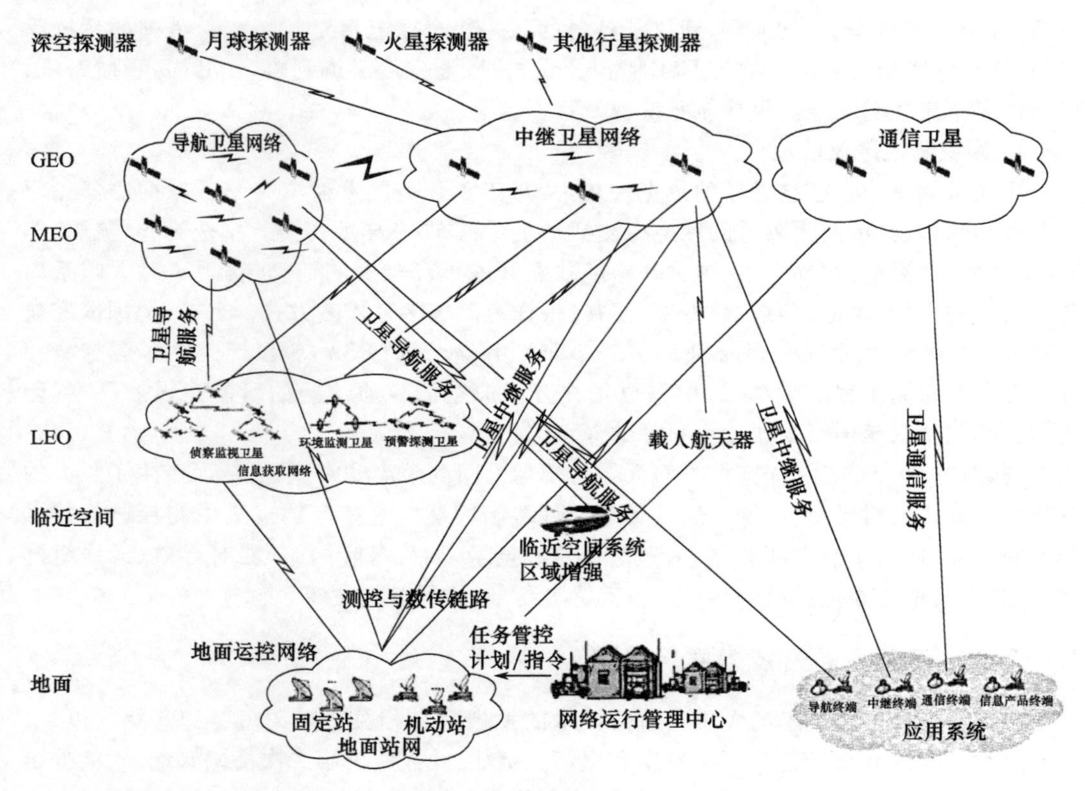

图 1－11　未来的空天地一体化网络结构示意图

美国对空间探测进行了较为详细的规划，并提出了 2030 年左右的空间通信网与导航体系结构。该体系由地球网、月球网、火星网 3 个网络组成，并逐步发展为"行星际互联网"。它将横跨整个太阳系，为各种空间探索和科学航天任务服务。体系结构具有标准化、自动化、端－端数据联网的特点，允许空中用户和地面用户利用类似互联网技术实现相互通信。在通信协议方面,互联网协议(IP)可作为网络运行的基础协议,新开发的延迟容忍组网(DTN)体系和网络协议可将地面因特网提供的业务扩展到整个太阳系。欧洲空间局拥有一个由全球范围的地面测控站组成的系统,称为欧洲空间局测控系统。目前,其地面站之间的数据传输采用 X.25 协议,而其他组成部分使用 IP,未来将把所有的网络协议统一到传输控制协议(TCP)/IP 上。在空间传输协议方面,包括了 CCSDS 从物理层到应用层的一系列空间链路(包括星地链路及星间链路)建议和高级在轨系统(AOS,Advanced Orbiting System)建议、邻近空间链路(Proximity Space Links)协议等,体现了实现空间传输协议的标准化,并与 IP 技术相结合的发展趋势。我国自 20 世纪 90 年代末开始,针对天基综合信息网在体系架构、网络管理技术、网络协议、路由技术等方面开展了广泛而深入的研究,并取得了显著的成果。

低轨卫星星座具有通信时延低、信号强、覆盖率高、成本低等优点。大型低轨卫星星座是当前卫星通信系统的重要发展趋势。通过增加卫星数量可以大幅度提升系统容量,星座设计总容量可达几十太比特/秒。目前的低轨卫星互联网星座部署计划典型代表有:美国的 Kuiper、波音、Iridium,中国的银河 Galaxy、鸿雁星座、虹云星座、蜂群星座,加拿大的 Telesat、Kepler,卢森堡的 LeoSat,韩国的三星星座和俄罗斯的 Yaliny 等。功能覆盖通信、导航、遥感、气象等多个领域。

临近空间已经成为人类下一个重点开发的区域。临近空间通信系统是继卫星和陆地通信系统后的新一代通信系统,能提供快速覆盖和大容量服务,能同时改善通信系统的有效性和可靠性,具有重大的经济和军事意义。

2. 测控通信系统的发展趋势

随着技术和应用需求的不断发展,通信在测控通信系统中的地位越来越突出。天基通信网络(卫星通信网络)和空基通信网络构成了目前主要的非地面网络。大型低轨卫星星座是当前卫星通信系统的重要发展趋势,通过增加卫星数量可以大幅提升系统容量。目前低轨卫星的发展趋势为:小型化、低成本、更密集组网、单独成形可控制波束,采用小型化、轻量化设计降低制造和发射成本,组网更加密集以提供更大的系统吞吐量,并采用波束成形和波束调形功能将功率、带宽、大小和视轴动态地分配给每个波束,最大限度地提高性能并减少对高轨卫星的干扰。

随着第二代 TDRS 卫星逐步投入使用,TDRSS 原有的天基、地基测控网将实施改造升级计划,以全面适应第二代、第三代系统的运行。为此,美国 NASA 戈达德航天中心实施了 Ka 频段过渡计划(KaTP),利用商业成品对地面设施进行了一系列改造,以期利用天基和地基测控网实现高速数据传输。美国正在发展的第三代 TDRSS,增加了星上相控阵天线单元数量,并采用增强型阵元天线。此外,还将升级遥控、遥测链路的通信安全系统。

深空测控通信系统是测控通信的一个发展方向。深空探测活动的广度和深度都在随着航天科技的不断发展而扩大,随之对深空测控通信也提出了更高的要求。未来对月球、火星和木星等行星的探测活动将进一步深入,特别是对火星表面的大范围探测以及可能的载人火星探测任务,使得深空探测的数据传输率需求将达到百兆量级。而且为了最大限度地满足对探测器各种关键事件的测控通信保障,需要提供尽可能高的测控通信覆盖。另外,未来深空探测的距离会更远,甚至可能超出太阳系之外。在探测器飞向目标的漫长旅程中,可能会出现新的探测思路或任务,这些都需要地面测控通信系统和行星轨道数据中继系统具备自主功能,能自动适应不同目标的信息传输需求。

此外,随着航天技术的不断发展,可能出现一些新型测控通信系统。例如,采用相控阵技术来完成跟踪、遥测、遥控和信息传输的“相控阵测控系统”;更高轨道的 GPS,美国提出发展轨道高度大于 7.2×10^4km 的 GPS,以解决现有 GPS 无法作用于高于 2×10^4km 的航天器的缺陷;为了支持更高数传速率以及提高测量精度的 Ka 频段测控系统和宽带扩频测控通信系统等。

3. 卫星数据高效传输发展趋势

近年来,全球卫星产业出现了高通量通信卫星(HTS,Hihg Throughput Satellite)、非静止轨道卫星(NGSO,Non - Geostationary Satellite Orbit)星座、灵活性载荷等新的数据业务形式。在轨卫星数量日益增多,有效载荷信息分辨力不断提升,加之突发自然灾害、应急军事行动等对卫星信息响应的时效性要求不断提高,对卫星数据传输效率的要求也越来越高。

提升数据传输速率的传统思路是提高链路功率。但卫星平台承载能力有限,地面数据传输设备也在朝着机动化、小型化方向发展,致使数据传输平台规模受限,从而导致链路功率不能无限提高。因此,探索能够在系统平台、链路功率受限条件下提高链路功率、效率的新体制、新技术,是卫星测控通信领域亟须突破的重要问题之一。

以遥感卫星为例,目前遥感卫星数据传输技术发展主要集中在数据压缩技术、数据存储技术、拓宽传输频段、高阶编码调制方式以及高增益天线等方面。例如,美国地球之眼公司研制的 GeoEye - 1 遥感卫星,其全色分辨率达 0.5m,卫星获取的图像数据能够保存在星上 1200Gb 固态存储器中,依靠全球接收站网络,可迅速将数据回传地面站,其数据传输速度最高可达 740Mb/s。NASA 现在研制的下一代数据中继卫星项目 TKUP,其数据业务采用 16 阶调制技术和高效前向纠错编码技术,可支持 800Mb/s 的数据传输速率。而使用 Ka 频段及更高的激光频段,较之目前卫星数据传输主要使用的 X 频段,将大大提高数据传输的带宽资源。此外,采用高效的数据存储和压缩方法也是发展卫星数据高效传输的重要手段之一。

4. 测控通信技术的发展趋势

测控通信技术是一门新兴交叉学科,它以信息技术为基础,涵盖雷达、通信、自动控制、计算机等多种新技术,并随着航天技术和信息技术的发展而发展。在互联网和航天技术的推动下,极高频(EHF)频段和激光通信、电调平板天线、中继通信、在轨服务、量子保密通信等新的技术热点不断涌现。新的卫星网络结构和技术给测控通信带来了新的发展和挑战。

航天飞行器所处的特殊空间环境,使得其成为许多前沿信息技术的理想试验场所。而新技术的试验将进一步推动测控通信技术的发展。例如,无线电工作频段提高到 Ka、太赫兹和激光频段,将使通信的绝对带宽大大增加,从而提高传输码速率,提高系统的抗干扰和抗截获能力,提高测控的作用距离和测量精度。2020 年 11 月,由电子科技大学等单位联合研制的卫星搭载了太赫兹卫星通信载荷,拟开展太赫兹通信在空间应用场景下的全球首次技术验证;再如采用功率效率和带宽效率更高的新型调制解调方式、高增益的信道编/解码技术、宽带跳频技术以提高传输容量和效率以及降低传输误码率;研究极窄带高灵敏度的锁相接收机以适应高动态目标的跟踪和捕获;采用高电子迁移率晶体管放大器以降低接收机的噪声温度,采用波导波束天线和天线组阵技术提高天线增益,采用天线调零技术提高抗干扰能力等。

1.5 中国航天测控通信系统

中国航天测控系统经过数十年的发展和完善,已形成了包括国内外陆基测控站与测量船组成的地基测控系统、中继卫星与导航卫星组成的天基测控通信系统以及国内外陆基站组成的深空测控通信系统,圆满地完成了中低轨道卫星、地球同步轨道卫星、载人航天器、深空航天器等不同特点的航天器测控任务。

中国于1970年初建成了低轨卫星观测系统,1973年基本建成了具有控制和回收功能的卫星观测系统,先后在东方红一号卫星和返回式遥感卫星发射任务中发挥了重要作用。以远程导弹全程飞行试验任务、潜地导弹海上飞行试验任务和地球同步通信卫星发射试验任务三大任务为重点,成功实现中国导弹航天测控系统成体系规划、设计和建设的新跃升,构成了中国的综合测控设施;以远望一号测量船队的建成为标志,实现了中国航天测控由陆地向远洋拓展的重要突破。其中,远望五号和远望六号两艘测量船于2008年9月同时出海参加神舟七号载人航天飞行任务。目前,中国航天地面测控系统有北京航天飞行控制中心、东风发射指挥控制中心、西安卫星测控中心、东风测控站、卫星发射首区各光学站、山西太原站、陕西渭南站、福建厦门站、山东青岛站、新疆喀什站、和田站、卡拉奇站、纳米比亚和马林迪站以及位于三大洋的5艘远望号测量船等。通信系统有指挥通信、天地通信、数据传输、时间统一、实况电视和语音通信、帧中继交换等系统。采用卫星通信、光纤传输、国家通信网、国际海事卫星通信及国际租用电路等多种传输手段,组成测控通信的网状网络。通信系统的主用网络和备用网络覆盖了整个中国和世界三大洋,能为各种航天任务提供高质量的服务。

中国自主建成了载人航天测控通信系统,实现载人航天的重大突破。载人航天工程测控通信系统,是中国迄今为止规模最大、功能最全、技术最先进的测控通信系统,既能满足载人航天任务的需要,又能同时为多种卫星提供测控通信支持,在技术上实现了多项重大突破。北斗卫星导航系统与天链卫星中继系统的建设与应用,标志着中国航天测控系统的发展实现了由地基测控系统向天基测控通信系统的重要跨越。

以探月工程为牵引,嫦娥一号卫星测控任务的圆满完成标志着中国深空测控能力实现了重要突破。2012年12月,嫦娥二号月球探测器成功实施“图塔蒂斯”(Toutites)小行星飞越探测。2013年12月,嫦娥三号月球探测器首次实现中国航天器在地外天体软着陆,完成月球表面巡视探测。2014年11月,月球探测工程三期再入返回飞行试验圆满成功,标志着中国完全掌握航天器以接近第二宇宙速度再入返回的关键技术。目前,中国已经建立起喀什、佳木斯和阿根廷三处深空站,为2018年12月嫦娥四号探测任务和2020年12月嫦娥五号月球取样任务提供了全程X频段测控通信支持。在2020年实施的首次火星探测任务中,中国深空测控网的测控通信支持距离进一步延伸到4×10^{8}km,并试验和发展了天线组阵技术。今天我国在深空网的建设和应用方面已经进入世界一流行列。

中国于2016年9月在贵州省建成的500m口径球面射电望远镜(FAST),是目前世界上口径最大、最精密的单天线射电望远镜。它将在基础研究众多领域,如宇宙大尺度物理学、物质深层次结构和规律等方向提供发现和突破的机遇，也将在日地环境研究、国防建设和国家安全等方面发挥不可替代的作用。

未来一段时间，中国航天器测控通信系统的发展思路是：优化地基测控系统，发展天基测控通信系统和深空测控通信系统，构建天地一体化测控通信系统；与此同时，与导弹航天器发射场测控通信系统、临近空间飞行器测控通信系统、无人机测控通信系统构建空天地一体化飞行器测控通信系统。在构建过程中，逐步形成各种飞行器测控通信资源综合利用、优化配置、整体性能最优的智能化高可靠性的飞行器测控通信系统。

参考文献

[1] 高耀南，王永富．宇航概论[M]．北京：北京理工大学出版社，2017.

[2] 中国大百科全书总编辑委员会．中国大百科全书：航空航天卷[M]．北京：中国大百科全书出版社，1985.

[3] 于志坚．我国航天测控系统的现状与发展[J]．中国工程科学，2006，8(10)：42－46.

[4] 郝岩．航天测控网[M]．北京：国防工业出版社，2003.

[5] 中华人民共和国国务院新闻办公室．白皮书：《2016 中国的航天》[EB/OL]．[2016－12－27]．http://www.scio.gov.cn/zfbps/32832/Document/1537007/1537007.htm.

[6] 丁丹，杨柳，宋鑫．卫星数据高效传输技术[M]．北京：科学出版社，2020.

[7] 闵士权．我国天基综合信息网构想[J]．航天器工程，2013，22(5)：1－14.

[8] 栾恩杰．中国的探月工程：中国航天第三个里程碑[J]．中国航天，2007(2)：3－7.

[9] Space Communication Architecture Working Group(SCAWG). NASA Space Communications and Navigation Architecture Recommendation for 2005－2030[R]Cleveland：NASA's Glenn Research Center，2006，1－165.

[10] 叶培建，彭兢．深空探测与我国深空探测展望[J]．中国工程科学，2006，8(10)：13－18.

[11] 刘韵洁，黄韬，张晨，等．未来网络的发展趋势与机遇[J]．无线电通信技术，2020，46(1)：1－5.

第2章　航天测控空间科学基础

本章介绍航天器测控通信的空间科学基础知识。2.1 节介绍航天器所处的近地空间环境和深空环境，以及这些环境对航天器飞行和测控通信工作的影响。2.2 节和 2.3 节分别介绍空间坐标系和时间系统。空间坐标系和时间系统是研究与实施航天器发射、跟踪测量、定轨等的基础，也是确定点位在空间的位置，描述运动规律的基础。2.4 节介绍航天器轨道及其测量的相关知识，包括航天动力学基础以及航天器轨道根数的概念，并介绍了卫星测控的特点。

2.1　空间环境及其对航天器的影响

空间环境是指航天器在空间运行时所处的环境。在太阳系内，空间环境大致可分为地球空间环境、行星空间环境和行星际空间环境。其中，地球空间环境称为近地空间环境，行星空间环境和行星际空间环境统称为深空环境。

2.1.1　近地空间环境

近地空间一般指从地面至行星际的空间范围。航天器在发射飞离地球阶段，尚在地球磁层以内运行（地球磁层顶高度约为 $10R_e$，R_e 为地球半径），此阶段探测器面临的空间环境为近地空间环境。近地空间中对航天器运行和航天测控存在较大影响的环境因素主要有太阳辐射、地球引力场和微重力、地球大气层、地球磁层和带电粒子辐射、流星体与空间碎片等。

1. 太阳电磁辐射

太阳每秒约辐射 3.9×10^{26}J 能量，包含从波长小于10^{-14}m 的射线到波长大于 10km 的无线电波。太阳电磁辐射是指太阳辐射中波长在电磁频段范围的输出。

太阳的电磁辐射与空间技术的关系十分密切。在航天活动中，太阳辐射是航天器电源的主要能量来源。太阳的电磁辐射作用于航天器表面时会产生压力。太阳的可见光和红外辐射随太阳活动的变化较小，但粒子辐射、X 射线、紫外辐射和无线电波有急剧变化。例如，在太阳耀斑期间，会引起电离层电子浓度急剧增大，导致短波和中波无线电信号衰落，噪声的增强也会对测控通信系统造成干扰。

2. 地球引力场和微重力

地球轨道航天器是在地球引力作用下绕地球做椭圆运动。根据牛顿万有引力定律，航天器必须有足够的速度克服地球引力才能绕地球运行。理想的地球是质量分布均匀的圆球体，引力中心位于地心。实际上地球不是理想的球形，地球赤道半径为 6378.137km，极半径为 6356.752km，平均半径约为 6371km，赤道周长大约为 40076km，呈两极稍扁赤道略鼓的不规则椭圆球体。地球的质量分布不均匀，因此引力场的分布也不均匀。不均匀的地球引力场对航天器运行轨道造成摄动,使得航天器运行轨道偏离理想轨道。

对于地球表面的物体或轨道飞行器而言,其有效重力由所受到的重力与运动所产生的惯性离心力共同决定。微重力环境是指物体所受天体的引力被与引力方向相反的离心力抵消大部分后,剩余微弱重力的环境。航天器在绕天然星体运动中,其离心力抵消了绝大部分重力,加之航天器内有各种各样的效应可引起类似重力的扰动,故而使得航天器内部呈现微弱的重力特征。

3. 地球大气层

根据大气的温度、密度及运动特性,可将大气层从海平面算起,依次向上分为5层,即对流层、平流层、中间层、热层和外层。地球大气层结构示意如图2-1所示。

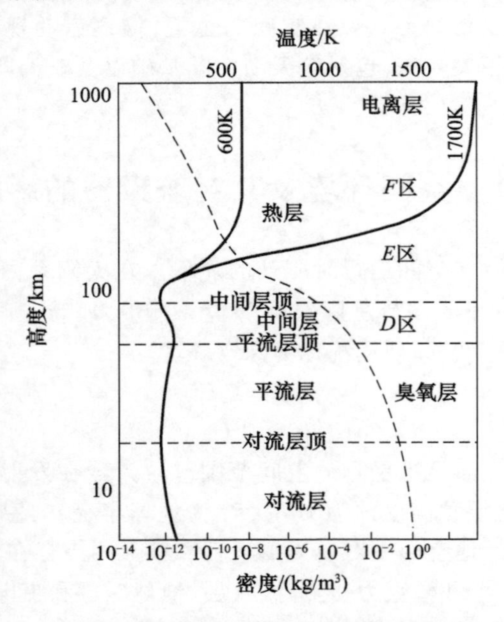

图2-1　地球大气层结构示意图(图中虚线为密度变化曲线)

对流层位于大气的最底层,从地球表面开始向高空延伸,直至平流层的起点为止。其厚度随着纬度与季节等因素而变化,平均厚度约为12km。平流层是距地表10~50km处的大气层。这一层气流主要表现为水平方向运动,对流现象减弱。对流层和平流层中大气质量几乎占全部大气的99.9%,这个区域是航空器的活动空间。

中间层是自平流层顶到85km之间的大气层。中间层内因臭氧含量低,温度垂直递减率很大,对流运动强烈。中间层顶附近的温度约为190K;空气分子吸收太阳紫外辐射后可发生电离,习惯上称为电离层的D层。

热层是指在中间层顶以上大气温度重新急剧升高,直至包含一部分温度不再随高度变化的区间的大气层。随着太阳活动情况不同,热层顶的高度和温度有较大的变化。热层顶高度为400~700km,热层顶温度为500~2100K。

热层顶以上的等温大气称为外层大气。层中大气的温度不再随高度而变化,分子或原子之间很少碰撞。由于温度很高,粒子运动速度很高,所以有时它们能脱离地球重力场,有的可能脱离地球引力而逃逸到太空。因此,外层大气也叫逃逸层。

4. 地球磁层和带电粒子辐射

带电粒子是威胁在轨航天器的重要环境要素之一。轨道上带电粒子的主要来源有地球辐射带、太阳能量粒子、银河宇宙线、太阳风等。本节主要介绍地球辐射带的影响。

地球和近地空间之间存在的磁场称为地磁场。地磁场主要来源于地球内部,只有一小部分来自于外层空间。电导率无穷大的太阳风把地球磁场限制在一个有限的空间内,这个空间称为磁层。磁层结构如图 2-2 所示。

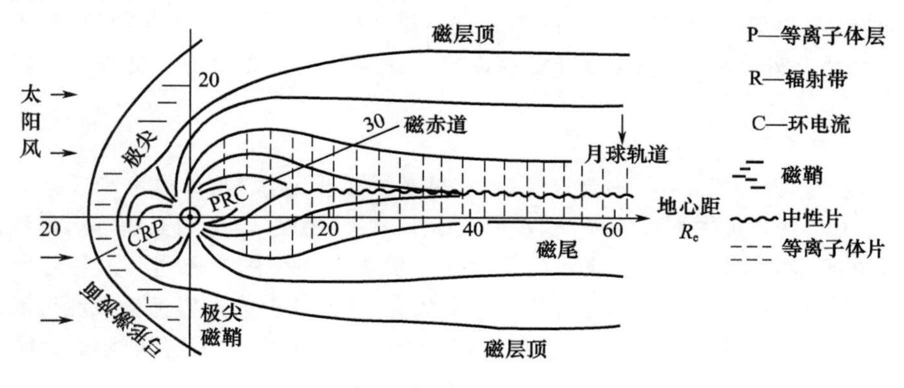

图 2-2　磁层结构示意图

磁层是地球控制的最外层区域,其直接与太阳风和行星际磁场接触。磁层与太阳风交界处的过渡区称为磁层顶,磁层顶的厚度为 400~1000km。太阳风和行星际磁场的扰动和变化,首先影响磁层产生磁扰,严重时将产生磁暴和磁层亚暴。当磁暴发生时,无线电通信因电离层遭到破坏而发生中断。

磁层中间充满着低能等离子体和高能带电粒子。主要的低能等离子体区域有边界层等离子体、等离子体片、极尖区等离子体和等离子层;高能带电粒子存在的区域称为辐射带。根据俘获粒子分布的空间位置不同,可分为内辐射带和外辐射带。内辐射带在赤道上方 600~1000km 处,分布在南北纬度约 40°的低纬度区域内,主要由质子和电子组成。质子能量为 4~40MeV(兆电子伏),电子能量约为 500keV(千电子伏)。内辐射带内的带电粒子有一定的贯穿辐射强度,对人体可造成伤害。外辐射带在赤道上空 1000~60000km 处,中心位置为 20000~25000km,纬度在南北55°~70°。外辐射带受太阳活动影响很大,其电子能量从几十千电子伏到几百千电子伏。

5. 流星体与空间碎片

运行于地球轨道的航天器都暴露在一定通量的天然微流星体和人造空间碎片环境中,航天器有可能以极高的速度与这些粒子发生碰撞。流星体和空间碎片碰撞造成的损害取决于撞击粒子的大小、密度、速度、方向以及被撞击结构的特性。

流星体是天然来源的粒子,几乎所有的流星体都来源于小行星或彗星。相对于地球,一个给定流星体流的所有粒子有几乎相同的撞击方向和速度。遭遇流星体流的典型持续时间为几小时到几天。不能形成确定流向的流星体称为零星的流星体。它们的通量数年内保持稳定,它们在撞击方向和速度方面没有任何明显的模式。流星体流的年度积分通量相当于零星流星体通量的 10% 。

空间碎片是指废弃的航天器残骸或因航天器爆炸、碰撞而产生的碎片。空间碎片的大小相差悬殊,大的如末级运载火箭,小的如固体火箭喷出的氧化铝微粒。空间碎片的空间分布与人类空间活动的区域有关,低轨道区域和地球同步轨道区域是空间碎片比较密集的两个区域。

2.1.2 深空环境

对深空天体和空间进行探测的航天器称为深空探测器。按国际电信联盟(ITU)的规定,距离地球不小于 2×10^6km 的空间为深空。深空探测器在执行任务期间,除了会遭遇地球空间环境之外,还将面临深空环境的影响。深空环境主要包括行星空间环境和行星际空间环境。

1. 恒星和星云

恒星是由发光等离子体(主要是氢、氦和微量的较重元素)构成的巨型球体。在天文学上,表征恒星的特征主要包括距离、星等、大小、质量、密度、温度和光谱等。恒星之间的广袤空间并不是真空的,其间充满了各种物质。恒星空间里的物质通称为星际物质。星际物质的分布是不均匀的,有的地方物质密度较大,在照片上或用望远镜观测可看到一些云雾状的天体,称其为星云。而那些星云以外的、极稀薄的星际空间物质则称为星际物质。

2. 星系

现代宇宙学将由恒星、星团、星云和星际物质构成的天体系统称为星系。太阳是离地球最近的恒星,由太阳、大行星、卫星、小行星、彗星、流星体陨星以及行星际物质等构成的天体系统称为太阳系。

太阳是太阳系的中心天体,集中了太阳系总质量的99.8%,控制着太阳系里各天体。太阳系有八大行星,在接近同一平面、以近于圆形的轨道朝同一方向绕太阳公转。按离太阳从近到远的顺序,八大行星的排列依次为水星、金星、地球、火星、木星、土星、天王星以及海王星,如图2-3所示。

图2-3 太阳和行星

除了八大行星外,太阳系中还有许多小行星,其绝大部分都分布在水星和木星轨道之间。此外,太阳系中还存在卫星系统,绝大部分行星(水星和金星除外)都有卫星绕其旋转。在木星、土星和天王星周围还发现有环。形状特殊的彗星和数量众多的流星体也都是太阳系里的成员。行星际空间还有稀薄的微小尘粒和气体,其大都集中于黄道面附近,反射太阳光后形成黄道光。行星际气体主要由离子和电子组成,这些粒子来自于太阳的粒子流,构成了太阳风,对地球大气层影响很大。

银河系是指包括太阳系在内的整个庞大的恒星系统,因其投影在天球上,形成一条银白色的亮带而得名。银河系的范围在10万光年左右,包含了1200～1400亿颗恒星。

3. 太阳和月球

在所有天体中,太阳是同人类居住的地球关系最密切的星球。太阳也是太阳系内唯一发光的天体,带给地球光和热。太阳活动包括黑子、光斑、谱斑、日珥(暗条)、耀斑、太阳光谱的远紫外辐射、X射线和射电辐射的缓变式与爆发式的增强、太阳等离子的运动和抛射以及快速电子和质子的加速等。这些现象都是彼此密切相关的,集中在太阳大气的某些局部区域内。太阳上许多变化过程同地球上的许多现象都有着紧密的联系,对人类航天活动也有很大的影响,如来自太阳的粒子辐射对于航天员的安全以及人造卫星的材料、仪器有极大的危害。

月球是地球的天然卫星,是除流星和人造天体之外离我们最近的天体。月球的平均半径为1738.2km,体积为$2.200\times10^{10}km^3$,质量为$7.350\times10^{24}kg$。由万有引力定律公式可得出,月球表面重力加速度为$1.622m/s^2$,约为地面表面重力加速度的1/6。经过天文学家的研究测量,地月平均距离为(384401±1)km。月球沿一个椭圆轨道绕地球转动,绕转的中心不是地球的质心,而是地球、月球构成的地月系的中心,即地球与月球的共同质心;绕转方向与地球绕太阳的公转方向相同,即由西向东运行。月球在绕地球转的同时,还有本身的自转。月球表面高低起伏,有陆、山、海、谷和辐射纹等月貌结构。月球上没有大气和水,温度变化十分剧烈。月面上处于白昼时,太阳光直接照射,温度达130～140℃;在黑夜则降至-173℃。人类在月球的飞行任务中没有探测出月球的磁场。月球的内部结构也像地球一样分为核、幔、壳3部分。

2.1.3 空间环境对航天器及测控通信的影响

不同的空间环境对运行其中的航天器有不同的影响。表2-1给出了常见的近地空间环境因素对不同航天轨道中航天器的主要影响。

表2-1 不同空间环境对航天器的主要影响

要素	空间环境			
	LEO (100～1000km)	MEO (1000～10000km)	GEO (36000km)	深空探测轨道
中性大气	阻力影响轨道衰变,原子氧剥蚀航天器表面	几乎无影响	几乎无影响	几乎无影响
等离子体	影响通信和测控,有高充电可能	影响微弱,有高充电可能	充电问题严重	影响微弱
高能带电粒子	高纬度地区发生单粒子事件效应	辐射带和宇宙线的剂量效应、单粒子事件效应严重	宇宙线的剂量效应、单粒子事件效应严重	宇宙线的剂量效应、单粒子事件效应严重
磁场	影响航天器姿态	影响航天器姿态	影响微弱	无影响
太阳能辐射	影响表面材料性质	影响表面材料性质	影响表面材料性质	影响表面材料性质

续表

要素	空间环境			
	LEO (100 ~ 1000km)	MEO (1000 ~ 10000km)	GEO (36000km)	深空探测轨道
地球大气辐射	影响航天器辐射收支	影响微弱	无影响	无影响
流星体	低碰撞概率,产生机械损伤	低碰撞概率,产生机械损伤	低碰撞概率,产生机械损伤	低碰撞概率,产生机械损伤
空间碎片	碰撞概率最大区,产生较重机械损伤	低碰撞概率,产生机械损伤	碰撞概率较大区,产生较重机械损伤	无影响

对于深空探测器,除了遭遇地球空间环境外,还将面临深空环境的影响,主要包括行星际飞行空间环境和行星空间环境两个方面。因此,深空探测器的航行中,必须考虑任务不同阶段遭遇的各类空间环境适应性问题。

在发射飞离地球阶段,航天器尚在地球磁层以内运行。此阶段探测器面临的空间环境为近地空间环境。

从地球向天体转移阶段,指飞行器从穿越地球磁层顶开始,直至到达目标星体周围为止。对于月球探测,此阶段时长约数天;对于火星探测,此阶段时长为数月;对于其他行星探测,此阶段时长可为数年。此阶段探测器面临的空间环境为行星际环境,主要包括太阳宇宙线、银河宇宙线、热辐射、紫外辐射等。

在天体周围与表面运行阶段为探测器的任务目标阶段,包括围绕目标天体运行、着陆天体表面以及在天体表面巡视等活动,工作时长可从数日到数年。此阶段探测器除遭遇来自太阳的常规环境外,还将面临天体自身所特有的特殊空间环境,如火星的大气与尘埃、木星的强磁场与强辐射、金星的稠密大气与硫酸云、月球的尘埃、各星球表面的地形地貌等。对于内太阳系的固态行星,以及行星的卫星,应特殊考虑表面形貌对空间环境的影响,如大气的不同特性;对于外太阳系的气态行星,应重点考虑大气层环境因素等对深空探测器的影响。

空间环境对测控通信的影响主要表现在电磁波的传播上。大气层对电磁波辐射有屏蔽作用,只有特定的窗口允许电磁波进出大气。即使能够穿透大气层,不同频率的电磁波也会因不同的大气电离层特性而产生信号衰减。因此,测控通信必须考虑电磁波频段选择。不同频段的无线电波在大气中的传播方式将在第 3 章介绍。再如,高速飞行器在再入大气层时,再入体与周围大气的激烈摩擦以及再入体对大气层的压缩使飞行器周围的空气温度激增,致使稠密的大气发生离解和电离,从而在飞行器四周形成一定厚度的电离气体层,称为“再入等离子鞘套”。此鞘套将对无线电波的传播产生严重影响,使信号严重衰减,造成飞行器与地面测控设备之间的无线电联系信号中断。此外,如导弹(火箭)发动机的喷焰将形成比弹体大几倍的等离子区,且区内湍流异常剧烈。当无线电波经过它时,信号受到严重衰减,相位产生畸变或延迟。喷焰不稳定还会附加很强的电噪声等。这些因素对测控通信都是十分不利的。

2.2 空间坐标系

描述物体在空间的位置、运动速度和运动轨迹等需要在一定的坐标系中进行。航天测控中,坐标系是表述运载器和航天器在空间运动的参照系,是研究与实施导航、定位、天体测量和航天器发射、跟踪测量以及定轨等的基础。

为了建立一个坐标系,需要确定4个要素,即原点、基准平面、主轴和第3个坐标轴。其中:原点是坐标系在物理上可确认的起点;基准平面包含坐标系的两个轴;建立了基本平面后,可以通过定义一个始于原点并与该平面垂直的单位矢量来建立第1个轴,之后确定主轴,主轴的单位矢量可以通过在基准平面内定义从原点到某个可见的、遥远的物体(如某个星体)的指向得到;有了这两个轴的方向,通过右手法则可以确定第3个轴的方向。由此4个元素即可建立起坐标系。

根据坐标系原点所在位置不同,航天测控中常用到以下几种坐标系。

1. 原点在地心的坐标系

包括地心赤道坐标系、地心轨道坐标系、地心黄道坐标系、2000国家大地坐标系(CGCS2000)等。

例如,CGCS2000如图2-4(a)所示。其基本要素有以下几个。

原点:位于地心。

基准平面:地球赤道平面。

轴向:第一轴 O_eZ_e,指向国际地球自转服务(IERS)参考极方向,定向与国际时间局(BIH)的定向一致;主轴 O_eX_e,为IERS参考子午面与通过原点且同 Z 轴正交的赤道面的交线;第三轴 O_eY_e,与 O_eX_e 和 O_eZ_e 构成右手直角坐标系。

2. 原点在日心的坐标系

包括日心黄道坐标系、J2000.0日心坐标系、日心球面黄道坐标系和日心球面平赤道坐标系等。当原点在行星(水星、金星、火星、木星、土星、天王星和海王星)中心时,所定义的坐标系与日心坐标系类似。

例如,日心球面平赤道坐标系(M,α,δ)如图2-4(b)所示。其基本要素如下:

原点:位于日心。

基准平面:对应历元2000.0时刻的日平赤道。

轴向:M 为日心到空间点 N 的距离,α 为赤经,δ 为赤纬。

3. 原点在地球表面的坐标系

包括发射坐标系、发射惯性坐标系、水平定向坐标系、航天器(返回)坐标系、大地坐标系(h,L,B)和逃逸飞行器发射坐标系等。

例如,大地坐标系(h,L,B)如图2-4(c)所示。其基本要素如下:

原点:位于格林尼治子午线与地球赤道的交点。

基准平面:地球赤道平面。

轴向:h 为从参考椭球表面量起的法向距离(高度),L 为大地经度,B 为大地纬度。

4. 原点在航天飞行器质心的坐标系

包括运载火箭箭体坐标系、速度坐标系、惯性平台坐标系、运载火箭箭体球面坐标系、航天器轨道坐标系、航天器直角坐标系、逃逸飞行器体坐标系、逃逸飞行器质心坐标系、逃逸飞行器速度坐标系、船箭对接坐标系和卫星本体坐标系等。

例如,航天器轨道坐标系 $OX_OY_OZ_O$ 如图2-4(d)所示。其基本要素如下:

原点:位于航天器质心。

基准平面:航天器轨道平面。

轴向:主轴 OZ_O 在航天器轨道平面内,指向航天器到地心的方向;OX_O 在航天器轨道平面内,垂直 OZ_O 轴,指向航天器运动方向;$OX_OY_OZ_O$ 为右手直角坐标系。

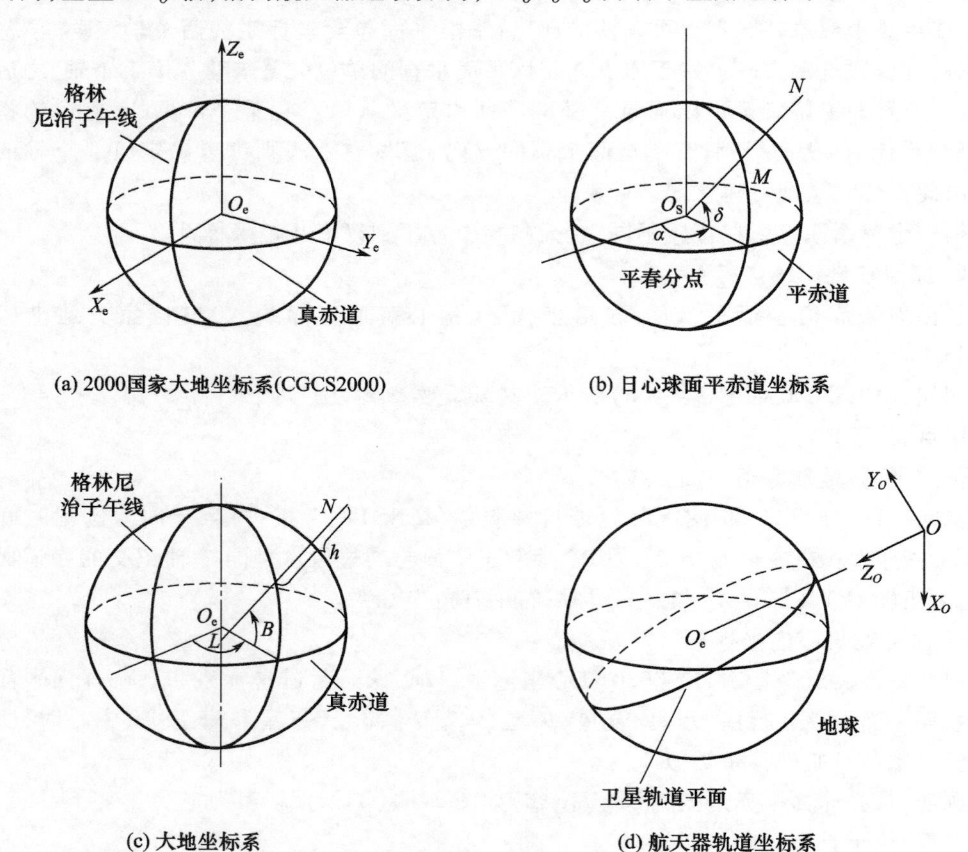

图 2-4 航天坐标系

2.3 时间系统

在天文学和空间科学技术中,时间系统是精确描述天体和卫星运行位置及其相互关系的重要基准。在航天工程中,精确的时间系统是保证对航天器测量控制准确的重要条件之一。同时,严格统一的时间标准也是一切航天活动的必要前提。

2.3.1 常用时间系统

时间有两种含义,即时间间隔和时刻。时间间隔是指事物运动处于两个(瞬间)状态之间所经历的时间过程,它描述了事物运动在时间上的持续状况;而时刻是指发生某一现象的时间。时间系统规定了时间测量的标准,包括时刻的参考基准(起点)和时间间隔测量的尺度基准。根据这两个参数的不同,定义了多种不同的时间系统。航天测控中最常用的时间系统有以下几种。

1. 世界时系统

最早建立的时间系统是以地球自转为基础的恒星时和太阳时。恒星时以春分点作为参考点,太阳时以太阳中心作为参考点,二者的时间尺度都以参考点连续两次经过某地的子午圈的时间间隔为基准建立。

由于地球公转的轨道为椭圆,根据开普勒行星运动三定律可知其运动角速度是不同的,因此太阳时的长度不恒定。为了弥补太阳时不均匀的缺陷,人们建立了平太阳时。假设一个参考点的视运动速度等于真太阳周年运动的平均速度,且在天球赤道上做周年视运动,这个假设的参考点在天文学中称为平太阳。平太阳两次经过某地子午圈的时间间隔称为一个平太阳日。以其为基础均匀分割后,可获得平太阳时系统中的"时""分""秒"。

以平子夜为零时起算的格林尼治平太阳时称为世界时(UT)。由于世界时以地球自转周期作为时间基准,而地球自转的速度是不均匀的,且地极在地球上的位置不是固定不变的,即存在极移现象,因此世界时不能严格满足作为一个时间系统的基本条件。为了使世界时尽可能均匀,在世界时中引入了极移修正和地球自转速度的季节性修正。将直接根据天文观测测定的世界时称为UT0,把经过极移改正后的世界时称为UT1,把再经过地球自转速度季节性改正后的世界时称为UT2。

2. 原子时系统

原子时(AT)是以原子运动所产生的恒定频率为基准而建立的时间计量系统,它具有极高的稳定度和精密度。将位于海平面上的铯133(^{133}Cs)原子基态两个超精细能级间在零磁场中跃迁辐射振荡9192631770周所持续的时间定义为原子时的1s,而原子时的起点规定为1958年1月1日0时整。原子时由原子钟确定和维持。由于电子元器件及外部运行环境的差异,同一瞬间每台原子钟所给出的时间并不严格相同。为了避免混乱,依据全球多台自由运转的原子钟的数据建立了统一的时间系统——国际原子时(TAI)。

稳定性和复现性都很好的原子时能满足高精确度时间间隔测量的要求,但有不少领域,如天文导航、大地天文学等又与地球自转有密切关系,离不开世界时。由于原子时是一种均匀的时间系统,而地球自转存在不断变慢的长期趋势,所以原子时和世界时之间存在的差异越来越明显。为同时兼顾上述用户的要求,国际无线电科学协会于20世纪60年代建立了协调世界时(UTC)。UTC的秒长严格等于原子时的秒长,而UTC与世界时间的时刻差规定需要保持在0.9s以内,否则将采取闰秒的方式进行调整。

3. GPS 时

GPS时是全球定位系统(GPS)使用的一种时间系统。它是由GPS的地面监控系统和GPS卫星中的原子钟建立和维持的一种原子时,其起点为1980年1月6日00时00分00秒。在起始时刻,GPS时与UTC对齐,这两种时间系统所给出的时间是相同的。由于UTC存在跳秒,因而经过一段时间后,这两种时间系统中就会相差n个整秒,n是这段时间内UTC的积累跳秒数,将随时间的变化而变化。

2.3.2 时间统一系统

时间统一系统通常简称时统,在发射试验场用于统一标记相对于起飞时刻的时间;在通信测控网中是指时间服务系统的授时以及各节点的定时、守时系统。

1. 时间服务系统

时间服务系统是指发播标准频率、协调世界时和世界时信号的机构,也称授时系统。系统业务基于天文观测产生均匀精确的时间尺度。世界各国都有时间服务系统,授时手段各异,分为陆基授时和空间授时。中国的时间服务系统设在陕西天文台,用大功率发射机播发短波时号和长波时号,提供标准时间和标准频率。中国还采用了国外短波授时台发出的标准时间频率信号。

2. 航天测控网的时间统一系统

跟踪测量航天器时,由于地球曲率和无线电波传播特性的制约,每个测控点所得数据的时间点都是不一致的。为了计算航天器的轨道,必须将测控点的数据精确定位于统一的时间和坐标上。

中国航天通信测控网时统由时间基准及发播系统、时频信号接收机、本地频率标准、时码产生器、用户设备等组成,如图 2-5 所示。各测控点都配有接收和解调时间服务系统发播的协调世界时和标准频率的定时校频设备,用以校正本地频率与本地时钟。本地频率源由高稳定度和准确度的原子钟实现。时间码产生器可以实现与授时信号一致的同步精度,产生规定格式的时间编码,再经匹配放大送至各计算机或设备。

星上时间校准采用集中校时与均匀校时两种方法,这两种方法都需要定时将星上时间传回地面,比对、计算出星上时间与标准时间的误差。集中校时是把地面测定的时间误差反馈回星上进行一次性校正;均匀校时是地面根据计算出的时间误差拟合曲线参数遥控星上时钟进行修正。集中校时可以消除累计误差,均匀校时有利于保持星上时间的连续性,两种方法通常配合使用。

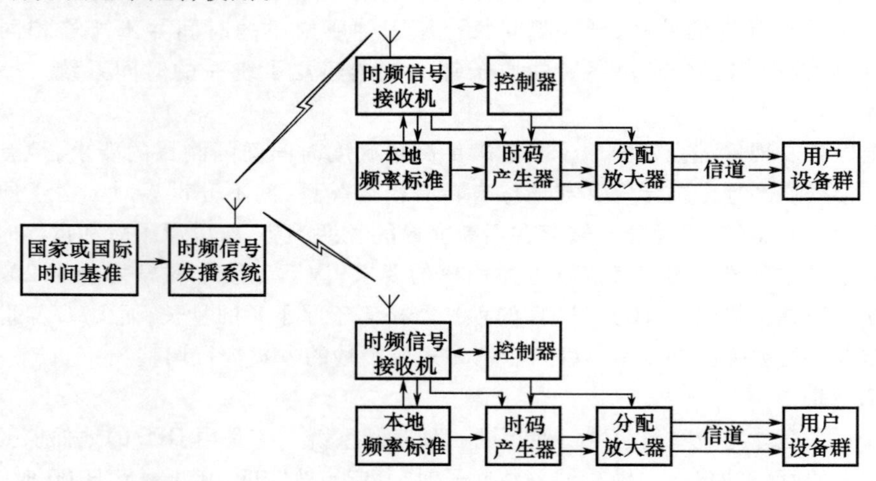

图 2-5 中国航天通信测控网时统组成示意框图

3. 时间码格式

时间码是时间信息的数字化表示,它是按照一定的格式对时间信息进行编码的结果。时间码格式是时间码的规格式样。《CCSDS301.0-B-2:时间码格式》对各空间组织的空间数据系统之间进行时间信息交换时所用的 4 种时间码格式进行了规定,包括 CCSDS 未分段时间码(CUC 码)格式、CCSDS 日分段时间码(CDS 码)格式、CCSDS 日历分段时间码(CCS码)格式和CCSDS ASCII日历分段时间码(ASCII码)格式。CCSDS对空间数据系统内部进行时间信息交换时所用的时间码格式,以及稳定度、精度等与时间有关的技术性能,未做具体规定。

2.4 航天器轨道

航天器轨道是航天器质心的运动轨迹。航天器由运载火箭发射进入轨道后,所受到的主要作用力有地球对航天器的引力、太阳和月球对航天器的引力、大气阻力、光辐射压力、地球潮汐力等。因此,航天器运动时是一个复杂的受力系统,其运动轨道是一个复杂曲线。

航天器围绕地球运动的规律与行星围绕太阳飞行的规律是相同的。轨道力学基本理论是研究航天器轨道运动的重要基础。

2.4.1 轨道力学基本理论

1. 开普勒定律

约翰尼斯·开普勒(1571—1630年)通过观察行星绕太阳的运动,总结取得的观察数据,提出了行星绕太阳运行规律的假设,即著名的开普勒三大定律。开普勒定律也称为“行星运动定律”,它普遍适用于空间中通过万有引力相互作用的任意两个物体,两个物体中质量较大的为“主体”,质量较小者为“副体”。

1) 开普勒第一定律

开普勒第一定律也称椭圆定律。该定律说明每一行星沿各自的椭圆轨道环绕太阳运动,太阳处在椭圆的一个焦点上。

对于航天器而言,开普勒第一定律表明航天器围绕地球运动的轨迹是椭圆,地球的质心是航天器运行椭圆轨道的一个焦点,如图2-6所示。图中O_e为坐标原点,p为近地点,r_p为近地点地心距,r_a为远地点地心距。

椭圆轨道的半长轴为

$$a=\frac{r_p+r_a}{2} \tag{2-1}$$

椭圆轨道的偏心率为

$$e=\frac{r_a-a}{a}=\frac{a-r_p}{a}=\frac{r_a-r_p}{r_a+r_p} \tag{2-2}$$

2) 开普勒第二定律

开普勒第二定律也称面积定律。该定律说明从太阳到行星的矢量在相同时间内扫过相同的面积。如图2-7所示,图中S_1面积与S_2面积相等。对于航天器而言,在相等时间内,航天器与环绕天体质心的连线在轨道上扫过的面积相等。结合开普勒第一定律,航天器围绕地球沿椭圆轨道运动,在轨道上每一点与地球的距离都不一样,因此开普勒第二定律表明航天器在轨道上的运动是非匀速的。靠近近地点的速度快,而靠近远地点的速度慢。

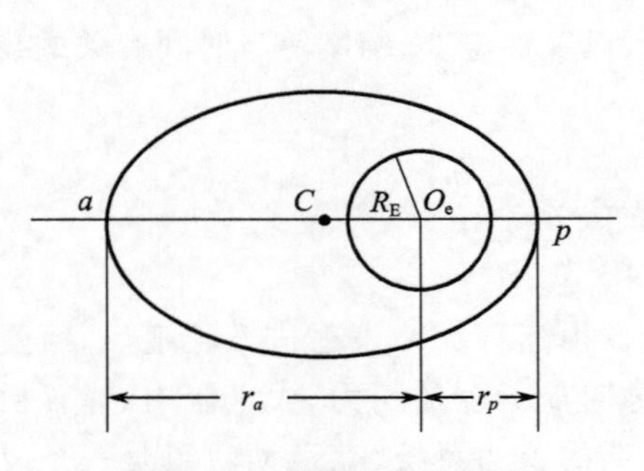

图 2-6　椭圆轨道示意图

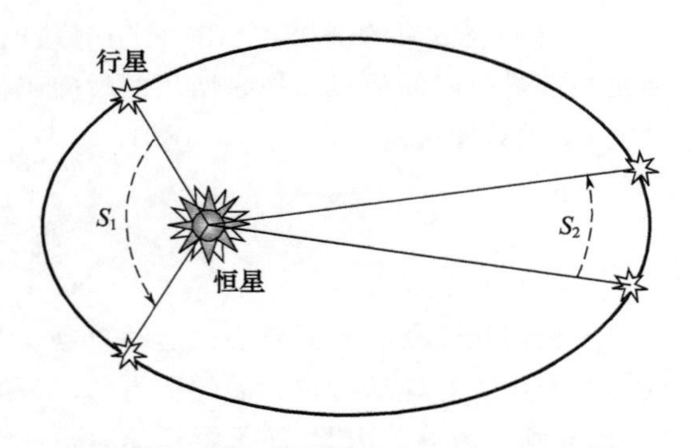

图 2-7　航天器相同时间扫过相同面积

结合运动方程和机械能守恒原理，可以推导出航天器在椭圆轨道上与地心距离为 r 处的瞬时运行速度为

$$v = \sqrt{\mu\left(\frac{2}{r} - \frac{1}{a}\right)} \tag{2-3}$$

式中：a 为椭圆轨道半长轴；μ 为开普勒常数，其值为 $3.986 \times 10^5 \text{km}^3/\text{s}^2$。

因此，在近地点 $r_p = a(1-e)$，航天器的瞬时速度为

$$v_p = \sqrt{\frac{\mu}{a}\left(\frac{1+e}{1-e}\right)} \quad (\text{km/s}) \tag{2-4}$$

在远地点 $r_a = a(1+e)$，航天器的瞬时速度为

$$v_a = \sqrt{\frac{\mu}{a}\left(\frac{1-e}{1+e}\right)} \quad (\text{km/s}) \tag{2-5}$$

对于圆形轨道，$e=0$。此时 $r=a$，理论上航天器具有恒定的速度

$$v = \sqrt{\frac{\mu}{r}} \tag{2-6}$$

3）开普勒第三定律

开普勒第三定律也称为周期定律。该定律说明所有行星的轨道半长轴的 3 次方与行星的公转周期的 2 次方的比值相同。对于航天器而言，意味着绕天体运行的航天器椭圆半径长轴越大，运行的周期就越长，航天器的轨道运行速度就越小。另外，无论轨道形状如何，只要半长轴相同，它们就有相同的运行周期，周期为

$$T = 2\pi\sqrt{\frac{a^3}{\mu}} \quad (\text{s}) \tag{2-7}$$

特殊情况下，对于圆形轨道，有

$$T = 2\pi\sqrt{\frac{(R_e + h)^3}{\mu}} \tag{2-8}$$

式中：R_e 为地球半径，一般取 6378km；h 为卫星轨道离地面的高度。

2. 万有引力定律

艾萨克·牛顿（1643—1727 年）根据自己的力学原理，并采纳了与开普勒同一时代的

伽利略的研究成果对开普勒定律进行了证明，揭示了开普勒定律中描述的两物体间相对运动规律，并在1667年发现了万有引力定律。

牛顿万有引力定律表述为：两个质量为 m 和 M 的物体相互吸引，吸引力的大小与它们的质量成正比，与它们之间距离 r 的平方成反比，即

$$F=\frac{GMm}{r^2} \tag{2-9}$$

式中：G 为常数，称为万有引力常数，$G=6.672\times10^{-11}\mathrm{m}^3/(\mathrm{kg}\cdot\mathrm{s})^2$；地球质量 $M=5.974\times10^{24}\mathrm{kg}$。$GM$ 的积 $\mu=GM=3.986\times10^5\mathrm{km}^3/\mathrm{s}^2$，通常称为开普勒常数。

3. 宇宙速度

天体虽然庞大，但与天体之间的距离相比是非常小的，因此可以将其视作质点处理。这样，两质点之间的引力定律也完全适用于两天体之间。根据牛顿万有引力定律，将航天器和地球视为质点，可以计算从地球表面发射的航天器环绕地球、脱离地球和飞出太阳系的最小速度，这3个速度分别称为第一、第二和第三宇宙速度，用 v_{I}，v_{II}，v_{III} 表示，其值依次约为7.9km/s、11.2km/s、16.7km/s。

当飞行器的速度 $v_{\mathrm{R}}<v_{\mathrm{I}}$ 时，轨道是与地球表面相交的椭圆，如远程导弹轨道；当飞行器速度 v_{R} 介于第一宇宙速度和第二宇宙速度之间，即 $v_{\mathrm{I}}<v_{\mathrm{R}}<v_{\mathrm{II}}$ 时，飞行器不能摆脱地球引力而成为绕地球飞行的人造卫星，其轨道多为椭圆形；当飞行器轨道速度 $v_{\mathrm{R}}\geqslant v_{\mathrm{II}}$ 时，飞行器将脱离地心引力飞向太空，其轨道为抛物线（$v_{\mathrm{R}}=v_{\mathrm{II}}$）或双曲线（$v_{\mathrm{R}}>v_{\mathrm{II}}$）。飞行器轨道与速度的关系如图2-8所示。

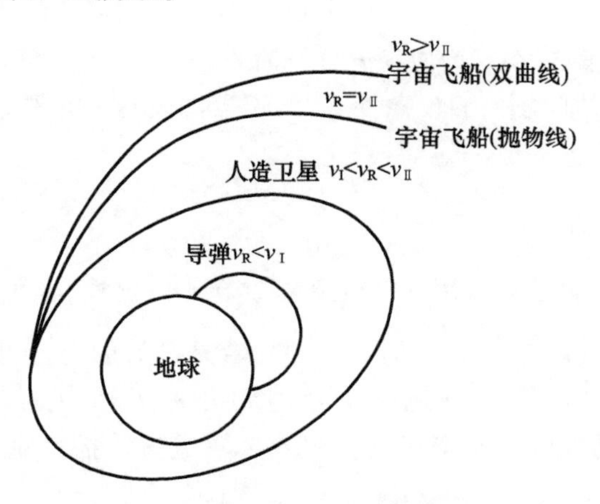

图2-8　飞行器速度与轨道的关系

4. 多体和二体问题

在天文学中，如何确定多个物体在其间的相互引力作用下的运动称为多体问题，典型的例子如行星绕太阳的运动和恒星团中恒星的运动。飞船、地球卫星等航天器在其运动的任何给定时刻，均受到多个引力的作用，还可能受到其他的力，如阻力、推力和太阳辐射压力等的作用。因此，研究航天器相对地球的运动，必须建立 N 体问题的相对运动方程。

用 j 代表物体，m_j 表示其质量。$j=1$ 代表地球，m_1 为地球的质量；$j=2$ 代表航天器，m_2 为航天器的质量；其余的 $j(j=3,4,\cdots)$ 及 m_j 分别代表月球、太阳和其他行星及其相应的质量。根据动力学定律，并经适当简化后的航天器相对于地球运动的动力学方程为

$$\frac{\mathrm{d}^2\boldsymbol{r}_{12}}{\mathrm{d}t^2}=-\frac{G(m_1+m_2)}{r_{12}^3}\boldsymbol{r}_{12}-\sum_{j=3}^{n}Gm_j\left(\frac{\boldsymbol{r}_{j2}}{r_{j2}^3}-\frac{\boldsymbol{r}_{j1}}{r_{j1}^3}\right) \tag{2-10}$$

式中：$\boldsymbol{r}_{ij}$为连接物体 i、j 质心的矢量，方向由 i 指向 j；$\boldsymbol{r}_{12}$为地球质心到航天器的矢量，方向由地球质心指向航天器；$\mathrm{d}^2\boldsymbol{r}_{12}/\mathrm{d}t^2$ 为航天器相对于地球运动的加速度矢量；r_{ij}为物体 i、j 间的距离；r_{12}为地球与航天器间的距离。

式(2-10)右边第一项是航天器与地球之间的引力加速度，第二项是太阳及其他行星对近地飞行航天器的引力加速度，该项加速度可视为其对航天器的摄动影响。

航天器在近地空间运动时，主要受地球与航天器之间的引力支配，太阳、月球等其他星球由于距离遥远，对航天器的作用力影响非常小。因此，进行初步分析时，这些影响可以忽略，即假定：只考虑地球与航天器两个物体；航天器受到的唯一作用力是地球引力；地球是理想的球体；相对于地球，航天器的质量忽略不计。由此航天器围绕地球的运动简化为二体问题，航天器的运动方程式(2-10)简化为

$$\frac{\mathrm{d}^2\boldsymbol{r}}{\mathrm{d}t^2}+\frac{\mu}{r^3}\boldsymbol{r}=0 \tag{2-11}$$

式中：$\boldsymbol{r}$ 为地球质心到航天器的单位矢量，方向由地球质心指向航天器；r 为地球质心到航天器的距离；μ 为开普勒常数。

求解方程式(2-11)，可得到航天器的运动轨迹，一般为圆锥曲线，即

$$r=\frac{p}{1+e\cos f} \tag{2-12}$$

式中：p 为半通径；e 为偏心率；f 为向径 $\boldsymbol{r}$ 与长轴的夹角（真近点角）。

因此，在限制性二体问题的假设条件下，航天器的轨道一定是椭圆、抛物线或双曲线中的某一种。

2.4.2　轨道基本参数

航天器于某时刻的轨道通常用 6 个轨道根数 $\sigma_i(t_i)$ 描述，也可以用航天器的位置矢量 $\boldsymbol{r}_i(t_i)$ 和速度矢量 $\dot{\boldsymbol{r}}_i(t_i)$ 表示。在同一时刻二者是等效的，且可以互换。航天器于某时刻的轨道根数 $\sigma_i(t_i)$ 反映的是地球主引力和各种摄动力综合作用的结果。所以 $\sigma_i(t_i)$ 又称为有摄运动的瞬时轨道根数。用 6 个轨道根数描述航天器的运动状态比较直观。

在 t 时刻，将航天器轨道平面置于以地球质心为原点、以赤道面为基本平面的惯性坐标系中，如图 2-9 所示。

图 2-9 中 O_eXYZ 为惯性坐标系。O_e 为地球质心，X 轴指向平春分点，Z 轴在基本平面的法向，指向北极。

1. 轨道平面的位置($\boldsymbol{\Omega}$、$\boldsymbol{i}$)

轨道平面与赤道平面相交于直线 $\bar{N}O_eN$，称为交点线。N 为航天器从南半球至北半球所经过的点，称为升交点。直线 O_eN 与主轴的夹角 Ω 称为升交点赤经(0°~360°)。$\bar{N}$ 为航天器从北半球至南半球所经过的点，称为降交点。

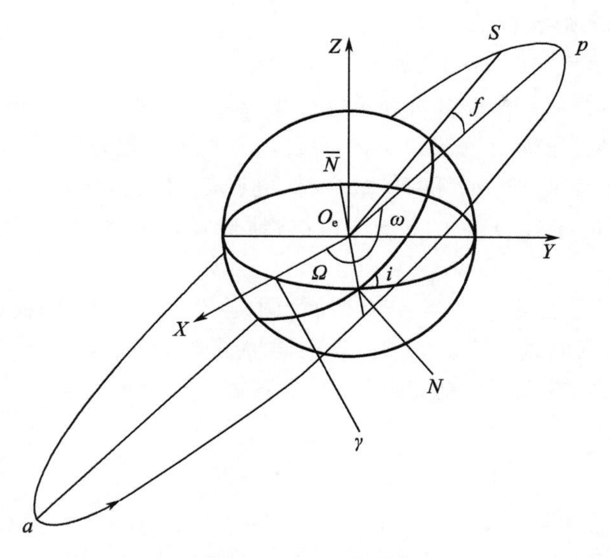

图 2－9　航天器轨道

以交点线为角顶，轨道平面与赤道平面间夹角 i 是轨道平面的倾角，称为轨道倾角。几种不同倾角的轨道如图 2－10 所示。倾角等于 0°或 180°的轨道，其轨道面与赤道面重合，称为赤道轨道。倾角等于 90°的轨道，航天器飞越地球南北极，称为极地轨道。如果 $i<90°$，航天器轨道与地球自转方向一致（自西向东绕地球运动），称为顺行轨道。如果 $i>90°$，航天器轨道与地球自转方向相反（自东向西围绕地球运转），称为逆行轨道。

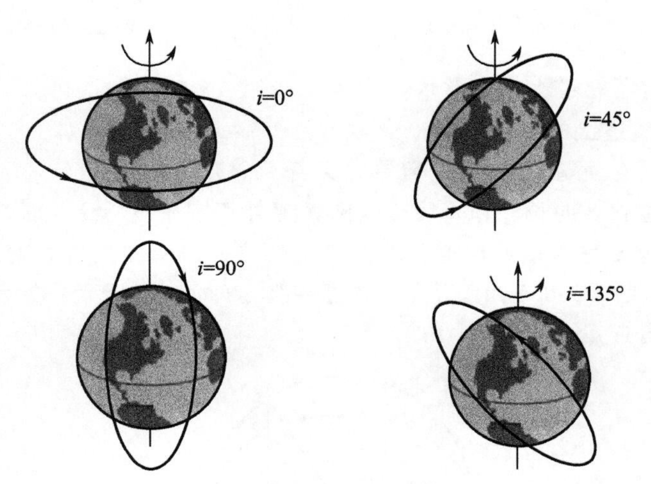

图 2－10　轨道倾角示意图

根数 Ω、i 确定了轨道平面在坐标系中的位置。

2. 轨道平面内轨道位置（ω）

从坐标原点至近地点 p 的连线称为拱线，p 点称为拱点。拱线与交点线间夹角 ω 称为近地点辐角（也称为近地点角距），$0°\leqslant\omega<360°$。

根数 ω 确定了轨道长轴在轨道平面内的位置（或方向）。

3. 轨道的大小和形状(a、e)

轨道的大小和形状如图 2-11 所示。

图 2-11 中,半长轴 a 指椭圆近地点与远地点之间距离的一半,表示轨道的大小。半长轴也等于平均半径,是确定轨道大小的参数。S 为航天器的质心,F_1 为地球质心,F_1 和 F_2 为椭圆的两个焦点,当 F_1 和 F_2 重合时,椭圆轨道变为圆轨道。对于圆轨道而言,半长轴就是圆轨道的半径,r 为航天器质心与地球质心的距离,$2c$ 为两个焦点之间的距离。

偏心率 e 确定轨道的形状。当 $e=0$ 时,为圆;当 $0<e<1$ 时,为椭圆;当 $e=1$ 时,为抛物线;当 $e>1$ 时,为双曲线。当 $e\geqslant1$ 时,航天器将脱离地球引力进入太阳系,成为围绕太阳运转的人造行星,或者飞到其他星球上去,如图 2-12 所示。

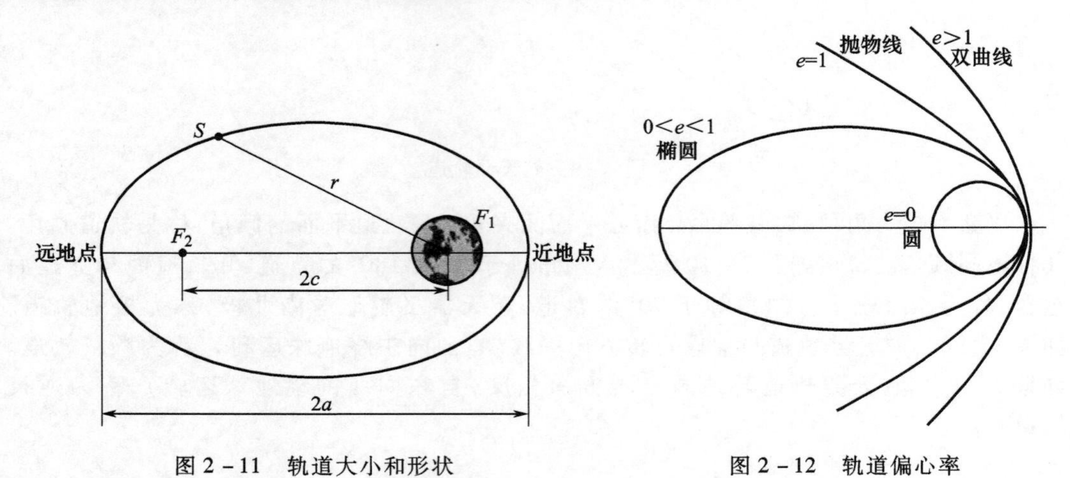

图 2-11 轨道大小和形状　　图 2-12 轨道偏心率

根数 a、e 确定了轨道大小和形状。

4. 航天器在轨道上的位置

为表示航天器在轨道上的位置,需要定义若干个近点角。

由卫星所在位置 S 向长轴作垂线交椭圆轨道外切圆于 S^* 点,从长轴二分点 C 至 S^* 连线与长轴的夹角 E 称为偏近点角。近地点 p 与航天器所在位置 S 对地心 O_e 的张角 f 称为真近点角($0°\leqslant f<360°$)。真近点角描述在特定时间点(历元)航天器在轨道上的位置。偏近点角和真近点角如图 2-13 所示。

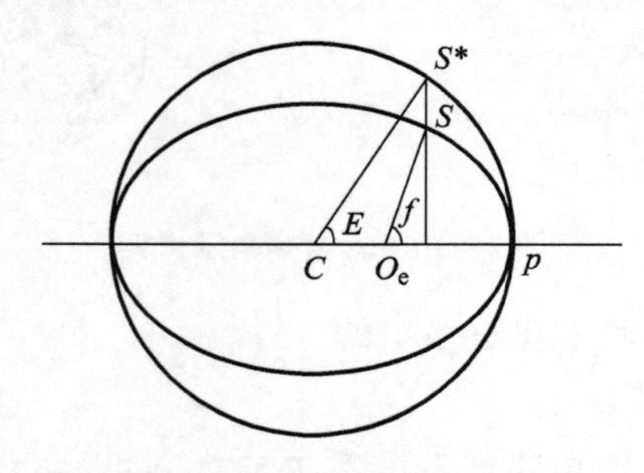

图 2-13 偏近点角和真近点角

升交点 N 与航天器瞬时位置 S 对地心的张角 u 称为纬度辐角。u 在轨道面内取值为

$0° \sim 360°$。纬度辐角 $u = \omega + f$。

一个与真卫星轨道周期相同的虚拟星，在轨道上做匀速运动，于某时刻 t，虚拟星离开近地点 p 的张角 M 称为平近点角。

2.4.3 轨道摄动、确定与机动

1. 轨道摄动

航天器在轨运动时，除了受到二体问题中所讨论的地球的吸引力以外，还受到其他微小作用力的作用，如太阳和月球引力、近地轨道的大气阻力、地球海洋潮汐、地球内部运动和大气扰动等。将航天器所受到的其他各种力的影响统称为摄动力，考虑摄动力作用所得到的飞船运动轨道与不考虑摄动力所得到的轨道之间的偏差，称为飞船所受到的摄动。

摄动有两种形态：一种叫长期摄动，如果有这种摄动，则轨道要素总是朝着同一方向变化；另一种叫周期摄动，如果有这种摄动，则轨道要素的数值有时增加，有时减小，但在某一平均值附近摆动。有些周期摄动因其周期太长，可以将其看作长期摄动。

轨道摄动的研究方法可以基于二体问题方法进行。由于二体问题已有精确的解析解，而其他扰动的影响又小，因此可以用小参数摄动方法来求近似分析解。这种方法是基于以下物理原理：把航天器在轨运动看成基本上沿原定轨道运动，在微小摄动力作用下产生微小偏离。偏离后，航天器将沿着另一条略微不同的轨道运动。然后，继续在微小摄动作用下又产生微小偏离。航天器又将沿着另一条略微不同的轨道运动。因此，可以设想每时每刻都有一条新轨道与原轨道相切，新轨道称为密切轨道或瞬时轨道。飞船的实际轨道就是密切椭圆的空间包络线。原轨道的 6 个轨道参数不再是常数，而是在摄动作用下随时间变化的函数。飞船的位置矢量和速度矢量在实际轨道和密切椭圆上是一样的，但其加速度矢量不同。

2. 轨道确定

轨道确定是指利用观测数据确定航天器轨道的过程。航天器的轨道确定包括两个步骤：初轨确定与轨道改进。初轨确定是指应用少量数据确定粗略的轨道要素，并将其作为轨道改进的初值。实际的航天工程要求初始轨道的计算方法可靠且迅速，因此一般不考虑较复杂的摄动影响。轨道改进是指应用观测模型求解一组轨道要素，使得计算出的轨道和观测数据之间的差在加权最小二乘的意义下为极小。

空间飞行器轨道确定基本上可以分为两大类：非自主和自主。非自主测轨由地面站设备（如雷达）对飞行器进行跟踪测轨，并且在地面上进行数据处理，最后获得轨道的位置信息；若飞行器运动参数（位置和速度）用星上测轨仪器（或称导航仪器）来确定，而该仪器的工作不取决于位于地球或其他天体的导航和通信，那么轨道确定（空间导航）则是自主的。

3. 轨道机动

轨道机动是指航天器轨道在控制系统作用下按要求发生改变的过程。即航天器由沿某一已知的轨道运动变为沿另一条要求的轨道运动。原轨道称为初始轨道（驻留轨道或停泊轨道），新要求的轨道称为终轨道（预定轨道）。

轨道机动包含轨道的调整（或改变）与轨道的转移。

在发射航天器的过程中，由于存在各种干扰及系统误差，使得航天器运行轨道不可避

免地偏离预定轨道。为了消除由入轨条件偏差而产生的轨道偏差（基本轨道参数偏差）而进行的轨道改变称为轨道调整。

当初始轨道与终轨道不相交（相切）时，即轨道机动时存在轨道面旋转情况，必须施加两次以上的冲量作用才能使航天器转入终轨道运动，这种轨道机动称为轨道转移。连接初始轨道与终轨道的轨道称为过渡轨道或转移轨道。轨道转移包括共面轨道转移和非共面轨道转移。

中国首次火星探测任务天问一号于 2020 年 7 月 23 日在中国文昌航天发射场发射成功，以每天大约 30×10^4km 的速度远离地球飞行，“奔火”飞行历经 6 个多月。由于天问一号探测器在飞往火星的遥远路途中长时间处于无动力飞行，微小的位置速度误差会逐渐累积和放大，因此需要对探测器的姿态和角度进行控制，确保探测器始终飞行在预定的轨道上。2020 年 8 月 2 日天问一号完成第一次轨道中途修正，之后还经历了深空机动和数次中途修正。天问一号的轨道修正和深空机动示意图如图 2－14 所示。

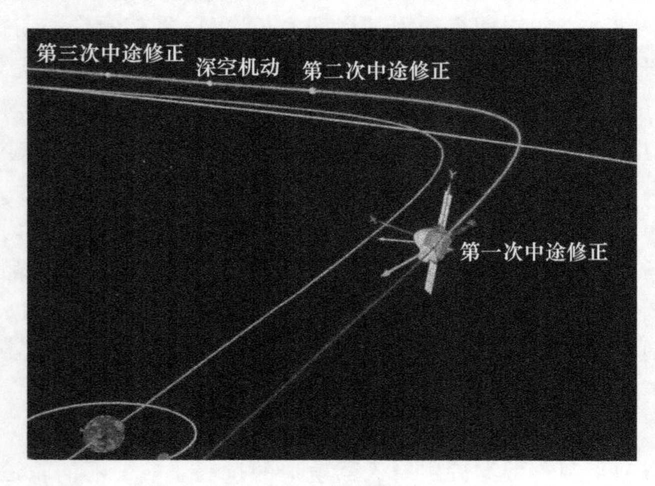

图 2－14　天问一号轨道修正示意图

2.4.4　空间轨道分类及卫星轨道测控特点

航天器轨道按参数取值的不同，可分为以下不同类型。

（1）按航天器轨道偏心率分类。根据航天器轨道偏心率的不同，航天器轨道可分为圆轨道（$e=0$）和椭圆轨道（$0<e<1$）。

（2）按航天器轨道倾角分类。根据航天器轨道倾角 i 的不同，可把航天器轨道分为赤道轨道、极地轨道和倾斜轨道，如 2.4.2 节所述。

（3）按轨道高度分类。轨道高度是指航天器在太空绕地球运行的轨道距地球表面的高度。按照轨道高度分类，有 3 种类型的轨道，即：高轨道，为航天器运行高度大于 20000km 的轨道；中高轨道，航天器运行高度为 1000～20000km；低轨道，卫星运行高度小于 1000km。

下面按轨道的高低特性分别介绍近地卫星轨道和地球同步卫星轨道的测控特点。

1. 近地卫星轨道测控

近地卫星一般指运行轨道高度在 3000km 以下的人造地球卫星。近地卫星测控的任务与要求随卫星设计、用途及对测控系统的约束条件不同而有差异。但综合起来可归纳为轨道测量、接收和解调遥测数据、遥控指令发送和数据注入、轨道控制、卫星回收返回段测控和星上时间校准等。

近地卫星的轨道特性决定了近地卫星测控具有以下特点。

(1) 近地卫星工作轨道为椭圆轨道,但轨道高度低,运行周期短,卫星飞经地面站上空时相对速度高,因此要求地面测控系统要有较强的目标捕获与跟踪能力。

(2) 地面站对近地卫星的可测控弧段短,一次过站一般仅有十几分钟可观测时间。因此,要求在地面上多布测控站以保证较长的累计可测控弧段。此外,由于遥测数据只能在测控站的可视区域传回地面,因此不可见区域测得的数据需记录并保存,待卫星飞经测控站上方的可视区时再发送。

(3) 由于各种因素的限制,近地卫星测控系统经常只能在局部范围布站,因而地面测控系统只能在整个卫星轨道的部分降轨段和升轨段上对卫星跟踪测量。这样卫星在没有跟踪测量段上的轨道要靠外推计算来确定,其测量精度受力学模型准确度的影响。

(4) 除少量自主控制功能外,地面测控系统要对卫星进行轨道控制以及对卫星注入数据,返回型卫星还要进行返回控制等,因此地面测控系统需要具有较高的实时性和控制可靠性。而由于地面对卫星的可控性差,一般要求近地卫星尽可能自主控制,即采用星上程控为主、地面遥控为辅的控制方式,而不采用星地大回路控制方式。

2. 地球同步卫星轨道测控

地球同步卫星是指运行在轨道周期与地球自转周期相同的顺行轨道上的卫星,其轨道参数要求如下:

(1) 轨道偏心率 $e=0$,即为圆轨道。

(2) 轨道倾角 $i=0°$,即为赤道轨道。

(3) 轨道高度 35786km。

(4) 轨道周期为地球自转周期,为23h56min4s,即1个恒星日的平太阳时间。

地球同步卫星往往采用过渡入轨方式进行发射,运载火箭只将其送入某个大椭圆转移轨道或某个近地停泊轨道,在同步卫星进入工作轨道前通常要经过多次变轨和多次机动,要经过地球同步转移轨道、漂移轨道(准同步轨道)及定点捕获过程,才能最后进入定点位置。同步卫星发射至定点各阶段轨道如图2-15所示。

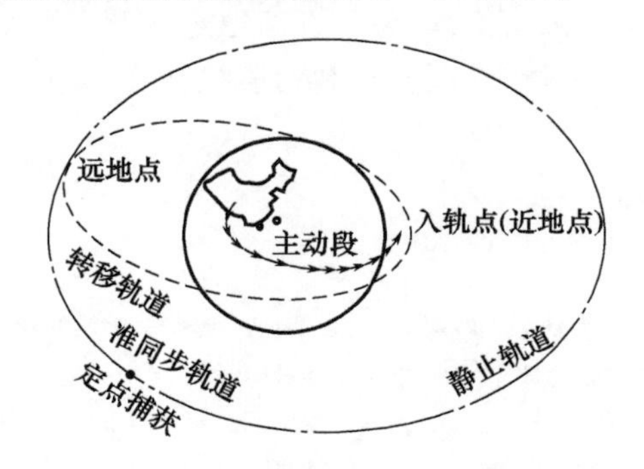

图2-15 地球同步卫星发射至定点各阶段轨道示意图

地球同步卫星的测控包括早期轨道段的测控和定点后对卫星进行的长期管理测控，有时还包括卫星在发射轨道段(主动段)所需的某些测控。测控任务包括轨道测量和控制、姿态测量和控制、卫星遥测数据接收监视和星上设备转换控制等。

由于地球同步卫星的静止轨道特性及其入轨过程的复杂性，要求地面测控系统提供较近地卫星更多的支持。卫星由地球同步转移轨道变轨进入准同步轨道，就是由地面控制星上的远地点发动机点火，给卫星加速，产生所需的速度增量而完成的。而卫星在由准同步轨道向定点漂移的过程中，也是由地面控制星上发动机工作，修正其运行轨道而完成的。在卫星进入工作轨道以后，测控系统进入同步定点管理阶段，这一阶段的主要测控工作是轨道保持、姿态保持和对星体部件及有效载荷工作情况的监控等。由于受各种摄动力的影响，卫星进入定点位置后，其轨道参数会发生变化。因此，必须通过定期轨道保持使卫星维持在规定轨道范围内运行。

地球同步卫星测控具有以下特点。

(1) 主动段航程长，入轨段测控需国外布站。主动段航程通常达7000km以上，国内测控站难以观测到卫星转移轨道入轨点，如中国发射地球同步卫星时入轨点和一远点测控主要采用测量船站。

(2) 早期轨道阶段控制复杂，所需测控时间长。地球同步卫星在发射过程中，要经过多次的变轨和轨道修正才能进入定点位置，每次变轨过程都要求进行长时间的轨道、姿态精确测量和控制，进入转移轨道的卫星轨道周期一般在10h以上。因此，卫星在投入正式运营前测控时间持续较长。

(3) 长期管理测控时间长。随着空间电子技术的发展，实用地球同步卫星的工作寿命越来越长。在整个寿命期内，测控系统必须适时对其进行轨道、姿态保持及不间断的长期管理。

(4) 遥控方式除一般指令控制外，还有自旋同步控制。对自旋稳定的地球同步卫星而言，自旋同步控制方式是必不可少的。在轨道保持与修正中，为使卫星位置改变方向符合预定要求，也必须采取同步控制。

(5) 采用星地大回路反馈检验控制方式。地球同步卫星进入转移轨道后，由于地面站对其轨道远地点附近弧段的可测控持续时间比较长，故遥控系统可采用星－地大回路反馈校验方式，以提高遥控的可靠性。卫星接收到地面发来的遥控指令码后，加以储存，并从遥测信道返回，在地面与原指令码进行比对，比对正确后发执行(脉冲)指令；星上收到执行指令后，一方面送执行机构执行，另一方面通过遥测下传到地面，地面以此确认星上执行脉冲已收到。对脉冲串指令(同步控制的姿控脉冲、章控脉冲等)地面还要计数执行脉冲的次数。

参考文献

[1] 李征航，魏二虎，王正涛，等．空间大地测量学[M]．武汉：武汉大学出版社，2018.

[2] 吴守贤，漆贯荣，边玉敬．时间测量[M]．北京：测绘出版社，1983.

[3] 全国宇航技术及其应用标准化技术委员会．航天飞行器常用坐标系：GB/T 32296－2015[S]，北京：中国标准出版社，2015.

[4] 杨嘉墀．航天器轨道动力学与控制[M]．北京：中国宇航出版社，1995.

[5] 李天文．GPS 原理及应用[M]．北京:测绘出版社,1989.
[6] 刘林．航天器轨道理论[M]．北京:国防工业出版社,2000.
[7] 褚桂柏,马世俊．宇航技术概论[M]．北京:中国宇航出版社,2002.
[8] 屠善澄．卫星姿态动力学与控制[M]．北京:中国宇航出版社,2001.
[9] MCCARTHY D D,PETIT G[C]. IERS Conventions(2003)(IERS Technical Note No. 32),2004.
[10] 陈俊勇．大地坐标框架理论和实践的进展[J]．大地测量与地球动力学,2007,27(1):1－6.

第3章 航天测控通信技术基础

本章介绍航天测控通信中涉及的通信基础知识。3.1 节介绍无线电通信资源,包括电磁波频段、传播方式、传输中的噪声及干扰等;3.2 节内容包括通信系统模型、分类和性能描述;3.3 节重点介绍调制与信息传输体制,包括基带传输、模拟和数字频带传输,以及航天测控通信中常用的副载波调制体制;3.4 节介绍信源编码和信道编码的基础内容;3.5 节介绍通信网络分层模型及常用空间通信协议。

3.1 无线电通信资源

3.1.1 电磁波频段

电磁波在无线电通信中的发射和接收通过天线完成。发射天线内的电子受高频交流电流的作用产生运动,形成交变电场,同时天线周围产生交变磁场,伴随着电场向外传播。交变电磁场在空间一起传播,形成的波即电磁波,又称无线电波。无线电波以光速在空间传播。当在空间运动的电磁波传播到接收天线时,一部分高频能量被天线吸收。接收天线里的电子受到该能量的作用,随着电磁波的波动而在天线导线里进行往返运动,从而在接收天线的电路里产生高频电流。

电磁波的传播特性与频率(或波长)密切相关。粗略划分,电磁波可分为无线电波、红外线、可见光、紫外线、X 射线和 γ 射线。其中无线电波按照波长可以划分为极长波、超长波、长波、中波、短波、超短波、微波、毫米波和亚毫米波等波段;按照频率可以划分为低频、中频、高频、甚高频、特高频、极高频等频段。根据 ITU 以及中国无线电管理机构的规定,频段划分如图 3-1 所示。

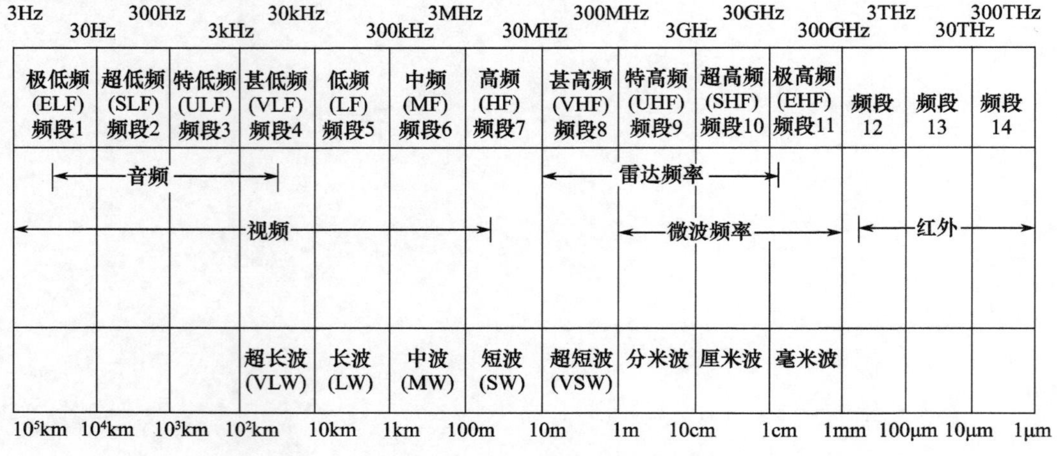

3Hz 30Hz 300Hz 3kHz 30kHz 300kHz 3MHz 30MHz 300MHz 3GHz 30GHz 300GHz 3THz 30THz 300THz

极低频 (ELF) 频段1	超低频 (SLF) 频段2	特低频 (ULF) 频段3	甚低频 (VLF) 频段4	低频 (LF) 频段5	中频 (MF) 频段6	高频 (HF) 频段7	甚高频 (VHF) 频段8	特高频 (UHF) 频段9	超高频 (SHF) 频段10	极高频 (EHF) 频段11	频段 12	频段 13	频段 14
├—音频—┤							←—雷达频率—┤						
←—视频—┤								←—微波频率—→			├—红外—→		
			超长波 (VLW)	长波 (LW)	中波 (MW)	短波 (SW)	超短波 (VSW)	分米波	厘米波	毫米波			

10^5km 10^4km 10^3km 10^2km 10km 1km 100m 10m 1m 10cm 1cm 1mm 100μm 10μm 1μm

图 3-1 ITU 公布的无线电频谱

无线通信频率的分配包括用户的无线通信业务类型、分配给该类型业务的频带、使用该频带所需技术条件等。不同类型的业务采用不同的频段通信。在航天活动中,地面中心与航天器之间的数据通信一般采用ITU业务中的两种类型,即空间操作业务和空间研究业务。前者主要指航天器的跟踪、遥测、遥控等操作,后者指航天器或其他用于技术和科学研究设备的无线通信业务。此外,常用到的还有地球探测卫星业务和气象卫星业务等。

表3-1列出了主要卫星业务的频段分配。其中字母代表的频率范围如表3-2所列。

表3-1 卫星业务主要频段分配

卫星业务类型	使用的频段
空间操作	L,S
空间研究	S,C,Ku,Ka
卫星星际	Ka
广播卫星	S,Ku
固定卫星	C,Ku,Ka
移动卫星	L,S,Ku,Ka
地球探测卫星	L,S,X,Ku,Ka
气象卫星	L,C,X
无线电测定卫星	S
无线电定位卫星	Ka
无线电导航卫星	L,Ku
标准频率和时间信号卫星	L,Ku,Ka
业余卫星	L,Ku

表3-2 常用微波频段划分

频段	频率范围/GHz	频段	频率范围/GHz	频段	频率范围/GHz
VHF	0.1~0.3	X	8~12	V	40~75
UHF	0.3~1	Ku	12~18	W	75~100
L	1~2	K	18~27	Mm	110~300
S	2~4	Ka	27~40	Wm	300~3000
C	4~8				

在航天测控通信中,系统所用的无线电频率选择原则是保证通信容量和系统有足够的抗干扰能力。处于外太空的航天器之间由于没有大气层的阻隔,无线电通信比较顺畅,主要考虑不同空间任务的频带内的同频干扰和邻频干扰以及相邻轨道航天器之间的兼容性要求等;航天器与地球站之间的通信在选择通信频段时首先应考虑所选频段的电磁波能穿透大气层,其次还应考虑具有易于利用现有的技术发射和接收、大气层的吸收小、与现有地面通信系统的相互干扰小等方面的特性。

实际应用中,VHF频段多用于移动业务、导航业务和气象卫星的数据传输;L频段用于卫星移动业务及导航系统;C频段用于卫星固定业务,其中最常用的频段是4~6GHz。

Ku 频段常用于直播卫星业务，同时也用于某些卫星固定业务，其中直播卫星业务最常用的频段为 12 ~ 14GHz，高频段频率用于陆地到卫星的上行链路通信。为了提高对频段的有效利用，CCSDS 对频段的使用也提出了一些规定。如在频率资源十分紧张的 2GHz 附近频段，要求 2025 ~ 2110MHz 和 2200 ~ 2290MHz 的频段仅供空间科学业务使用，对 8GHz 附近的 8400 ~ 8450MHz 频段仅用于深空任务空间研究等。同时对业务占用带宽也做出了相应的限制。

3.1.2 无线电波传播

电磁波通过在空间传播实现信息的传输。除了在外层空间两个飞船的无线电收发信机之间的电磁波传播是在自由空间传播外，在无线电收发信机之间的电磁波传播总是受到地面和大气层的影响。

1. 无线电波传播方式

无线电波从发射天线辐射出来，传播到接收天线，根据通信距离、频率和位置的不同，电磁波的传送主要有地波传播、天波传播、视距传播和散射传播几种方式。

1）地波传播

无线电波沿地球表面传播的方式称为地波传播。频率较低（约 2MHz 以下）的电磁波有一定绕射能力，在低频和甚低频段，地波能够传播超过数百千米或数千千米。由于地球表面的吸收作用，地波的强度随传播距离逐渐降低。降低的多少与地表情况和波长有关：海洋对它的吸收远低于陆地，高频吸收大于低频。地波传播方式如图 3 – 2 所示。

2）天波传播

无线电波向天空辐射，由电离层反射到接收点，这种方式称为天波传播。电离层为地面上 60 ~ 400km，它是因太阳的紫外线和宇宙射线辐射使大气电离的结果。利用天波进行通信需要选择适宜的工作频率：频率太高，电离层不能反射；频率太低，电离层对其吸收过多而不能保证必需的信噪比。能被电离层反射的电磁波频段在 2 ~ 30MHz 内。如图 3 – 3所示，天波传播中，电磁波可能经过多次反射，可传播距离达 10000km 以上。

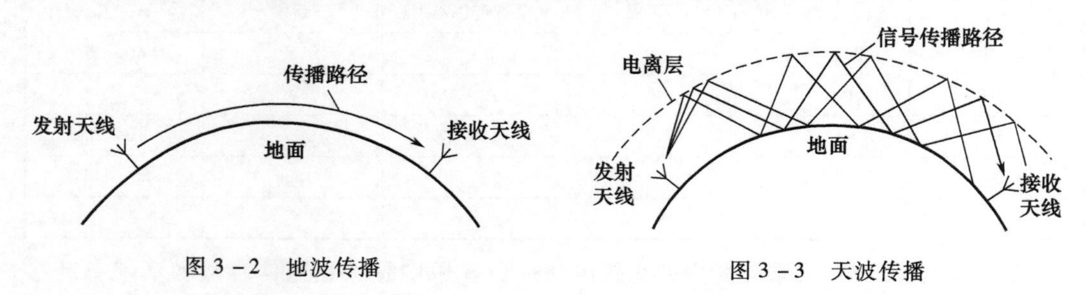

图 3 – 2　地波传播　　　　图 3 – 3　天波传播

3）视距传播

发射天线和接收天线在视距内的传播方式称为视距传播（图 3 – 4）。频率高于 30MHz 的电磁波将穿透电离层，不能被反射回来。此外，它沿地面绕射的能力也很小。因此，利用此频段的电磁波通信只能采用视距传播方式。与天波传播相比，视距传播比较稳定。由于多径效应、大气中的水气对电波的吸收和气象条件的影响，视距传播也存在衰落现象。

为了增大电磁波在地面上的传播距离,最简单的方法就是提升天线的高度而增大视线距离。假设 D 为地面上两天线的距离,并假设收发天线高度均为 h,则两天线间保持视线的最低高度约为

$$h \approx \frac{D^2}{50} \quad (\mathrm{m}) \tag{3-1}$$

由于视距传输的距离有限,为了达到远距离通信目的,可以采用无线电中继的方法,如图 3 - 5 所示。因为天线架设越高,视距传输距离越远,故利用人造卫星作为转发站将会大大提高视距。通常将利用人造卫星转发信号的通信称为卫星通信。

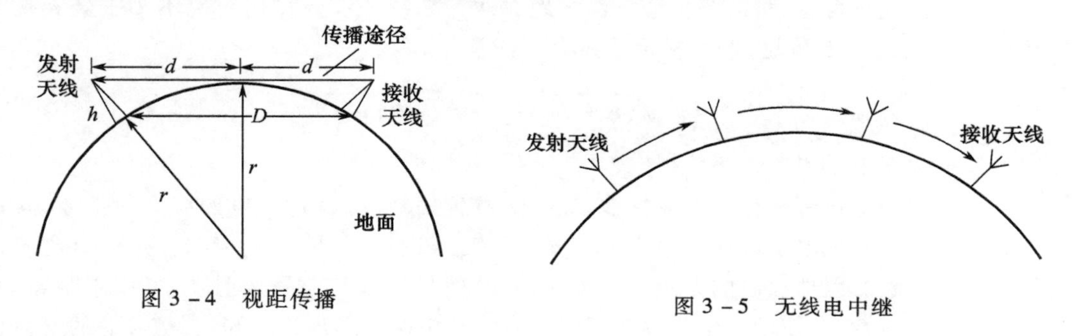

图 3 - 4　视距传播

图 3 - 5　无线电中继

4) 散射传播

无线电波依靠对流层或电离层的不均匀性而散射传播至接收点的传播方式称为散射传播。散射是由于传播介质的不均匀性,使电磁波的传播产生向许多方向折射的现象。散射传播分为电离层散射、对流层(troposphere)散射和流星余迹(meteor trail)散射 3 种。

实际上,无线电波的传播是多种传播方式的组合,只是其中有一种占主导地位,不同频段的电磁波传播方式不同,这就是各个频段适用于不同通信业务的主要原因。

在航天活动中,飞船与地面间通信,从本质上讲属于视距通信。假设理想情况下观测点对卫星的最小仰角为 0°,飞船与地面站间的通信几何示意图如图 3 - 6 所示。

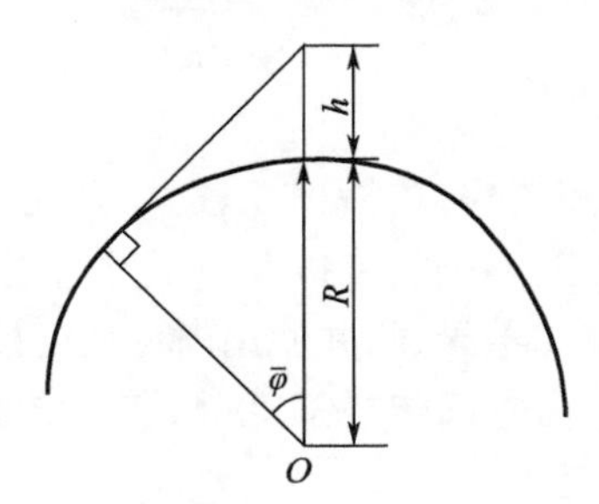

图 3 - 6　飞船与地面通信几何示意

由图 3 - 6 可见,当飞船轨道高度为 h 时,视距通信的传播范围为

$$\varphi \leqslant \bar{\varphi} = \arccos \frac{R}{R+h} \tag{3-2}$$

式中:R 为地球半径。对于圆形轨道,地面测控站与飞船之间的一次最长通信时间为

$$T_m = (2\bar{\varphi}/2\pi)T \tag{3-3}$$

式中：T 为飞船的轨道周期。

利用 $T = 2\pi(R+h)\sqrt{\frac{R+h}{GM}}$（$G$ 为万有引力常数，M 为地球质量），有

$$T_m = 2(R+h)\sqrt{\frac{R+h}{GM}}\arccos\frac{R}{R+h} \tag{3-4}$$

例如，当轨道高度 $h = 350\text{km}$ 时，$T_m = 566\text{s}$。

为提高通信覆盖率，需要保证飞船与地面通信系统的有效作用距离不小于最大视距距离 d。由图 3-6 可见，最大视距距离为

$$d = \sqrt{(R+h)^2 - R^2} = \sqrt{2Rh + h^2} \tag{3-5}$$

2. 通信距离方程

无论采用上述哪一种电磁波传播方式，随着传播距离的增大，电磁波不断扩散，其强度必然减弱。考虑电磁波在自由空间传播，即传播没有任何障碍的情况。一个由全向天线发射的电磁波以球面波的方式向外辐射，接收信号功率与信号发射功率、作用距离、发射和接收天线性能、使用的信号频率等因素有关。由电磁场理论可知，若信号源的发射功率为 P_T，则在距离信号源 R 处的接收功率为

$$P_R = \frac{G_T G_R \lambda^2}{(4\pi R)^2} P_T \tag{3-6}$$

式中：G_T 和 G_R 分别为发射和接收天线增益，其值取决于天线的有效面积和工作波长。$G = 4\pi\eta A/\lambda^2$，其中 A 为天线实际的口径面积，η 为天线效率，λ 为电磁波波长。

工程上，把发射机输出功率与接收机输入功率之比定义为传播损耗。由式（3-6）可以得出传播损耗为

$$L_{fr} = \frac{P_T}{P_R} = \frac{16\pi^2 R^2}{G_T G_R \lambda^2} \tag{3-7}$$

式中：L_{fr} 为自由空间传播损耗。

由于飞船与地面测控站距离较远，传播损耗较大，因此地面与飞行器间通信必须用大功率发射机。受质量限制，飞船上不可能装备大功率发射机和相应的天线，因此只能在地面站装备大功率发射机和大的高增益天线，并使用高灵敏度接收机来接收飞船发来的信号。

在实际通信过程中，除了自由空间传播损耗外，信号传播损失还包括雨衰、电离层衰减、大气吸收损耗、天线失调损耗等。

3.1.3 噪声及干扰

无线电波在空间传输时，会受到各种噪声的干扰。在航天测控信息传输中，噪声按照来源可以分为自然噪声和人为噪声两大类，如图 3-7 所示。

自然噪声包括宇宙噪声、天电噪声、大气噪声、地面噪声、降雨噪声等。宇宙噪声来自于银河系射电辐射、太阳系射电辐射以及其他宇宙射电辐射，一般为无规则宽带噪声，其

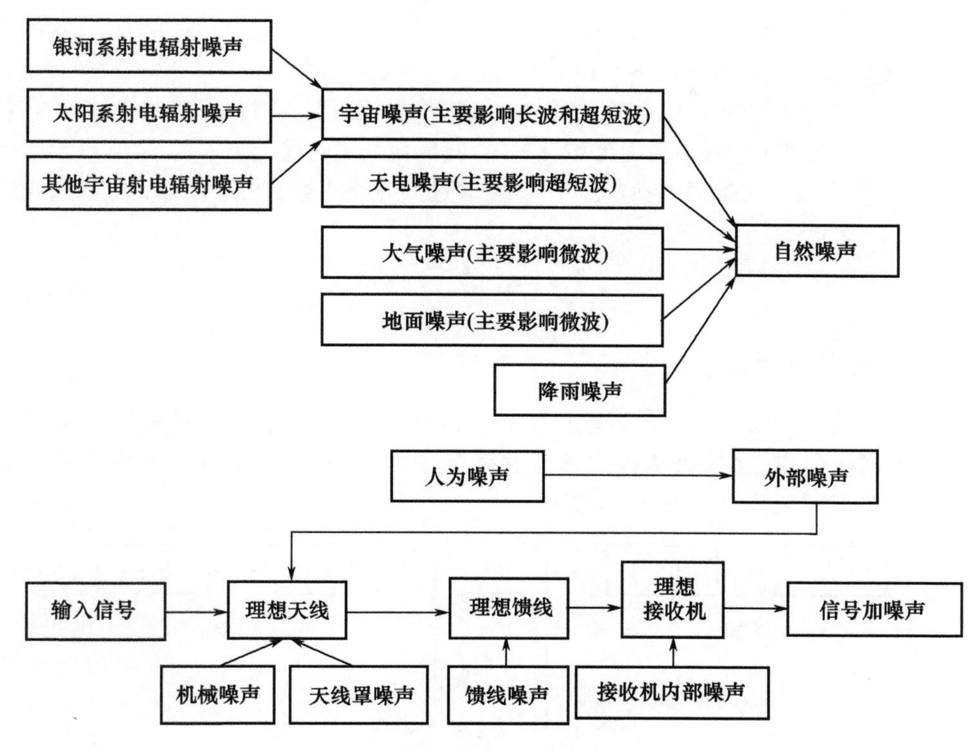

图 3-7 无线电噪声分类

强度随频率的增高而下降,对长波和超短波影响大。太阳系射电辐射仅在接收天线波束指向太阳时才产生,且和天线波束宽度有关。其他宇宙射电辐射的影响一般较小,而且天线对准它的概率极小,故可忽略不计。天电噪声主要来源于雷电,主要影响超短波。地面噪声是由地面热辐射进入天线导致的,主要对微波造成影响。此外,还有一种很重要的自然噪声,即热噪声。热噪声来自一切电阻性元器件中电子的热运动,如导线、电阻和半导体器件等均产生热噪声。热噪声无处不在,不可避免地存在于一切电子设备中。

人为噪声是由人类的活动产生的,如电气开关瞬态造成的电火花、汽车点火系统产生的电火花、荧光灯产生的干扰、家电用具产生的电磁波辐射等。

天线罩的介质损耗引起的噪声与天线本身产生的热噪声合在一起称为天线罩噪声。天线与接收机之间的馈线通常是波导或同轴电缆,电缆的传输损耗形成馈线噪声。而在接收机中,线性或非线性部件和放大器、变频器等以及线路的阻抗损耗都会产生热噪声,这些构成了接收机内部噪声。解调器是一种非线性变换器件,也会产生噪声,但是其能量很小,一般可以忽略,而将其看作理想器件。工业噪声和一些非敌意干扰噪声大多在120MH 以下,因而对工作于微波频段的空间通信来说影响很小,可以忽略不计。

在一般通信系统的工作频率范围内,热噪声的频谱是均匀分布的,犹如白光的频谱在可见光频谱范围内均匀分布一样,所以热噪声又常称为白噪声。由于热噪声是由大量自由电子运动产生的,其统计特性服从高斯分布,故常将热噪声称为高斯白噪声。电阻值为 R 的有噪电阻器的噪声电压信号的功率谱为

$$S_V(\omega)=2kTR \tag{3-8}$$

式中:k 为玻耳兹曼常数,$k=1.38\times10^{-23}$(J/K);T 为绝对温度。

虽然热噪声本身是白色的,但是在通信系统接收端解调器中对信号解调时,叠加在信号上的热噪声已经经过了接收机带通滤波器的过滤,因而其带宽受到了限制,故它已经不是白色的了,称为窄带噪声或带通白噪声。相应地,通过低通滤波器的白噪声称为低通白噪声。

3.2 通信系统

3.2.1 通信系统模型

通信的目的是传输信息。对于电通信来说,首先要把消息信号转变成电信号,然后经过发送设备送入信道,在接收端接收信号并做相应的处理,送给信宿再转换成原来的消息。通信系统的一般模型如图3-8所示。

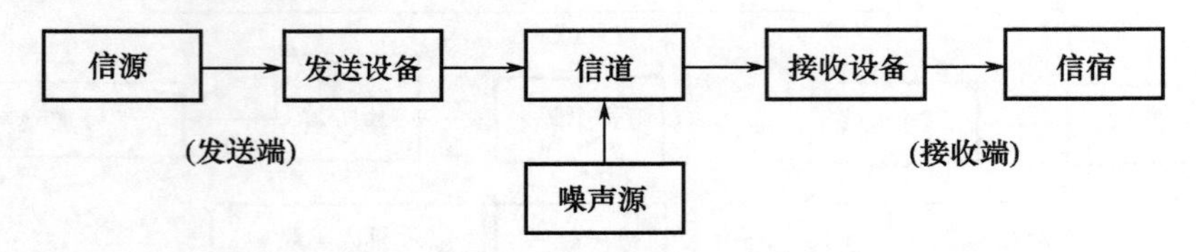

图3-8 通信系统模型

图3-8中各部分的主要功能如下所述。

1. 信源

信息源简称信源,其作用是把各种消息转换成原始电信号。根据消息的种类不同,信源可分为模拟信源和数字信源。模拟信源输出连续的模拟信号,如话筒、摄像机;数字信源输出离散的数字信号,如计算机等数字终端。模拟信源输出的信号经数字化处理后送出数字信号。

信息是消息中所包含的有效内容。消息中所含信息量的大小用信息熵来描述。

假设 $P(x)$ 表示消息发生的概率,I 表示消息中所含有的信息量,则

$$I=-\log_a P(x) \tag{3-9}$$

在通信领域,通常对数的底 $a=2$。信息量的单位为 b。

对于更一般的情况,如消息可以表示为一些离散随机事件的集合 $\{x_i\}$,其中每个事件 x_i 发生的概率为 $P(x_i)$,则该消息所含有的平均信息量(即信源熵 $H(x)$)为

$$H(x)=-\sum_i P(x_i)\log_a P(x_i) \tag{3-10}$$

对于连续消息,其平均信息量用概率密度函数描述为

$$H(x)=-\int_{-\infty}^{+\infty} f(x)\log_a f(x)\,\mathrm{d}x \tag{3-11}$$

式中:$f(x)$ 为连续消息出现的概率密度。

2. 发送设备

发送设备的作用是产生适合于在信道中传输的信号,使发送信号的特性与信道特性

相匹配，具有抗信道干扰的能力，并且具有足够的功率以满足远距离传输的需要。发送设备的功能包含信号变换、放大、滤波、编码、调制等。

调制是信号发送的核心过程，是把信号转换成适合在信道中传输的形式。调制的作用和目的如下：

（1）在无线传输中，为了获得较高的辐射效率，天线的尺寸必须与发射信号的波长相比拟。而基带信号通常包含较低频率的分量，若直接发射，将使天线过长而难以实现。例如，天线长度一般应大于 $\lambda/4$，其中 λ 为波长；对于 3000Hz 的基带信号，若直接发，需要尺寸约为 25km 的天线。显然，这是无法实现的。但若通过调制把基带信号的频率调至较高的频率上，就可以较容易地实现。

（2）把多个基带信号分别搬移到不同的载频处，避免彼此干扰，实现信道的多路复用，提高信道利用率。

（3）扩展信号带宽，提高系统抗干扰能力。

因此，调制对通信系统的有效性和可靠性有着很大的影响。

调制的实现方法是用调制信号去控制载波的参数，使载波的某一个或某几个参数按照调制信号的规律变化。调制信号是来自信源的基带信号，这些信号可以是模拟的，也可以是数字的。载波是未受调制的周期性振荡信号，它可以是正弦波，也可以是非正弦波（如周期性脉冲序列）。载波受调制后称为已调信号，它含有调制信号的全部特征。

调制的方式有很多种，按使用的载波类型可分为两类：连续波调制与脉冲调制。连续波调制是指作为载波的高频率简谐振荡的幅值、相位或频率随着欲传送的信号连续不断地改变，以达到调制的目的。按随信号变化载波参数（幅度、频率或相位）的不同，连续波调制分为调幅、调频和调相。脉冲调制是用欲传送的信号去调制一组脉冲波的幅值、宽度或相对位置。按随信号变化的脉冲参数（幅度、宽度或相对位置）的不同，脉冲调制分为脉冲调幅、脉冲调宽和脉冲调相。常见的调制方式及其用途如表 3－3 所列。

表 3－3　常见调制方式及其用途

<table>
<tr><th colspan="3">调制方式</th><th>用途举例</th><th colspan="3">调制方式</th><th>用途举例</th></tr>
<tr><td rowspan="10">连续波</td><td rowspan="6">模拟调制</td><td>常规双边带调幅</td><td>广播</td><td rowspan="10">脉冲序列</td><td rowspan="3">脉冲模拟调制</td><td>脉幅调制</td><td>中间调制方式、遥测</td></tr>
<tr><td>双边带调幅</td><td>立体声广播</td><td>脉宽调制</td><td>中间调制方式</td></tr>
<tr><td>单边带调幅</td><td>载波通信、无线电台、数据传输</td><td>脉位调制</td><td>遥测、光纤传输</td></tr>
<tr><td>残留边带调幅</td><td>电视广播、数据传输、传真</td><td rowspan="7">脉冲数字调制</td><td>脉码调制
增量调制</td><td>市话、卫星、空间通信
军用、民用数字电话</td></tr>
<tr><td>频率调制</td><td>微波中继、卫星通信、广播</td><td>差分脉码调制
其他语音编码方式</td><td>电视电话、图像编码
中速数字电话</td></tr>
<tr><td>相位调制</td><td>中间调制方式</td><td></td><td></td></tr>
<tr><td rowspan="4">数字调制</td><td>振幅键控</td><td>数据传输</td><td></td><td></td></tr>
<tr><td>频移键控</td><td>数据传输</td><td></td><td></td></tr>
<tr><td>相移键控</td><td>数据传输、数字微波、空间通信</td><td></td><td></td></tr>
<tr><td>其他高效数字调制</td><td>数字微波、空间通信</td><td></td><td></td></tr>
</table>

3. 信道

信道是一种物理介质,是连接发送端和接收端的通信设备,其功能是将来自发送设备的信号传送到接收端。按照传输介质的不同,信道可以分为有线信道和无线信道。有线信道使用人造的传导电或光信号的媒体来传输信号,包括明线、电缆和光纤等。无线信道利用电磁波在空间的传播实现信息传输。本章仅讨论无线信道。

信道有不同的定义。狭义信道指传输信息的物理介质。为了讨论通信系统的性能,通常将系统中调制器和解调器之间的部分称为调制信道,其中可能包括放大器、变频器和天线等装置。类似地,将编码器输出端至解码器输入端之间的部分称为编码信道,如图 3-9所示。

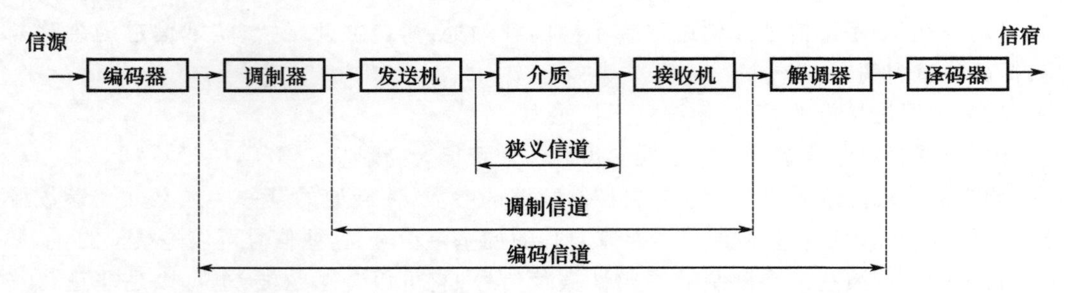

图 3-9 信道定义

信道容量是指信道能够传输的最大平均信息速率。对于带宽有限、平均功率有限的高斯白噪声连续信道,其信道容量为

$$C = B\log_2\left(1 + \frac{S}{N}\right) \quad (\text{bit/s}) \tag{3-12}$$

式中:S 为信号平均功率;N 为噪声功率;B 为带宽。

由式(3-12)可见,在保持信道容量 C 不变的条件下,带宽 B 和信号噪声功率比 S/N 可以互换。即若增大 B,则可以降低 S/N,而保持 C 不变。例如,在宇宙飞行和深空探测时,接收信号的功率很弱,就可以用增大带宽的方法来保证信道容量的要求。

4. 接收设备

接收设备的功能是将信号放大和反变换(如译码、解调等),其目的是从受到减损的接收信号中恢复出原始信号。此外,还要尽可能减少传输过程中的干扰和噪声带来的影响。

在无线通信的接收设备中,使用最广泛的是锁相接收机。锁相接收机是指其主体结构为锁相环路(PLL)的接收机。锁相环路是一个能够跟踪输入信号相位的闭环自动控制系统。PLL 具有调制跟踪特性,可制成高性能的调制器和解调器。用作解调器时,其低阈值特性可大大改善模拟信号和数字信号的解调质量。PLL 还具有载波跟踪特性,可提取淹没在噪声中的信号,可作为提供高稳定频率的频率源,可进行高精度的相位与频率测量等。因此,锁相技术在调制解调、频率合成、数字信号传输的载波同步、位同步、相干解调等方面发挥了重要的作用。

锁相环路是一个相位的负反馈控制系统,由鉴相器、低通滤波器和压控振荡器 3 个基本部件组成,如图 3-10 所示。

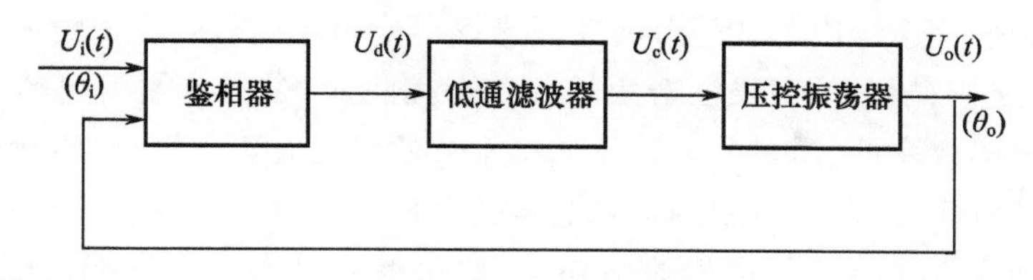

图 3－10　锁相环结构框图

鉴相器是一个相位比较装置，用来检测输入信号 $U_i(t)$ 的相位 θ_i 与反馈信号 $U_o(t)$ 相位 θ_o 之间的差值。其输出电压 $U_d(t)$ 是相位差 $\theta_i - \theta_o$ 的函数。低通滤波器对鉴相器输出的信号进行低通滤波，滤除 $U_d(t)$ 中的高频分量，以保证环路所要求的性能。压控振荡器受低通滤波器输出电压 $U_c(t)$ 的控制。其输出的信号频率随着输入电压 $U_c(t)$ 的变化而变化。如果压控振荡器的输出频率与输入频率不一致，则电路将进行调整直至二者相同。输出信号的相位和输入信号相位保持某种特定关系，此时环路处于"锁定状态"。相应地，称环路未达到锁定状态时所处的状态为"失锁状态"。锁相环路从"失锁状态"到"锁定状态"的过程称为捕捉过程。当环路锁定后，由于某种原因引起输入信号频率变化，环路通过调整作用维持锁定的过程称为跟踪过程。

在航天领域，卫星、宇宙飞船距地面测控站的距离十分遥远，加之星、船载条件的限制，星、船上发射机的功率无法与地面设备发射机相比。因此，地面测控设备所接收的信号都是非常微弱的，而且有用信号淹没在强干扰和各种噪声中，同时由于飞行器与地面测控站之间的相对运动，接收信号的载波频率随时间发生变化，即含有多普勒频率。以锁相环路为核心，配以混频、中放、倍频等辅助电路构成的锁相接收机，能够在强噪声干扰的背景下接收微弱信号，并且能跟踪载波频率的变化。因此，锁相接收机是测控系统中基本的接收设备。在航天测控通信系统中，锁相接收机的主要作用如下：

（1）对载波进行相位跟踪，得到载波的复制品，并经处理后获得多普勒频率，从而进行测速。

（2）为信号的相干解调提供本地参考信号，从而解调出所传输的信息。

（3）产生反映目标角度位置的误差信号给天线伺服系统，实现角度跟踪。

有关锁相接收在航天测控通信中的应用将在本书 4.2 节进一步介绍。

5. 信宿

信宿是传送消息的目的地，其功能与信源相反，即把原始电信号还原为相应的消息。

图 3－8 描述了一个通信系统的组成，反映了通信系统的共性。飞行器测控通信系统是完成对飞行器跟踪测轨、遥测、遥控和上/下行通信的系统。测控通信系统通过对信号的变换，利用电磁波作为载体将信号发送出去，通过噪声背景和干扰环境，以及与目标的相互作用，再对接收信号进行相应的逆变换，从而达到信号的传递和获取的目的。测控通信系统的结构与图 3－8 所示通信系统结构是一致的。

3.2.2　通信系统分类

按通信业务的类型不同，通信系统可分为电报通信系统、电话通信系统、数据通信系统和图像通信系统等。综合业务数字通信网适用于各种类型业务的消息传输。

按信道中传输的信号是模拟信号还是数字信号，通信系统分为模拟通信系统和数字通信系统。模拟通信系统内部各环节的非理想性可能引起信号畸变。例如:幅度、相位等非线性畸变;幅-相、幅-频等线性畸变;噪声、干扰叠加;多次传输引起畸变累加等。因此模拟通信系统的效率低、质量差。数字通信系统通常是先通过模/数转换过程将模拟信号转换为数字基带信号,然后再经频带调制将基带信号转换为数字频带信号进行传输,接收端通过逆过程实现通信。与模拟通信相比,数字通信具有抗干扰能力强,且噪声不积累、传输差错可控、便于进行处理变换及存储、易于集成、易于加密处理、保密性好等优点。缺点是需要较大的传输带宽、系统设备复杂。随着现代技术的发展,数字通信的应用越来越广泛。

根据信道中传输的信号是否经过调制,通信系统分为基带传输系统和带通传输系统。基带传输是将未经过调制的信号直接传送,如有线广播;带通传输是对各种信号调制后传输的总称。调制的方式种类很多,常见的如表3-3所列。

按通信所用的传输介质,通信系统可分为有线通信系统和无线通信系统两大类。其中有线通信以导线(如同轴电缆、架空明线、光导纤维)为传输介质完成通信,如有线电视、海底电缆通信等。无线通信则是依靠电磁波在空间传播达到传递消息的目的,如短波电离层传播、微波视距传播、卫星中继等。

按通信设备的工作频率或波长不同,分为长波通信、中波通信、远红外线通信等。

按多路信号的复用方式,分为频分复用、时分复用和码分复用。随着通信技术的发展,还出现了波分复用、空分复用等复用方式。频分复用是用频谱搬移的方法使不同信号占据不同的频率范围;时分复用是用脉冲调制的方式使不同信号占据不同的时间区间;码分复用则是用正交的编码分别携带不同信号。传统的模拟通信采用频分复用,现代通信系统中广泛使用时分复用技术,码分复用多用于空间通信的扩频通信和移动通信系统中。

在航天测控通信中,飞行器与测控站之间采用无线通信方式传输数据、语音或图像信号,这些信号主要是通过调制的数字信号。系统传输的复用方式主要有频分复用和时分复用。地面测控站与测控中心之间的通信可用光纤、电缆、微波或卫星通信实现。

3.2.3 通信系统性能描述

通信系统的性能指标涉及其有效性、可靠性、适应性、标准性、可维护性、经济性等。从信息传输的角度讲,通信系统的主要性能指标是有效性和可靠性。

有效性是指传输一定信息量所占用的频带宽度,即频带利用率。对于模拟系统,传输同样的信息源,若所需的传输带宽越小,则频带利用率越高,有效性就越好。信号带宽与调制方式有关。如采用带边带调幅的语音信号占用带宽约为4kHz,而采用调频的语音信号占用带宽约为48kHz(调频指数为5时),表明调幅信号的有效性比调频的好。对数字通信系统,频带利用率定义为单位带宽内的信息传输速率,即

$$\eta = \frac{R_B}{B} \quad (\text{Baud/Hz}) \tag{3-13}$$

或

$$\eta_b = \frac{R_b}{B} \quad (\text{bit/(s} \cdot \text{Hz})) \tag{3-14}$$

式中：R_B 为码元传输速率（Baud），定义为单位时间（每秒）传输码元的数目；R_b 为信息传输速率（b/s），又称比特率，定义为单位时间内传输的平均信息量。

可靠性是指传输信息的准确程度。模拟通信系统的可靠性通常用接收端输出信号与噪声功率比（S/N）来度量，它反映了信号经传输后的保真程度和抗噪声能力。数字通信系统的可靠性用差错概率衡量，差错概率常用误码率或误信率表示。误码率是指错误接收的码元数在传输总码元数中所占的比例，误信率是指错误接收的比特数在传输总比特数中所占的比例。

有效性和可靠性是一对矛盾，在系统设计时需根据需要折中选择。例如，在模拟调制中，调频信号的 S/N 比调幅的高，即抗噪声能力强，可靠性更高。但是调频信号所需的传输带宽却比调幅的宽，意味着其有效性更差。

3.3 调制与信息传输体制

3.3.1 基带传输

基带信号指发出的没有经过调制的原始电信号，其特点是频率较低，信号频谱从零频附近开始，具有低通形式。而测控基带信号是指航天测控工程中的测距、遥测、遥控和通信等基带信号的总称。

1. 基带信号分类

按测控基带信号的性质划分，基带信号可以分为模拟基带信号和数字基带信号。模拟基带信号的幅度随时间连续变化，一般是由一系列不同频率和相位的正弦波组成，包括没有谐波关系的基波及其谐波，如语音、电视、航天器缓变参量和多侧音正弦波等。数字基带信号是不连续的波形或符号，代表某种模拟信息在不同时刻的大小（如遥测参数）和传送信息的编码数值（如注入参数），或是代表某个含义的编码集合（如遥控指令、测距信号）。

按测控基带信号的用途和特点划分，测控基带信号包括以下几种。

（1）脉冲雷达信号，主要用于大气层以内的飞行目标的测距。

（2）连续波雷达信号。包括多侧音正弦波形、伪随机码波形、复合伪随机码波形、音－码混合波形等。主要用于航天器的测距。

（3）脉冲编码信号。用于航天测控的遥测、遥控和数据通信。

常见的矩形脉冲的二进制基带信号码型如图 3－11 所示。

按脉冲电平代表的数字信号不同，这些码型可分为以下 3 类。

（1）非归零码（NRZ 码）。

① NRZ－L：“1”对应高电平，“0”对应低电平。

② NRZ－M：“1”对应时钟起始时刻电平有变化，“0”对应时钟起始时刻电平无变化。

③ NRZ－S：“1”对应时钟起始时刻电平无变化，“0”对应时钟起始时刻电平有变化。

（2）双相码（BIϕ 码）。

① BIϕ－L：“1”对应时钟中间时刻由高电平跳变到低电平，“0”对应时钟中间时刻由低电平跳变到高电平。

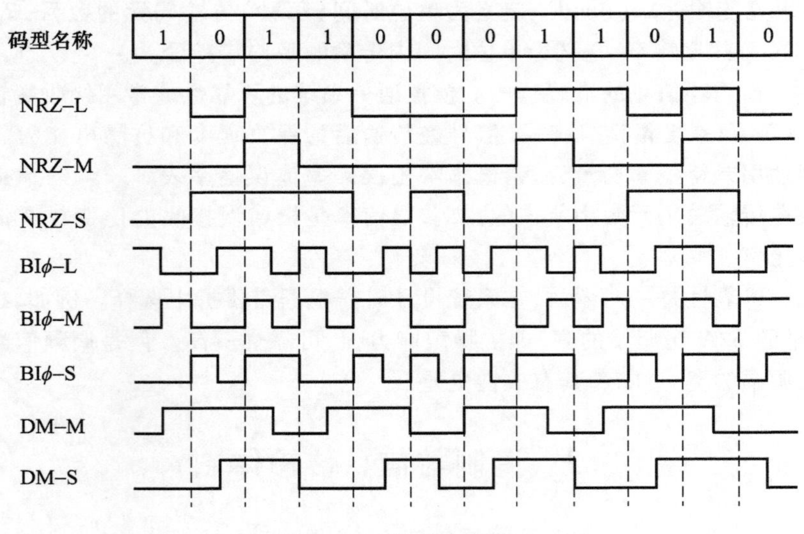

图 3 - 11　矩形脉冲码型

② BIϕ - M:“1”对应时钟起始时刻电平无变化,“0”对应时钟起始时刻电平有变化。

③ BIϕ - S:“1”对应时钟起始时刻电平有变化,“0”对应时钟起始时刻电平无变化。

(3) 延迟调制码(DM 码)。

① DM - M:“1”对应码元中间时刻电平有变化而起始时刻电平无变化;“0”对应中间时刻电平无变化,且“0”之前为“0”时起始时刻电平有变化,“0”之前为“1”时起始时刻电平无变化。

② DM - S:“0”对应码元中间时刻电平有变化而起始时刻电平无变化;“1”对应中间时刻电平无变化,且“1”之前为“1”时起始时刻电平有变化,“1”之前为“0”时起始时刻电平无变化。

以上各种码型具体选择哪一种,需要根据实际情况确定。选择码型时,主要考虑信号的带宽、码型功率谱情况、抗干扰能力、信号的同步能力、设备的性价比以及实现复杂度等因素。例如,在脉冲编码调制(PCM)遥测系统中,信道主要是无线信道,选择码型时首先要考虑抗干扰性能,而且要求占用带宽小,因此主要采用 NRZ 码。而在有线信道时,一般采用 BIϕ 码,以利于信号的耦合。

2. 数字基带传输系统模型

典型的数字基带传输系统模型如图 3 - 12 所示。

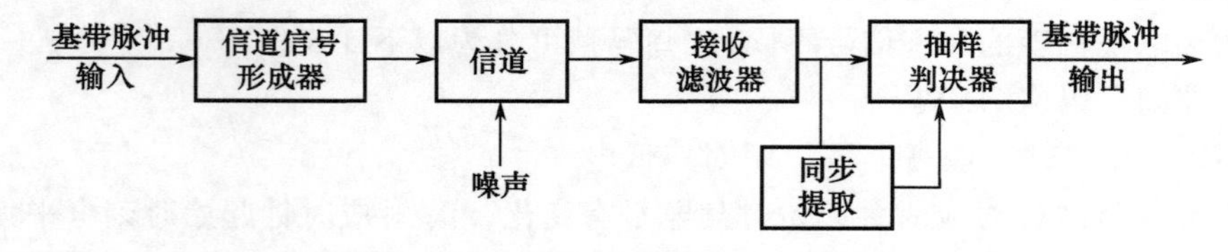

图 3 - 12　数字基带传输系统模型框图

图 3 - 12 中各组成部分的功能和信号传输的过程简述如下:

① 信道信号形成器(发送滤波器):压缩输入信号频带,把传输码变换成适合于信道

传输的基带信号波形。

② 信道:信道的传输特性一般不满足无失真传输条件,因此会引起传输波形的失真。另外信道还会引入噪声。

③ 接收滤波器:用来接收信号,滤除信道噪声和其他干扰,对信道特性进行均衡,使输出的基带波形有利于抽样判决。

④ 抽样判决器:对接收滤波器的输出波形进行抽样判决,以恢复或再生基带信号。

⑤ 同步提取:用同步提取电路从接收信号中提取定时脉冲。

在数字基带传输系统中,接收端抽样判决器的错误判决会造成误码。造成误码的原因主要有两个:一是信道加性噪声的存在;二是传输系统冲激响应的非理想特性,造成码间串扰。采用二进制双极性可以提高系统的抗噪声性能(相对于二进制单极性系统),采用升余弦滤波器和时域均衡等技术可以减轻码间串扰的影响。

3.3.2 模拟调制传输

根据传输的信号类型,通信系统分为模拟通信系统和数字通信系统。模拟通信系统利用模拟信号来传递信息,其核心是调制和解调。模拟通信系统的简化模型如图 3-13 所示。

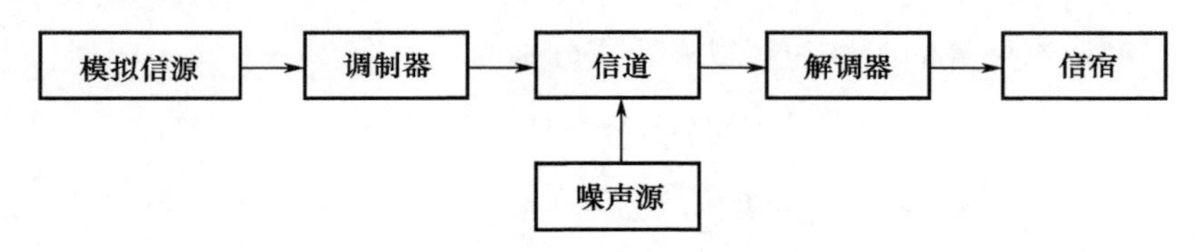

图 3-13 模拟通信系统模型

模拟通信系统包含两种重要变换。第一种变换是在发送端把连续消息变换成原始电信号,在接收端进行相反的变换。这种变换、反变换由信源和信宿来完成。原始电信号通常称为基带信号,它的频谱通常从零频附近开始,如语音信号的频率范围为 300~3400Hz、图像信号的频率范围为 0~6MHz。有些信道可以直接传输基带信号,而以自由空间作为信道的无线电传输却无法直接传输这些信号。因此,模拟通信系统中常常需要进行第二种变换,即把基带信号变换成适合在信道中传输的信号,并在接收端进行反变换。完成这种变换和反变换的通常是调制器和解调器。经过调制以后的信号称为已调信号,它携带有信息且其频谱通常具有带通形式,因而又称带通信号。

在模拟通信系统中,根据调制载波参数的不同,模拟调制方式可分为幅度调制和角度调制。常见的模拟调制方式如图 3-14 所示。

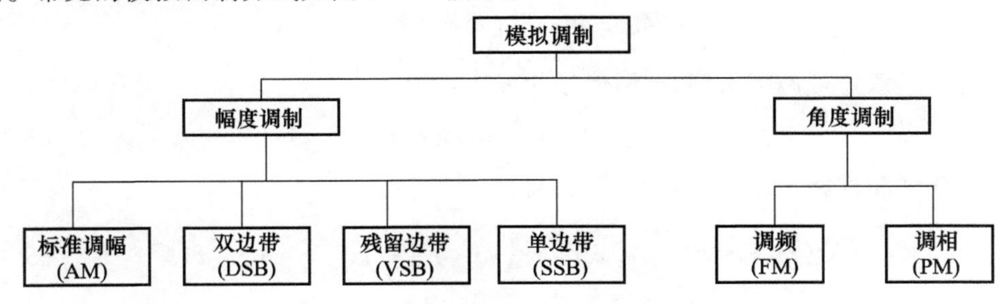

图 3-14 模拟调制方式分类框图

模拟通信是数字通信的基础。在航天测控通信中，主要采用数字通信，但许多航天应用还是涉及模拟通信，如自旋稳定静止卫星遥测系统通常采用的模拟遥测系统、语音、电视信号等。在飞行器测控通信中使用的幅度调制包括标准调幅（AM）和双边带（DSB）调幅，而使用最多的模拟调制方式是角度调制，因为角度调制相对于幅度调制具有更好的抗噪声性。

1. 幅度调制与解调

（1）幅度调制。幅度调制是由调制信号去控制高频载波的幅度，使之随调制信号做线性变化的过程。

无论哪种幅度调制，都可以由图 3－15 所示的通用模型产生。在该模型中，只要选择适当的滤波器响应 $h(t)$，便可以得到各种幅度调制信号。

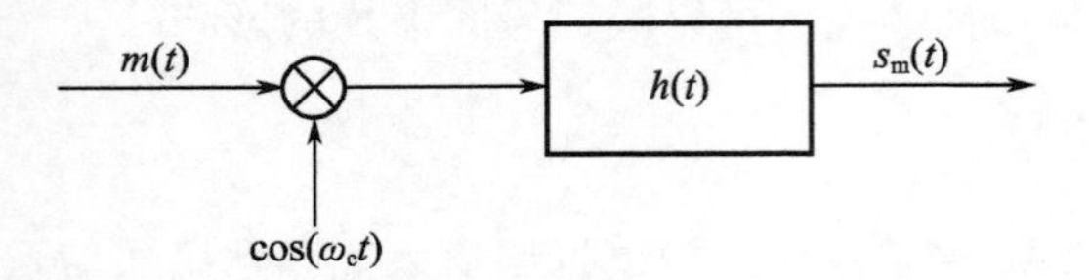

图 3－15　幅度调制信号产生示意图

因此，幅度调制信号的时域和频域表达式分别为

$$s_m(t) = [m(t)\cos(\omega_c t)] * h(t) \tag{3-15}$$

$$S_m(\omega) = \frac{1}{2}[M(\omega+\omega_c) + M(\omega-\omega_c)]H(\omega) \tag{3-16}$$

式中：$m(t)$ 为调制信号，其频谱为 $M(\omega)$；ω_c 为载波角频率；$h(t)$、$H(\omega)$ 分别为滤波器的时域、频率响应，$H(\omega) \leftrightarrow h(t)$。

（2）解调。解调是调制的逆过程，其作用是从接收到的已调信号中恢复原基带信号（即调制信号）。幅度解调的方法可分为两类，即相干解调和非相干解调（包络检波）。

① 相干解调。相干解调时，为了无失真地恢复原基带信号，接收端必须提供一个与接收的已调载波严格同步（同频同相）的本地载波（称为相干载波），它与接收的已调信号相乘后，经低通滤波器取出低频分量，即可得到原始的基带调制信号。相干解调器的一般模型如图 3－16 所示。

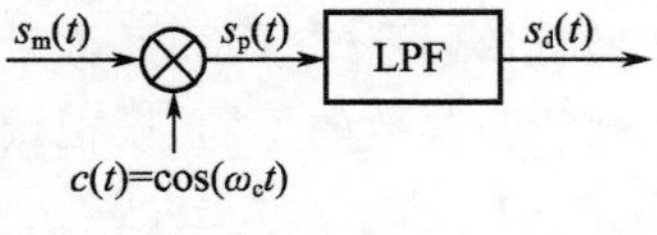

图 3－16　相干解调示意图

以常见的双边带调幅为例，已调信号的表达式为

$$s_m(t) = m(t)\cos(\omega_c t) \tag{3-17}$$

与同频同相的相干载波 $c(t)$ 相乘后，得

$$s_p(t) = m(t)\cos^2(\omega_c t) = \frac{1}{2}m(t) + \frac{1}{2}m(t)\cos(2\omega_c t) \tag{3-18}$$

经低通滤波器滤掉高频成分后，得到

$$s_d(t) = \frac{1}{2}m(t) \tag{3-19}$$

相干解调器适用于所有幅度调制信号的解调。只是 AM 信号的解调结果中含有直流成分,这时在解调后加上一个简单隔直流电容即可。

相干解调要求本地载波与调制载波同步,否则将使解调失真。实际应用中常使用本章前面介绍的锁相接收机获取相干载波。

② 包络检波。以 AM 为例,AM 信号在非过调幅的条件下,其包络与调制信号 $m(t)$ 的形状完全一样。因此,AM 信号可采用简单的包络检波法来解调。

包络检波器通常由半波或全波整流器和低通滤波器组成,如图 3-17 所示。

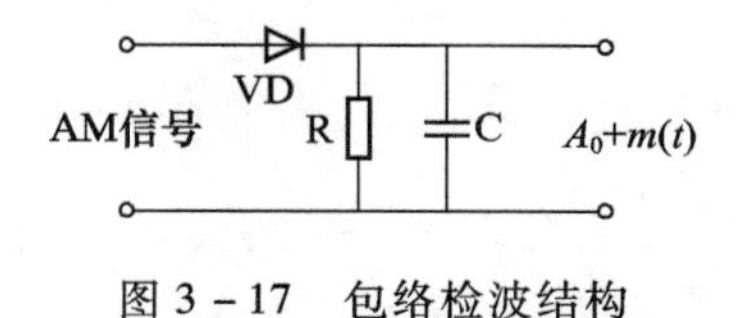

图 3-17 包络检波结构

设输入是 AM 信号,有

$$s_{AM}(t) = [A_0 + m(t)]\cos(\omega_c t) \tag{3-20}$$

在大信号检波时(一般大于 0.5V),二极管处于受控的开关状态。选择 RC 满足以下关系,即

$$f_H \ll \frac{1}{RC} \ll f_c \tag{3-21}$$

式中:f_H 为调制信号的最高频率;f_c 为载波频率。

检波器的输出为

$$s_d(t) = A_0 + m(t) \tag{3-22}$$

隔去直流后即可得到原信号 $m(t)$。

由此可见,包络检波器是直接从已调波的幅度中提前原调制信号,其结构简单,且解调器输出是相干解调输出的 2 倍。因此,AM 信号几乎无例外地采用包络检波。但是双边带、残留边带和单边带信号均是抑制载波的已调信号,其包络不直接表示调制信号,因而不能采用简单的包络检波方法解调。

2. 角度调制与解调

在调制时:若载波的频率随调制信号变化,称为频率调制或调频(FM);若载波的相位随调制信号而变化称为相位调制或调相(PM)。在这两种调制过程中,载波的幅度都保持不变,而频率和相位的变化都表现为载波瞬时相位的变化,故把调频和调相统称为角度调制。由于信号频率和相位的固有关系,FM 和 PM 信号是可以互相转化的。

(1) 角度调制的时域和频域表达。角度调制的时域表达式一般为

$$s_m(t) = A\cos[\omega_c t + \varphi(t)] \tag{3-23}$$

式中:A 为载波的恒定振幅;$\varphi(t)$ 为相对于载波相位 $\omega_c t$ 的瞬时相位偏移,$\mathrm{d}\varphi(t)/\mathrm{d}t$ 为相位对于载频 ω_c 的瞬时频率偏移。

实际应用中,调制信号一般为单一频率的正弦波(单音信号),即

$$m(t) = A_{\mathrm{m}}\cos(\omega_{\mathrm{m}}t) \tag{3-24}$$

式中：A_{m} 为调制信号幅度；ω_{m} 为调制信号角频率。

相位调制时，瞬时相位偏移 $\varphi(t)$ 随调制信号 $m(t)$ 线性变化，调相信号 PM 的时域表达式为

$$s_{\mathrm{PM}}(t) = A\cos[\omega_{\mathrm{c}}t + K_{\mathrm{p}}A_{\mathrm{m}}\cos(\omega_{\mathrm{m}}t)] = A\cos[\omega_{\mathrm{c}}t + m_{\mathrm{p}}\cos(\omega_{\mathrm{m}}t)] \tag{3-25}$$

式中：K_{p} 为调相灵敏度，表示单位调制信号幅度引起 PM 信号的相位偏移量（rad/V）；m_{p} 为调相指数，表示最大的相位偏移，$m_{\mathrm{p}} = K_{\mathrm{p}}A_{\mathrm{m}}$。

频率调制时，瞬时频率偏移随调制信号 $m(t)$ 线性变化，调频信号 FM 的时域表达式为

$$s_{\mathrm{FM}}(t) = A\cos[\omega_{\mathrm{c}}t + K_{\mathrm{f}}A_{\mathrm{m}}\int\cos(\omega_{\mathrm{m}}\tau)\mathrm{d}\tau] = A\cos[\omega_{\mathrm{c}}t + m_{\mathrm{f}}\sin(\omega_{\mathrm{m}}t)] \tag{3-26}$$

式中：K_{f} 为调频灵敏度，表示单位调制信号幅度引起 FM 信号的频率偏移量（rad/(s·V)）；m_{f} 为调频指数，表示最大的相位偏移，$m_{\mathrm{f}} = K_{\mathrm{f}}A_{\mathrm{m}}/\omega_{\mathrm{m}}$。

以调频信号为例分析调角信号的频谱，对式(3-26)进行傅里叶级数展开，可得

$$s_{\mathrm{FM}}(t) = A\sum_{n=-\infty}^{\infty} J_n(m_{\mathrm{f}})\cos[(\omega_{\mathrm{c}} + n\omega_{\mathrm{m}})t] \tag{3-27}$$

对式(3-27)进行傅里叶变换，可得 FM 信号的频域表达式为

$$S_{\mathrm{FM}}(\omega) = \pi A\sum_{-\infty}^{\infty} \mathrm{J}_n(m_{\mathrm{f}})[\delta(\omega - \omega_{\mathrm{c}} - n\omega_{\mathrm{m}}) + \delta(\omega + \omega_{\mathrm{c}} + n\omega_{\mathrm{m}})] \tag{3-28}$$

式(3-27)和式(3-28)中的 $\mathrm{J}_n(m_{\mathrm{f}})$ 为第一类 n 阶贝塞尔函数。

根据调频信号的频域表达式可见：

① 调频信号的频谱由载波分量 ω_{c} 和无数边频 $(\omega_{\mathrm{c}} \pm n\omega_{\mathrm{m}})$ 组成。

② 当 $n=0$ 时，$S_{\mathrm{FM}}(\omega)$ 表示载波分量 ω_{c} 对应的频谱，其幅度为 $A\mathrm{J}_0(m_{\mathrm{f}})$。

③ 当 $n\neq 0$ 时，$S_{\mathrm{FM}}(\omega)$ 表示对称分布在载频两侧的边频分量 $(\omega_{\mathrm{c}} \pm n\omega_{\mathrm{m}})$，其幅度为 $A\mathrm{J}_n(m_{\mathrm{f}})$，相邻边频之间的间隔为 ω_{m}，且当 n 为奇数时，上下边频极性相反，当 n 为偶数时极性相同。

④ 由此可见，FM 信号的频谱不再是调制信号频谱的线性搬移，而是一种非线性过程。

图 3-18 示出了某单音宽带调频波的频谱。

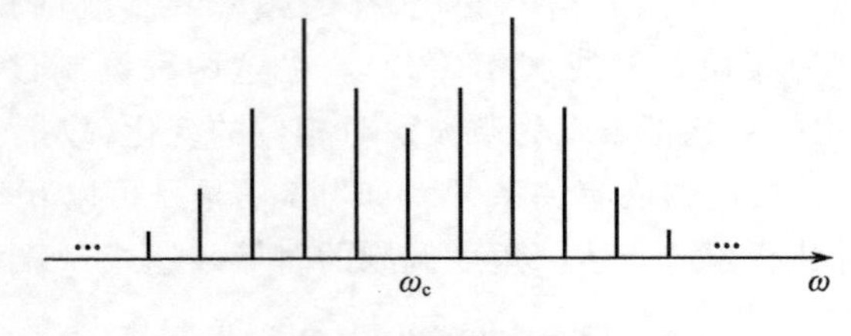

图 3-18 单音宽带调频波频谱

理论分析可知，调频信号的频谱由载波分量和无数边频组成，因此调频信号的频带宽度为无限宽。实际上由于边频幅度有限，调频信号可近似认为具有有限频谱。通常调频

波的有效带宽可用卡森(Carson)公式估算为

$$B_{FM}=2(m_f+1)f_m \tag{3-29}$$

式中：f_m 为调制信号的最高频率。

(2) 调频信号的产生与解调。调频信号的产生方法主要有两种,即直接调频和间接调频。

直接调频是用调制信号直接控制载波振荡器的频率,使其按调制信号的规律线性地变化。采用压控振荡器(VCO)或改进的锁相环路(PLL)来实现;间接调频法先将调制信号积分,然后对载波进行调相,采用混频器和倍频器实现。

调频信号的解调也分为非相干解调和相干解调。

调频信号非相干解调是要产生一个与输入调频信号的频率呈线性关系的输出电压。完成这种频率-电压转换关系的器件是频率检波器,简称鉴频器。常见鉴频器有振幅鉴频器、相位鉴频器、比例鉴频器、正交鉴频器、斜率鉴频器、频率负反馈解调器、锁相环鉴频器等。

调频信号非相干解调的原理如图 3-19 所示。

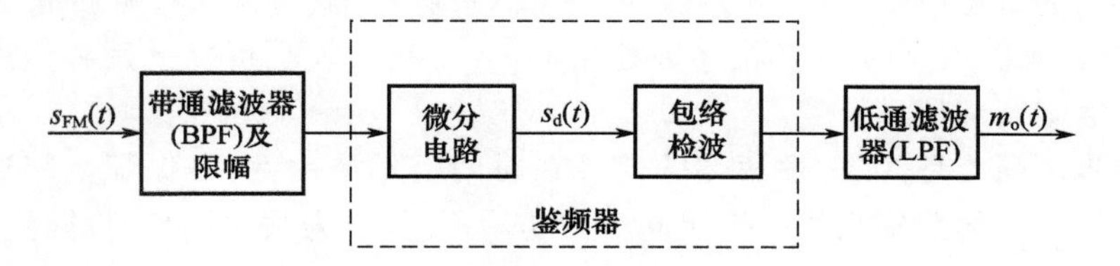

图 3-19　调频信号非相干解调框图

调频信号的相干解调主要用于窄带调频信号(NBFM)解调。其解调方式类似于幅度调制中的相干解调方法。

调频信号相干解调的原理如图 3-20 所示。

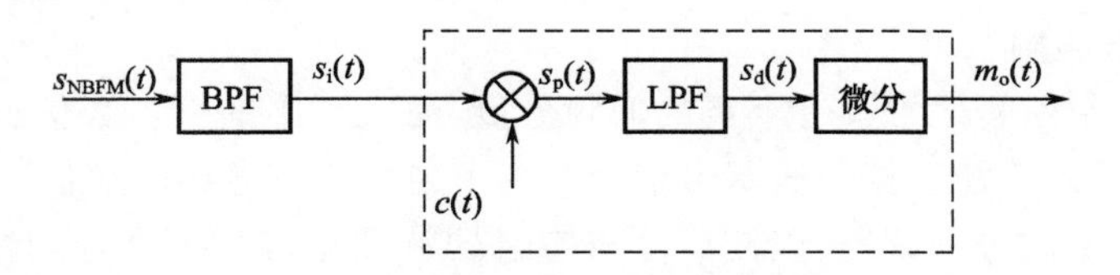

图 3-20　调频信号相干解调框图

3.3.3　数字调制传输

1. 系统模型

数字通信系统是利用数字信号来传递信息的通信系统。数字通信系统模型如图 3-21 所示。

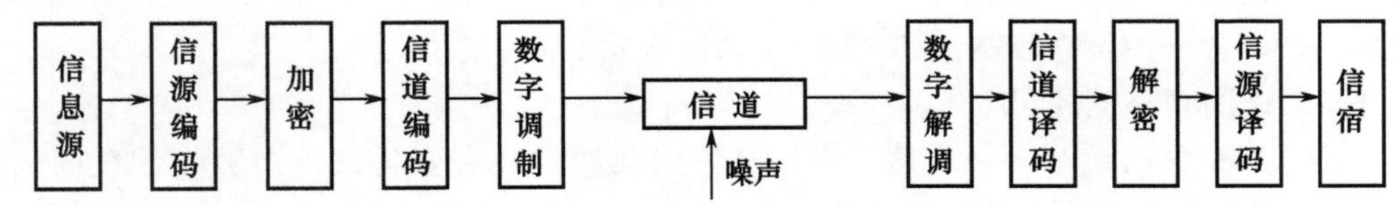

图 3-21　数字通信系统框图

图 3 – 21 各部分主要功能简述如下：

（1）信源编码与译码。信源编码有两个基本功能：一是提高信息传输的有效性，即通过某种压缩编码技术设法减少码元数目以降低码元速率；二是完成模数转换，即当信息源给出的是模拟信号时，信源编码器将其转换成数字信号，以实现模拟信号的数字传输。信源译码是信源编码的逆过程。

（2）信道编码与译码。信道编码的作用是进行差错控制。数字信号在传输过程中会受到噪声等影响而发生差错。为了减少差错，信道编码器对传输的信息码元按一定的规则加入保护成分（监督码元），组成“抗干扰编码”。接收端的信道译码器按相应的逆规则进行解码，从中发现错误或纠正错误，以提高通信系统的可靠性。

（3）加密与解密。在需要实现保密通信的场合，为了保证所传信息的安全，人为地将被传输的数字序列扰乱，即加上密码，这种处理过程叫加密。在接收端利用与发送端处理过程相反的过程对收到的数字序列进行解密，恢复原来信息。

（4）数字调制与解调。数字调制是把数字基带信号的频谱搬移到高频处，形成适合在信道中传输的带通信号。基本的数字调制方式有幅移键控（ASK）、频移键控（FSK）、绝对相移键控（PSK）、相对（差分）相移键控（DPSK）。在接收端可以采用相干解调或非相干解调还原数字基带信号。

（5）同步。同步是使收、发两端的信号在时间上保持一致，是保证数字通信系统有序、准确、可靠工作的前提条件。按照同步的功用不同，分为载波同步、位同步、群（帧）同步和网同步。

需要说明的是，同步单元也是系统的组成部分，但在图 3 – 21 中未画出。此外，图 3 – 21 是数字通信系统的一般化模型，实际的数字通信系统不一定包括图中的所有环节，如数字基带传输系统无需调制和解调。模拟信号经过数字编码后可以在数字通信系统中传输，数字电话系统就是以数字方式传输模拟语音信号的例子。

2. 数字频带调制

因为数字基带信号通常具有丰富的低频分量，而实际中的大多数信道（如无线信道）具有带通特性，因此不能直接传送基带信号。为了使数字信号在带通信道中传输，必须用数字基带信号对载波进行调制，以使信号与信道的特性相匹配。这种用数字基带信号控制载波，把数字基带信号变换为数字带通信号的过程称为数字调制。

数字信号对载波的振幅、频率和相位分别进行键控，可获得 ASK、FSK、PSK 3 种基本的数字调制方式。无线电通信选择调制方式时，需要对系统的要求做全面考虑，如抗噪声性能、频带利用率、功率利用率、设备复杂度、信道特性等。航天测控信道通常既是功率和带宽受限的信道，又是非线性信道；航天业务的不断增加使得射频频谱已非常拥挤，信道间相互干扰相当突出。这些因素要求调制信号的频带尽可能集中，并具有快速滚降的频谱特性，从而使调制信号通过带限非线性处理后具有尽可能小的频谱扩展。因此，在航天测控通信中，常采用恒包络的 FSK 或 PSK 调制方式。

1）二进制频移键控（BFSK）

（1）BFSK 的时域和频域表达。FSK 是利用载波的频率变化来传递数字信息的。在 BFSK 中，载波的频率随二进制基带信号在 ω_1 和 ω_2 两个频率点间变化。BFSK 信号的表达式为

$$s_{\mathrm{BFSK}}(t)=s_1(t)\cos(\omega_1 t)+s_2(t)\cos(\omega_2 t) \tag{3-30}$$

式中：$s_1(t)$和$s_2(t)$均为单极性脉冲序列，且当$s_1(t)$为正电平脉冲时，$s_2(t)$为零电平；反之亦然。BFSK 信号的时间波形如图 3－22 所示。

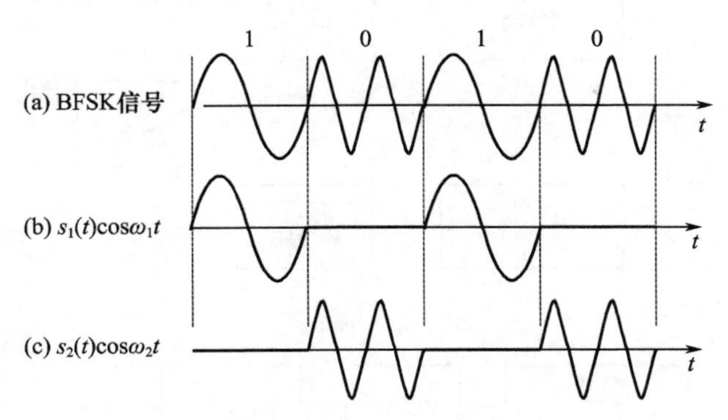

图 3－22　BFSK 信号时间波形

由式(3－30)很容易得到 BFSK 的功率谱为

$$P_{\mathrm{BFSK}}(f)=\frac{1}{4}[P_{s_1}(f-f_1)+P_{s_1}(f+f_1)]+\frac{1}{4}[P_{s_2}(f-f_2)+P_{s_2}(f+f_2)] \tag{3-31}$$

其典型曲线如图 3－23 所示。

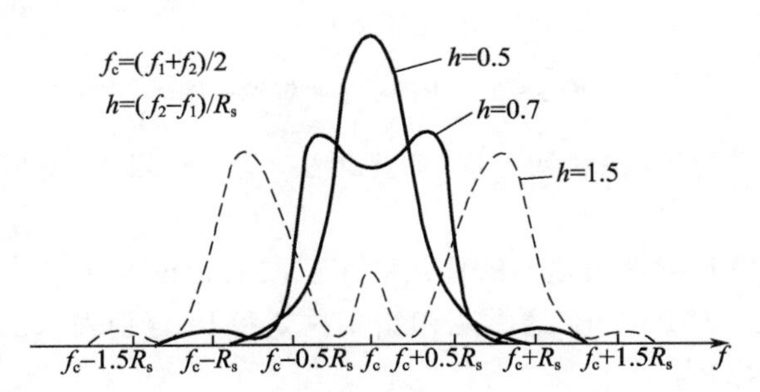

图 3－23　BFSK 信号功率谱示意图

由图 3－23 以看出：第一，相位不连续 BFSK 信号的功率谱由连续谱和离散谱组成，其中，连续谱由两个中心位于f_1和f_2处的双边谱叠加而成，离散谱位于两个载频f_1和f_2处；第二，连续谱的形状随着两个载频之差的大小而变化，若$|f_1-f_2|<f_s$，则连续谱在f_c处出现单峰，若$|f_1-f_2|>f_s$，则出现双峰；第三，若以功率谱第一个零点之间的频率间隔计算 BFSK 信号的带宽，则其带宽近似为

$$B_{\mathrm{BFSK}}=|f_2-f_1|+2f_s \tag{3-32}$$

式中：$f_s=1/T_s$为基带信号的带宽。图 3－23 中的f_c为两个载频的中心频率。

(2) BFSK 的产生与解调。BFSK 信号的产生方法主要有两种：一种采用模拟调频电路来实现；另一种采用键控法来实现。这两种方法产生 BFSK 信号的差异在于：由调频法产生的 BFSK 信号在相邻码元之间的相位是连续变化的，这是一类特殊的 FSK，称为连续相位 FSK(CPFSK)；而键控法产生的 BFSK 信号是由电子开关在两个独立的频率源之间转换形成的，故相邻码元之间的相位不一定连续。

BFSK 信号的常用解调方法包括非相干解调(包络检波)和相干解调。解调原理如图 3－24所示。

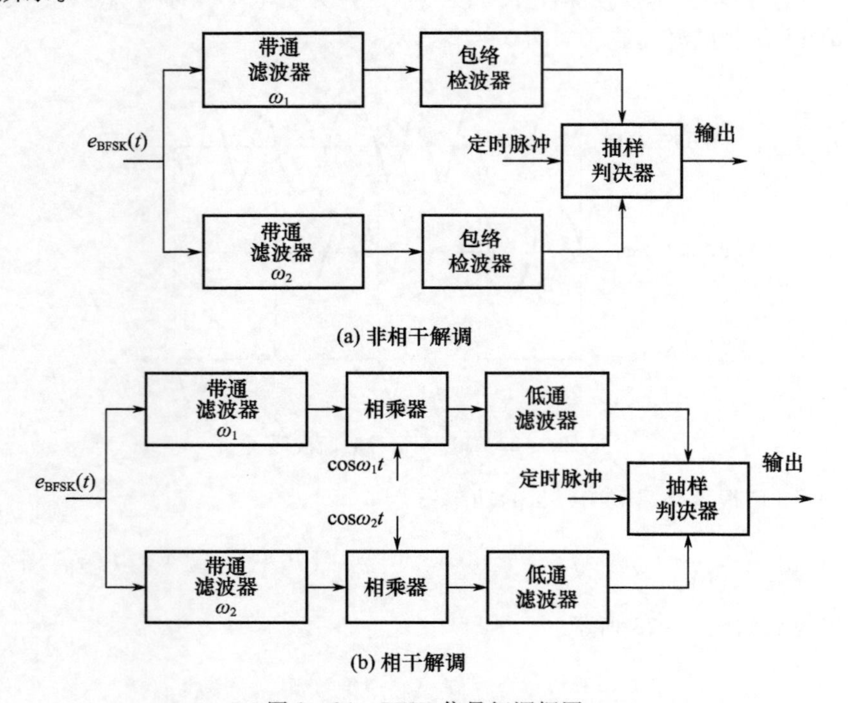

图 3－24　BFSK 信号解调框图

此外,BFSK 信号还有其他解调方法,如鉴频法、差分检测法、过零点检测法等。

2) BPSK

(1) BPSK 的时域和频域表达。PSK 是利用载波的相位变化来传递数字信息的,而振幅和频率保持不变。在 BPSK 中,通常用初始相位 0 和 PI 分别表示二进制“0”和“1”。因此,BPSK 的时域表达式为

$$s_{BPSK}(t) = A[\cos(\omega_c t) + \varphi_n] \tag{3-33}$$

式中:φ_n 为第 n 个符号的绝对相位,有

$$\varphi_n = \begin{cases} 0, & 发送“0”时 \\ \pi, & 发送“1”时 \end{cases} \tag{3-34}$$

BPSK 的时间波形如图 3－25 所示。

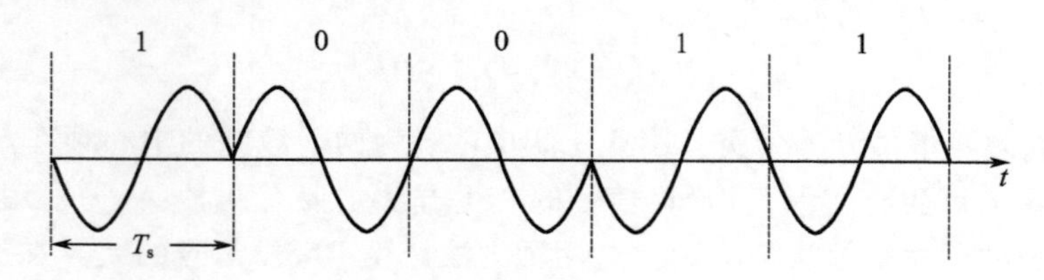

图 3－25　BPSK 时间波形

BPSK 信号的功率谱为

$$P_{\mathrm{BPSK}}(f)=\frac{1}{4}\left[P_{\mathrm{s}}(f+f_{\mathrm{c}})+P_{\mathrm{s}}(f-f_{\mathrm{c}})\right] \tag{3-35}$$

BPSK 功率谱曲线如图 3-26 所示。

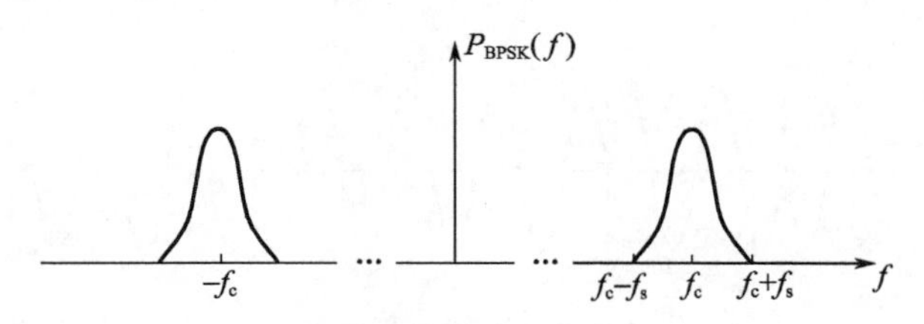

图 3-26 BPSK 功率谱示意图

从以上分析和图 3-26 可见，BPSK 信号的带宽是基带信号带宽的 2 倍。

（2）BPSK 的产生和解调。BPSK 信号的产生分为模拟调制法和键控法，如图 3-27 所示。

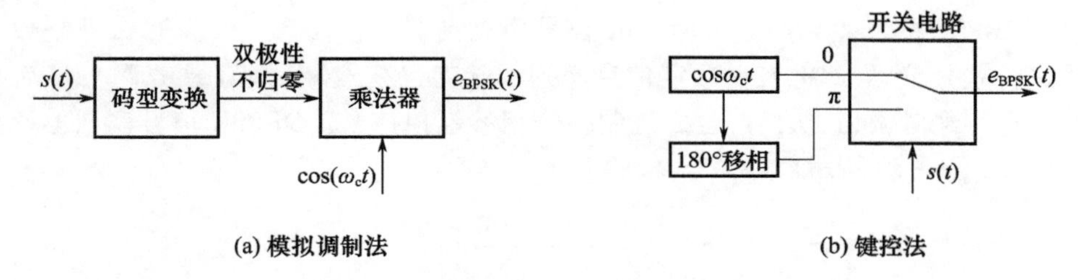

图 3-27 BPSK 信号产生框图

BPSK 信号的解调通常采用相干解调法，解调器的原理如图 3-28 所示。

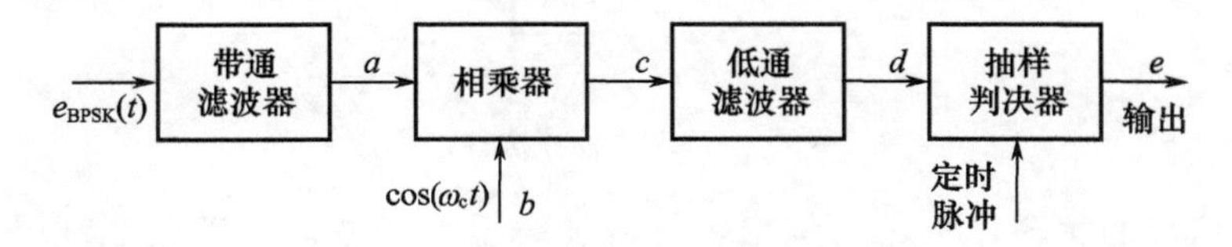

图 3-28 BPSK 信号相干解调框图

3）二进制差分相移键控（DBPSK）

在 BPSK 信号中，相位变化是以未调载波的相位作为参考基准的。在进行相干解调时，由于载波恢复中相位存在 180°的模糊，恢复的本地载波与所需的相干载波可能同相，也可能反相。这种相位关系的不确定性会造成解调出的数字基带信号与发送的数字基带信号正好反相，从而判决器输出数字信号全部出错。这个缺点使 BPSK 难以实际应用，由此提出了 DBPSK 方式。

（1）DBPSK 时域波形和功率谱。DBPSK 利用前后相邻的载波相对相位变化传递数字信息。用 $\Delta\varphi$ 表示当前码元与前一码元的载波相位差，则数字信息与 $\Delta\varphi$ 之间的关系定义为

$$\Delta\varphi=\begin{cases}0, & \text{数字信息“1”}\\ \pi, & \text{数字信息“0”}\end{cases} \tag{3-36}$$

DBPSK 信号波形如图 3－29 所示。

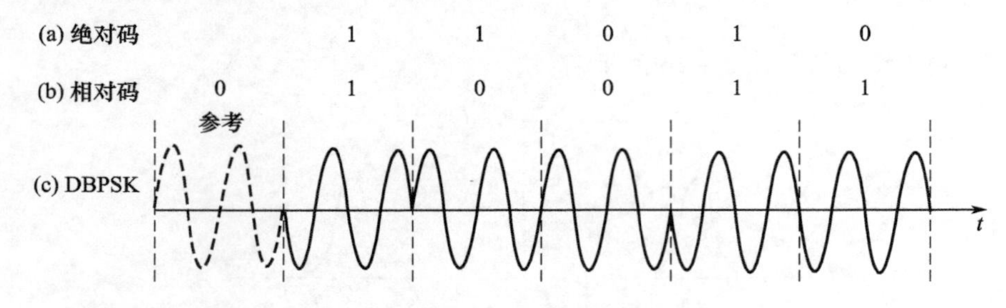

图 3－29　DBPSK 信号波形

从上面的分析可见，DBPSK 可以与 BPSK 具有相同形式的表达式，见式（3－33）。所不同的是 BPSK 中的基带信号对应的是绝对码序列，而 DBPSK 中的基带信号对应的是码变换后的相对码序列。因此，DBPSK 信号和 BPSK 信号的功率谱密度是完全一样的。即式（3－35）及图 3－26 也可以用来表述 DBPSK 信号功率谱。

（2）DBPSK 的产生和解调。DBPSK 信号用调制器键控法产生。先对二进制数字基带信号进行差分编码，即把表示数字信息序列的绝对码变成相对码（差分码），然后再根据相对码进行绝对调相，从而产生二进制差分相移键控信号。DBPSK 信号调制器键控法原理框图如图 3－30 所示。

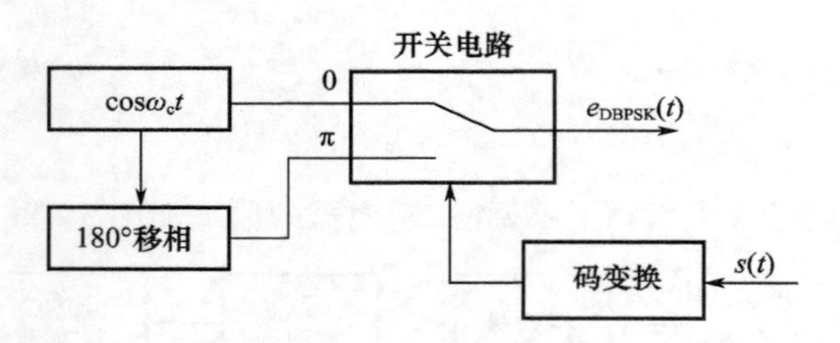

图 3－30　DBPSK 键控法原理框图

DBPSK 信号的解调方法之一是相干解调加码反变换法。其解调原理是：对 DBPSK 信号进行相干解调，恢复出相对码，再经码反变换器变换为绝对码，从而恢复出发送的二进制数字信息。在解调过程中，由于载波相位模糊性的影响，使得解调出的相对码也可能是“1”和“0”倒置，但经差分译码（码反变换）得到的绝对码不会发生任何倒置的现象，从而解决了载波相位模糊性带来的问题。DBPSK 的相干解调原理框图如图 3－31 所示。

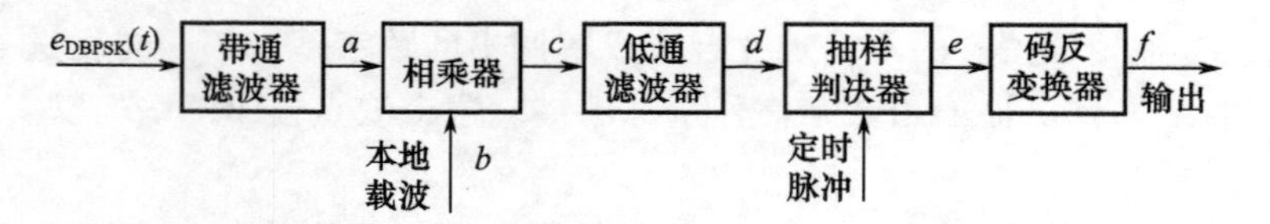

图 3－31　DBPSK 相干解调原理框图

DBPSK 信号的另一种解调方法是差分相干解调（相位比较法），其原理框图如图 3－32所示。用这种方法解调时不需要专门的相干载波，只需由收到的 DBPSK 信号延时一个码元间隔 T_B，然后与 DBPSK 信号本身相乘。相乘器起着相位比较的作用，相乘结果反映了前后码元的相位差，经低通滤波后再抽样判决，即可直接恢复出原始数字信息，故解调器中不需要码反变换器。

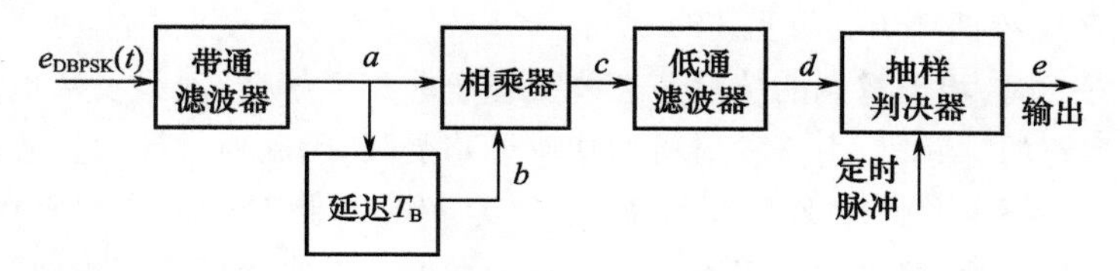

图 3-32　DBPSK 差分相干解调原理框图

4）QPSK 体制及其发展

BPSK 系统将载波的相位只调制为两种状态，虽然便于检测，但是频谱的利用效率较低。提高频带利用率的一种方法是使一个码元携带多比特的信息。考虑到正弦波和余弦波的正交性，如果用两路相差 90°的载波分别调制不同的信号，再将它们合成，载波的相位变化就有 4 种状态，即 0°、90、180°、270°，这就是四相相移键控（QPSK）。QPSK 显然比 BPSK 的频带利用效率几乎提高了 1 倍。在需要大数据量传输，频带又有限的情况下，如遥感卫星的下传遥感数据，往往采用 QPSK 方式。

QPSK 调制的基本过程是首先将基带信号进行串/并转换，形成两个同步且并行的信号序列；然后分别与两路正交的载波信号进行 BPSK；最后再将两路信号合成，叠加为一路信号。图 3-33 所示为使用调相法的 QPSK 调制原理框图。

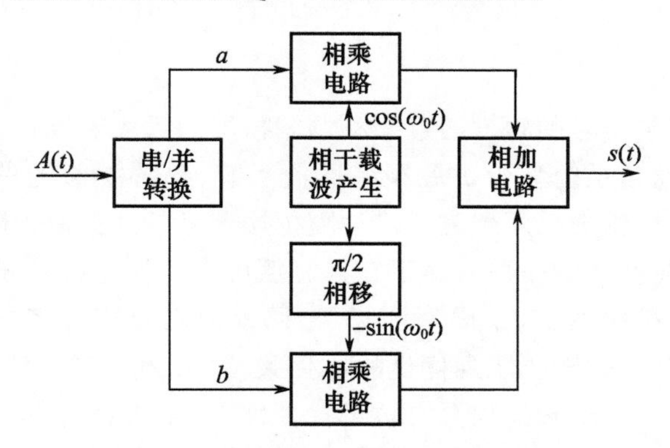

图 3-33　调相法 QPSK 调制原理框图

QPSK 解调过程与调制过程形式上类似，本质上是两个 BPSK 信号的相干解调。分别使用正交的相干载波解调后，通过并/串转换将两路并行信号恢复为一路串行信号。QPSK 的解调原理框图如图 3-34 所示。

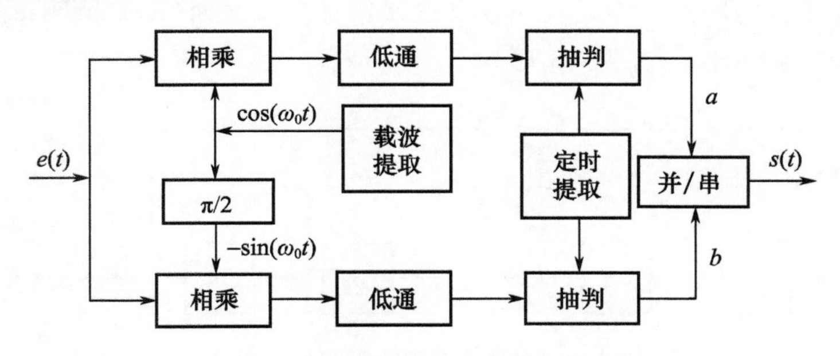

图 3-34　QPSK 解调原理框图

在相同误码率情况下，由于PSK系统中的接收机总能保持工作在最佳判决阈值状态，信噪比比FSK系统约低3dB。可见PSK调制比FSK调制具有更好的抗加性白噪声性能。采用同种调制方式时，相干解调的抗噪声性能要优于非相干解调，但是设备也更加复杂。对于航天器通信系统的空间段，由于发射机的功率严格受限，因此通常地面要使用相干解调以便减小对信噪比的要求。但对FSK系统而言，因为FSK调制对信道特性变化不敏感，因此当信道存在严重衰落时，接收端由于不易得到相干载波而常常使用非相干解调方式。

在QPSK基础上，进一步提出了一些新型调制体制。例如：为了降低包络起伏、减小相邻频道干扰的偏移键控的四相相移键控（OQPSK）调制；能同时传输较高码率数据和伪码的高斯最小频移键控（GMSK）调制；能提高信道带宽利用率的FQPSK调制和连续相位调制（CPM）；为了适应高速数据传输的高阶PSK调制，如在CCSDS制定的适用于高码率遥测的自适应编码调制标准中，使用了16PSK、32PSK和64PSK的调制方式。

对于具体的航天器通信系统，究竟使用何种调制解调方式，需要依据不同通信业务对通信速率、误码率、频带占用率、实现复杂度、可靠性、中断率以及信道特征等因素进行综合分析，做出整体最优的选择。例如，中国的许多航天器通信系统的遥测通信使用直接调相和BPSK体制，遥控使用FSK和FM体制，而数传则通常使用QPSK及其进化体制。再如，为了满足测距数传一体化的需求，CCSDS标准对工作在8GHz附近、下行链路同时加载高速遥测/数传信号和测距信号时的调制方式进行了规定，提出一种GMSK + PN码的调制方式。

5）扩频调制

扩频调制是将基带信号的频谱通过某种调制扩展到远大于原基带信号带宽的调制方式，采用扩频调制的通信系统称为扩展频谱通信系统（简称扩频通信）。在实际应用中，扩频调制常常通过使用伪随机序列完成。伪随机序列是具有类似于随机噪声的某些统计特性，同时又能够重复产生的序列。由于它具有随机噪声的优点，又避免了随机噪声的缺点，因此在时延测量、扩频通信、误码率测量、密码及分离多径等多方面都发挥了重要作用。在航天测控中，利用伪随机序列优良的自相关特性，测量信号传输延迟时间，进一步可以实现距离的测量。而扩频通信具有抗干扰性能好、抗多径衰落、易于保密、便于实现多址等优点，使其在航天测控通信领域得到广泛应用。

（1）m序列。最常用的伪随机序列是m序列。它由带线性反馈的移位寄存器产生，如图3-35所示。图中反馈线的连接状态用c_i表示，$c_i=1$表示此线接通（参加反馈），$c_i=0$表示此线断开。一般来说，一个n级线性反馈移位寄存器可能产生的最长周期为2^n-1。将这种最长的序列称为最长线性反馈移位寄存器序列（maximal length linear feedback shift register sequence），简称m序列。

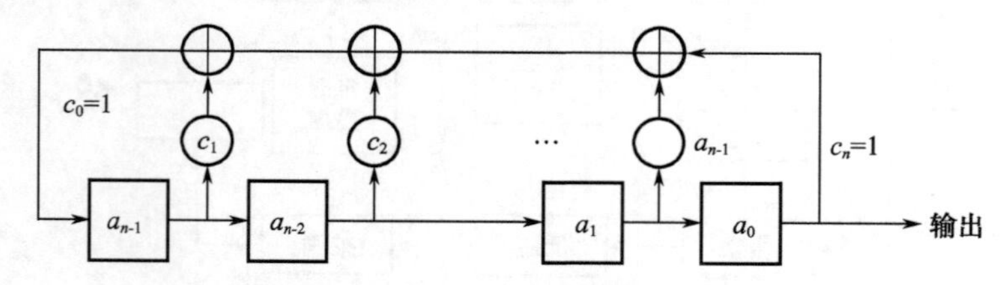

图3-35　线性反馈移位寄存器原理框图

n 级 m 序列具有以下基本特性。

① 均衡性。在 m 序列的一个周期中,“1”和“0”的数目基本相等。

② 游程分布。一个序列中取值相同的那些相继的(连在一起的)元素合成为一个“游程”。在一个游程中元素的个数称为游程长度。在 m 序列中,长度为 $k(1\leqslant k\leqslant n-1)$ 的游程数目占游程总数的 2^{-k}。

③ 移位相加性。一个 m 序列 M_p 与其经过任意次延迟移位产生的另一个不同序列 M_r 模 2 相加,得到的仍是 M_p 的某次延迟移位序列 M_s,即

$$M_p \oplus M_r = M_s \tag{3-37}$$

④ 自相关函数。若 $c(t)$ 为 m 序列的矩形 NRZ 信号,码元宽为 T_c,记 m 序列的周期为 $T=LT_c$,则 m 序列的自相关函数为

$$R(\tau)=\begin{cases}1, & \tau=0\\ -1/L, & \tau\neq 0\end{cases} \tag{3-38}$$

m 序列相关函数如图 3-36 所示。

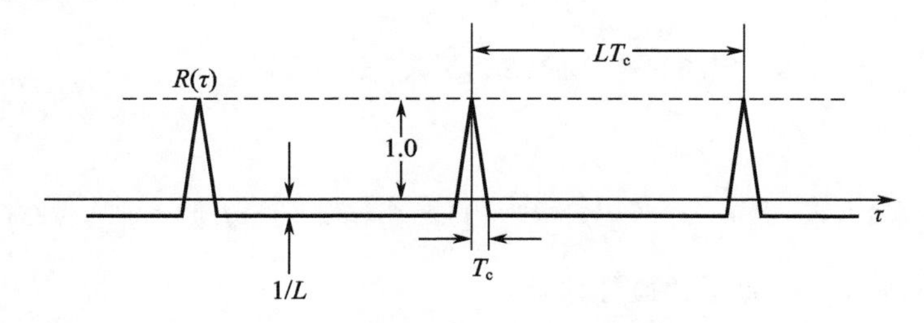

图 3-36 m 序列相关函数示意图

由图 3-36 可以看出,当周期 T 非常长和码元宽度 T_c 极小时,$R(\tau)$ 近似于冲激函数 $\delta(t)$ 的形状。

(2) 扩频调制。扩频调制一般包括直接序列扩频、频率跳变扩频、时间跳变扩频、线性调频扩频、混合扩频等多种形式。其中直接序列扩频最为常见,下面以 BPSK 直接序列扩频为例进行简单介绍。

大多数直接序列扩频采用 BPSK 调制方式,原理框图如图 3-37 所示。

在图 3-37 中,$d(t)$ 表示数据流 $\{a_n\}$ 经编码后的数字信号波形,$c(t)$ 表示扩频码信号波形。$d(t)$ 和 $c(t)$ 都是二进制信号波形。射频输出信号 $s(t)$ 可写为

$$s(t)=Ad(t)c(t)\cos(2\pi f_0 t) \tag{3-39}$$

一般情况下,$d(t)$ 和 $c(t)$ 相互独立,且 $d(t)$ 码元宽度 T_b 远大于 $c(t)$ 码元宽度 T_c,即 $T_b\gg T_c$。

在传播过程中,信号会受到各种干扰信号与噪声(统一表示为 $N(t)$)的污染,还要产生随机时延 T_d、多普勒频移 f_d 和随机相移 φ_d。信号进入收信机后进行与发射端相反的变换,就可以恢复出传输的信息。在扩频接收机中,这个反变换就是信号的解扩和解调。扩频信号一般都采用相关解扩技术,就是利用本地产生的扩频码(伪随机码)对接收信号进行相关运算。信号解调的过程如图 3-37(b)所示。

在不考虑传输过程中信号电平衰减的情况下,接收信号经射频解调后进行解扩,解扩

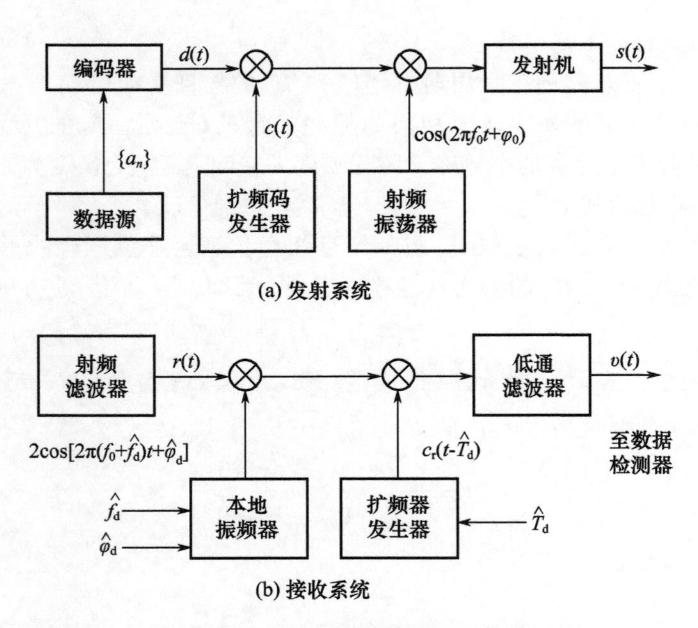

图 3－37　直接序列扩频系统原理框图

输出的信号为

$$s'(t)=Ad(t-T_d)c(t-T_d)c_r(t-\hat{T}_d)\cos[(2\pi(f_0+f_d)t+\varphi_d)]+N(t) \quad (3-40)$$

式中：$\hat{T}_d$ 为接收机对传输时延的最佳估计。

如果 $T_d=\hat{T}_d$，由于 $c(t)=\pm1$，即如果接收端扩频码与发送端同步，那么乘积 $c(t-T_d)c_r(t-\hat{T}_d)$ 就为 1。故正确同步后，除了随机相位和多普勒频移外，解扩器输出的信号成分等于 $s(t)$，接下来就可用相干相位解调器进行 BPSK 解调。

在扩频通信中，定义扩频增益为

$$G=\frac{T_b}{T_c} \quad (3-41)$$

表示由于扩展发送信号的带宽而获得的抗干扰能力的增益。

3.3.4　副载波调制

在航天测控中，信号形式多种多样，调制方式也比较复杂，不同测控信号常采用不同的调制体制。如测距信号一般直接对载波调相，而测速、低速率数据传输信号常使用副载波调制方式。副载波调制是指信号先对某载波（称为副载波）进行调频或调相，得到已调信号再对载波进行调制。测控信号 $s(t)$ 可用包含 $N(N\geqslant0)$ 个正弦波和 $M(M\geqslant0)$ 个方波的副载波统一表示，如图 3－38 所示。N 个正弦波若没有被数据调制，则可视为 N 个侧音对载波调角，即多侧音测距信号；当有数据调制时，则 N 个正弦波就是使用副载波调制的信号；在 M 个方波中，通常包含伪码测距信号或者其他数据信息。

在图 3－38 所示的系统中，信号可进行多次调制、解调，同一载波也可携带多个不同的信号。图中不同的信号（基带信号 2、3）先分别调制到较低频的载波，称为副载波（副载

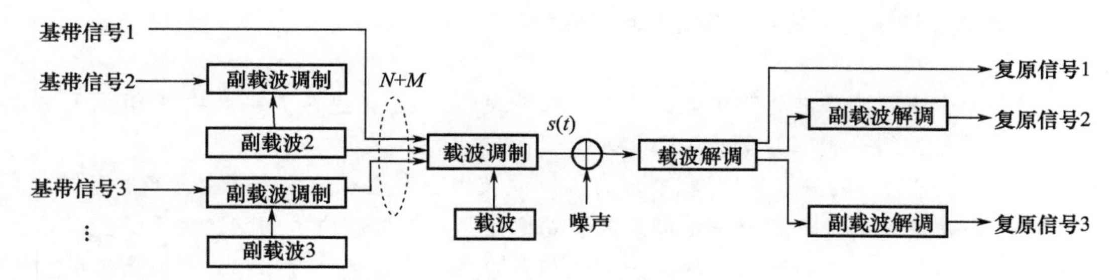

图 3－38　副载波调制框图

波 2、3）上。各信号对副载波的调制可以按各自的需要选择调制方式和参数。这些副载波有时还与一种未调信号（基带信号 1）一起，再调制到一个高频的载波上。该载波携带了所有各信号的信息。传输到接收端后，再按相反的顺序解调，恢复出所有信号的信息。从频域的角度，只要副载波的频率相对错开，很容易用滤波器把各信号分开。还可以用时分的方法，利用同一频段安排副载波。分别控制各副载波的调制度，就可以控制各副载波在整个已调载波中的能量分配。

1. 副载波调制信号的时域表达

如前所述，测控信号 $s(t)$ 可表示为 N 个正弦波和 M 个方波（$N \geqslant 0, M \geqslant 0$）的信号组合，即

$$s(t) = A\cos[\omega_c t + \theta_s(t)] \tag{3-42}$$

式中

$$\theta_s(t) = \sum_{k=0}^{N} m_k \sin(\omega_k t + \theta_k) + \sum_{i=0}^{M} m_i D_i(t) \tag{3-43}$$

将式(3－43)代入式(3－42)中，并利用欧拉公式 $e^{jx} = \cos x + j\sin x$ 得

$$\begin{aligned} s(t) &= A\cos[\omega_c t + \theta_s(t)] = A\cos\left[\omega_c t + \sum_{k=0}^{N} m_k \sin(\omega_k t + \theta_k) + \sum_{i=0}^{M} m_i D_i(t)\right] \\ &= AR_e\left\{\exp(j\omega_c t) \times \exp\left[j\sum_{k=0}^{N} m_k \sin(\omega_k t + \theta_k)\right] \times \exp\left[j\sum_{i=0}^{M} m_i D_i(t)\right]\right\} \end{aligned} \tag{3-44}$$

再利用雅可比－安格尔恒等式，即

$$\exp(jz\cos\theta) = \sum_{n=-\infty}^{+\infty} j^n J_n(z) \exp(jn\theta) \tag{3-45}$$

以及当 $D_i(t) = \pm 1$ 时，有

$$\exp[jm_i D_i(t)] = \cos m_i + jD_i(t)\sin m_i \tag{3-46}$$

化简式(3－44)，即将式(3－45)和式(3－46)代入式(3－44)，得

$$s(t) = AR_e\left\{\exp(j\omega_c t) \times \prod_{k=0}^{N}\left[\sum_{n=-\infty}^{+\infty} j^n J_n(m_k) \exp[jn(\omega_k t + \theta_k)]\right] \times \prod_{i=0}^{M}[\cos m_i + jD_i(t)\sin m_i]\right\} \tag{3-47}$$

2. 副载波调制信号的频域分析及功率分配

从式(3-47)可以看出：

(1) 每个正弦副载波将产生无穷多个旁频分量，N 个正弦副载波将产生 N 组无穷多个旁频分量及其组合频率分量。

(2) 因为 $D_i(t)$ 的频谱无限宽，所以方波副载波也会产生在全频率域上分布的旁频。

(3) 调角信号的总功率 $P_t = A^2/2$。此总功率按照一组调制指数的函数关系分配到残留载波、方波频率、各正弦副载波的一阶旁频和高阶旁频及其组合频率中。一阶旁频的功率为有用功率，高阶旁频及其组合频率的功率为无用功率。

其中载波分量功率为

$$P_c = \frac{A^2}{2}\prod_{k=0}^{N} J_0^2(m_k)\prod_{i=0}^{M}\cos^2 m_i \tag{3-48}$$

第 $l(l=1,2,\cdots,N)$ 个正弦副载波的第一旁频功率(高、低旁频功率之和)为

$$P_{l1} = 2\times\frac{A^2}{2}J_1^2(m_l)\prod_{\substack{R=0\\k\neq l}}^{N} J_0^2(m_k)\prod_{i=0}^{M}\cos^2 m_i \tag{3-49}$$

第 $j(j=1,2,\cdots,M)$ 个方波副载波的全部功率为

$$P_{sq\cdot j} = \frac{A^2}{2}\sin^2 m_j\prod_{k=0}^{N} J_0^2(m_k)\prod_{\substack{i=0\\i\neq j}}^{M}\cos^2 m_i \tag{3-50}$$

则系统功率损耗 P_x 为

$$P_x = P_t - P_c - \sum_{k=1}^{N} P_{k1} - \sum_{i=1}^{M} P_{sq\cdot i} \tag{3-51}$$

系统功率利用系数定义为

$$\eta = \frac{P_t - P_x}{P_t} = 1 - \frac{P_x}{P_t} \tag{3-52}$$

3. 副载波调制在测控中的应用

(1) 使用单侧音对载波调角。使用单侧音测距时，对应于式(3-47)中 $N=1$、$M=0$ 的情形。调制信号的频谱分析类似上一节的调频信号分析方法，其带宽可由卡森公式估算，约为

$$\omega_{PM} \approx 2(m_{PM}+1)\omega_f \tag{3-53}$$

式中：ω_f 为单侧音信号角频率；m_{PM} 为调制指数。当 $m_{PM}\ll 1$ 时，$\omega_{PM}\approx 2\omega_f$。

当只采用一个方波副载波对载波进行调角时(如测控系统中的测距码信号)，对应于式(3-47)中 $N=0$、$M=1$ 的情形，频谱分析与单侧音测距类似，调制信号的带宽也可用式(3-53)进行估算。

(2) 使用多个正弦副载波对载波信号调角。在航天测控中使用侧音测距时，为了解决测距精度和无模糊距离这一矛盾，通常使用一组侧音，如多个侧音经过适当加权后的组合信号作为测距信号。此种情形对应于式(3-47)中 $N>1$、$M=0$，即

$$s(t) = AR_e\left\{\exp(j\omega_c t)\times\prod_{k=0}^{N}\left[\sum_{n=-\infty}^{+\infty} j^n J_n(m_k)\exp[jn(\omega_k t+\theta_k)]\right]\right\} \tag{3-54}$$

设 N 个正弦副载波频率为 $\omega_1<\omega_2<\cdots<\omega_{N-1}<\omega_N$，并设调制指数 $m_k\ll 1(k=1,2,\cdots,$

N),则 N 个正弦副载波对载波调角信号的带宽 $\Delta\omega_{\mathrm{PM}} \approx 2\omega_N$。假设 N 个正弦副载波本身又被信息信号所调制,这些信号可以是模拟的,也可以是数字的。设 $\Omega_k(k=1,2,\cdots,N)$ 为各路副载波调制信号的最高有效频率,Ω_M 为其中的最大值,且各自的调制指数满足 $m_k \ll 1(k=1,2,\cdots,N)$,同前分析可得已调副载波的信号带宽近似为 $\Delta\omega_k \approx 2\Omega_k(k=1,2,\cdots,N)$。

因此,N 个已调正弦载波副载波对载波调角信号的带宽近似为

$$\omega_{\mathrm{PM}} \approx 2(\omega_N + \Omega_M) \tag{3-55}$$

由式(3-54)可得残留载波分量为

$$s_{\mathrm{c}}(t) = A\prod_{k=0}^{N}[\mathrm{J}_0(m_k)\cos(\omega_{\mathrm{c}}t)] \tag{3-56}$$

残留载波功率为

$$P_{\mathrm{c}}(t) = \frac{A^2}{2}\prod_{k=0}^{N}\mathrm{J}_0^2(m_k) \tag{3-57}$$

第 $l(l=1,2,\cdots,N)$ 个正弦副载波的一阶旁频分量与功率分别为

$$\begin{aligned} S_{l1}(t) = {} & A\mathrm{J}_{-1}(m_l)\prod_{\substack{k=1\\k\neq l}}^{N}\mathrm{J}_0(m_k)\cos[\omega_{\mathrm{c}}t - (\omega_l t + \theta_l)] + \\ & A\mathrm{J}_1(m_l)\prod_{\substack{k=1\\k\neq l}}^{N}\mathrm{J}_0(m_k)\cos[\omega_{\mathrm{c}}t + (\omega_l t + \theta_l)] \end{aligned} \tag{3-58}$$

和

$$P_{l1} = 2\times\frac{A^2}{2}\mathrm{J}_1^2(m_l)\prod_{\substack{k=1\\k\neq l}}^{N}\mathrm{J}_0^2(m_k) \tag{3-59}$$

类似地,可分析只有 $M(M>1)$ 个方波(此时 $N=0$)对载波调相的情形,这里不再赘述。

(3) 多个方波和多个正弦副载波对载波调角。在统一载波测控体制中,通常发射信号是一个正弦调相波,它被若干个信息副载波和测距副载波所调制,对应于在式(3-47)中 $N>1$、$M>1$ 的情形。这种情况下,为了防止通道间的串扰,必须正确地选择副载波的频率以及调制信号的最高有效频率。图 3-39 示出了一个方波($M=1$)和 $N(N>1)$ 个正弦副载波对载波调角的频谱分布情况。

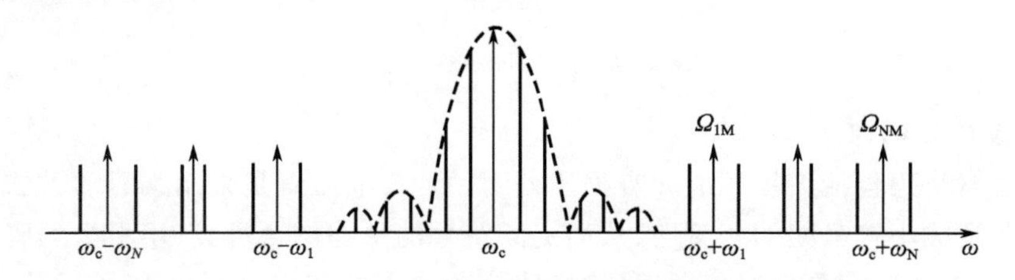

图 3-39　一个方波和 N 个正弦副载波对载波调相信号的频谱

在实际测控中,这些副载波分量一般不会同时存在,应视具体使用情况选择。

3.4　信源编码与信道编码

3.4.1　信源编码

信源编码的主要目的是解决模拟信号的数字化和提高数字信号通信的有效性。自然

产生的信息一般都具有很大的冗余度。为了更加有效和经济地传输信息，需要采用信源压缩编码的方式对原始信息进行压缩。信源压缩编码是针对数字信号进行编码的。因此，若输入信源信号是模拟信号，必须先将其数字化，然后再进行压缩编码。

在航天测控和通信领域，随着航天技术的飞速发展，星载有效载荷数量与种类不断增加，更多空间数据尤其是图像的采集成为日益增长的需求，下传数据量变得异常巨大。海量的数据会给星上存储器的存储容量、通信干线信道的带宽以及计算机的处理速度增加极大的压力。在航天器存储器容量有限、信道带宽极为珍贵的情况下，数据压缩成为必然的解决方法。

1. 模拟信号的数字化

模拟信号的数字化包括3个步骤，即抽样(Sampling)、量化(Quantization)和编码(Coding)。

模拟信号首先被抽样，得到的抽样信号在时间上是离散的，但取值仍然是连续的，即为离散模拟信号。第二步是量化，量化的结果使抽样信号变成量化信号，其取值是离散的。量化信号可以看作多进制的数字脉冲信号。第三步是编码，将多电平信号转换为二进制符号。

上述将模拟信号变换成二进制信号的方法称为脉冲编码调制(PCM)。PCM系统原理如图3－40所示。在发送端，对输入的模拟信号进行抽样、量化和编码，编码后的PCM信号是一个二进制数字序列，其传输方式可以采用数字基带传输，也可以是对载波调制后的带通传输。在接收端，PCM信号经译码后还原为量化值序列(含有误差)，再经过低通滤波器滤除高频分量，便可重建发送的模拟信号。

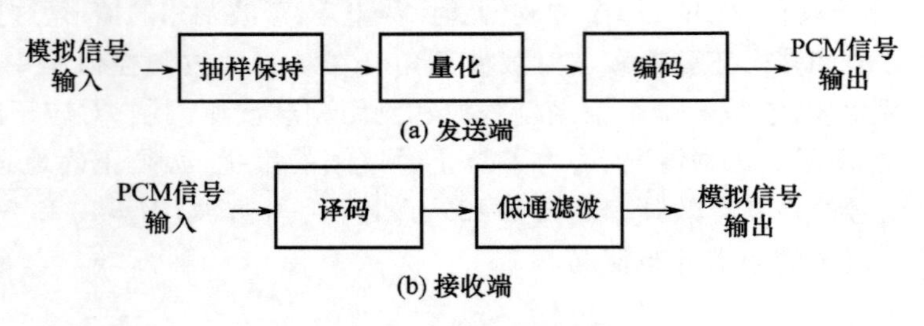

图3－40　PCM系统原理框图

2. 信源压缩编码

信源压缩编码包括无损压缩和有损压缩两种。无损压缩是采用编码的方法改变符号出现的概率及减小符号间的相关性，从而提高符号的平均信息量，以用更少的码元传输同样量的信息；有损压缩是在对信源编码时，使信源含有的信息量降低，但信源失真被控制在允许范围内。相对于无损压缩，有损压缩可以获得更大的压缩比，主要用于大数据量遥感图像的压缩。

航天测控通信中的信源压缩编码主要包括语音、图像及数字数据压缩编码。

(1) 语音压缩编码。语音压缩编码可以分为3类：波形编码、参量编码和混合编码。

语音波形编码对编码的性能要求是保持语音波形不变，使波形失真尽量小，如常见的线性预测编码方式和增量调制系统。

语音参量编码是将语音的主要参量提取出来进行编码。提取的语音参量主要有5

个,即浊音或清音判断、浊音的基音周期、声门输出的强度、音量和声道参数(滤波器传输函数)。语音参量编码是一种合成/分析编码方法。合成语音频谱的振幅与原语音频谱的振幅有很大不同,并且丢失了语音频谱的相位信息。因此,语音参量编码是一种有损压缩编码。

语音混合编码是为了提高语音质量而对语音参量编码的一种改进编码方式,也是一种有损压缩编码。语音混合编码采用了时变线性滤波器,并在激励源中加入了语音波形的某种信息以改进其合成语音的质量。语音混合编码在语音编码领域得到了广泛的应用,如海事卫星(Inmarsat)系统中采用的9.6kb/s编码速度的多脉冲激励线性预测编码(MPE-LPC)。

(2) 图像压缩编码。根据应用需要,图像压缩可以采用有损压缩或无损压缩方法。根据图像性质,图像压缩又可分为静止图像压缩和动态图像压缩两类。

静止图像压缩利用静止数字图像信号在各相邻像素(上、下、左、右)之间的相关性,用差分编码或其他预测方法,仅传输预测误差从而压缩数据率。在图像压缩编码中,还常在变换域中进行有损压缩,可以采用的变换包括离散傅里叶变换(DFT)、小波(Wavelet)变换、沃尔什变换(WT)、离散余弦变换(DCT)等。最广泛应用的静止图像压缩标准是国际标准化组织(ISO)/JPEG国际标准10918-1或ITU-T建议T.81。在JPEG标准基础上,ISO又制定出改进的JPEG 2000。

动态图像压缩是在静止图像压缩(如用JPEG压缩)基础上,设法减小动态数字图像相邻帧之间相关性的图像压缩方法。由ISO制定的动态图像压缩标准称为MPEG,包括MPEG-1、MPEG-4、MPEG-7。由ITU-T制定的动态图像压缩标准称为H.261、H.262、H.263和H.264。两个系列的压缩方案基本相同。

(3) 数字数据压缩编码。当不允许有信息损失时,采用无损压缩方法。压缩编码通过选用一种高效的编码表示信源数据,以减小信源数据的冗余度,即减小其平均比特数。由于有限离散信源中各字符的信息含量不同,压缩通常采用变长码。霍夫曼码是一种数据压缩常采用的变长码。

航天测控通信中的常规数据通信,可采用地面通信已成熟的压缩方法进行压缩。但有的压缩比很高的算法往往需要大量计算,对器件的运算性能有较高的要求。因此,在航天器上实现的数据压缩需要选择快捷、相对简单的算法,同时要兼顾硬件实现的可能性。针对不同空间任务的需要,CCSDS先后开发了用于各种科学探测数据的无损数据压缩(LDC)、用于各种成像任务的图像数据压缩(Image Data Compression)和用于多光谱和高光谱成像任务的无损多光谱和高光谱图像压缩(Lossless Multispectral and Hyperspectral Image Compression)标准。

3.4.2 信道编码

数字信号在传输过程中,由于受到干扰的影响,码元波形将被破坏,接收端收到后可能发生错误判决。为此,需要在信号传输中采用差错控制技术。常见的差错控制技术主要有4种:检错重发、前向纠错(FEC)、反馈校验和检错删除。结合航天测控通信的实际,本节介绍前向纠错的差错控制方式。

前向纠错编码技术可以自动纠正传输误码,它的核心思想是发送方通过使用纠错码对信息进行冗余编码。接收方利用编码的冗余部检测可能出现在信息任何地方的有限个差错,并且通常可以纠正这些差错而不用重传。一个冗余位的值是原始信息中一些信息位按某个函数产生的。根据信息码元和监督码元之间的关系,基本的前向纠错码可分为分组码和卷积码两种。在此基础上,人们发展了级联码等纠错编码技术。

1. 分组码

分组码是把信息码元序列以每 k 个码元分组,编码器将每个信息组按照一定规律产生 r 个多余的码元(称为校验元),形成一个长为 $n=k+r$ 的码字,k/n 称为编码效率(码率)。在分组码中,把码组中"1"的个数称为码组的重量,简称码重。把两个码组中对应位上数字不同的位数称为码组的距离,简称码距。编码中各个码字间距离的最小值称为最小码距 d,最小码距是衡量码组检错和纠错能力的依据。

当分组码的信息码元与监督码元之间为线性关系时(可用线性方程组联系),这种分组码就称为线性分组码,否则称为非线性分组码。分组码中应用最广泛的是线性分组码。循环码是线性分组码的一个重要子集,它除了具有线性码的一般性质外,还具有循环性,即循环码组中任一码组(全"0"码组除外)循环移位所得的码组仍为该循环码中的一个许用码组。具体来说,对一码组左移、右移,无论循环移动多少位得到的结果均为该循环码中的一个码字。循环码的编码与解码电路比较简单,用反馈寄存器就可以实现。其纠错能力也较强,因此在实际中应用较广泛。

在航天测控系统中,一种得到广泛使用的循环码是 R-S 码。这种码以其发明人 Reed 和 Solomon 的名字命名,是一种多进制码,具有很强的纠错能力。

假设 R-S 码采用 m 进制,则码长 n 需要满足

$$n=m-1=2^q-1 \tag{3-60}$$

式中:$q\geqslant 2$,为整数。

对于能够纠正 t 个错误的 R-S 码,其监督码元数目为

$$r=2t \tag{3-61}$$

这时的最小码距 $d_0=2t+1$。它能够纠正 t 个 m 进制错码,或者说,能够纠正码组中 t 个不超过 q 位连续的二进制错码。

CCSDS 推荐航天遥测信道编码使用的 R-S 码为 RS(255,223)。一个码字中含有 255 个符号,其中信息符号数为 223,监督符号数为 32,最大纠错能力为 16 个符号。

2. 卷积码

卷积码与分组码不同,是一种非分组码。通常它更适合于前向纠错,在许多实际情况下,它的性能优于分组码,而且运算比较简单。

卷积码也是将 k 个输入信息比特编成 n 个码元的一个码组,但 k 和 n 通常很小,特别适合以串行形式进行传输。卷积码和分组码的根本区别在于,它不是把信息序列分组后再进行单独编码,而是由连续输入的信息序列得到连续输出的已编码序列。即进行分组编码时,其本组中的 $n-k$ 个校验元仅与本组的 k 个信息元有关,而与其他各组信息无关;但在卷积码中,其编码器将 k 个信息码元编为 n 个码元时,这 n 个码元不仅与当前段的 k 个信息有关,而且与前面的 $m-1$ 段的信息有关(m 为编码的约束度)。所以,一个码组中的监督码元监督着 m 个信息段。卷积码记为(n,k,m),其编码效率仍定义为 k/n。

卷积码的解码方法可以分为两类:代数解码和概率解码。代数解码是利用编码本身的代数结构进行解码,不考虑信道的统计特性。大数逻辑解码是卷积代数解码的一种最主要方法,它也可以用于循环码的解码。大数逻辑解码对于约束长度较短的卷积码最有效,而且设备较简单。概率解码(又称为最大似然译码)则是基于信道的统计特性和卷积码的特点进行计算,常见的概率解码方法包括序贯解码算法和维特比算法。当码的约束长度较短时,维特比算法比序贯解码算法的效率更高、速度更快,目前得到广泛的应用。

CCSDS 推荐的航天遥测信道编码使用的卷积码参数:编码效率为 1/2 或 1/3,编码约束长度为 7,译码采用 8 电平软判决,维特比最大似然译码。

3. 级联码

从信息量的角度看,不论什么信道,只要用随机编码,并且长度足够长,就可以无限逼近信道容量。而实际的各种编码都不是随机的,码长更不能做得太大。级联码是由短码构造长码的一种特殊且有效的方法。用这种方法构造的长码是由两个短码即内码与外码复合而成。内码可以设计成采用一般复杂度并获得适当误码率的编码;外码可以很复杂,应设计成可以纠正绝大多数内码纠错后遗留下来的错误。目前使用最多的典型组合是:内码为采用软判决维特比译码的短约束长度卷积码,外码是高性能的非二进制 R-S 码。

CCSDS 推荐的遥测信道级联编码采用(2,1,7)的卷积码为内码,(255,223)的 R-S 码为外码,并在内码和外码间加上一个交织器。其结构如图 3-41 所示。

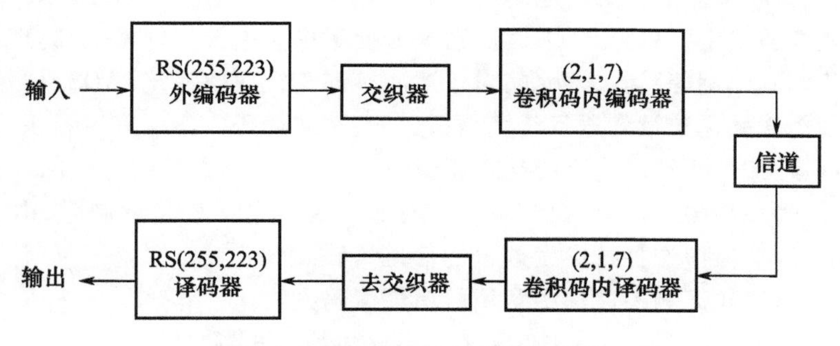

图 3-41　CCSDSS 推荐的级联码

4. Turbo 码与 LDPC 码

Turbo 码是一种特殊的级联码。其基本思路是由于分组码和卷积码的复杂度随码组长度或约束度的增大按指数规律增长,因此为了提高纠错能力,不能再单纯增大一种码的长度,而是要将两种或多种简单的编码组合成复合编码。

Turbo 码的编码器在两个并联或串联的分量码编码器之间增加一个交织器,使之具有很大的码长度,从而能在低信噪比条件下得到接近理想的性能。典型的 Turbo 码编码器由一对递归系统卷积码(RSCC)编码器和一个交织器组成,如图 3-42 所示。Turbo 码译码器在两个分量译码器之间进行迭代译码,两个分量编码器分别输出相应的校验位,这样整个译码过程类似涡轮(Turbo)工作。

Turbo 码具有卓越的纠错性能,性能接近香农极限,而且编译码的复杂度不高。Turbo 码常用于对实时性要求不高、码率较低的深空通信等场景。

低密度奇偶校验码(LDPC 码)本质上是一种线性分组码,和 Turbo 码同属于复合码类。它通过一个生成矩阵 $\boldsymbol{G}$ 将 0 信息序列映射成发送序列,也就是码字序列。对于生成

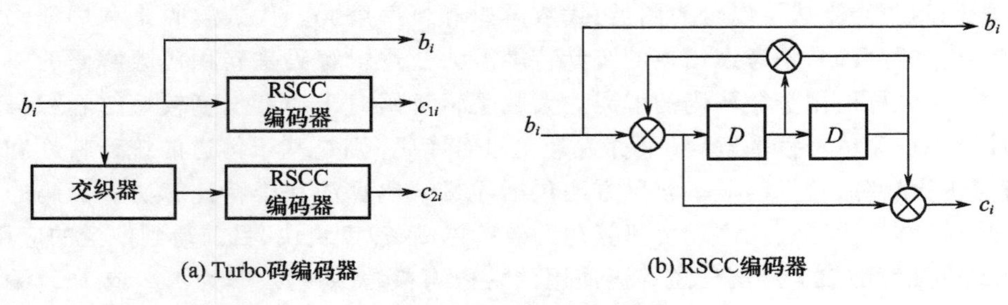

图 3-42 Turbo 编码器示意图

矩阵 $\boldsymbol{G}$,完全等效地存在一个奇偶校验矩阵 $\boldsymbol{H}$,所有的码字序列 C 构成了 $\boldsymbol{H}$ 的零空间。奇偶校验矩阵 $\boldsymbol{H}$ 是一个稀疏矩阵,相对于行与列的长度,校验矩阵每行、列中非零元素的数目非常小。

LDPC 码与 Turbo 码的性能相近,但是 LDPC 码比 Turbo 码的译码简单,更易实现。两者的译码延迟都相当长,所以它们更适合于一些实时性要求不很高的通信。CCSDS 已经把 Turbo 码作为深空通信的标准,NASA 针对近地业务和深空业务分别提出了不同的 LDPC 码方案。在航天应用环境中,要求编码增益高、设备复杂度低。尤其在深空通信中,传输距离远,信号能量衰减严重,而且设备要求小型化,使得功率资源严重受限。因此,LDPC 码将在航天领域得到更广泛的应用。

在航天测控通信中,信道编码方案的选择需要考虑数据传送帧格式、物理信道特性和通信所使用的调制体制等因素。例如:对于遥测帧和高级在轨系统(AOS)传送帧,由于在一个任务阶段传送帧是连续发送且长度是固定的,因此编码方案可采用卷积码、R-S 码、级联码、Turbo 或 LDPC 码;在航天器空间通信中,由于可能存在宇宙电磁脉冲引起的突发干扰,因此一般采用纠随机性差错的编码;在遥测信号采用 DPSK 调制时,由于解调时会引起误码扩散,因此考虑选择抗突发差错的信道编码。

表 3-4 示出了航天测控通信中常用的信道编码方法。

表 3-4 航天测控通信中的信道编码

功能	遥测/AOS 信道编码	遥控信道编码	邻近空间信道编码
纠错	卷积码 R-S 码 级联码(卷积码+R-S 码) Turbo 码 LDPC 码	BCH 码 LDPC 码	卷积码 LDPC 码
检错/ 帧有效确认	R-S 码 FECF(CRC-16)	BCH 码 FECF(CRC-16)	CRC-32

3.5 通信网络分层模型及空间通信协议

3.5.1 通信网络分层模型

一个完整的通信过程通常需要若干相对独立的步骤完成,后一个步骤以前一个步骤为基础。每个步骤中的通信双方都需要使用一些共同的规则和约束,称为通信协议。一个通信步骤中的协议就形成了相对独立和完整的层。将这些层按通信步骤的先后顺序组织成一个整体,这个整体就成了通信协议的分层模型。在计算机和通信网络的发展过程中,根据不同的需要出现了不同的分层模型。比较重要的是 ISO 制定的开放系统互联参考模型(OSI – RM)和因特网采用的传输控制协议(TCP)/IP 分层模型。CCSDS 在此基础上制定了空间通信协议和航天器内部通信协议分层模型。

1. OSI – RM

OSI – RM 规定了两个端系统经过中继系统(中间节点)通信时的系统组成和协议配置,如图 3 – 43 所示,OSI – RM 按照功能将网络体系结构分为 7 层,自底向上依次为物理层、数据链路层、网络层、传输层、会话层、表示层和应用层。

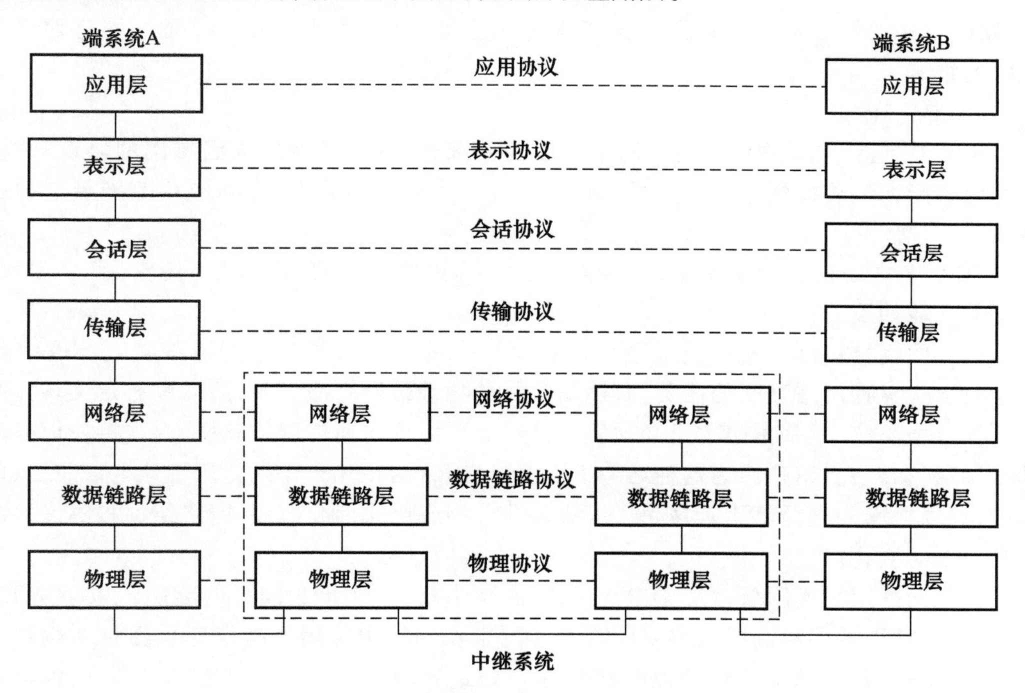

图 3 – 43　开放系统互联参考模型(OSI – RM)

各层的功能如下:

(1) 物理层。物理层是 OSI 模型的最底层,其上传送的是比特,实现无结构的比特流传输。

(2) 数据链路层。数据链路层上传送的数据单元是传送帧。数据链路层的功能是在相邻通信节点间(点到点)实现数据的无差错传送,包括建立、维持和释放数据链路的连接,传送帧的组帧和解帧,差错控制和流量控制等。

(3) 网络层。网络层上传送的数据单元是包。一次网络通信可能要经过很多中间节点,每个中间节点都会有若干可选择的数据链路,分别连接到不同的节点。网络层的主要功能是在每个中间节点选择合适的数据链路将包转发到下一个节点,直至到达目的节点。这个过程称为路由选择,或简称路由。网络层还要在进入中间节点的包数量超过节点处理能力时按照一定的策略进行处理,避免网络死锁,这个过程称为拥塞控制。

（4）传输层。传输层的主要作用是在信息传送的发送方和接收方（端到端）之间提供可靠的通信服务。例如，即使在下层提供的通信服务不十分可靠时，也要保证发送方和接收方之间的端到端消息传送无差错、不丢失、无重复、按顺序。传输层的功能主要包括传输连接的建立与拆除、流量控制、差错控制、网络服务质量选择等。

（5）会话层。会话是指通信用户之间的一个完整的交互通信过程。会话层的功能是在传输层的基础上增加控制、协调会话机制，组织和协调应用过程之间的交互。

（6）表示层。表示层的功能是保证经过通信中间节点的各种必要的数据转换后，所传输信息的含义不变。

（7）应用层。应用层是直接面向用户，为用户提供服务，如文件传送、存取和管理等。

OSI－RM 逻辑清晰，对各层的定义严格，因而成为网络分层模型最基本的参考标准。但 OSI－RM 的缺点是过于复杂，实现起来十分困难，在工程中很难严格地按照它建立实际的网络。

2. TCP/IP

TCP/IP 是针对异构计算机和网络互联的要求开发的，随后成为因特网的协议规范。随着因特网在世界范围的推广应用，TCP/IP 也成为最具影响力、实际应用范围最广的网络通信协议。

TCP/IP 在结构上分为 4 层，自底向上依次为网络接口层、网际层、传输层、应用层。各层的功能如下：

（1）网络接口层。网络接口层对应于 OSI－RM 的物理层和数据链路层。TCP/IP 在设计时出于异构网络互联的需要，必须与具体的物理传输介质无关，因此没有定义具体的网络接口层协议，只是指出主机必须使用某种底层协议与通信网络互联，以支持任何类型的底层通信介质。正是因为这种结构上的安排，因特网在几十年间使用了从电话线路、串行接口、以太网到光纤、WiFi、移动通信线路等各种底层通信介质，其网络结构和协议并没有发生大的变化。

（2）网际层。网际层对应于 OSI－RM 的网络层，功能也相同。网际层的核心是 IP，此外，还包括因特网控制报文协议（ICMP）（用于在网络中传输控制信息）、因特网组管理协议（IGMP）（用于组播通信的控制和管理）、地址转换协议（ARP）（用于 IP 地址到物理地址的转换）、反向地址转换协议（RARP）（用于物理地址到 IP 地址的转换）等一组辅助协议。

（3）传输层。传输层与 OSI－RM 中的传输层功能相同，主要包括传输控制协议（TCP）和用户数据报协议（UDP）。TCP 提供端到端的面向连接服务，为发送端和接收端用户提供可靠的端到端数据传输；TCP 的功能包括连接管理、流量管理、差错控制等。UDP 则为发送端和接收端用户提供无连接、不可靠但高效的端到端数据传输服务。

（4）应用层。应用层对应于 OSI－RM 的最高 3 层，为因特网中的各种应用提供支持。应用层协议包括文件传输协议（FTP）、远程通信协议（TELNET）、简单邮件传送协议（SMTP）、域名系统（DNS）、超文本传输协议（HTTP）、简单网络管理协议（SNMP）等。

TCP/IP 面向实际应用，在因特网的发展中取得了极大的成功。但是 TCP/IP 分层模型也存在一些缺点。例如：在层次划分上逻辑不够清晰，网络接口层严格地说并不能构成一层，而只是一个接口；TCP/IP 协议分层模型不够通用，不太适合用来描述除因特网以外的其他种类的协议栈。

3.5.2 空间通信协议体系

空间通信是指两个通信实体间通过空间链路进行的通信过程。CCSDS 根据通信距离的远近和通信实体间的关系定义了两类空间链路:一类用于航天器与地面站、一般的航天器之间的远距离通信;另一类用于主航天器与其附属的探测器、着陆器、巡视器之间,或在轨道上飞行的星座之间的短距离、双向、固定或移动的无线通信,称为邻近空间链路。CCSDS 的空间通信协议主要由空间链路业务领域和空间网络互联业务领域制定。

对航天器内部通信,由于航天器上的设备多样性以及设备间的接口各不相同,因此航天任务之间、空间组织之间的资源重用和交互支持在技术上存在较大困难。CCSDS 开发了航天器接口业务(SOIS)协议体系,作为开发航天器数据系统接口业务的指导规范。

1. 空间通信协议分层模型

航天测控通信中,大多数的航天器是以地面站对单个航天器的形式进行空间通信的,在这种情况下,空间通信的功能主要由数据链路层和物理层承担,用户可以直接使用数据链路层的接口,网络层和传输层没有存在的必要。此外,空间网络环境有其区别于地面网络的特殊性,如高误码率、长延时、前反向链路不对称等。为此,CCSDS 以 OSI－RM 为基础,制定了空间通信协议分层模型。并提出了 IP 通过 CCSDS 空间链路、使用空间专用的传输层协议改进因特网协议、开发空间专用的网络通信协议等多种空间网络协议方案。

对航天器内部通信,CCSDS 制定的通信协议分层模型主要以 TCP/IP 为基础。将网际层之下的部分合为一层,称为亚网层;网络层和传输层合为一层,称为传递层;应用层的主体即服务提供部分独立出来称为应用支持层,而将应用过程本身(任务定义部分)称为应用层。航天器内部通信协议针对航天器内部通信的特点定义了业务框架,将重点放在最常用的数据采集、传输和处理过程上(命令与数据获取业务、文件和包存储业务、消息传送业务等);在亚网层通过汇聚协议兼容各种底层的航天器内部通信介质。

上述几种协议分层模型的对应关系如图 3－44 所示。

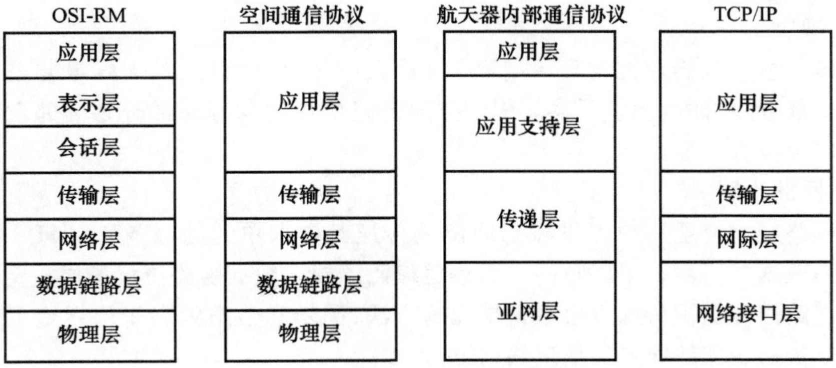

OSI-RM	空间通信协议	航天器内部通信协议	TCP/IP
应用层	应用层	应用层	应用层
表示层		应用支持层	
会话层			
传输层	传输层	传递层	传输层
网络层	网络层		网际层
数据链路层	数据链路层	亚网层	网络接口层
物理层	物理层		

图 3－44 通信网络分层模型

2. 空间通信协议体系

CCSDS 制定的空间通信协议体系如图 3-45 所示。

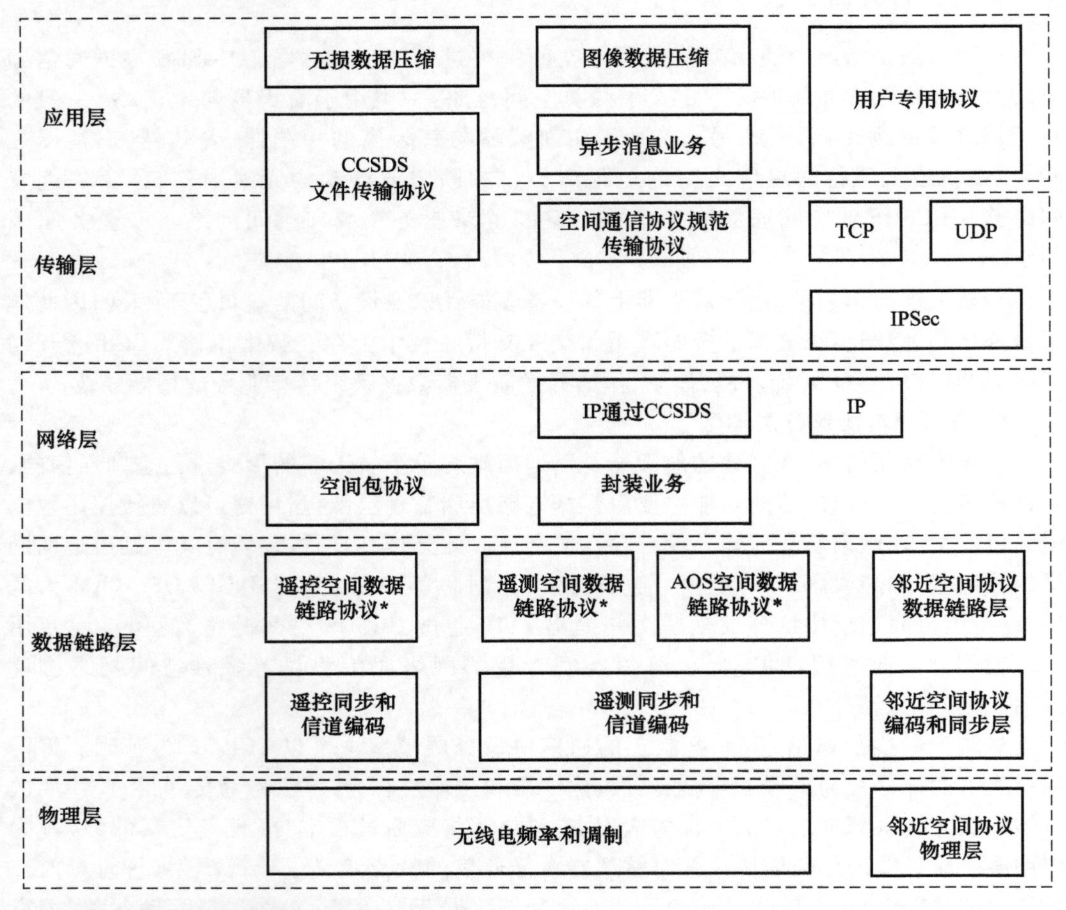

图 3-45 空间通信协议体系

各层及其协议的主要功能如下:

1) 物理层

CCSDS 为主空间链路的物理层制定了一个公共的推荐标准,即无线电频率和调制体制——第 1 部分:地面站和航天器。邻近空间链路协议的物理层部分则为邻近空间链路物理层制定了推荐标准。

2) 数据链路层

数据链路层为上层用户提供在空间链路传送其数据单元的服务。CCSDS 将数据链路层划分为数据链路协议子层与同步和信道编码子层。数据链路协议子层规定了通过点到点空间链路用传送帧传送上层数据单元的方法;同步和信道编码子层规定了传送帧在空间链路上传送所需的同步和信道编码方法。

CCSDS 开发了 4 种数据链路协议子层协议:遥测空间数据链路协议、遥控空间数据链路协议、高级在轨系统空间数据链路协议和邻近空间链路协议的数据链路协议子层部分。这4种协议统称为空间数据链路协议,其主要功能是传送上层用户提交的各种服务数据单元。遥测空间数据链路协议用于从航天器到地面站的数据传送,遥控空间数据链路协议用于从地面站到航天器的数据传送,AOS空间数据链路协议用于在反向链路或前向链路、反向链路双向传送高速、多种类的用户数据(包括语音和图像),邻近空间链路协议用于主航天器及其附属航天器之间的双向通信。这4种空间数据链路协议都采用了被称为虚拟信道的逻辑机制,以使具有不同服务要求的用户能够分享同一物理信道进行数据传送。遥控空间数据链路协议和邻近空间链路协议采用差错重传机制(COP-1和COP-P)保证关键数据(如遥控指令)的无错传送。

CCSDS开发了3种同步和信道编码子层协议:遥测同步和信道编码,与遥测空间数据链路协议或AOS空间数据链路协议同时使用;遥控同步和信道编码,与遥控空间数据链路协议同时使用;邻近空间链路协议编码和同步子层部分,与邻近空间链路协议同时使用。

3) 网络层

网络层空间通信协议为上层用户提供在整个空间数据系统中的路由服务,包括航天器器载系统(或称航天器子网)和地面网络(或称地面子网)。

CCSDS在网络层配置了两种标准业务,即空间包协议(Space Packet Protocol)和封装业务(Encapsulation Service)。空间包协议将上层用户数据包装成空间包,并交给下一层传送。在空间数据系统中,空间包根据包导头中的应用过程标识(APID)沿着空间链路上规定的路径传送。封装业务可以把上层用户数据封装成两种数据单元之一:一种是上述的空间包;另一种是该业务定义的封装包。两种数据单元都交给下一层在空间链路上传送。

4) 传输层

传输层空间通信协议为上一层用户提供端到端的数据传输业务。传输层的主要功能是当下一层(网络层)的服务质量不能满足要求时,提升服务质量以满足上一层用户的要求。

CCSDS为传输层开发了空间通信协议规范-传输协议。该协议在TCP的基础上扩展了功能,以适应空间链路上各种空间任务的情形。此外,CCSDS文件传输协议(CFDP)也具有传输层的功能。

5) 应用层

应用层空间通信协议为用户提供端到端的通信服务,如文件传输等。应用层也包括数据压缩和用户应用过程定义的其他协议。CCSDS制定的应用层推荐标准包括以下功能。

(1) CFDP是一个跨层的协议,它既具有应用层文件管理的功能,也具有传输层的功能,能够使用下层提供的不可靠的通信业务(如空间包业务)为用户提供可靠的文件传输服务。CFDP可以采用存储-转发的方式实现在空间链路中的多跳文件传输。

(2) 异步消息业务(AMS)为用户提供端到端的空间消息传输服务。在这个协议支持下,空间任务中各应用过程可以独立地产生和消费任务信息,而不需要知道其他相关应用过程所处的位置以及当时是否处在工作状态。

(3) 数据压缩。CCSDS制定了两种数据压缩标准,即无损数据压缩标准和图像数据压缩标准。无损数据压缩用于减少航天器数据系统的存储空间、数据传输时间和数据存档空间,并保证被压缩数据能够无失真恢复。图像数据压缩用于压缩航天器载荷产生的数字图像数据,能够通过调整压缩比使重建图像的失真控制在可接受的范围。

参考文献

[1] 樊昌信,曹丽娜. 通信原理[M].7 版. 北京:国防工业出版社,2012.

[2] LIN S,COSTELLO D J. 差错控制编码[M]. 晏坚,何元智,译. 北京:机械工业出版社,2007.

[3] BOCCUZZI J. 通信信号处理[M]. 刘祖军,田斌,译. 北京:电子工业出版社,2010.

[4] WILSON S G. Digital Modulation and Coding[M]. 影印版. 北京:电子工业出版社,2011.

[5] 李力田,张拯宁,郑晓天. 航天器通信[M]. 北京:国防工业出版社,2017.

[6] 李晓峰,周宁,傅志中,等. 随机信号分析[M].5 版. 北京:电子工业出版社,2018.

[7] 傅祖芸. 信息论:基础理论与应用[M].4 版. 北京:电子工业出版社,2015.

[8] 张乃通,张中兆,李英涛. 卫星移动通信系统[M]. 北京:电子工业出版社,1997.

[9] 田日才,迟永钢. 扩频通信[M]. 北京:清华大学出版社,2014.

[10] 张高远,文红,宋粱. 深空通信中的数字调制与纠错编码[M]. 北京:科学出版社,2019.

[11] 张洪太,王敏,崔万照. 卫星通信技术[M]. 北京:北京理工大学出版社,2018.

[12] 吴玉成,杨士中,刘嘉兴. 差错控制编码在卫星通信中的应用[J]. 电讯技术,2000,40(1):3-7.

[13] 赵和平,何熊文,刘崇华,等. 空间数据系统[M]. 北京:北京理工大学出版社,2018.

第4章 航天器轨道测量与跟踪

对航天器轨道的测量和跟踪是开展遥测、遥控和通信的前提。通过测速确定飞行器在某时刻的速度矢量,通过测距和测角确定飞行器的位置矢量。由飞行器的速度矢量和位置矢量确定飞行器轨道的相关参数,并对其展开跟踪测量。本章首先介绍航天测控体制以及测量参数。之后重点讨论航天测速、测距和测角的基本知识。对于速度测量,分析多普勒测速原理和实现方法,并对测速误差做简单分析。对航天测距,首先讨论最优时延估计的基本理论,然后讨论两种具体的测距技术:侧音测距和伪随机码测距。对角度测量,介绍两种测角方法:天线跟踪测角法和干涉仪测角法。最后简介轨道测量设备,包括光学设备和无线电设备。

4.1 轨道测量基础

对航天器轨道的跟踪测量是预报航天器运动和计算其航迹所必须进行的工作,也是对空间飞行进行控制的前提。通过获取航天器的运动参数,计算出其轨道要素,进而对航天器的轨道进行测量跟踪,确定航天器在未来时间里的运动,或者确定航天器的轨道修正参数、确定返回轨道点和时间等。例如,载人飞船返回的计算需要依据其正在运行的轨道选择轨道点,计算该点的速度脉冲值和方向,以便在指定的区域开始返回下降。除了跟踪和控制航天器飞行的目的外,跟踪测量还将为各测控台站提供有关通信次数和通信时间的引导信息,使得各测控台站充分做好与即将进入台站视区的航天器进行通话及遥测、遥控联系的准备。

航天器的轨道测量,主要是测量航天器与地面测控站之间角度、距离和相对速度,作为空间运动目标的航天器,其位置是随时间而变化的,只有将每一瞬间对应的距离、角度等运动参数记录下来才能确定航天器的轨道,即所谓的跟踪测轨。为了确定航天器每一时刻的位置和速度,需要采用由若干个测量元素组成的测量体制。

4.1.1 测量元素及定位原理

测量元素是指测控站的测量设备与航天器(应答机)配合所能获取的、反映航天器质心相对于测量站测量坐标系运动状态的测量参量的总称。无线电跟踪测量设备可获得的测量元素有距离 R、方位角 A、俯仰角 E、距离和 s 和距离差 r、方向余弦 l 与 m 等。相关定义如下:

在图 4-1 所示的法线测量坐标系 $OXYZ$ 中:坐标原点 O 为位于测量点的测量天线的旋转中心,OY 轴与过 O 点的地球椭球面法线相重合,指向椭球面外;OX 轴在垂直于 OY 轴的平面内(地平面),由原点指向大地东;OZ 轴与 OX 轴、OY 轴构成右手系。

航天器沿轨道运动,设在某时刻 t 位于测量坐标系 $OXYZ$ 中的 M 点,其相对位置矢量

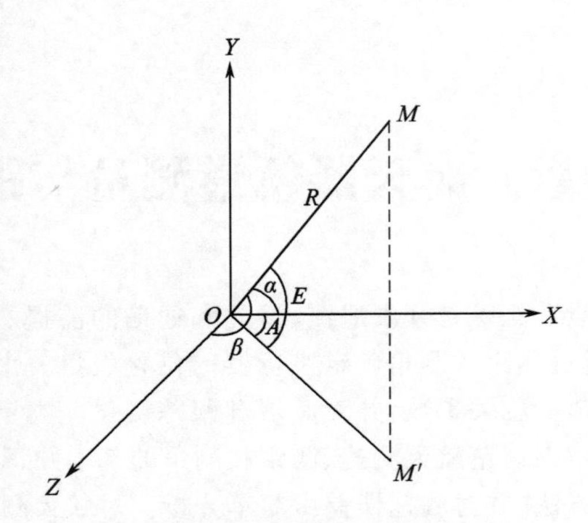

图 4-1　测量坐标系及测量元素

为 OM,在地平面内的投影为 OM'。

(1) 距离 R:位置矢量 OM 的大小,等于观测点至目标航天器的最短距离。

(2) 方位角 A:位置矢量 OM 在地平面内的投影 OM' 与 OX 轴之间的夹角,从 OX 轴方向沿顺时针计量为正。

(3) 俯仰角 E:位置矢量 OM 与 OM' 之间的夹角,由地平面向上为正。

(4) 方向余弦 l、m:l 为位置矢量 OM 与 OX 轴之间的夹角 α 的余弦,即 $l=\cos\alpha$,m 为位置矢量 OM 和 OZ 轴之间夹角 β 的余弦,即 $m=\cos\beta$。

(5) 距离和 s:站点 1 至目标的距离 R_1 与站点 2 至目标的距离 R_2 之和,即 $s=R_1+R_2$(图 4-2(a))。

(6) 距离差 r:站点 1 至目标的距离 R_1 与站点 2 至目标的距离 R_2 之差,即 $r=R_1-R_2$(图 4-2(b))。

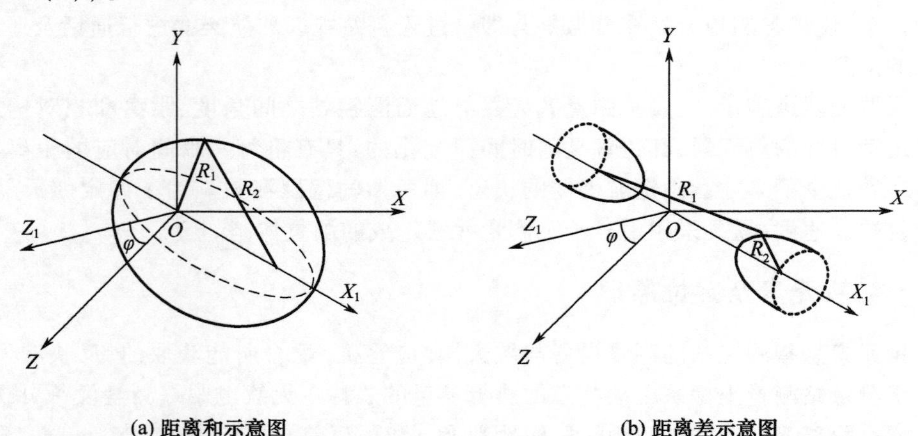

图 4-2　收发站空间示意图

在上述测量元素中,若目标到测站原点的距离为 R,则目标位于以 O 为球心、以 R 为半径的半球面上(图 4-3(a)),球面方程为

$$x^2+y^2+z^2=R^2 \tag{4-1}$$

若目标的方位角为 A,则目标位于图 4－3(b)所示平面上,平面方程为

$$z = x\tan A \tag{4-2}$$

俯仰角 E 确定目标位于某锥面上(图 4－3(c)),锥面方程为

$$x^2 + z^2 = y^2\cot^2 E \tag{4-3}$$

在多站体制中,一般发站点 O_1 与测量法线坐标系原点 O 重合,发站到收站的方向为 X_1 轴正向,Y_1 轴与测量法线坐标系的 Y 轴重合,Z_1 轴按右手法则确定,基线(发站与收站间的连线)与发站的法线方向垂直,基线的长度为 b,方位角为 φ(以测量坐标系为基准)。则距离和 s 在测量中的意义是:目标位于以发站和收站为焦点,焦距为 b,半长轴为 $s/2$ 的椭球面上(图 4－2(a)),椭球面在坐标系 $O_1X_1Y_1Z_1$ 上的方程为

$$\frac{(x_1 - b/2)^2}{(s/2)^2} + \frac{(y_1)^2}{(s/2)^2 - (b/2)^2} + \frac{(z_1)^2}{(s/2)^2 - (b/2)^2} = 1 \tag{4-4}$$

根据坐标系 $O_1X_1Y_1Z_1$ 与 $OXYZ$ 之间的变换关系,有

$$\begin{pmatrix} x_1 \\ y_1 \\ z_1 \end{pmatrix} = \begin{pmatrix} \cos\varphi & 0 & -\sin\varphi \\ 0 & 1 & 0 \\ \sin\varphi & 0 & \cos\varphi \end{pmatrix} \begin{pmatrix} x \\ y \\ z \end{pmatrix} \tag{4-5}$$

可求得目标在坐标系 $OXYZ$ 上的定位方程。

类似地,距离差 r 的意义是:目标位于以发站和收站为焦点,焦距为 b,距离差为 r 的旋转双曲面上(图 4－2(b))。双曲面的方程为

$$\frac{(x_1 - b/2)^2}{(r/2)^2} - \frac{(y_1)^2}{(b/2)^2 - (r/2)^2} - \frac{(z_1)^2}{(b/2)^2 - (r/2)^2} = 1 \tag{4-6}$$

联立方程式(4－5)和方程式(4－6),可求得目标在坐标系 $OXYZ$ 上的定位方程。

方向余弦 l 在测量中的意义是:目标位于一个以 X 轴为圆锥轴,以 α 为半顶角的水平圆锥面上(图 4－3(d))。锥面的方程为

$$l = \cos\alpha = \frac{x_1}{\sqrt{x_1^2 + y_1^2 + z_1^2}} \tag{4-7}$$

同样,联立坐标变换式(4－5)和方程式(4－7),可确定目标在坐标系 $OXYZ$ 上的定位方程。

方向余弦 m 在测量中的意义类似。

由图 4－3 可见,俯仰角和方向余弦这两个参数所确定的目标位置的几何面都为一圆锥面,二者的区别在于俯仰角确定的锥面是以天线的垂直轴线为轴,而方向余弦确定的锥面是以两个站点的基线为轴。

空间定位的几何原理是 3 个独立参量可确定目标的具体位置,即利用 3 个独立的位置参数,做出 3 个几何面,其交点就是航天器的空间位置。例如,由 R、A、E 定位的几何原理是:R 和 A 可确定目标位于半球面与平面的交线上,此交线与由俯仰角 E 确定的锥面的交点即是航天器的确切位置。进一步,根据位置参量的变化可以求得航天器的速度参量。

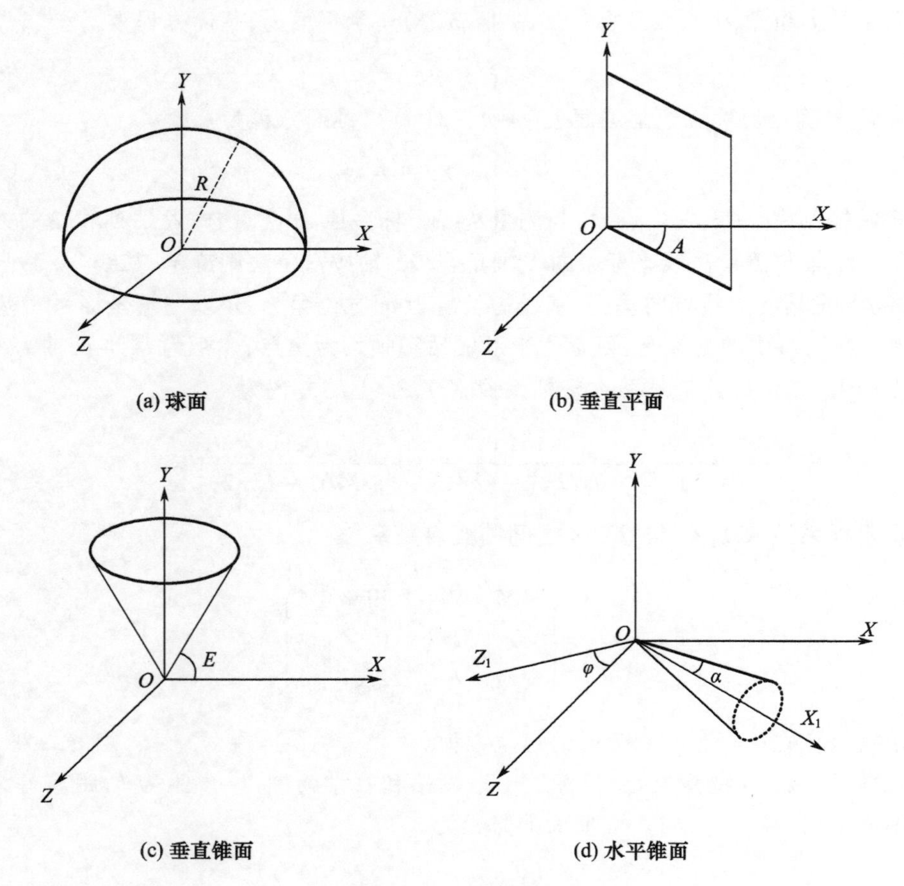

图 4-3　空间几何面

4.1.2　常用测量体制

测量体制是指测量航天器在空间位置时所采用的测量元素及其组合方式,也称为测量方法。由于在 4.1.1 节描述的位置测量元素中,使用任意 3 个都可以确定某一时刻空间航天器在测量坐标系中的位置,因而可以构成多种测量定位体制。这些可供选择的测控体制各具特点:有的可以使用单个接收站完成,有的则需要多站测量;有的定轨精度对测量设备要求苛刻,有的要求相对宽松;有的适用于近地目标,有的适用于深空目标。选择哪种测控体制,需要根据具体的航天任务确定。实际应用中,由上述测量参数构成的测量体制主要有以下几种。

1. *RAE* 测量体制

用 R、A、E(距离、方位角、俯仰角)作为测量元素来完成飞行目标的位置测量,将其微分平滑后可得到其随时间的变化率 $\dot{R}$、$\dot{A}$、$\dot{E}$,以此完成目标速度测量。*RAE* 体制是一种单站工作体制,由一个站(设备)同时测量目标的距离、方位角、俯仰角。脉冲雷达、连续波雷达和具有激光测距的光电经纬仪可构成 *RAE* 体制。这种体制常受测角精度限制,从而影响测量精度。

由图 4-1 及图 4-3 可见,目标直角坐标系的 3 个参数 x、y、z 与 R、A、E 的关系为

$$
\begin{cases}
x = R\cos E\cos A \\
y = R\sin E \\
z = R\cos E\sin A
\end{cases}
\tag{4-8}
$$

速度量由距离量微分平滑得到，在测量坐标系中，目标的速度为

$$
\begin{pmatrix} \dot{x} \\ \dot{y} \\ \dot{z} \end{pmatrix} = \begin{pmatrix} \cos E\cos A & -R\cos E\sin A & -R\sin E\cos A \\ \sin E & 0 & R\cos E \\ \cos E\sin A & R\cos E\cos A & -R\sin E\sin A \end{pmatrix} \begin{pmatrix} \dot{R} \\ \dot{A} \\ \dot{E} \end{pmatrix}
\tag{4-9}
$$

2. *Rlm* 测量体制

Rlm 体制通常由一个主站和两个或两个以上副站组成，其定位参数是一个距离量 R 和两个方向余弦（l、m），其中 R 是主站至目标的距离，l 和 m 是目标对两条相互垂直的基线的方向余弦，目标位于一个球面和两个锥面的交点，即以下式定位方程组的解：

$$
\begin{cases}
x^2 + y^2 + z^2 = R^2 \\
y^2 + x^2 = z^2 \dfrac{1 - m^2}{m^2} \\
y^2 + z^2 = x^2 \dfrac{1 - l^2}{l^2}
\end{cases}
\tag{4-10}
$$

速度为目标位置坐标的时间变化率，可有以下方程组，即

$$
\begin{pmatrix} \dot{x} \\ \dot{y} \\ \dot{z} \end{pmatrix} = \begin{pmatrix} l & R & 0 & 0 \\ n & 0 & R & 0 \\ m & 0 & 0 & R \end{pmatrix} \begin{pmatrix} \dot{R} \\ \dot{l} \\ \dot{n} \\ \dot{m} \end{pmatrix}
\tag{4-11}
$$

式中：n 为目标沿 Y 轴的方向余弦，$n = \sqrt{1 - l^2 - m^2}$；$\dot{l}$ 、$\dot{m}$ 、$\dot{n}$ 分别为对应的方向余弦的时间变化率。

3. $3R\dot{R}$ 测量体制

$3R\dot{R}$ 体制属于非基线制，3 个站点不能位于一条直线上。每个站点各自完成对 R、$\dot{R}$ 的测量。目标位于以各站同时测得的距离为半径的 3 个球面的交点。

设 $\boldsymbol{R} = (x_1, y_1, z_1)^{\mathrm{T}}$ 为目标位置矢量，3 个站站址在测量坐标系中的位置为 $\boldsymbol{T}_i = (x_{1i}, y_{1i}, z_{1i})^{\mathrm{T}}(i = 1,2,3)$，如图 4-4 所示。则目标位置坐标为下列方程组的解，即

$$
\begin{cases}
R_1^2 = (x_1 - x_{11})^2 + (y_1 - y_{11})^2 + (z_1 - z_{11})^2 \\
R_2^2 = (x_1 - x_{12})^2 + (y_1 - y_{12})^2 + (z_1 - z_{12})^2 \\
R_3^2 = (x_1 - x_{13})^2 + (y_1 - y_{13})^2 + (z_1 - z_{13})^2
\end{cases}
\tag{4-12}
$$

目标速度量可由距离变化率求解，即

$$\begin{pmatrix} \dot{x}_1 \\ \dot{y}_1 \\ \dot{z}_1 \end{pmatrix} = \begin{pmatrix} x_1 - x_{11} & y_1 - y_{11} & z_1 - z_{11} \\ x_1 - x_{12} & y_1 - y_{12} & z_1 - z_{12} \\ x_1 - x_{13} & y_1 - y_{13} & z_1 - z_{13} \end{pmatrix}^{-1} \begin{pmatrix} R_1 \dot{R}_1 \\ R_2 \dot{R}_2 \\ R_3 \dot{R}_3 \end{pmatrix} \tag{4-13}$$

式中：距离变化率 $\dot{R}_1$、$\dot{R}_2$、$\dot{R}_3$ 通常由 3 个站测量多普勒频率得到。

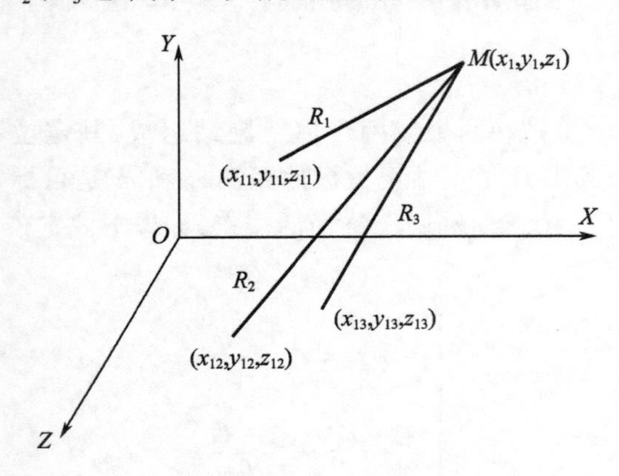

图 4-4 $3R\dot{R}$ 测量体制

4. $3r\dot{r}$ 测量体制

如果使用一个发射站和 4 个接收站（图 4-5），将测量坐标系建立在第一接收站（主站，收发同地），测量第一接收站与其余 3 个接收站返回信号的时间差，可以获得 3 个距离差 r_1、r_2、r_3，则目标位于 3 个距离差所确定的 3 个双曲面的交点。利用多普勒频率可以获得 3 个距离差的变化率。

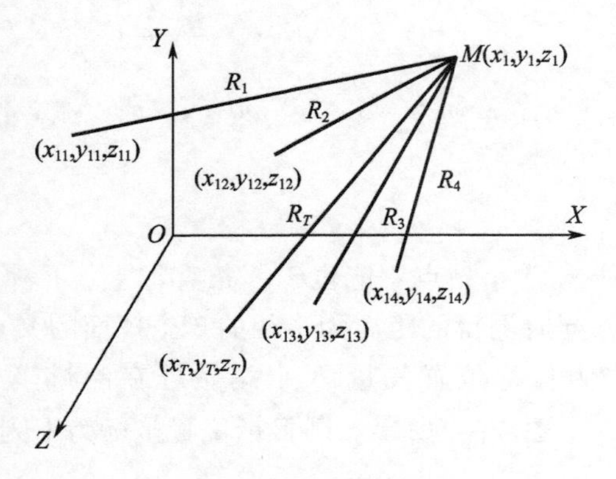

图 4-5 $3r\dot{r}$ 测量体制

设目标位置为 $(x_1, y_1, z_1)^{\mathrm{T}}$，3 个副站在测量坐标系的位置坐标为 $\boldsymbol{T}_i = (x_{1i}, y_{1i}, z_{1i})^{\mathrm{T}}$ $(i=1,2,3)$，则目标的位置坐标为下列方程组的解，即

$$\begin{cases} r_1 = R - R_1 = \sqrt{x^2 + y^2 + z^2} - \sqrt{(x - x_1)^2 + (y_1 - y_1)^2 + (z - z_1)^2} \\ r_2 = R - R_2 = \sqrt{x^2 + y^2 + z^2} - \sqrt{(x - x_2)^2 + (y_1 - y_2)^2 + (z - z_2)^2} \\ r_3 = R - R_3 = \sqrt{x^2 + y^2 + z^2} - \sqrt{(x - x_3)^2 + (y_1 - y_3)^2 + (z - z_3)^2} \end{cases} \quad (4-14)$$

目标速度可在求得的位置$(x_1, y_1, z_1)^{\mathrm{T}}$基础上，联合距离差变化率$\dot{r}_1$、$\dot{r}_2$、$\dot{r}_3$，由下列方程组求得，即

$$\begin{pmatrix} \dot{x}_1 \\ \dot{y}_1 \\ \dot{z}_1 \end{pmatrix} = \begin{pmatrix} \dfrac{x_1 r_1 - R x_{11}}{R r_1 - R^2} & \dfrac{y_1 r_1 - R y_{11}}{R r_1 - R^2} & \dfrac{z_1 r_1 - R z_{11}}{R r_1 - R^2} \\ \dfrac{x_1 r_2 - R x_{12}}{R r_2 - R^2} & \dfrac{y_1 r_2 - R y_{12}}{R r_2 - R^2} & \dfrac{z_1 r_2 - R z_{12}}{R r_2 - R^2} \\ \dfrac{x_1 r_3 - R x_{13}}{R r_3 - R^2} & \dfrac{y_1 r_3 - R y_{13}}{R r_3 - R^2} & \dfrac{z_1 r_3 - R z_{13}}{R r_3 - R^2} \end{pmatrix}^{-1} \begin{pmatrix} \dot{r}_1 \\ \dot{r}_2 \\ \dot{r}_3 \end{pmatrix} \quad (4-15)$$

5. *Rsr* 混合定位方法

测量距离、距离和及距离差3种位置参量，可以组合成多种测距型定位体制，包括$3R$、$3s$、$3r$、$R+2s$、$R+2r$、$r+2R$、$r+2s$、$s+2R$、$s+2r$、$R+s+r$等。这些体制可互相转换，具有一定的等效性。

6. 多 *AE* 体制

如果测量设备只能跟踪目标的俯仰角和方位角，则可以利用多台设备进行交会测量以定位。多*AE*体制常用于光学测量系统，或者用于光学设备与单脉冲雷达联用。

由于各种测量体制的局限性，在实际应用中通常由两种或多种不同的测量体制组成一个协同工作的测量系统。例如，在载人航天测控中，对飞船主动段的高精度测量常用Rr_i体制和$3s$体制组成的测量系统。Rr_i体制的基线干涉仪设在发射首区，由于主动段飞行时间和飞行航程都较短，利用该系统即可覆盖整个主动段。$3s$体制的外侧系统布置在航区，以完成对航区的跟踪测量。

4.2 航天测速

4.2.1 多普勒测速原理及方法

当发射源与接收点之间相对运动而彼此接近时，接收点所接收到的信号频率将高于发射源发射信号的频率；而彼此远离时，接收点所收到的信号频率将低于发射源发射信号的频率，这种由于相对运动而使接收频率不同于发射频率的现象称为“多普勒效应”，频率的变化值称为多普勒频率。如果测得多普勒频率，即可计算出发射源与接收点之间的相对运动速度。

在航天测控通信系统中，对航天器的速度测量也是通过测量载波的多普勒频率来完成的。通常按振荡源所在位置将多普勒测速分为单向多普勒测速和双向多普勒测速。

1. 单向多普勒测速

在单向多普勒测速体制中，振荡源安装在航天器上。测速系统由航天器上的振荡源

和地面接收设备组成。振荡源产生标称下行发射信号，经过空间传播与延迟后被地面接收，地面站测量接收到的信号相对于标称下行发射信号的频率差，并由此计算航天器的径向速度。由于测速的过程只需要航天器上信标机发射下行信号即可完成，故称这种测速方式为单向多普勒测速。

假设航天器发射的连续波信号频率为f_T，测控站接收的信号频率为f_R，在t时刻航天器至测控站的径向距离为R，则电波从航天器传至测控站的时延$\tau=R/c$，其中c为光速。

在t时刻航天器发射信号的相位$\phi_T=2\pi f_T t$，因发射信号到达测控站的时延为τ，所以接收信号瞬时相位$\phi_R=2\pi f_T(t-\tau)$，接收信号的频率为

$$f_R=\frac{1}{2\pi}\frac{d\phi_R}{dt}=f_T\left(1-\frac{d\tau}{dt}\right) \tag{4-16}$$

若忽略电波传播时延τ内的R变化，即有$d\tau/dt=\dot{R}/c$，其中$\dot{R}$为航天器相对于测控站的径向速度。将此式代入式(4-16)，则测控站接收信号频率为

$$f_R=f_T\left(1-\frac{\dot{R}}{c}\right) \tag{4-17}$$

定义多普勒频率f_d为接收信号频率与发射信号频率之差，由式(4-17)得

$$f_d=f_R-f_T=-\frac{\dot{R}}{c}f_T \tag{4-18}$$

因此，在t时刻测得多普勒频移f_d，就可以获取航天器的径向速度，即

$$\dot{R}=-\frac{f_d}{f_T}c \tag{4-19}$$

单向多普勒测速系统采用锁相接收机接收信标信号，原理如图4-6所示。

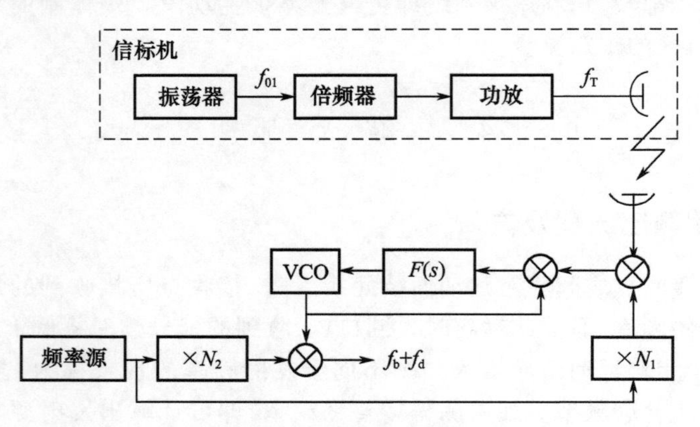

图4-6 单向多普勒测速原理框图

图4-6中的锁相接收机输出频率为f_d+f_b，f_d是多普勒频率，而f_b是一偏置频率，其作用将在4.2.2节阐述。

单向多普勒测速的优点是设备简单、不需要上行信号，因而被广泛应用于卫星导航定位中。单向多普勒测速的测量精度主要取决于航天器上振荡源的频率稳定度，通常高稳

定度和高准确度的频标都有体积大、重量大和功耗高的特点。由于受星载条件的限制,因此考虑将频率源安装在地面,形成了双向多普勒测速方法。

2. 双向多普勒测速

双向多普勒测速又称为询问式测速,振荡源配置在地面测控站。系统通常由地面发射机、地面接收机、发射天线、接收天线和航天器上应答机组成。

在双向多普勒测速体制中,测控站向航天器应答机发送频率高度稳定的信号,同时将这一信号送至地面接收机作为基准信号,发射的信号经航天器应答机转发或航天器反射返回到观测点。由于航天器与测控站之间存在相对运动,地面接收设备接收到的返回信号的频率不同于发射信号的频率,将返回信号与基准信号比较即可得出信号往返双程的多普勒频移(对应于航天器到观测点间距离变化率的 2 倍),从而获得航天器的相对径向速度。

双向多普勒测速系统在实际应用中,由于测量体制(单站/多站)不同,航天器应答机也不同。为了获取较高的径向测速精度,通常采用载波相干应答机单站测量体制,而为了能够快速确定航天器的轨道,常采用中频转发应答机(如三发三收)的多站测距测速测量体制。

因为航天器的速度远小于光速,若航天器上的应答机直接将收到的信号转发到地面,会引起应答机接收信号和发射信号相互间的干扰。因此,在工程实践中,航天器应答机通常不直接转发收到的信号频率,而是乘以一个转发系数 q。q 的值可以大于 1,也可以小于 1。

设在双向测控体制中,测控站 i 发射信号的频率为 f_{iT},航天器以径向速度 $\dot{R}_i$ 相对测控站 i 运动,则航天器应答机接收频率为

$$f_R = f_{iT}\left(1 - \frac{\dot{R}_i}{c}\right) \tag{4-20}$$

航天器应答机转发频率为

$$f_g = qf_R = qf_{iT}\left(1 - \frac{\dot{R}_i}{c}\right) \tag{4-21}$$

这一频率的信号经第 i 站接收,接收频率为

$$f_{iR} = f_g\left(1 - \frac{\dot{R}_i}{c}\right) = qf_{iT}\left(1 - \frac{\dot{R}_i}{c}\right)\left(1 - \frac{\dot{R}_i}{c}\right) \approx qf_{iT}\left(1 - \frac{2\dot{R}_i}{c}\right) \tag{4-22}$$

则第 i 站接收信号的多普勒频移为

$$f_{id} = f_{iR} - qf_{iT} = -q\frac{2\dot{R}_i}{c}f_{iT}, \quad i = 1,2,3 \tag{4-23}$$

以 $i=1$ 为例,即站 1 发射,站 1 接收,航天器相对于站 1 的径向速度为

$$\dot{R}_1 = -\frac{c}{2qf_{1T}}f_{1d} \tag{4-24}$$

采用锁相相干接收机的双向多普勒测速原理如图 4-7 所示。

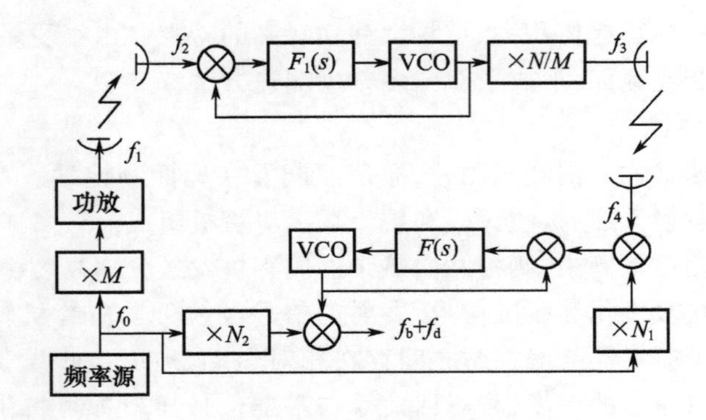

图 4-7　双向多普勒测速原理框图

在双向多普勒测量中，一般采用同一个地基频率标准作为上行链路信号和下行信号检测器的参考信号，并且因为地面频标源的频率稳定度可以做得很高，因此测量系统能够得到高精度的多普勒数据。

此外，在某些特定情况下不具备双向测速条件，如在深空测距时航天器距离地面站很远，无法由同一地面站完成双向多普勒测量时，可采用三向（多向）多普勒测速方式，即由一个地面站向目标航天器发送上行信号，另一地面站接收该航天器发送的下行信号。三向多普勒测速与双向多普勒测速原理类似，两个地面站之间的位置固定偏差可直接转化为测速误差，接收设备与发射设备虽然采用不同的频率源，但地面站采用的频率源稳定度极高，因此三向多普勒测速精度与双向多普勒测速精度基本相同。

4.2.2　多普勒频率提取和测量

从式(4-19)和式(4-24)可见，无论是单向还是双向多普勒测速，地面接收机都需要接收来自航天器的信号，从包含噪声的载波中提取多普勒频率，并测量多普勒频率的数值。多普勒频率提取由多普勒接收机完成，多普勒频率值的测量一般由频率计完成。

1. 多普勒频率提取

多普勒接收机一般采用2次或3次变频超外差接收机，频率跟踪和多普勒频率提取由锁相接收机完成。锁相接收机可在第一或第二本振闭环。锁在第一本振的优点是可减小第一中放带来的相位误差，但其设备较复杂。第二中放锁定方案简单可靠，其原理如图4-8所示。

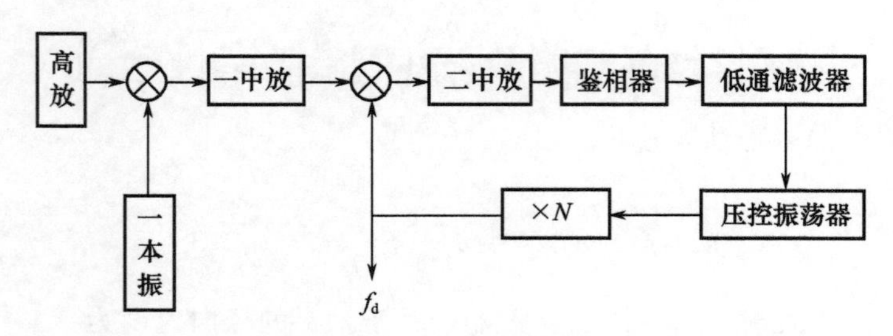

图 4-8　多普勒接收框图

在图4-8中，锁相环压控振荡器的信号跟踪输入信号的相位变化，其输出信号包含了多普勒频率。二中放的输入频率为消除了多普勒频率中的固定频率，因此中放带宽可以做得很窄。窄的带宽可以提高加到环路鉴相器的输入信噪比。可见,环路的作用是跟踪与提取多普勒频率并滤除噪声以提高多普勒测量精度。

2. 多普勒频率测量

目前多用数字式频率计测量多普勒频率。当航天器飞越地面站上空时,其多普勒频率由正变负,过顶时多普勒频率为零。为了避免频率计测量零频率及区分正、负号的困难,需要设置一固定频偏 f_b,使计数频率为 f_b+f_d(图 4-6、图 4-7)。选择 f_b 大于负的最大多普勒频率,以保证所测频率始终为正。处理时,计数器数据减去 f_b 即可得到 f_d。

由于多普勒频率是一个瞬时值,要精确测量它比较困难,目前通常采用测量某一时间间隔内的平均频率。测量时间间隔的选择应使平均频率的变化能较精确地反映多普勒瞬时频率的变化。这个时间通常与数据采样率相对应。

测平均频率通常有 3 种方法,即固定时间测整周数、固定周数测时间和基本固定时间测整周数。具体介绍可参见参考文献 2。

4.2.3 多普勒测速误差分析

下面以单向多普勒测速系统为例进行测速误差分析。

对式(4-19)进行全微分,并写成有限增量形式,得到测速误差和误差均方根分别为

$$\Delta \dot{R} = -\left(\frac{\Delta f_d}{f_d} + \frac{\Delta c}{c} - \frac{\Delta f_T}{f_T}\right)\dot{R} \tag{4-25}$$

$$\sigma_{\dot{R}} = \sqrt{\left(\frac{\dot{R}}{c}\right)^2 \sigma_c^2 + \left(\frac{\dot{R}}{f_d}\right)^2 \sigma_{f_d}^2 + \left(\frac{\dot{R}}{f_T}\right)^2 \sigma_{f_T}^2} \tag{4-26}$$

式中:Δf_d 为由频率测量引起的误差,这一误差与采用的测量方法有关;Δc 为由于大气层中电波的折射系数在传播途径中和在时间上都存在起伏变化而形成的起伏误差;Δf_T 为由于航天器信标机实际发射信号频率 f_T 的偏移形成的误差,此项构成测量误差因素中的主要部分。实际发射频率随时间增加而缓慢变化,其变化的大小由频率源的频率稳定度来表征。如前所述,因为受弹载或星载条件的限制,航天器信标机的频率稳定度不能要求过高,也正是因为这个原因,单向测速的精度要低于双向测速精度。

4.3 航 天 测 距

无论是深空飞行器、导弹跟踪,还是人造地球卫星轨道的测定等航天应用,都离不开距离的测量。无线电测距方法主要包括脉冲雷达测距和连续波测距两种。对于大气层以内的飞行目标,一般采用脉冲体制雷达测距。但对于航天器而言,通常目标距离在几百千米至几万千米甚至更远,脉冲雷达的作用距离受到峰值功率的限制,故在航天测距中都采用连续波(CW)测距。目前应用最多的连续波测距信号是侧音和伪码(PN 码),或者是两者的组合。

4.3.1 航天测距原理

无线电测距的基本原理是测距系统发射机发射一个测距信号,经过传输后,接收机接

收并恢复受到噪声干扰、时间延迟了的测距回波信号。从回波信号中提取接收信号与发送信号之间的相对时延 τ，并利用此时延计算出距离 R，有

$$R=\frac{c\tau}{2} \tag{4-27}$$

式中：c 为光速（$c=3\times10^8\mathrm{m/s}$）。

在实际应用过程中，从目标返回的回波信号总是会受到噪声的干扰，所以测出发射信号与回波信号之间的真实时延是很困难的，只能得到时延的一个估计值。问题是如何得到最优估计值。

设发射端发出的信号为 $s(t)$，发射机与目标相距 R，回波延时为 τ_R，则 τ_R 与距离的关系是 $\tau_R=2R/c$。假定 τ_R 是一随机变量，在$(0,\tau_{\max}=2R_{\max}/c)$内服从均匀分布。这里 $R_{\max}$ 和 $\tau_{\max}$ 分别表示要测量的最大距离和对应的最大往返传播时间。

采用最大后验概率准则为最优距离估计的准则，即对于给定的$\{y(t),0\leqslant t\leqslant T_0\}$，应使 τ_R 的后验概率$\{p[\tau_R|y(t)],0\leqslant t\leqslant T_0\}$为最大。可以证明，若发射信号 $s(t)$ 所受干扰是单边功率谱密度为 N_0 的加性高斯白噪声信号，那么后验概率的计算等效于求接收信号 $y(t)$ 与发送信号延迟 τ_R 后得到信号的互相关函数，即

$$q(\tau_R)=\int_0^{T_0}y(t)s(t-\tau_R)\mathrm{d}t \quad 0\leqslant\tau_R\leqslant\tau_{\max} \tag{4-28}$$

因此，使 $q(\tau_R)$ 最大的 τ_R 值就可以作为估计值 τ'_R。

当信号不存在噪声污染时，函数 $q(\tau_R)$ 在 $\tau_R=\tau_0$ 处会出现峰值情况，于是通过对峰值的分析便可得到延迟 τ_0 的精确测量。

当存在噪声时，$q(\tau_R)$ 的峰值将会偏离无噪声时所对应的 τ'_R 位置，在 τ_0 的测量中引入误差。定义 $\tau_e=\tau_0-\tau'_R$，τ_e 为距离的时延误差。距离测量精度便可用随机变量 τ_e 的各阶矩表示。

4.3.2 航天测距体制

在航天器测控中，连续波测距信号可分为两类：一类是谐波信号，常见的如侧音信号；另一类是非谐波信号，通常使用伪码信号。

1. 侧音测距

（1）侧音测距原理。“侧音”就是一单频正弦波，如 $s(t)=A\cos(2\pi ft)$。把频率为 f 的侧音作为基带信号调制到载波上发射出去，经目标转发后在接收端进行解调，此时接收的侧音信号相对于发射信号在相位上延迟了 $\Delta\varphi$，即有相位差 $\Delta\varphi$。该相位差反映了发射点、目标、接收点之间的距离 s，即

$$s=R_0+R_1=\frac{\lambda\Delta\varphi}{2\pi}=\frac{\Delta\varphi c}{2\pi f} \tag{4-29}$$

式中：R_0 为发射机与目标间的距离；R_1 为接收机与目标间的距离。若收发端共用天线，则有 $R=R_0=R_1$。于是有

$$R=\frac{\Delta\varphi\cdot c}{4\pi f} \tag{4-30}$$

即只要测得相位差 $\Delta\varphi$,就可得知目标距离 R。

由于噪声干扰的影响,不可避免地引起测相误差 σ_φ,从而引起测距误差 σ_R,其值为

$$\sigma_R = \frac{c\sigma_\varphi}{4\pi f} \quad (4-31)$$

从式(4-31)可见,当相位误差测量 σ_φ 一定时,侧音频率 f 越高,测距误差就越小。因此为了提高测距精度,应提高侧音频率。但是,由于相位计只能测出 $\Delta\varphi < 360°$的精确值,故最大测量距离(或无模糊测量距离)R_{max}只能小于侧音信号的半波长,即 $R_{max} \leqslant \lambda/2$。因此侧音频率越高,其波长越小,最大测量距离也就越小。

为了解决测距精度和无模糊距离这一矛盾,通常用一组侧音,如 N 个侧音经过适当加权后的组合信号 $s(t) = \sum_{n=1}^{N} a_n \cos(\omega_n t)$ 作为测距信号。其中频率最高的侧音满足测距精度要求,而频率最低的侧音保证最大无模糊距离,即 $f_{min} \leqslant c/(2R_{max})$。中间频率的侧音起匹配作用(解模糊)。

例如,在统一 S 频段(USB)系统中,共使用了 7 个侧音,如表 4-1 所列。

如果侧音频率过低,经过调制后的侧音频率和载波频率相距很近,这样对载波的跟踪会造成很大的影响,通常采用折叠音(对某一次侧音调幅)的方法来克服低频侧音调制带来的问题。在统一 S 频段测控系统中,除了主侧音 100kHz 和次侧音 20kHz 外,将 4kHz 与 20kHz 折叠,产生 16kHz 的折叠侧音,再将 800Hz 以下的侧音分别与 16kHz 折叠产生其他侧音,如表 4-2 所列,折叠后的侧音与主侧音同时对载波进行 PM 调制。

表 4-1　USB 侧音组

侧音	频率/kHz	波长/km
主侧音	100.00	3
匹配侧音	20.00	15
	4.00	75
	0.8	375
	0.16	1875
	0.032	9375
最小侧音	0.008	37500

表 4-2　USB 折叠后侧音组

侧音	频率/kHz	折叠后频率/kHz
主侧音	100.00	
匹配侧音	20.00	
	4.00	16
	0.8	16.8
	0.16	16.16
	0.032	16.032
最小侧音	0.008	16.008

(2) 侧音测距系统组成。侧音测距主要包括地面部分和星上部分。地面设备包括侧

音发送单元、调制器、天线、解调器、侧音接收单元和计时、同步及判定模块，负责侧音信号的产生、调制、发送，并负责侧音的接收、解调及测量；星上设备包括接收机和发射机。接收机完成信号的放大及解调，发射机完成解调后基带信号的变频和再调制以及功率放大等。侧音测距系统组成如图 4 -9 所示。

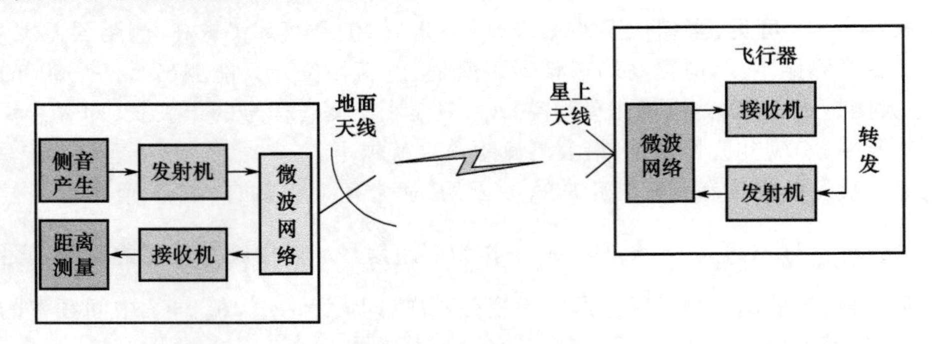

图 4 -9　侧音测距系统组成示意图

图 4 -10 示意了 USB 地面系统对侧音测距信号的发送和接收。

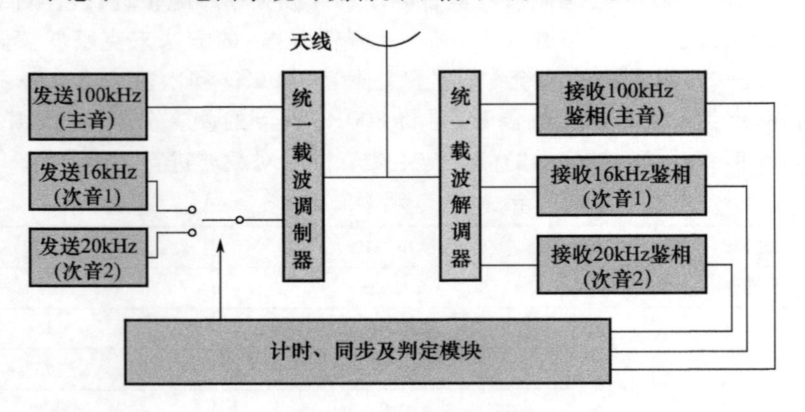

图 4 -10　USB 地面系统侧音测距框图

侧音测距的优点是技术简单、捕获时间短、距离分辨率较高，能满足单颗卫星的测距要求。但其解距离模糊问题的过程较复杂。同时当目标距离很远时，最低侧音频率将过低，给频率产生带来一定的困难。如对月球与地球之间的距离，用侧音测距将要求最低侧音频率为 0.4Hz，产生这么低频的理想正弦信号是非常困难的。侧音测距的另一个缺点是为了解决模糊距离问题需要采用多个侧音信号，而导致解相位模糊复杂。

2. 伪码测距

伪码测距的基本原理与侧音测距的原理是一致的，即根据测距信号的传播时延与光速的关系计算距离。在侧音测距中是利用测量相位差的方法计算出距离值，而在伪码测距中利用自相关函数来测量时延。伪码测距利用伪码周期长的特点作为解模糊信号，利用随机码片作为类似于高频侧音，只用一个信号即可完成测距。

如第 3 章所述，伪随机码具有良好的单峰自相关函数，以及易于产生和复制等特性。使用伪码测距时，接收机在本机产生与发射信号相同的 PN 码，不断改变其相位，与带有噪声的接收信号进行相关计算，当相关函数出现尖锐的相关峰时，本地 PN 码就可完全替代接收信号。此时测量收发 PN 码之间的时延，也就是电波传播时延 τ 的估计。由于伪随机编码信号周期可以做得很长，恰当地选择码型，其自相关特性可以非常尖锐。

以 m 序列为例，伪码测距的原理如图 4－11 所示。

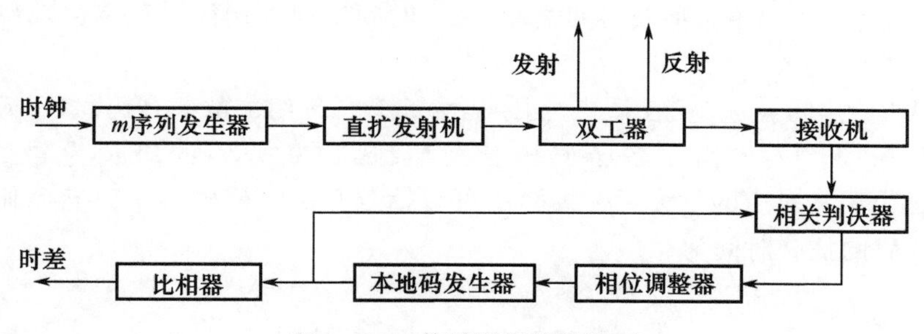

图 4－11　伪码测距原理框图

实际的测量过程由两个阶段组成。首先，要通过相关试探方法，在相位上跟踪测距信号。即逐步改变本地码的相位，使之最后与回码同相。此时，根据伪码的特性，相关函数将出现峰值。这一阶段称为“捕获”，该阶段所需时间为“捕获时间”。当目标与发射机之间无相对运动时，测距只有捕获阶段。但对运动目标而言，由于目标距离不断变化，为了达到连续测距的目的，必须使本地码的相位跟随回码的相位变化而变化，从而使本地码能继续与回码保持同相状态，这个阶段称为“距离跟踪”。

伪码求相关的过程如图 4－12 所示。

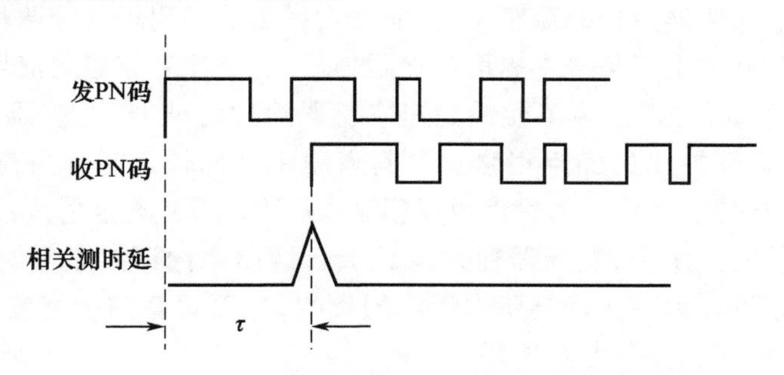

图 4－12　伪码相关示意图

利用伪码序列进行测距可以获得的最大无模糊时延为

$$\tau_{\max} = N\tau_0 \tag{4-32}$$

式中：N 为码长，即伪码序列一个周期的码元数；τ_0 为码元宽度。

所以，伪码测距的最大无模糊距离为

$$R_{\max} = \frac{c}{2}\tau_{\max} = \frac{c}{2}N\tau_0 \tag{4-33}$$

从伪码捕获的过程中可以看出，当伪码周期为 N 时，最多需要进行 N 次相关试探才能确定回码的正确时延。因此，伪码周期越长，捕获所需的时间就越长。

为了提高测量的无模糊距离，需要增加伪码序列的长度 N，但提高伪码捕获的速度却需要减小伪码序列长度。为了解决这个矛盾，实际测控应用中多采用复合伪码测距（简称复合码）。

复合码是由几个不同码长的单码(又称子码)按一定逻辑组合而成,子码码长互质并且越接近越好。由于子码码长互质,复合码的码长就是各子码码长的最小公倍数(各子码码长的积)。因此,复合码具有很长的周期,可以保证很长的无模糊距离。同时,复合码的捕获时间为各子码单独捕获时间之和,这个时间比起采用同一长度的单码所需的捕获时间要少得多。

例如,美国的"阿波罗"测控系统,测距码为5个子码组成的复合码,各子码码长分别为2、11、31、63和127。由于各子码码长互质,因此复合码的码长为它们的积,即5456682。这个码长对应的最大无模糊距离可以达到月距。假定每个码元的捕获时间为0.1s,则复合码的捕获时间为

$$T_{复} = \left(\sum_{i=1}^{n} p_i\right)\tau_0 = 23.4(\mathrm{s}) \tag{4-34}$$

式中:p_i 为子码码长;n 为构成复合码的子码数;τ_0 为每一码元捕获时间。

而与复合码码长相同的单一伪码的捕获时间为

$$T_{单} = p\tau_0 = \left(\prod_{i=1}^{n} p_i\right)\tau_0 = 545668.2(\mathrm{s}) \tag{4-35}$$

由于 $T_{单} \gg T_{复}$,所以在一般伪码测距中,单一伪码的测距信号形式很少采用。

根据航天器上应答机对复合码测距信号的处理方式,伪码测距可分为透明转发和再生伪码测距两种。透明转发伪码测距中,地面站发射由伪码测距信号调相的上行载波,航天器应答机从接收到的上行信号中提取出测距信号,经滤波后与遥测信号相加,直接对载波进行PM调制后进行转发。为了使最高速率伪码通过滤波器,滤波器带宽设定相对较宽,航天器测距解调器输出的噪声很强。尤其当测距目标较远时,上行信号信噪比非常低,透明转发的下行信号中叠加的噪声也就很强,从而降低了测距精度,增加了信号捕获时间。而在再生伪码测距中,航天器通过解调上行链路中的测距信号,并再生转发到地面。再生伪码测距可以消除上行链路中噪声的影响,从而提高测距精度。对于探测距离遥远、信噪比很低的深空任务尤其重要。

CCSDS标准中建议伪码测距采用陶思沃尔斯(Titsworth)序列,由测距时钟序列和数个伪随机噪声序列的逻辑合成。透明转发伪码测距码型为T2B,由6个二进制周期序列构成,再生伪码测距推荐采用两种伪码码型,即T2B和T4B。

使用伪码测距时,伪码的码长决定了测量的无模糊距离,而码元宽度决定了测量精度。由于伪码的长度可以做得很大,因此可以获得很大的无模糊测量距离。通过提高码的比特率,可以减小伪码码元宽度,增大测距信号的有效带宽,提高测量精度。此外,使用伪码测距还具有抗截获、抗干扰、扩展频谱和便于实现码分多址等优点。

3. 码音混合测距

纯侧音测距和伪码测距各有其优、缺点,纯侧音测距的主要优点是提高侧音频率可获得高精度的测距,且所占用带宽窄、捕获快,但解相位模糊复杂。伪码测距的主要优点是无模糊距离长,但要提高精度则必须减小码元宽度,使得占用带宽增加,捕码复杂,占用时间更长。采用伪码和侧音的混合系统,用高频侧音保证测量精度,用伪码解距离模糊,可以充分利用它们各自的优点。

码音混合测距体制常用的方案有以下 3 种。

(1) 伪码 + 高频侧音方案。这种方案以高频侧音为精侧音,侧音信号频率选择得较高以提高测距精度。以伪随机码为解模糊码,伪码调相在中间侧音上。测距信号为

$$s(t) = A_k \sin[\omega_k t + pd(t)] + \sum_{i=1, i\neq k}^{N} A_i \sin(\omega_i t) \tag{4-36}$$

式中:p 为伪随机码调相指数;$d(t)$ 为伪随机码信号,取值 ±1。

(2) 扩频码 + 高频侧音方案。这种方案测距信号的构成是先由 PN 码对低速率的解模糊码(巴克码)扩频,扩频信号再对高频侧音进行 BPSK 调制,之后再对载波进行调相。载波调制边带用于测距,残留载波用于测速。测距信号为

$$s(t) = F \oplus \mathrm{Cl} \oplus \mathrm{Cl}_R \tag{4-37}$$

式中:F 为 PN 码;Cl 为解模糊码;Cl_R 为高频侧音。

(3) 序列码 + 高频侧音方案。这种方案的上行测距信号包括高频侧音和由其分谐波得到的序列码。高频侧音为精侧音,伪随机码直接调制在载波上。测距信号为

$$s(t) = d(t) + \sum_{i=1}^{N} A_i \sin(\omega_i t) \tag{4-38}$$

式中:$d(t)$ 为伪随机码信号,取值 ±1。

在码音混合测距中,信号一般含有各侧音信号和伪随机码信号分量,其捕获方法与纯侧音和伪随机码测距技术相同。分析可见,在解调时伪随机码调制侧音会产生两方面的影响:一方面是被调侧音的有效功率降低,导致信噪比也降低;另一方面是在鉴相器输出端存在伪随机码信号,将对侧音环造成干扰。所以,伪随机码一般不直接调制在高频侧音上。

以上介绍的纯侧音、伪码和码音混合测距方案各有优、缺点,表 4-3 列出了它们的性能比较。

表 4-3 不同测距体制性能比较

项目	信号形式		
	纯侧音信号	伪码信号	码音混合信号
距离分辨力	高	中	高
解距离模糊能力	差	好	好
抗干扰能力	差	好	中
保密性	差	好	中
捕获时间	短	长	中
适应性	差	差	好
操作维护	简单	一般	复杂

4.3.3 航天测距误差分析

测距的精度由较高频率的正弦波信号(如高频侧音、伪随机码片、副载波信号)决定,所以正弦波信号的测距精度是连续波测距精度分析的基础。而由正弦波信号衍生出的其他测距信号,如采用码音混合信号时,测距音的频谱被展宽到一个频带内,该频带的幅/相

频率特性将会引入附加的测距系统误差,这时总的系统误差可以用单正弦波信号的测距误差附加一个损失因子来处理。对于纯 PN 码或是扩频信号,则要考虑码环时间鉴别器零点变化引起的系统误差等。基于上述原因,本节以侧音测距信号的测距误差分析为例进行介绍。

根据侧音测距的原理(式(4-30)),可得测量误差为

$$\Delta R = \frac{\varphi}{4\pi f}\Delta c + \frac{c}{4\pi f}\Delta\varphi \tag{4-39}$$

由式(4-39)可见,测量误差由两大部分组成:第一部分为大气传播误差;第二部分由测量设备噪声、系统设计等引起。其中,第二部分误差按性质又可分为系统误差和随机误差两部分。系统误差主要包括:①校零残差,主要是地面设备在中强电平下针对已知距离校零后残留的误差,此项通常很小;②主音环动态滞后误差,主要是星上或地面设备锁相环跟踪信号滞后于输入信号带来的误差,其值取决于锁相环的性能;③温度漂移,主要是星上设备的时延随温度变化产生的变化;④电平变化引起的测距误差,主要是上行信噪比和下行信噪比产生变化,影响测距误差。第二部分误差中的随机误差主要是因上行信号信噪比和下行信号信噪比产生变化而影响测距误差。信噪比越大,频率越高,测距误差越小。

针对不同的误差来源,采用不同的修正方式。第一部分误差通过大气模型等进行修正,即修正测量时刻大气的特征参数。修正后大部分误差可以消除,其修正剩余称为残差。第二部分误差则通过星地测控对接进行标校修正。其中,对于主要的系统误差:①校零残差:通常很小,一般不进行标校。②主音环动态滞后误差:星地双方均设计合适的环路带宽,保证足够的接收信噪比的同时,具备良好的跟踪性能。③温度漂移:通过星上的温度遥测进行不同温度下的动态查表,获得准确的卫星时延。④电平变化引起的测距误差:保证系统链路上的设计余量,使接收信号具有足够的信噪比。对于第二部分中的随机误差的修正,可通过保证系统链路上的设计余量,使接收信号具有足够的信噪比来实现。

4.4 航天测角

要对航天器进行测量和控制,测控系统首先需要实现对飞行目标自动跟踪,以便能接收到来自目标的电磁波。而对飞行目标的角度测量是自动跟踪的前提。

在航天测控系统中,常采用天线跟踪测角法和干涉仪测角法实现角度测量。

天线跟踪测角法是利用天线馈伺系统,使天线电轴准确指向目标。为此,首先通过一定的手段,根据已知的目标位置信息,将天线指引到目标的方位,这个过程称为目标的角度引导。当目标落入天线波束之后,测控设备就开始了角度捕获过程,此过程直至系统开始自动跟踪为止。在角度捕获过程中,测角设备不断测量运动目标方向与天线轴线之间的角误差,并将角误差信号通过天线伺服机构纠正天线角度,使天线与目标的方向角偏差缩小。自动跟踪就是天线的指向自动地跟随目标而转动。当测控设备处于自动跟踪状态时,目标将一直落在波束的照射区域之内,并且天线角度与目标的实际角度始终保持在一定误差范围之内。

天线跟踪测角法受天线口径、馈伺加工精度和天线转动等因素的限制,测量精度有

限。为了进一步提高测角精度,航天测控中发展了干涉仪测角体制。干涉仪是通过加长两个测量单元间的距离(又称基线)、测量信号的相位或延迟来实现目标角度测量的。随着电子技术的发展,目前高精度、远距离的测角方案常采用甚长基线干涉仪(VLBI)技术,如在深空测控通信中广泛使用的测量方案。

4.4.1 天线跟踪测角

实现天线自动角跟踪的体制有圆锥扫描和单脉冲两种。

1. 圆锥扫描雷达测角

圆锥扫描雷达的工作原理是产生一个偏离天线机械轴旋转的扫描波束以取得目标角误差信息。圆锥扫描雷达通常采用圆形抛物面天线,馈源偏离抛物面天线的焦点或采取不对称馈电的方法,形成一个波束中心线(即波束最强辐射方向)与天线机械轴(即波束旋转轴)成一定角度的波束。当馈源连续旋转时,天线波束绕机械轴旋转扫描而形成一个圆锥体,因此将这种扫描方式称为圆锥扫描。

波束在做圆锥扫描的过程中,绕着天线旋转轴旋转,因天线旋转轴方向是等信号轴方向,故扫描过程中这个方向天线的增益始终不变。当天线对准目标时,接收机输出的回波信号为一串等幅脉冲,如图 4－13(a)、(c)所示。

如果目标偏离等信号轴方向,则在扫描过程中波束最大值旋转在不同位置时,目标有时靠近有时远离天线最大辐射方向,这使得接收的回波信号幅度也产生相应的强弱变化。输出信号近似为正弦波调制的脉冲串,如图 4－13(b)、(d)所示。调制脉冲串的调制频率为天线的圆锥扫描频率,调制深度取决于目标偏离等信号轴方向的大小,而调制波的起始相位则由目标偏离等信号轴的方向决定。因此,从这个调制脉冲串中可以提取出直接反映误差角大小的误差信号,并送至伺服控制电路,驱动天线轴对准目标,从而实现角跟踪。

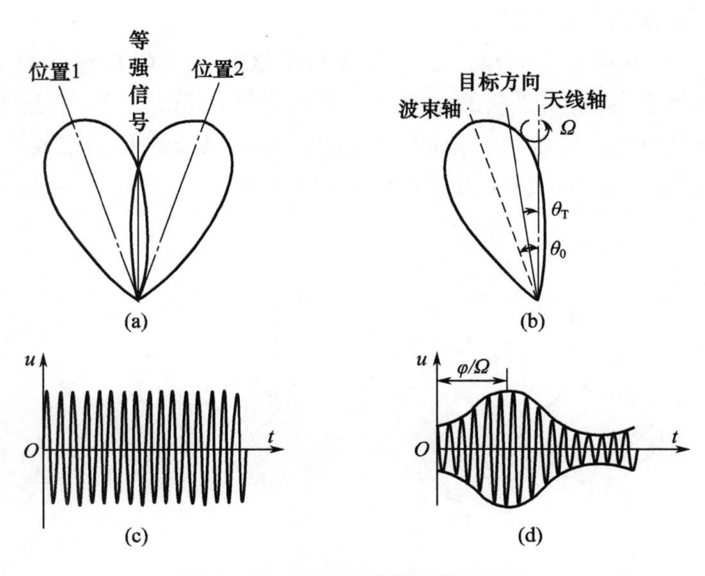

图 4－13　圆锥扫描接收信号波形

圆锥扫描跟踪测角原理如图 4－14 所示。

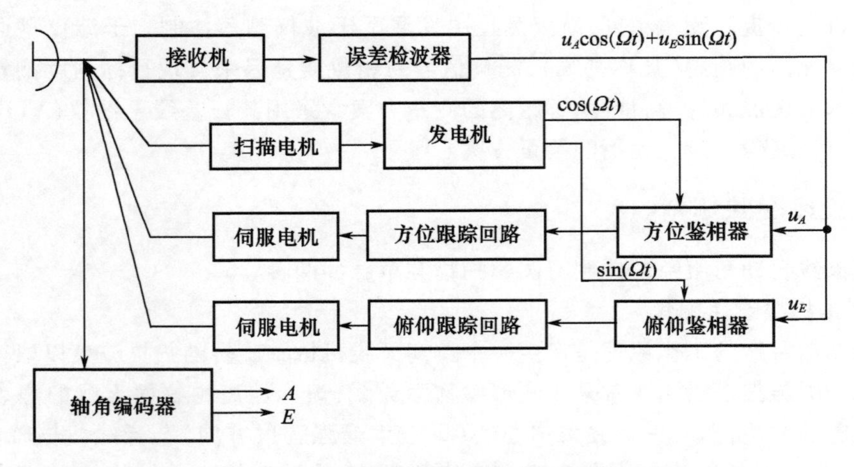

图 4-14　圆锥扫描跟踪测角原理框图

圆锥扫描雷达的优点是设备简单,易于捕获目标,波束宽,因此常用于对精密窄波束设备的引导。其缺点是测角精度较低,抗干扰能力较差。为此,人们提出并发展了单脉冲雷达体制。

2. 单脉冲雷达测角

单脉冲雷达测角利用成对的馈源形成成对波束,通过比较各波束回波信号的振幅或相位得到目标偏离天线轴的角误差信号。当目标位于天线轴线上时,各波束回波信号的振幅和相位相等,信号差为零;当目标不在天线轴线上时,各波束回波信号的振幅和相位不等,产生信号差,驱动天线转向目标直至天线轴线对准目标,从而实现对目标的测量和跟踪。

按提取角误差信息的方法不同,单脉冲雷达测角方式分为幅度比较单脉冲雷达测角和相位比较单脉冲雷达测角两种。

(1)幅度比较单脉冲雷达测角。由于获取角度误差信号的具体方法不同,幅度比较单脉冲雷达的种类很多,应用最广的是振幅和差式单脉冲雷达。该方法利用两个偏置天线方向图的和差波束完成测量。系统的核心部件是和差比较器,其主要功能是完成和差处理,形成和差波束。和差比较器结构如图 4-15 所示。

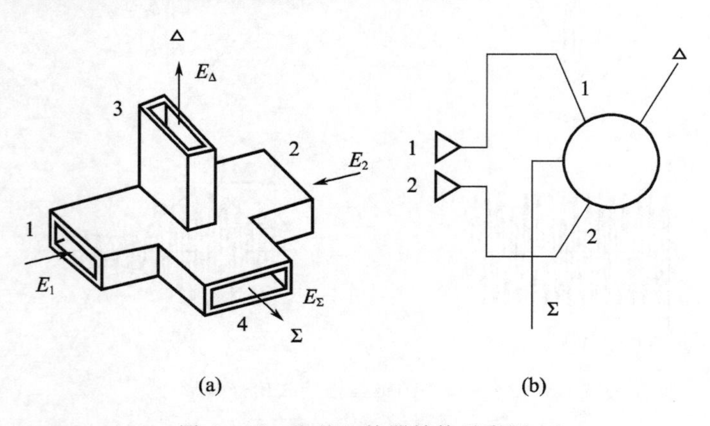

图 4-15　和差比较器结构示意图

和差比较器有4个互相匹配的端口，Σ(和)端、Δ(差)端和1、2端。发射时，从发射机来的信号加到和差比较器的Σ端，1、2端输出等幅同相信号，两个馈源同相激励，并辐射相同功率，结果两波束在空间各点产生的场强同相相加，形成发射和波束。发射时Δ端无输出。接收时，回波脉冲同时被1、2端两个波束馈源所接收。两波束接收到的信号振幅有差异，但相位相同，即从1、2端输入同相信号。Δ端输出两者的差信号，Σ端输出两者的和信号。

单平面振幅和差单脉冲雷达的基本组成框图如图4-16所示。接收时输出的差信号经中放放大后作为角误差鉴相器的一个输入信号。而输出和信号分为3路：一路经检波视放后作为测距和显示用；另一路用作和、差两支路的自动增益控制；再一路作为角误差鉴相器的输入信号。和、差两中频信号在角误差鉴相器进行相位检波，输出就是角误差信号，变成相应的直流误差电压后，加到伺服系统控制天线跟踪目标。

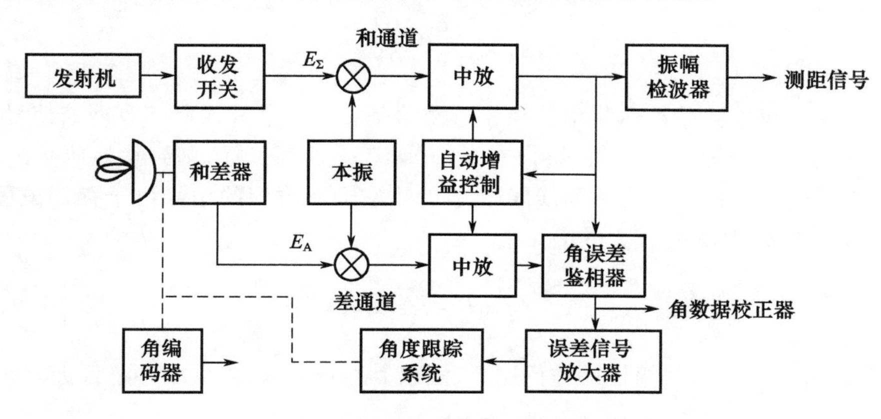

图4-16　单平面振幅和差单脉冲雷达简化框图

设在接收时，Σ端输出的和信号为E_Σ，其振幅为两信号振幅之和，相位与到达和端的两信号相位相同，且与目标偏离天线轴线的方向有关。假定两个波束的方向性函数完全相同，设为$F(\theta)$，两波束接收到的信号电压振幅分别为E_1、E_2，并且到达Σ端时保持不变。两波束相对天线轴线的偏角为δ，则对于θ方向的目标，和信号振幅为

$$\begin{aligned}E_\Sigma &= |E_\Sigma| = E_1 + E_2 = kF_\Sigma(\theta)F(\delta-\theta) + kF_\Sigma(\theta)F(\delta+\theta)\\ &= kF_\Sigma(\theta)[F(\delta-\theta)+F(\delta+\theta)] = kF_\Sigma^2(\theta)\end{aligned} \tag{4-40}$$

式中：$F_\Sigma(\theta)$为接收和波束方向性函数，与发射和波束的方向性函数完全相同$F_\Sigma(\theta)=F(\delta-\theta)+F(\delta+\theta)$；$k$为比例系数，它与雷达参数、目标距离、目标特性等因素有关。

在和差比较器的Δ端，两信号反向相加，输出差信号E_Δ。若到达Δ端的两信号的振幅仍为E_1、E_2，但相位相反。则差信号的振幅为

$$E_\Delta = |E_\Delta| = |E_1 - E_2| = kF_\Sigma(\theta)[F(\delta-\theta)-F(\delta+\theta)] = kF_\Sigma(\theta)F_\Delta(\theta) \tag{4-41}$$

式中：$F_\Delta(\theta)=F(\delta-\theta)-F(\delta+\theta)$。即和差比较器Δ端对应的接收方向性函数为原来两方向性函数之差。

现假定目标的误差角为ξ，则差信号振幅$E_\Delta = kF_\Sigma(\xi)F_\Delta(\xi)$。在跟踪状态下，$\xi$很小，将$F_\Delta(\xi)$展开成泰勒级数并忽略高次项，有

$$E_{\Delta}=kF_{\Sigma}(\xi)F_{\Delta}(\xi)=kF_{\Sigma}(\xi)[F_{\Delta}(0)+F'_{\Delta}(0)\xi] \tag{4-42}$$

因 $F_{\Delta}(0)=F(\delta)-F(\delta)=0$,故 $E_{\Delta}=kF_{\Sigma}(\xi)F'_{\Delta}(0)\xi$。又因 ξ 很小,故有 $F_{\Sigma}(\xi)\approx F_{\Sigma}(0)$。因此式(4-42)可简化为

$$E_{\Delta}=kF_{\Sigma}(\xi)F'_{\Delta}(0)\xi\approx kF_{\Sigma}(0)F'_{\Delta}(0)\xi \tag{4-43}$$

由式(4-43)可知,在一定的误差角范围内,差信号的振幅与误差角成正比。

同理,对于和信号振幅有 $E_{\Sigma}=k\,F_{\Sigma}^{2}(\xi)\approx k\,F_{\Sigma}^{2}(0)$,则差信号与和信号振幅比值为

$$\frac{E_{\Delta}}{E_{\Sigma}}\approx\frac{kF_{\Sigma}(0)F'_{\Delta}(0)\xi}{k\,F_{\Sigma}^{2}(0)}=\frac{F'_{\Delta}(0)\xi}{F_{\Sigma}(0)} \tag{4-44}$$

可见,角误差信号与和差信号的振幅比成正比,即

$$\xi\approx\frac{E_{\Delta}F_{\Sigma}(0)}{E_{\Sigma}F'_{\Delta}(0)} \tag{4-45}$$

(2) 相位比较单脉冲雷达测角。相位法测角是利用多个天线所接收回波信号之间的相位差进行测角。如图 4-17 所示,设在 θ_{T} 方向有一远区目标,则到达接收点的目标所反射的电波近似为平面波。设两天线间距为 d,则它们所收到的信号由于存在波程差 ΔR 而产生一相位差 φ,由图 4-17 可得

$$\varphi=\frac{2\pi}{\lambda}\Delta R=\frac{2\pi}{\lambda}d\sin\theta_{\mathrm{T}} \tag{4-46}$$

式中:λ 为雷达波长。采用相位计进行比相,测出其相位差 φ,就可以确定目标方向 θ_{T}。

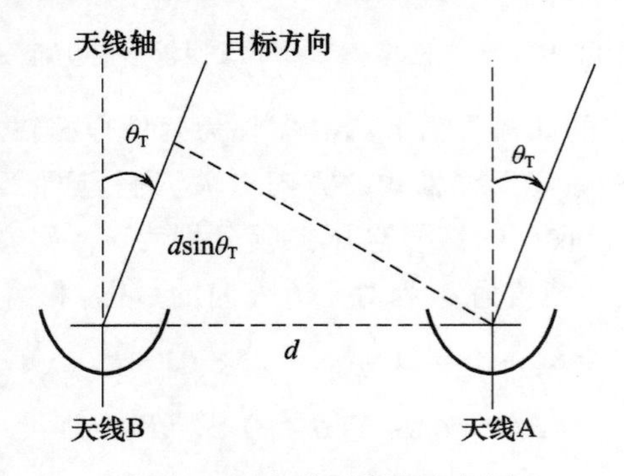

图 4-17 相位法测角方框图

图 4-18 所示为比相单脉冲雷达原理框图。接收信号经过混频、放大后再加到相位比较器中进行比相。其中的自动增益控制(AGC)电路用来保证中频信号幅度的稳定,以免幅度变化引起测角误差。相位比较器由两个单端检波器组成。其中每个单端检波器与普通检波器的差别仅仅在于检波器的输入端是两个信号,根据两个信号间相位差的不同,其合成电压的振幅将改变,这样就把输入信号间相位差的变化转变为不同检波输出电压。

设加到相位比较器的信号分别为

$$U_{\mathrm{A}}(t)=U_{\mathrm{A}}\cos(\omega_{1}t) \tag{4-47}$$

$$U_B(t) = U_B\cos(\omega_1 t - \varphi) \tag{4-48}$$

式中：U_A、U_B 为信号幅度，通常应保持常数；ω_1 为中频角频率；φ 为相位差。

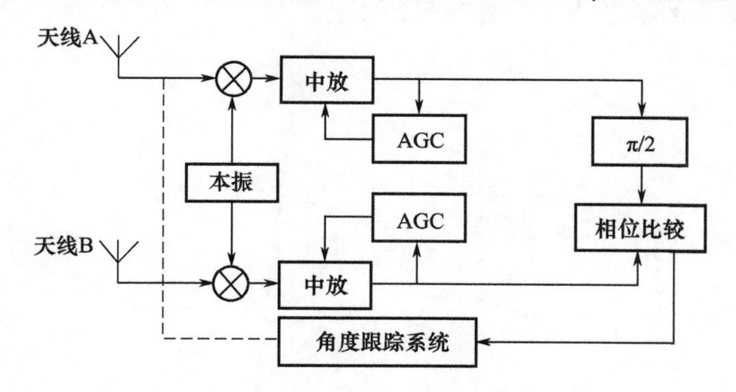

图 4-18　比相单脉冲雷达原理框图

通常选择 $U_A \ll U_B$。在此条件下，相位比较器输出的直流电压为

$$U_0 = K_d U_B \sin\varphi \tag{4-49}$$

式中：U_0 为相位比较器输出的直流成分；K_d 为相位比较器的检波系数。当 φ 很小时，式(4-49)可近似写为

$$U_0 \approx K_d U_B \varphi = K_d U_B \frac{2\pi}{\lambda} d\sin\theta = K\sin\theta \tag{4-50}$$

式(4-50)可近似为(θ 很小时)

$$U_0 \approx K\theta \tag{4-51}$$

式中

$$K = K_d U_B \frac{2\pi}{\lambda} d$$

可见，当误差角很小时，角误差信号与相位差近似成比例。将 U_0 加到角跟踪系统，即可控制伺服机构，使天线对准目标，实现角度跟踪。

4.4.2　干涉仪测角

利用相干原理，用两个接收天线所接收到的目标所发射信号的相位差或时延差进行测角的方法称为干涉仪测角法。当被接收的是单频信号时，可以测相位，称为相位差干涉仪；当被接收的是宽带信号时(如射电星的宽带噪声)，一般采用时延差测量，称为时延差干涉仪。相位差干涉仪测角原理如图 4-19 所示。

测量的坐标原点为两个天线连线(称为基线)的中点 O，α 为目标的角度，定义为基线与目标方向的夹角，两天线所收到的目标信号的相位差为 $\Delta\varphi$，当目标远离两天线时，两天线所收到的信号强度近似相等，且可看作一平面波(即为平行射线)，因此由于至两天线的行程差而产生的相位差为

$$\Delta\varphi = \frac{2\pi}{\lambda}(R_A - R_B) = \frac{2\pi}{\lambda}D\cos\alpha \tag{4-52}$$

式中:D 为两天线间的距离;λ 为目标信号的波长。

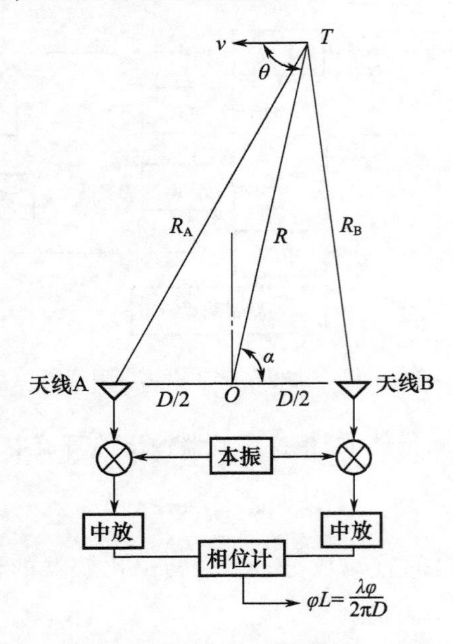

图 4－19　相位差干涉仪测角原理示意图

将两个天线所收到的射频信号经混频变为中频,再放大后送到相位计即可测得 $\Delta\varphi$,由式(4－52)就可求得目标的角坐标 α。由于相位以 2π 为周期,$\Delta\varphi$ 的测量存在多值性,因此存在角度模糊问题,需采取相应措施消除。解模糊的方法有多种,如多基线解模糊、雷达测角解模糊和多基线与雷达结合解模糊等。

当干涉仪的基线甚短时,则变为比相单脉冲雷达。这时可将天线安装在同一天线座上,利用方向余弦作误差信号进行角度跟踪。干涉仪测角应用在深空测控时,为了提高测角精度,而拉长了基线的长度,形成甚长基线干涉仪(VLBI),用时延差干涉仪来进行测角,并在此基础上进一步发展了差分甚长基线干涉仪(ΔVLBI)、同波束干涉仪(SBI,Same Beam Interferometry)、联结端站干涉仪(CEI,Connected Element Interferometry)等技术,详见本书第 8 章。

4.4.3　测角误差分析

与航天测距类似,航天测角误差来源主要有两部分:系统误差和随机误差。

系统误差主要是指由于系统设备非理想化引起的误差,如跟踪测角中接收机和差增益不一致引起的动态误差、鉴相器比较前后相位不平衡导致的系统相位误差、和差通道耦合误差、天线结构上的不平衡引起的天线指向误差等。再如,在干涉仪测量中,两单站不同源、两端站设备不一样带来的误差,时钟稳定度引起的误差等。

随机误差包括接收机热噪声引起的随机误差、测量目标动态滞后引起的测量误差、大气层不规则的起伏和地球重力异常等引起的角度起伏误差、基线测量不准和角转换误差导致的测量误差等。

理论上，系统总的误差可表示为

$$\sigma = \Delta + \nu = \sqrt{\sum_j \Delta_j^2} + \sqrt{\sum_k \nu_k^2} \tag{4-53}$$

式中：Δ 为系统误差；ν 为随机误差；Δ_j 为系统误差分项；ν_k 为随机误差分项。

一般高精度测角设备在远距离上对跟踪精度起主要作用的是热噪声误差。要提高测角精度，必须提高接收机信号噪声比，如加大天线口径以提高天线增益、增加发射功率等。

4.5 航天测量跟踪及主要设备

完成空间目标轨道测量的手段主要有两种：光学跟踪测量和无线电跟踪测量。相应的测量设备分为光学设备和无线电设备。

4.5.1 光学跟踪测量及设备

光学测量是航天器发射和航天试验中不可缺少的测量手段，它具有测量精度高、直观性强，不受“黑障”和地面杂波干扰影响的优点。其缺点是要求观测条件苛刻（如要求天光地影、天气晴朗等）、作用距离较近、不能实时输出数据、不能满足在全球范围内长期运行航天器的测轨要求。随着高新技术在光学测量设备中的广泛应用，光学测量的优点得到最大程度发挥，而某些固有缺点也得到了有效克服。因此，光学测量设备在测控系统的外测分系统中仍然保持着重要地位，并与无线电设备相辅相成，不可替代。

一般利用光学测量完成外弹道参数测量、事件记录及辐射测量，具体包括飞行目标的位置、速度、姿态、着陆点、级间分离、助推器脱落、救生搜索等，以及应用在试验鉴定和故障分析中。借助光学测量设备完成的测量功能，大致可分为以下四大类。

（1）弹道测量设备。主要用于飞行目标的主动段、再入段弹道参数的测量和无线电设备的精度鉴定，主要设备有电影（光电）经纬仪、弹道照相机、激光雷达等。

（2）事件记录设备。以摄录图像的方式记录火箭点火、起飞、离架、程序转弯、级间分离、航天器返回时的实况，主要设备有电影（光电）望远镜、高速摄影机等。

（3）物理参数测量设备。用于在轨航天器的光度和红外辐射等光谱辐射特性的测量，主要设备有红外辐射测量仪和光谱测量仪。

（4）信息加工处理设备。包括洗片机、判读仪、放映机等。

常见的光学测量设备简介如下：

（1）电影（光电）经纬仪。电影经纬仪是在测地经纬仪的基础上发展起来的，是经纬仪与电影摄影机相结合的产物。随着科技的发展，将激光、红外、电视技术用于电影经纬仪上，形成了先进的激光红外电视电影经纬仪。电影经纬仪主要用于航天器发射段、再入段的外弹道测量和飞行姿态等事件记录，其电视系统还可实时提供电视监视图像。

激光电视电影经纬仪由摄影光学系统、瞄准系统、测角系统、记录系统、电视（或红外）跟踪测量系统、激光测距系统、伺服系统和机架等组成。电影经纬仪由半自动或数字引导捕获目标后,用其自身的红外系统或电视系统进行自动跟踪、激光测距及电影经纬仪测角,并由电视系统进行脱靶量修正。当电视系统跟踪失效时,可用红外系统进行自动跟踪、激光测距及电影经纬仪测角,并由红外系统进行脱靶量修正。在跟踪的同时,将测量的角度、距离、脱靶量等数据,一方面实时输出传送到中心计算机处理,另一方面用胶片记录供事后数据处理用。

(2) 弹道照相机。弹道照相机是一种固定式、单画幅连续曝光拍摄的光学测量设备,其工作原理基本上与电影经纬仪相同。弹道照相机以恒星为定向基准来确定弹道照相机视准轴的方向,从而达到很高的测角精度。

弹道照相机由弹道照相机本体、程序控制记录仪、光电接收装置、目标光源(含石英装置)、目标光源(含石英钟系统)、时统系统、坐标测量仪等分系统组成。该弹道照相机能单站独立工作,配有完善的时统通信设备和灯光导航设备,所有测量设备全部安装在专用车辆上,机动性好。

(3) 激光测距机。激光测距机根据激光往返传播的时间和光的传播速度得到被测目标到测量站的距离。激光测距技术包括相位测距技术和脉冲测距技术。相位测距技术的测距精度很高,但作用距离有限,主要用于高精度大地测量;脉冲测距技术的测距精度较高,作用距离远,主要用于运载火箭、空间目标等航天器的轨迹测量。在航天器轨迹测量中,激光测距值可以和电影经纬仪获得的方位角、俯仰角的测量值结合起来构成 *RAE* 单站定位系统。

激光测距机由激光发射系统、接收系统和信号处理系统组成。发射系统包括激光器、激光电源、扩束驱动、光学系统及冷却系统等。接收系统包括探测器、探测器电源、放大器和辅助电路。信号处理系统包括计算、控制、通信等功能单元电路和低压电源模块。3 个分系统分别完成激光脉冲的发射、激光信号探测、时间 – 距离转换等功能。

4.5.2 无线电跟踪测量及设备

无线电测量就是利用无线电波对航天器目标进行跟踪测量,以确定其弹道或轨道参数。无线电波由地面发射机产生,通过天线射向航天器,由航天器搭载的应答机天线接收,经应答机处理再由天线转发至地面(反射式雷达信号由目标直接反射回地面)。地面接收天线接收此应答信号并经接收机处理,最终由终端机给出测量参数。产生、发射、转发、接收、处理无线电信号,给出目标运动状态测量元素的一整套设备,统称为无线电外测系统。无线电外测系统具有全天候工作、作用距离远、信号易于综合传送和方便实时处理等优点,是航天跟踪测量系统的主体。

无线电跟踪测量包括脉冲体制和连续波体制。前者采用各种射频脉冲信号工作的脉冲测量雷达,主要优点是设备简单,可单站、单站接力和多站同时工作,一般用于航天器近距离、短时间的发射主动段测量;后者采用连续发射射频信号工作方式,易于实现测速和载波信道的综合利用,多用于航天器的远距离、长期运行的运行段测量,主要包括多普勒测速系统、距离与距离变化率测量系统和微波统一测控系统等。

无线电测量系统由航天器上设备和地面测量站的设备组成。航天器上的设备包括应答机(或信标机)及天线馈线系统,地面测量站设备主要由发射机、接收机、天线伺服系统以及测距、测速、测角终端等组成。

常见的无线电测量设备如下：

（1）单脉冲雷达。单脉冲雷达是利用对波束接收信号的振幅或相位的比较而得到目标偏离天线轴的角误差信号的一类跟踪雷达。由于它能从一个回波脉冲信号中得到目标偏离天线轴的角误差信号，因而称为单脉冲雷达。单脉冲雷达以应答方式可对箭－船系统的主动段、入轨段以及飞船的运行段、回收再入段进行跟踪测量，提供目标的距离、方位、仰角和径向速度的信息。因为其测角精度高于其他雷达，故在测控系统中得到广泛应用。

（2）信标引导仪。信标引导仪作为测控系统不可缺少的通用无线电引导设备，与航天器携带的信标机配合工作，提供方位角和俯仰角实时引导信息。

信标引导仪由锁相接收机、天线控制系统和终端三大部分组成，设备采用锁相接收机和圆锥扫描角跟踪体制，以信标工作方式测量目标的方位角和俯仰角。

（3）连续波雷达。连续波雷达主要用于运载火箭主动段的测量和近地卫星与飞船的轨道测量。作为中精度测量设备，其由频率源、发射机、接收机、天线馈线、测角和伺服机构、测距机、测速机、数录机、总监控台、标校塔与应答机等分系统组成。

（4）微波统一测控系统。微波统一测控系统是指利用统一的载频、一套天线、一套设备，将航天器的跟踪测轨、遥测、遥控和天地通信等功能合为一体的无线电测控系统。其测距通常采用伪码加侧音的混合体制，测角采用三通道单脉冲体制。微波统一测控系统的基本工作原理是：将各种信息先分别调制在不同频率的副载波上，然后相加共同调制到一个载波上发出；在接收端先对载波解调，然后用不同频率的滤波器将各副载波分开，解调各副载波信号得到发送时的原始信息。该系统配有同频引导设备，引导仪捕获并跟踪飞船上的信标后，通过模拟通道和数字通道实现引导。

微波统一测控系统，按其功能划分的基本组成有测距分系统、测速分系统、测角分系统、遥控分系统、遥测分系统、通信分系统、引导分系统和监控显示分系统。统一测控系统的设备可分为两大部分，即航天器上测控设备和地面测控设备。航天器上测控设备包括应答机、信息处理终端、记录设备；地面测控设备包括测轨设备、遥控发送设备、遥测接收设备、通信设备、监控和显示设备、引导设备以及测控站与计算机或其他外界设备连接的接口设备。在该系统中，有时还采用同一收发天线、馈电系统传送多个载波，如电视或遥测等信息容量较大的信号，这种传输方式称为多载波传送。

有关微波统一载波测控系统的详细介绍见本书第6章。

参考文献

[1] 刘嘉兴．飞行器测控与信息传输技术[M]．北京：国防工业出版社，2011.

[2] 于志坚．航天测控系统工程[M]．北京：国防工业出版社，2008.

[3] 赵业福，李进华．无线电跟踪测量系统[M]．北京：国防工业出版社，2002.

[4] 谭维炽．我国航天器遥测遥控技术发展的台阶[J]．遥测遥控，2016，37(6)：14－17.

[5] 张涛．锁相技术[M]．北京：机械工业出版社，2015.

[6] 丁鹭飞，耿富禄，陈建春．雷达原理[M]．5版．北京：电子工业出版社，2014.

[7] 姜昌，范晓玲．航天通信跟踪技术导论[M]．北京：北京工业大学出版社，2003.

[8] 陈宜元. 卫星无线电测控技术[M]. 北京:中国宇航出版社,2007.

[9] 荣健,朱彬,钟晓春. 卫星激光通信技术与展望[J]. 贵州大学学报(自然科学版),2004,21(3):293-296.

[10] 李海涛,周欢,郝万宏,等. 深空导航无线电干涉测量技术的发展历程和展望[J]. 飞行器测控学报,2013,32(6):471-477.

[11] 朱新颖,李春来,张洪波. 深空探测 VLBI 技术综述及我国的现状和发展[J]. 宇航学报,2010,31(8):1894-1899.

第5章　航天遥测遥控信息传输

航天信息传输的数据包括遥测、遥控、遥感、侦察、探测、制导、科学实验、空间环境观察以及声音、图像等。本章主要介绍遥测信息和遥控信息的传输。

航天遥测技术指航天器采集的遥测参数经下行信道传输被测控站或遥测站获取的技术。遥测参数包括描述航天器内部环境和各分系统工作及状态以及描述航天器姿态的数据。航天遥控技术是指航天测控网生成的遥控信息经上行信道传输并被航天器获取的技术。遥控信息包括遥控指令和注入数据。

航天遥测、遥控的信息传输都是以无线电数字通信技术为基础,包括信源信息的采样编码、数据压缩、数据的纠检错编码、差错控制、调制解调等基本过程。根据任务类型不同,信息处理侧重点有所区别。遥测传输中因信息种类繁多,需考虑如何有效组织待传输信息;遥控传输特别强调传输信息的安全性。

在信息传输体制上,航天遥测、遥控最初采用模拟体制。之后随着通信技术的发展,开始采用数字体制,并发展了PCM遥测/遥控、分包遥测/遥控体制、高级在轨系统(AOS)和邻近空间链路等协议。

5.1　遥测信息传输

5.1.1　航天遥测概述

遥测是将一定距离外被测对象的参数,经过感受、采集,通过传输介质送到接收地点并进行解调、记录、处理的一种测量过程。完成上述功能的设备组合称为遥测系统。在航天测控通信中,遥测是指对飞行器上的待测参数(信息)进行检测,并将测量结果传输到地面站。地面站接收遥测信号,并恢复出遥测数据,进行记录、显示和处理。一个典型的遥测系统如图5-1所示。

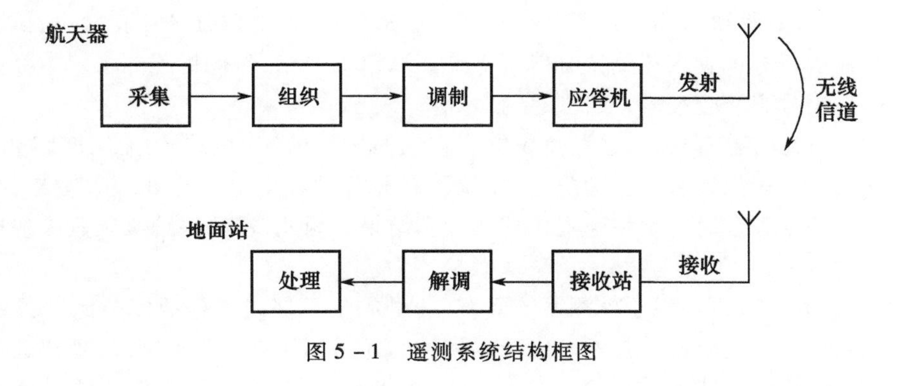

图5-1　遥测系统结构框图

1. 遥测系统功能

遥测是飞行器起飞后能及时向测控站报告飞行器内部工作状况的唯一手段,同时也是为地面是否要对飞行器上的分系统采取干预措施提供依据的唯一手段。概括起来,遥测系统在航天领域中的作用主要有以下几方面。

(1) 在火箭发射前的测试准备工作过程中,遥测系统提供了解火箭各系统技术状况的重要依据。

(2) 在火箭飞行过程中,获得各种相关数据。对其中与飞行有关的重要信息和数据,如发动机关机信号、级间分离信号等,立即处理并进行显示。

(3) 测定火箭、航天器的环境参数和航天员的生理医学数据,包括振动、冲击、加速度、温度、舱内气体参数、各种辐射、热流等。这些数据对于检验火箭各系统及航天员生命维持系统、检查各种防护措施的有效性、制定规范化的环境条件,都是极为重要的。

(4) 遥测系统为航天器上其他系统提供信息,如火箭、航天器接收和执行地面控制指令的情况。

(5) 为故障分析提供依据。尤其在研制初期,一旦发生故障,必须借助这些数据分析并查明故障的部位及其起因,以便采取补救措施。

2. 遥测系统特点

航天遥测系统的工作原理和组成与其他遥测系统基本相同,但由于其作用和使用环境的特殊性,形成了以下一些特点。

(1) 被测参数多、系统复杂。被测参数多达上千个,种类繁多。对不同参数测量结果的要求不同,不同型号任务遥测需求也不尽相同。另外,遥测系统与其他系统接口较多,使得遥测系统比较复杂。例如,中国天宫一号目标飞行器和空间实验室的关键工程遥测参数有700多个,总线遥测参数超过6000个,下行关键工程遥测速率达16kb/s,下行载荷数据速率达144Mb/s。星载接口包括总线接口、串口、数据采集接口、开关指令接口、串行加载指令接口、秒脉冲接口等。

(2) 作用距离变化范围大,格式编排复杂,采用的新技术多。遥测系统作用距离近至发射塔架附近几百米,远至深空任务的几亿千米,加之遥测参数格式编排复杂,对数据采集、传输、解调等提出了很高要求。因此遥测系统采用了大量新技术,如分集接收、编译码、调制解调等领域的新技术。

(3) 系统可靠性要求高。由于飞行目标一般造价昂贵,试验任务耗费较高,试验次数受限,因此每次任务都要求遥测系统能可靠地获取遥测数据,除保持遥测系统本身的高可靠性外,还采用分集接收技术、双机热备技术等。

(4) 具有快速反应能力。遥测系统需要在火箭发射前实时、准确地给出飞行器状态参数,以便指挥员做出是否发射的决定;在航天器飞行过程中要实时处理关键参数,作为遥控的依据;任务失败时必须快速提供遥测处理结果。因此,遥测系统必须具有快速反应能力。

(5) 系统冗余备份。对于外测系统而言,信号质量不好或其他故障导致外弹道测量不连续问题,可以通过外推等技术手段予以弥补。而遥测系统的类似问题,无法通过类似的手段予以弥补,则意味着数据的丢失。因此,为提高可靠性,遥测系统往往采用冗余手段来提高数据的完整性，如航天器采用多个天线发射、地面左右旋分集接收、多套遥测地面站冗余布站和遥测设备的检前记录技术等。

3. 遥测系统分类和多路传输体制

航天遥测系统分类方法和种类很多。按遥测信号的多路复用调制技术，可分为频分制（FDM）遥测系统、时分制（TDM）遥测系统、码分制（CDM）遥测系统和时频混合遥测系统；按被传输的信息类型，可分为模拟遥测系统和数字遥测系统；按设备装载体的不同，可分为车载、船载、机载和地面固定站遥测系统；按设备的智能化程度，又可分为普通型遥测系统和智能化可编程遥测系统等；按不同的调制体制，可分为调相和调频遥测系统等。

遥测信息除了前述的信源种类繁多之外，另一个特点是信源频率相差巨大。根据被测对象的不同，每路信息的频率响应可相差 3 ~ 4 个数量级。例如，仪器舱内供电电压、电流的频率响应只有 0.01 ~ 0.1Hz，而结构振动则可达数千赫兹。在航天测控通信系统中，采用多路传输技术将这些成百上千路、频率响应相差巨大的信号有效地合并起来实现多路传输。遥测多路传输体制大体经历了以下阶段：20 世纪 50 年代初航天遥测起步时，采用频分多路复用思想，用多个副载波进行频分多路传输。20 世纪 50 年代中期，将多路遥测信息采样形成离散信息，并将各路信息安排在不同的时间间隙中传输，形成时分多路遥测体制。频分多路遥测和时分多路遥测本质上都属于模拟系统。20 世纪 60 年代初，美国首先研制出用于导弹飞行试验的脉冲编码调制（PCM）体制遥测系统，遥测技术从模拟阶段迈入数字阶段。到了 20 世纪 80 年代中期至 90 年代，将效率低的多级时分采样开关进行串接的编帧方式，改进为分组交换方式。后来将多个信源数据统一编帧打包形成统一数据流，用同一种统一速率发送，构成了分包遥测体制。从 20 世纪 90 年代起，CCSDS 在分包遥测的基础上提出了高级在轨系统（AOS）。21 世纪初，为满足多种不同类型航天器实施联合控制的需要，CCSDS 在已有的分包遥测与高级在轨系统的基础上又开发了一个新的数字传输体系，即邻近空间链路协议（PSLP）。

5.1.2 系统组成及工作原理

1. 系统组成

航天遥测通过航天遥测系统进行。航天遥测系统由以下 3 部分组成。

（1）输入设备。包括传感器和变换器。传感器把被测参数变成电信号，变换器把电信号变换成适合于多路传输设备输入端要求的信号。

（2）传输设备。传输设备是一种多路通信设备，目的是把输入设备输入的信号不失真地传到终端。它可传输模拟信号也可传输数字信号，既可用于有线通信也可用于无线通信。

（3）终端设备。其功能是接收信号，对信号进行记录、显示和处理，以获得测量结果。

遥测系统包括航天器上的发送端和地面的接收端两个部分。航天器上的发送端，由传感器、多路信号调制器和发射机组成，如图 5 - 2(a)所示。地面接收端由接收机、多路复用解调器、记录设备和显示设备等组成，如图 5 - 2(b)所示。

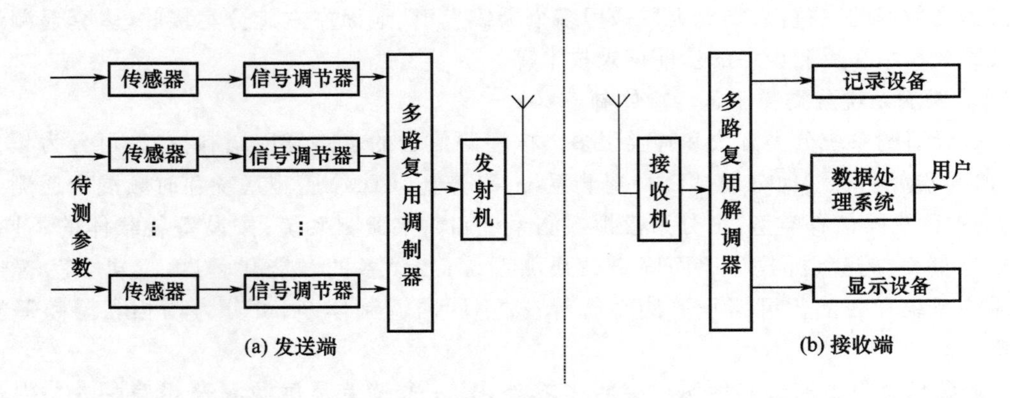

图 5－2　遥测系统结构框图

2. 工作原理

从信息传输的角度，遥测系统模型如图 5－3 所示。

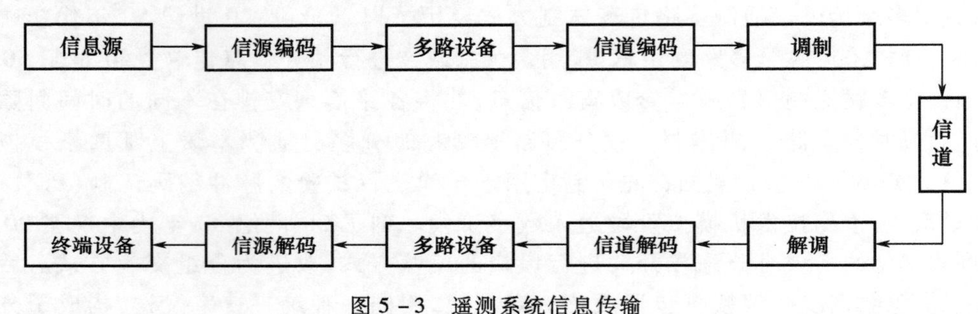

图 5－3　遥测系统信息传输

图 5－3 所示各框中的技术问题已在第 3 章介绍，本节只讨论它们在遥测中的具体应用。

(1) 信息源。信息源代表被传输的遥测信息的发源地，在这里被测参数由传感器变成电信号。而在接收端，终端设备对遥测信号进行记录、显示和数据处理。航天遥测数据包括以下常见的类型。

① 姿态数据，如姿态角、姿态角速率、自旋速率等。

② 飞行力学数据，如加速度、振动、冲击等。

③ 设备工作状态，如描述设备主份/备份、开启/闭合、增益选挡等的工况数据。

④ 空间环境监测数据，如电磁辐射、高能粒子、磁场等环境参数。

⑤ 航天器健康数据，如飞行器平台和有效载荷的电压、电流、温度、气压、仪器参数等，这类数据用于监测平台和有效载荷的工作情况和系统状态是否正常。

⑥ 异常报警与故障诊断参数。故障时刻前后相关参数和状态，这类数据对故障分析与预警十分重要。

⑦ 多媒体数据，如载人航天时，航天员的语音、图文等多媒体数据。

⑧ 遥控响应，反映星上接收、处理遥控命令和用户响应的信息，有必要时下传请求重传标志等。

⑨ 科学试验数据，这是根据用户定义的一类参数，随飞行任务不同而不同。

⑩ 数据处理结果,如趋势预报、统计结果、诊断结果、事件预报等。

(2) 信源编码及解码。信源编码主要是实现遥测信息及其他待下传模拟数据的数字化,并通过信源压缩方式提高系统传输的有效性,接收端的信源解码是信源编码的反变换。如第 3 章所述,信源压缩编码包括无损压缩和有损压缩。在无损压缩方面,CCSDS 制定了标准 121.0 – B – 2,其目的在于减少传输信道带宽,减少输出缓存和存储设备容量需求以及在恒定传输速率下减少数据传输时间。该压缩标准主要适用于部分静态图像数据和科学仪器(如干涉仪、高度计和频谱仪)数据的压缩。压缩比取决于数据设备,表 5 – 1 列出了 CCSDS 建议的部分无损压缩数据比。

表 5 – 1 无损压缩数据比

数据类型	数据设备	压缩比
图像数据	主题测绘仪	1.83
	超频谱成像仪	2.6
	热容量测绘辐射计	2.19
	广域行星照相机	2.97
	软 X 射线可见光望远镜	4.69
非图像数据	戈达得高分辨率频谱仪	1.72
	声光频谱仪	2.3
	γ 射线频谱仪	5 ~ 26(取决于集成时间)

有损压缩一般用于成像类设备所采集数据的压缩,即图像压缩。CCSDS 于 2005 年标准化了图像压缩算法(CCSDS – IDC),该算法兼顾压缩效率和算法复杂度,支持高速低功耗硬件实现,支持码率控制。算法编码器功能结构如图 5 – 4 所示。在视频数据(动态图像)方面,目前 CCSDS 尚未制定相关标准,常用的视频编码技术包括 H.264、H.265、MPEG – 4 标准以及微软公司的 WMV 视频编码算法等。

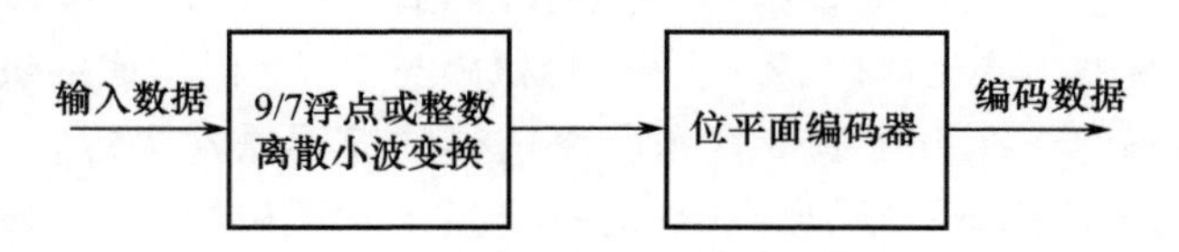

图 5 – 4 CCSDS – IDC 结构框图

(3) 多路设备及分路设备。如前所述,遥测参数很多,为了提高传输效率,多路信号需要只用一条信道传输。多路设备就是把各路信号综合在一起的设备,接收端的分路设备则是将综合信号分解为各路信号的设备。

使用一条信道传输多路信号时,应用最广泛的多路复用方法是频分制(FDM)、时分制(TDM)和码分制(CDM)。目前,在遥测系统中仍然以这 3 种方式为主。

① 频分制。频分制是将各路信号调制到不同频率的副载波上。为防止混叠,各副载波的频率间隔应取得足够大。采用频分制时,先使用多路副载波调制器对信号进行调制,再用相加器将其合成为群信号;在接收端,先用一组带通滤波器将群信号分拆为多个调制信号,再用相应的副载波解调器对各个信号进行解调。在频分制遥测系统中,多路复用调制器为各路副载波调制器及接于其后的相加器,而多路信号解调器包括各路的分路带通

滤波器及副载波解调器。频分制的优点是设备简单;缺点是容量小、精度低、抗干扰能力差。因此适用于测试参数较少的应用场合。

频分制采用二次调制,副载波、载波调制方式可以是 AM、FM、PM 中的任一种。两次调制的不同组合可以组成多种体制的遥测系统,如 FM - FM、PSK - PM 等。

② 时分制。时分制是将各路信号安排在不同的时间段,按一定的时间顺序依次传输。其原理是通过对信号采样,产生在时间上互不重叠的多路信号采样点序列,以便通过单个公用的信道进行传输。时分制的基带信号是脉冲信号,按调制方式不同可分为脉冲幅度调制(PAM)、脉冲宽度调制(PWM)、脉冲位置调制(PPM)和脉冲编码调制(PCM)。PAM 的本质是对多路信号的同步采样,也是 PWM、PPM 和 PCM 的基础。PCM 目前应用最广泛,其编码过程类似于 A/D 转换器的功能。经时分制变换得到的信号传输仍需经载波调制。时分制的优点是容量大、精度高和抗干扰能力强;缺点是设备相对复杂。但随着硬件技术的进步,有许多采样器和 A/D 转换器等专用集成芯片可供选择,使得设计变得相对简单。

③ 码分制。码分制是指利用不同码型(或波形)区分多路遥测信息。在发射端,各路数字信号分别对具有强自相关和弱互相关特性的一组周期序列函数进行调制,相加后形成组合信号发射出去;在接收端,解调恢复出组合信号后,再和本地产生的相应周期序列进行相关解调,从而分路出原始信号。

码分多址遥测体制主要用于多目标遥测。从多个目标采集的遥测数据序列用伪随机码扩频后,对相同载频进行相移键控调制,地面站只需用一台接收机就能同时接收这些目标发送的遥测信号。码分多址遥测体制的主要优点表现在以下方面:一是它比频分制和时分制遥测体制的成本低,因为使用后两者时每个目标都需要一个接收机;二是在同样技术要求条件下占用带宽小,节省无线电频率资源;三是抗干扰性强,截获困难,保密性好。

(4) 信道编码及信道解码。在遥测信道中,采用信道编码后能获得编码增益,并具有一定的保密作用和抗干扰、抗截获作用。在飞行器遥测中,CCSDS 推荐为信道编码标准的有卷积编码/软判决维特比译码、R - S 码、卷积码与 R - S 码构成的级联码、Turbo 码和 LDPC 码等。这些码的选择由信道带宽和所需获得的编码增益决定。一般来说,卷积码对抗随机噪声引起的误码更有效,R - S 码对抗突发干扰误码更有效,如果需要比单独使用卷积码或 R - S 码更大的编码增益时,可以使用将卷积码作为内码、R - S 码作为外码的级联码;而 Turbo 码、LDPC 码在允许使用的环境中可以获得比级联码更大的编码增益。例如,在某些信道上,可能单独使用编码效率为 1/2 的卷积码就可以满足对编码增益的要求;如果由于信道带宽受限而不能接受由编码效率为 1/2 的卷积码带来的码长度扩展时,或者需要兼具抗随机和突发两种干扰时,可以选用带宽扩展较小的 R - S 码。在 CCSDS 国际标准中和中国遥测信道编码标准中都做了以下规定:一般采用以约束长度 $k=7$、编码效率为 1/2 或 1/3、8 电平软判决方式,维特比最大似然译码的卷积码为内码,以最大码组长度为 255 的(255,223)R - S 码为外码的级联码,也可单独使用上述卷积码。

(5) 调制和解调。遥测调制是将遥测基带信号转换成可通过物理信道传输的信号的过程。在 20 世纪 50 年代初,航天器遥测开始起步时,在调制体制上采用的是调幅(AM)、调频(FM)等模拟调制方式。遥测基带信号数字化后,都改用幅移键控(ASK)、频移键控

(FSK)、相移键控(PSK)等数字调制解调方式。因PSK调制解调所需的射频带宽最窄,在同一传输质量条件下要求的信噪比最低,故最后都趋于采用PSK及其变化的调制解调方式。此外,目前航天器上还广泛采用了扩频调制技术,这是在编码调制或数字频带调制基础上再以扩展频带方式实施特殊的再一次调制,以获得优异的抗干扰能力。

随着空间数据传输码率的不断提高,空间频率资源日益紧张,要求调制体制具备压缩频谱宽度、降低带外功率、减少码间干扰、保持信号包络恒定等特征。为此,CCSDS推荐遥测信号采用QPSK、OQPSK、MSK、GMSK等恒包络调制体制。

(6) 遥测终端设备。在地面接收端,接收天线收到信号后送到遥测终端设备进行载波解调、副载波解调或解扩处理,提取同步信息,恢复出遥测数据序列。经过计算机处理后,根据不同要求分别提供存储、打印记录、显示或通过网络直接送达用户。

遥测终端设备种类很多,按照用途可分为遥测记录设备、遥测数据处理设备和遥测数据显示设备等。

(7) 遥测信息格式。典型的遥测信息格式,有美国的IRG106遥测标准、ESA的PCM遥测标准以及CCSDS标准等。中国从20世纪80年代开始陆续制定了与上述国际标准相对应的国家军用标准,包括GJB 21系列标准、GJB 1198系列标准中与遥测相关的标准以及部分高级在轨系统系列标准等。

5.1.3 典型遥测体制

1. FM – FM 遥测体制

FM – FM是一种频分遥测体制。遥测信号对副载波以及副载波对载波的调制方式均采用调频方式。FM – FM遥测体制的原理框图如图5 – 5所示。

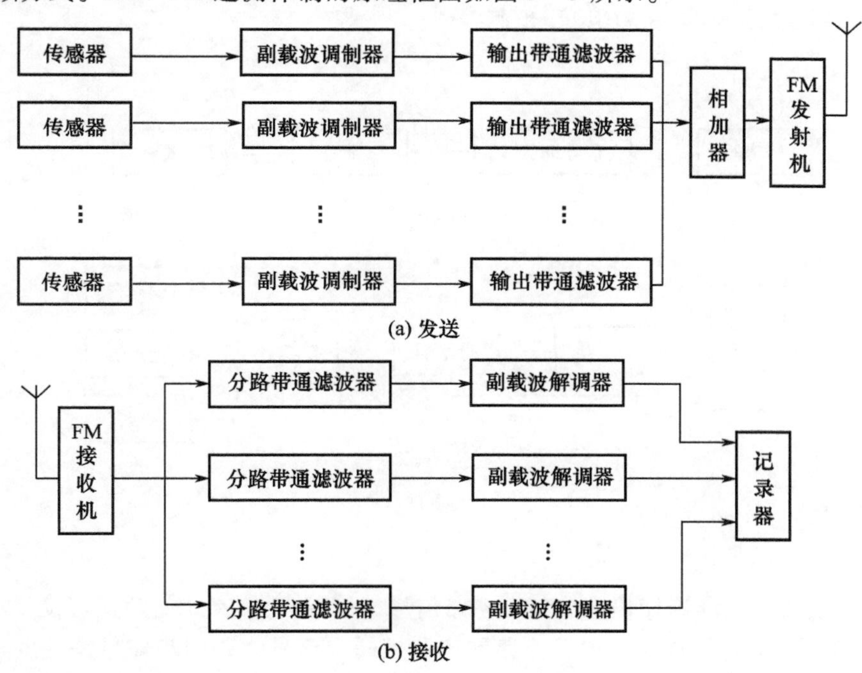

图5 – 5 FM – FM遥测体制框图

发射端每一路遥测参数(基带信号)都对一个副载波调制,各副载波的频率之间保持一定的间隔,防止输出已调频谱发生重叠。每一路都有一个带通滤波器,用来滤除高次谐波和噪声,严格限制本路已调信号所占有的频带,尽量减少对其他各路信号的干扰。各路已调副载波信号通过相加器合成为多路信号,多路信号再对载波进行调制,形成已调射频信号,通过天线辐射出去。接收端收到射频信号后,经过放大并进行载波解调,恢复出多路信号,加到并联的分路带通滤波器,分离出各路已调副载波信号。每个带通滤波器的中心频率等于该路副载波频率,其通带宽度等于该路已调副载波信号的频谱宽度。各路已调副载波信号再经相应通道副载波解调器解调,得到各路原始信号。最后将各路信号送到遥测终端设备进行处理。

FM－FM 体制有许多优点,尤其是抗随机噪声干扰和抗射频系统非线性、群路幅度非线性产生的交叉干扰的能力很强。FM－FM 遥测体制多用于测量路数少、参数频率高、测量精度要求不高的场合。其特点是设备标准化、系列化程度高,体积小,重量轻,具有较高的可靠性。

2. PAM－FM 遥测体制

PAM－FM 体制是一种时分制遥测体制。PAM 调制只需要用被测信号的采样幅值直接调制载波,不需做其他变换。载波调制采用调频体制,故这种遥测体制称为 PAM－FM。典型的 PAM－FM 无线电遥测传输系统框图如图 5－6 所示,其中多路时分开关的原理图如图 5－7 所示。多路时分开关对多路信号按时序进行采样,形成复合 PAM 信号去调制发射机载波,再由天线将调频信号发射出去。地面接收站天线接收到射频信号,经放大送至鉴频器,解调出复合的 PAM 信号,再经过视频滤波器送至同步器及 PAM 分路器,同步器从 PAM 序列中提取出帧同步及路同步信号之后,由分路器从 PAM 序列中分离出各路采样脉冲,经过各通道滤波器还原出被测参数。

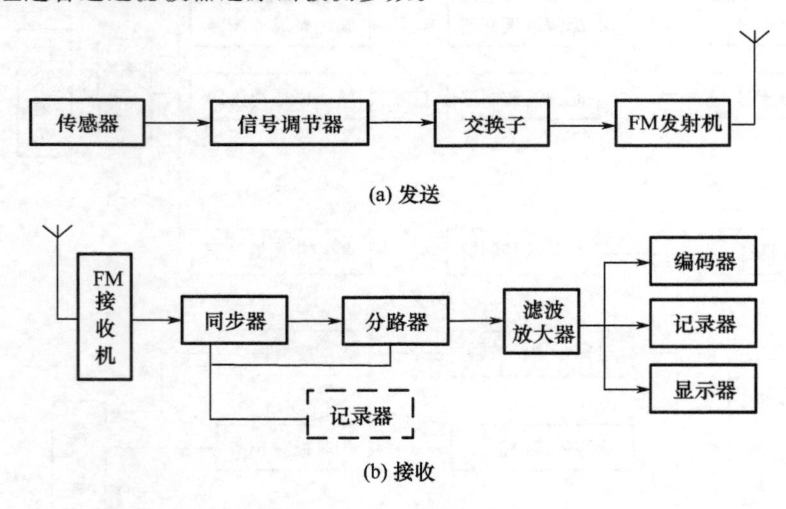

图 5－6　PAM－FM 遥测传输体制

为保证接收端能准确无误地分离出各路信号,时分制遥测系统必须保证发、收两端的 PAM 数据流严格同步。同步信号分为路同步和帧同步信号。路同步信号是使发、收两端数据流的时钟达到同步状态;帧同步信号则标志着一帧群信号的起始位置。分路器就根据这两种同步信号从群路信号中分离出各路被测信号。

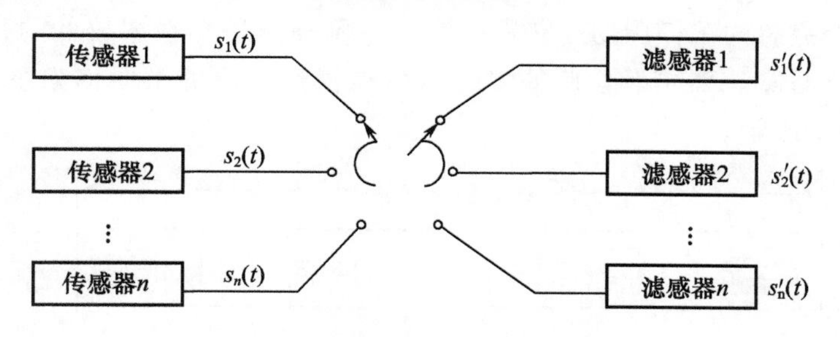

图 5－7　多路时分开关（交换子）

PAM－FM 遥测体制具有结构简单、体积小、重量轻、成本低、可靠性高等特点。该体制的主要缺点是测量精度低，且它是模拟系统，难以适应计算机技术的发展和应用。

3. PCM 遥测体制

PCM 遥测体制是目前应用最多的时分制遥测体制，其基本组成如图 5－8 所示。待测参数是模拟信号，也可以是数字信息。若是模拟信号，则经过 A/D 转换后（图 5－8（a）中的调节器和模拟合成器）得到 PAM 信号，经编码器后变换成 PCM 数字信号。在多路复用器中，多路被测数字信号与 PCM 遥测帧同步码组等信息按一定格式由程序控制器完成格式控制，并形成串行的 PCM 码元序列，调制载波后发射出去。接收端信号处理是发送端处理的逆过程，如图 5－8（b）所示。

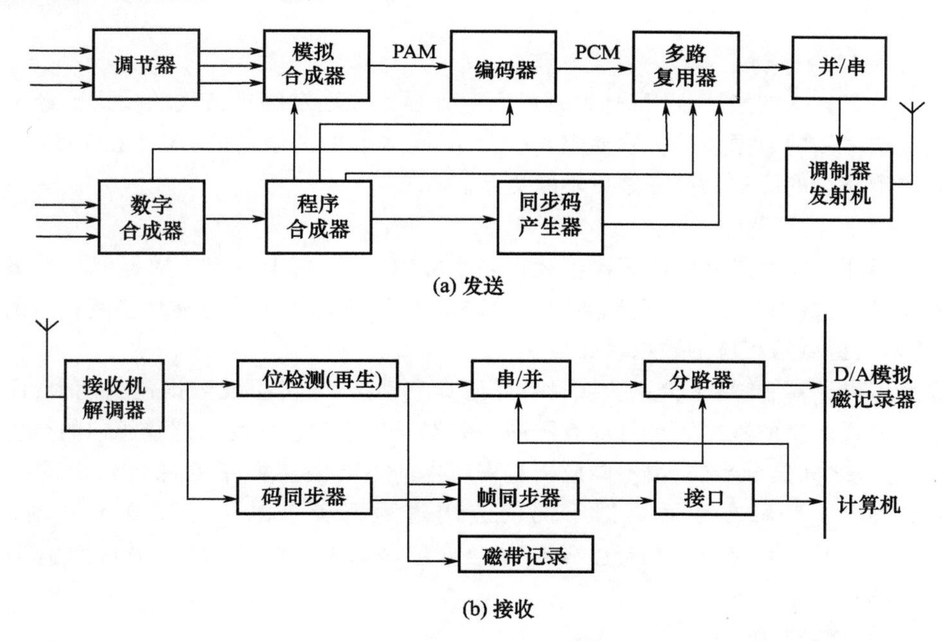

图 5－8　PCM 遥测体制组成

在 PCM 遥测体制中，首先对每路遥测信号进行采样，得到的采样幅值经量化和编码后转换成二进制编码序列。多路编码序列组成帧格式次序传送。在采样时，由于被测信号之间的频率差别，无法选择一个统一的采样频率对所有的信号进行采样。于是遥测体制采用了对信号按频率划分为信号组，对不同组选用不同的采样频率进行采样的方法，各信号组之间采样频率成倍数关系。由此衍生出全帧、副帧和子帧等概念。子帧是经采样频率最高的一个完整的采样周期后获得的数据。副帧由采样频率较低的采样数据形成，位于子帧中固定时隙。采样率最低的参数至少被传送一遍的平面称为全帧。PCM 遥测帧格式如图 5-9 所示。

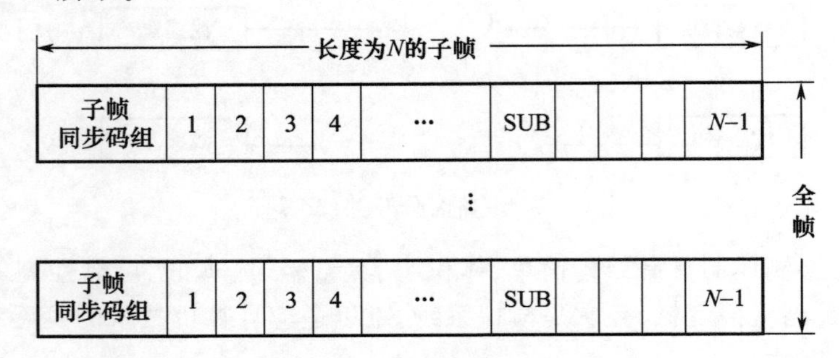

图 5-9 PCM 遥测帧格式

在时分制遥测体制中，同步至关重要。PCM 遥测体制中遥测数据的准确传送在很大程度上依赖于正确同步。接收端接收到信号并进行载波解调后，在码同步器产生的码同步信号控制下，对匹配滤波器的输出进行取样判决。为了区分各帧数字信号段，还必须识别出帧同步码组并提取帧定位信息。这样，经过码同步器重建码元时钟和串行数据，再经过帧同步器完成字、帧同步，对齐帧结构的数据格式，最终获得信息源传送的遥测信息。

4. 分包遥测体制

随着航天技术的发展，PCM 体制这种固定采样率和固定编排格式的模式已经不能满足星上复杂多变的数据源的传输要求。针对 PCM 体制的局限性，CCSDS 在 1987 年颁布了分包遥测概念的绿皮书并在之后不断更新。

1）数据传输流程

分包遥测的核心是允许航天器上运行多个应用过程，每个过程的数据源产生最佳的数据单元，这些数据单元通过空地通信通道进行传输，地面系统能可靠地恢复相应的数据单元，再依次提供给相应的数据接收器。

在新型航天器中，星上分系统或设备已经具有动态、自主生成数据包的能力，而且不同的应用过程产生的数据源包可以有不同的数据发生率和包长度。这些源包的产生具有随机性，源包之间是异步的，由不同应用过程产生的不同发生概率的源包将由同一空地链路传回地面，然后在地面根据不同的应用过程把各个源包分发到不同的用户。图 5-10描述了不同应用过程产生源包并经分包遥测系统传回地面，最后解包送到各信宿的过程。

2）数据链路协议

分包遥测是依据开放系统互连（OSI）模型开发出来的，以分包的方式进行数据的分层动态管理。2015 年 9 月，CCSDS 发布了空间遥测数据链路协议蓝皮书，约定了遥测数据在空间链路中传输的体系结构、业务定义和协议规范。

（1）协议体系结构。遥测数据链路协议是用于航天器任务中星地或星间通信链路中空间遥测数据的链路层协议，其分层模型建立在 OSI 参考模型的基础上。但与 OSI 的 7

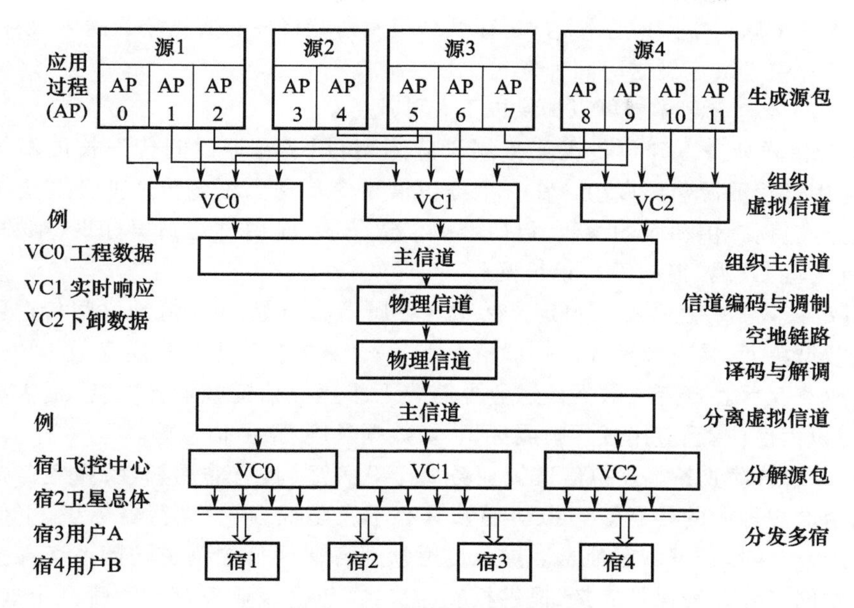

图 5－10　分包遥测数据流程

层业务有所不同，二者的分层并非一一对应，而且由于 CCSDS 关于遥测链路的关键设计目标是有效地利用有限的空间链路资源，因此遥测协议与 OSI 协议具有不同的包数据单元结构。

遥测数据链路协议分层模型如图 5－11 所示。

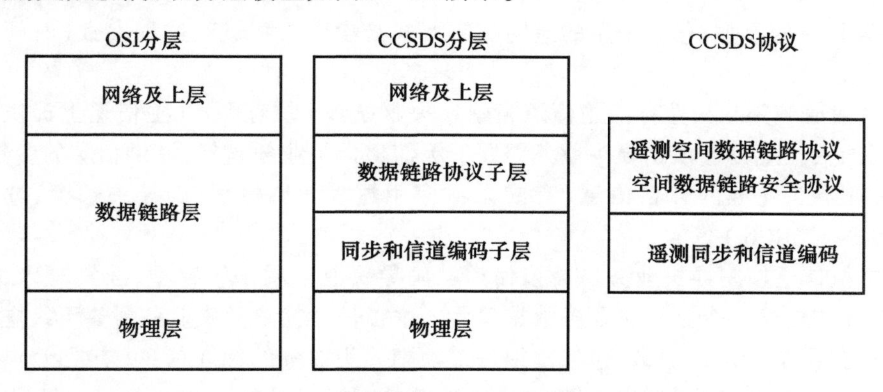

图 5－11　遥测数据链路协议分层模型

在 CCSDS 空间链路协议中，OSI 模型的数据链路层被分成两个子层，即数据链路协议子层以及同步和信道编码子层。其中：数据链路协议提供传送帧发送功能；同步和信道编码子层提供空间链路上发送传送帧时必要的附加功能，包括分隔/同步传送帧、纠错编码/解码（可选）、比特转换生成/去除（可选）。对于同步和信道编码子层，遥测空间数据链路协议必须适用遥测同步和信道编码建议书。

（2）分包遥测业务类型。遥测中的“业务”，是指数据可以通过哪些方式组织到统一数据流中。方式不同，意味着业务所提供的服务性能不同。

分包遥测有两种业务类型，即队列型与缓存型。队列型就是发送端的每个发送数据单元均放入一个队列中按顺序发送;缓存型是指发送端将发送数据单元送入缓存器暂存,而后由业务提供者决定发送时间和发送次数。

CCSDS 的分包遥测体制可以提供以下 8 种业务。

① 源包传送业务。源包传送业务属于队列型,用于空地之间传送长度不等的数据包,多个应用过程的源包可以组合在一个虚拟信道中传送。源包传送业务需要下级虚拟信道帧业务支持,提供相应的参数,包括虚拟信道位置、应用过程归属标识、帧数据长度、过程参数(时间、延迟、控制等)、包长度等。

② 自定义数据传送业务。自定义传送业务属于队列型,用于星地之间传送固定长度的自定义数据单元,具有周期性。一般情况下,一个虚拟信道上的自定义数据传送业务与源包传送业务互斥。自定义数据传送业务需要下级虚拟信道帧业务支持,提供相应的参数,包括虚拟信道位置、应用过程归属标识、帧数据长度、路由信息等。

③ 虚拟信道帧业务。虚拟信道帧业务属于队列型,具有非周期性,在主信道中完成各虚拟信道的虚拟帧的传送。虚拟信道帧具有不完整性,缺少飞行器标识、主信道帧计数、帧副导头或操作控制域等信息。虚拟信道帧业务需要低层信道访问业务在空间链路传输中提供同步和差错保护支持,提供相应的参数,包括该业务存在于哪一个虚拟信道、有无帧副导头或帧控制域(若有则要标明长度)、帧长度、是否采用帧差错控制、过程参数(时间、延迟、控制等)等。

④ 信道访问业务。信道访问业务属于队列型,与其他高层队列业务不同,CCSDS 遥测信道编码要求发送信道访问业务,用户与信道访问层之间有严格的时间关系,必须按恒定速率传送固定长度的、有可选差错控制的传送帧序列。该业务需要下层物理访问业务支持,提供相应的参数,包括采用的差错控制方式与参数、帧长度、过程参数(时间、延迟、控制等)等。

⑤ 主信道帧副导头业务。主信道帧副导头业务属于缓存型,在主信道上提供固定长度的帧副导头。主信道帧副导头业务需要下级信道访问业务支持,提供相应的参数,包括主信道帧副导头业务的存在信息(有或无)、应用过程归属标识、副导头长度、过程参数(时间、延迟、控制等)等。

⑥ 虚拟信道帧副导头业务。虚拟信道帧副导头业务属于缓存型,准实时传送,每一虚拟信道帧中传送一个副导头业务数据单元。虚拟信道帧副导头业务需要下级虚拟信道帧业务支持,提供相应的参数,包括虚拟信道帧副导头业务的存在信息(有或无)、应用过程归属标识、副导头长度、过程参数(时间、延迟、控制等)等。主信道帧副导头业务与虚拟信道帧副导头业务互斥。

⑦ 主信道操作控制域业务。主信道操作控制域业务属于缓存型,在主信道上提供固定长度的帧操作控制域,等时间间隔传送。主信道操作控制域业务需要低层信道访问业务支持,提供相应的参数,包括主信道操作控制域业务的存在信息(有或无)、应用过程归属标识、控制域长度、过程参数(时间、延迟、控制等)等。

⑧ 虚拟信道控制域业务。虚拟信道操作控制域业务属于缓存型,在虚拟信道上提供固定长度的帧操作控制域,等时间间隔传送。主信道操作控制域业务需要下级虚拟信道帧业务支持,提供相应的参数,包括虚拟信道操作控制域业务的存在信息(有或无)、应用过程归属标识、控制域长度、过程参数(时间、延迟、控制等)等。主信道控制域业务与虚

拟信道控制域业务互斥。

(3) 协议规范。CCSDS 蓝皮书约定了遥测数据在空间链路中传输的协议及格式。本节主要介绍遥测源包格式、传送帧格式、发送端协议和接收端协议、安全支持协议。

① 源包格式。源包是航天器应用过程根据需要产生的数据结构,产生的间隔既可以固定,也可以变化,数据长度既可以固定,也可以变化。在分包体制中,星上各种应用过程、各种分系统产生的数据源包可以按其时间和数据量规律不同分解为若干个独立的子过程。然后根据需要,或者按照物理接口,或者按照虚拟信道进行数据合路,构成复合信源模型。

除了包头定义数据包的源和包结构外,源包的内部数据内容完全由应用过程控制。源包允许应用过程不受空地传输信道的限制而优化各自数据包的长度与结构。不同的应用可以定义相互独立的数据包,以适用于不同的应用需求。

典型的源包结构如图 5-12 所示。

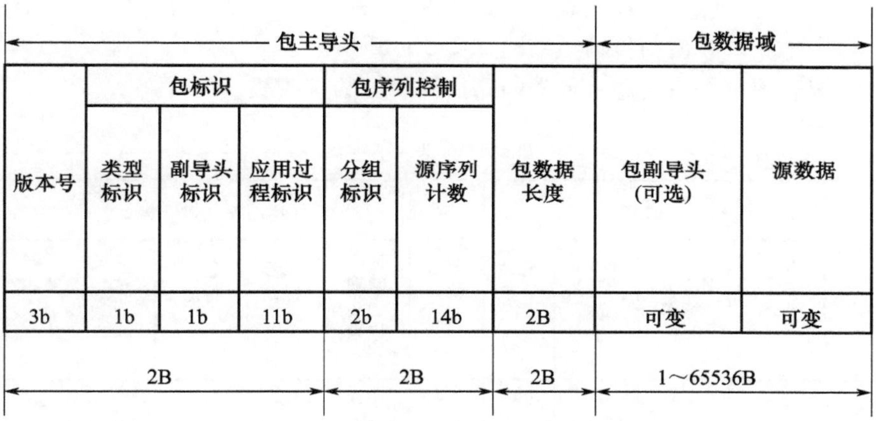

包主导头							包数据域	
版本号	包标识			包序列控制		包数据长度	包副导头(可选)	源数据
	类型标识	副导头标识	应用过程标识	分组标识	源序列计数			
3b	1b	1b	11b	2b	14b	2B	可变	可变
2B				2B		2B	1~65536B	

图 5-12 典型的源包结构

包主导头由版本号、包标识、包序列控制和包数据长度 4 个域构成。

版本号在第 0~2 位,当数据单元是源包时应为“000”,其他数值为保留值,以利于将来应用于其他数据结构。

包标识分为类型标识、副导头标识和应用过程标识 3 个子域。类型标识占主导头第 3 位,对遥测数据单元类型标识置“0”,对遥控数据单元类型标识置“1”。主导头第 4 位为副导头标识,“1”表示有副导头,“0”表示无副导头。主导头第 5~15 位为应用过程标识,同一主信道的不同应用过程标识符的值不同。

包序列控制包括分组标志和源序列计数两个子域。主导头的第 16~17 位为分组标志:“01”是一个源包组的第一个源包,“00”是中间连续源包,“10”是最后一个源包,“11”表示不属于源包组的源包。主导头的 18~31 位为源序列计数,对由一个应用过程产生的不同源包进行计数,以对同一应用过程产生的源包排序。

包主导头的第 32~47 位为包数据长度域,其值为包数据域字节数减 1。

包数据域在包主导头后,中间无空格。包数据域至少包含包副导头和源数据两个子域中的一个,长度至少为 1B。如果不存在源数据,则包副导头是强制存在的,否则可选,其存在与否由副导头标识符标识。副导头的作用是将辅助数据，如时间、内部数据域格式、航天器位置和高度等放入源包。如果不存在包副导头，源数据域是强制存在的；否则可选。包数据域包含一个应用过程的源数据或闲置数据。

② 传送帧格式。遥测传送帧（简称传送帧）是在下行主信道中传送源包、空闲数据或虚拟信道访问业务数据单元（VCA_SDU）的数据结构。对某特定任务的主信道，传送帧的长度、版本号和航天器标识符都必须是固定的，一个主信道可以划分为1～8个虚拟信道。每个传送帧对应其中一个虚拟信道。传送帧的序号既有按主信道计数，又有按同一虚拟信道计数，是很方便处理的。

传送帧由传送帧主导头、传送帧副导头、传送帧数据域、传送帧操作控制域和传送帧差错控制域组成。其中传送帧副导头和传送帧操作控制域为可选项，如果源包没有差错控制域，则传送帧差错控制域为必选项；否则为可选项。传送帧主导头是强制性的，包含5个位置相邻按顺序排列的5个子域，即传送帧版本号、传送帧标识符、主信道帧计数、虚拟信道帧计数和传送帧数据域状态。传送帧副导头包括传送帧副导头标识符和传送帧副导头数据两个子域。典型的传输帧结构如图5－13所示。

地面系统利用主导头信息将传送帧路由到相应的接收机。

传送帧主导头

传送帧版本号	传送帧标识符			主信道帧计数	虚拟信道帧计数	传送帧数据域状态				
	航天器标识符	虚拟信道标识符	操作控制域标识			传送帧副导头标识	同步标识	包序标志	段长度标识	首导头指针
2b	10b	3b	1b	8b	8b	1b	1b	1b	2b	11b

传送帧副导头			传送帧数据域	操作控制数据域	帧差错控制数据域
传送帧副导头标识符		传送帧副导头数据	航天器应用数据	操作控制域数据（可选）	帧差错控制域数据
传送帧副导头版本号	传送帧副导头长度				
2b	6b	最多63B	可变	4B	2B

图5－13　典型的传送帧结构

③ 发送端协议和接收端协议。发送端协议为遥测的8项业务服务。实体执行的数据处理功能及相互关系如图5－14所示。图中数据流方向为从顶端向底端，提供6项功能，包括源包处理功能、虚拟信道生成功能、虚拟信道多路功能、主信道生成功能、主信道多路功能和全帧生成功能。

接收端协议实体执行的数据处理功能及相互关系如图5－15所示。图中数据流方向为从底端向顶端，提供6项功能，包括源包获取功能、虚拟信道接收功能、虚拟信道分路功

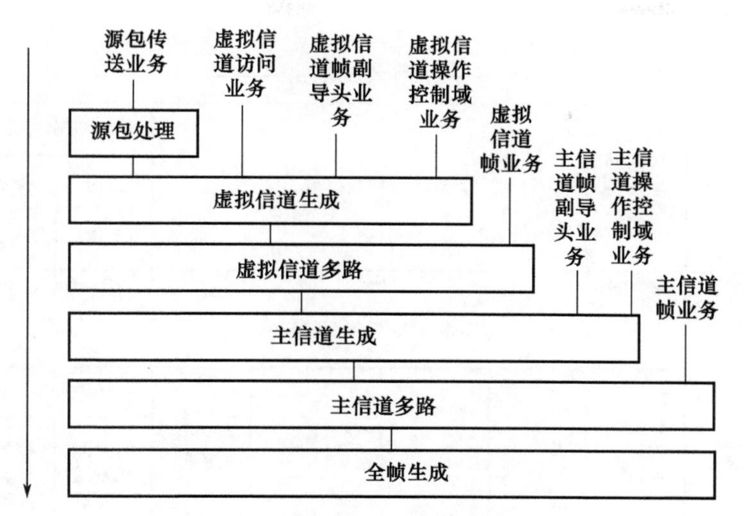

图 5－14　发送端协议规范

能、主信道接收功能、主信道分路功能和全帧接收功能，与发送端协议规范中的 6 个功能一一对应。

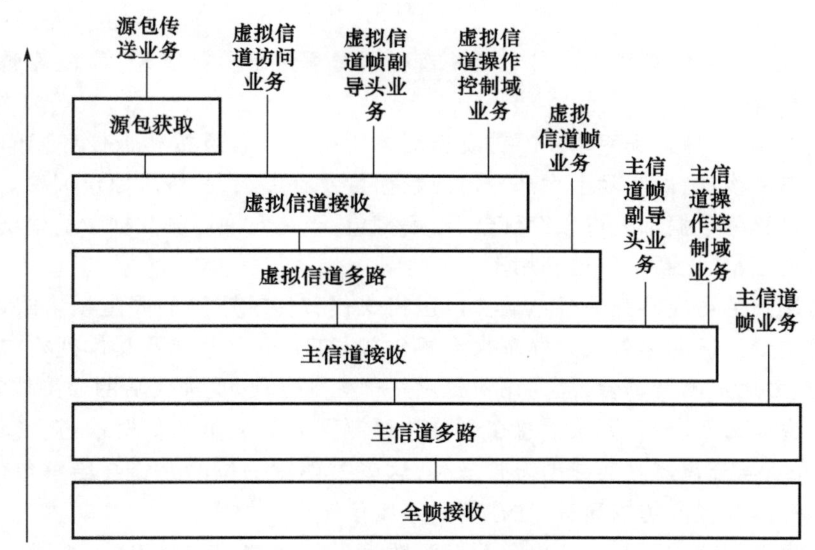

图 5－15　接收端协议规范

④ 安全支持协议。CCSDS 于 2015 年更新了空间遥测数据链路协议，重点增加了对空间链路安全（SDLS，Space Data Link Security）协议的支持。SDLS 协议提供了一个安全头和安全尾以及用于遥测空间数据链路协议的相关过程，这些过程用来实现数据链路层的数据验证和数据保密。在遥测链路协议中，SDLS 在遥测传送帧中定义了一个安全头和安全尾，分别放置在传送帧数据域的前面和后面。带 SDLS 和不带 SDLS 的帧中的分区情况比较如图 5－16 所示，其中上半部分为不带 SDLS 的遥测帧结构，下半部分是添加了 SDLS 安全特征的遥测帧结构。

3）分包遥测的特点

与 PCM 遥测等端对端数字遥测体制相比，分包遥测体制具有以下特点。

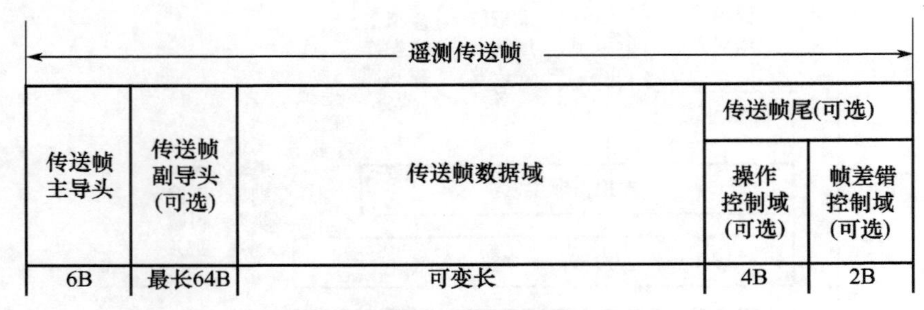

(a) 不带SDLS的遥测传送帧

传送帧主导头	传送帧副导头(可选)	安全头	传送帧数据域(加密后)	安全尾(可选)	传送帧尾(可选)	
					操作控制域(可选)	帧差错控制域(可选)
6B	最长64B	可变长			4B	2B

(b) 带SDLS的遥测传送帧

图 5-16　遥测传送帧格式

(1) 按应用过程管理数据。分包遥测按应用过程进行分类管理,而传统遥测直接对遥测参数进行管理。

(2) 动态调度,信道利用率高。传统遥测体制中信道容量按整个任务期间的最高遥测信息流速率来设计,而实际上大部分时间数据量没有那么大,造成信道浪费。分包遥测中每个应用过程的数据都先进入存储器,随后打包,于是允许遥测数据源的输出信息速率暂时高于信道容量,提高了信道利用率。

(3) 对用户的适应性强。分包遥测以包格式代替传统遥测的固定帧格式,用户可根据当时需要测量的遥测参数及采样率来设置包的长度、包数据域及其排列格式。尤其适合于多信源、多用户测量场合,能为用户提供一种更加方便、更加灵活的遥测体制。

(4) 信道质量要求高,冗余信息多。分包遥测需要高质量的传输信道。帧头和包头是按位定义的,当分包遥测实施动态管理时,这些关键数据位的差错会给解包带来困难,甚至造成混乱。为提高传输质量,往往需要采用信道编码技术。

(5) 遥测数据存在延时。分包遥测对源数据进行存储、打包、组帧,都要占用一定的时间,所以数据实时性比传统遥测稍差些。

CCSDS 分包遥测作为一种新的遥测技术已引起各界关注,它是航天技术与电子技术高度发展的结果,反过来它又将推动航天、电子技术的发展。CCSDS 分包遥测技术的研究必将对卫星研制、遥测网发展,以及加强国际交流与合作等方面产生巨大的推动作用。

5.2　遥控信息传输

5.2.1　航天遥控概述

遥控是对相隔一定距离的被控对象发送某一形式信号进行控制的技术。其工作过程是由控制机构产生控制信号,通过传输信道传至被控对象,由执行机构产生相应的动作。实现遥控功能的设备,称为遥控设备,或称遥控系统。实际中普遍采用的无线电遥控系统一般由三大部分组成,即控制机构(产生控制信号)、传输设备和执行机构。无线电遥控原理框图如图5-17所示。

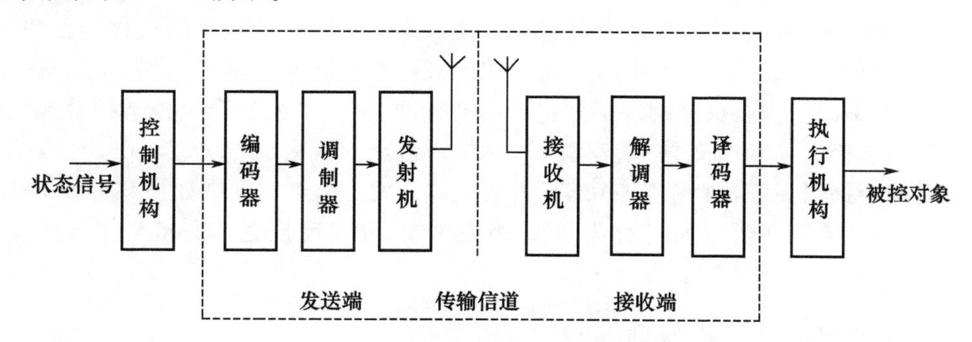

图5-17　无线电遥控原理框图

在发送端,由计算机或操作员根据预定状态数据和被控对象的实际状态数据,通过控制机产生控制信号。控制信号又称指令信号。为了在传输过程中区分不同的指令,提高抗干扰能力和增强保密性,常将指令信号编成码组,形成编码指令后再去调制副载波或直接调制发射载波,并经天线辐射出去。在接收端,天线接收到带有指令的载波信号,送入接收机,经解、译码后,通过执行机构控制被控对象。

航天测控领域的遥控原理与此类似,地面通过无线信道将上行加载数据流送给航天器。航天遥控与遥测相配合,形成一种空、地闭环的测量与控制系统。

航天遥控按照用途不同,可分为弹(箭)安全遥控和飞行器遥控。安全遥控的任务是为保障发射场及航区的安全,控制炸毁飞行中故障导弹或故障火箭,其特点是安全可靠性高、实时性强、指令条数少、执行任务时间短、抗火焰影响能力强。鉴于其安全可靠性要求高的特殊性,一般设计为天、地都采用宽波束天线的专用独立安控系统。飞行器遥控是地面控制人员通过无线方式对运行在太空中的航天器进行控制,如对在轨航天器的仪器设备进行开机/关机、主机/备机切换、电源母线接通、设备加温、控制航天器变轨、进行有效载荷相关试验、星钟校正等。当通过轨道测量或遥测信息得知航天器出现了故障时,也是通过遥控进行远程诊治。飞行器遥控的特点是指令条数多、执行任务时间长、作用距离较远。

航天器遥控与遥测都是航天器与地面之间传送数据,一般都综合在统一载波体制的测控通信系统中。与遥测相比较,遥控有以下几个特点。

(1) 遥控信号是断续传送的,只在需要对航天器轨道、姿态和内部分系统工作状况采取措施时才发出遥控命令;而遥测则相反,它需要一直连续不断地传送。

(2) 遥测是以信源的取样点作为最小传送单位的,而遥控则以一个完整的命令或数据注入为单位进行传送。

(3) 传送遥控信号要求的可靠性比遥测高得多,因为一个误动作可能导致灾难性的后果。因而在遥控命令的传送和执行过程中常采取多重保护措施。

(4) 遥控帧一般比遥测帧短,因而帧同步只能一次完成,不能采用遥测常用的全窗口搜索、检查、锁定等措施。而且因遥控帧长过短且是不连续传送,所以信道编码措施不采用遥测惯用的卷积码,而常采用分组码。

与遥测系统发展历程类似,最初航天器遥控命令是用模拟信号表示的,即采用一组不同频率的振荡器组合来代表不同的命令。20 世纪 60 年代数字化技术成熟后,航天器用“0”“1”二进制序列的不同组合来代表遥控命令,即 PCM 遥控。PCM 遥控体制在我国航天器工程中应用了几十年,并形成了自己的航天器 PCM 遥控国军标。到 20 世纪 80 年代,空间数据系统咨询委员会制定了分包遥控的标准,扩大了遥控命令构造的功能,采用和遥测信源包相似的帧格式构造,完善了检测、纠错能力。从 90 年代起,CCSDS 在分包遥控的基础上提出高级在轨系统(AOS),并进一步开发了邻近空间链路协议(PSLP)。目前,我国大部分航天器依旧采用的是 PCM 遥控体制,分包遥控在部分型号中开始应用,AOS 和 PSLP 也有初步应用。

5.2.2 系统组成及工作原理

1. 系统组成

遥控系统的设备包括形成和发射遥控指令的地面设备,以及接收和解调遥控指令的弹或星上设备。其中地面设备主要有遥控分控台、编码器、调制器、激励器、发射机、伺服系统、天线和监控显示系统以及电源和引导系统、数传等接口设备。弹或星上设备由接收天线、指令接收机、解调器、译码器和执行机构组成。弹上设备的主要特点是可靠性高、重量轻、功耗小、抗干扰能力强。

航天遥控系统的组成框图如图 5-18 所示。

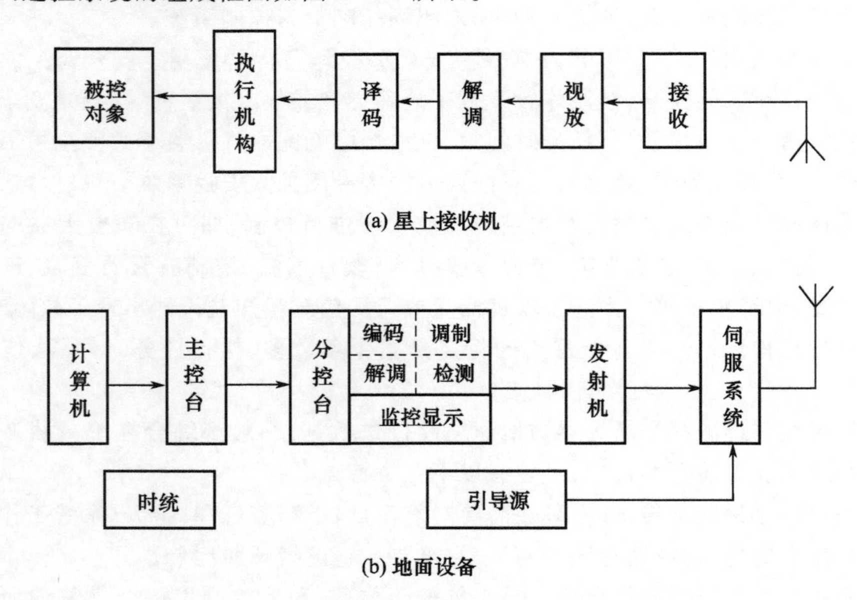

图 5-18　航天遥控系统组成框图

2. 系统工作原理

常用的遥控信息传输方式有模拟传输和数字传输。在某些实时性要求高,便于用模拟量表达的控制参量时,采用模拟传输方式。因为数字传输相对于模拟传输具有抗干扰性强、灵活性高、可靠性好、易于加密等优越性，所以现代遥控系统一般采用数字信息传输方式。遥控系统的工作内容包括指令的形成、传输与执行。地面系统形成的指令信号或注入数据经信息编码、信道编码、调制副载波或直接调制载波，再经上变频、功率放大等处理后向飞行器辐射。飞行器接收端则进行相应的解调、译码等逆过程。航天遥控系统信息传输模型如图 5 – 19 所示。

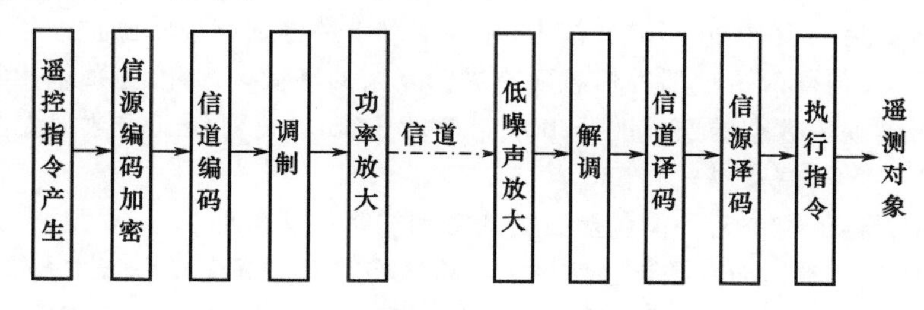

图 5 – 19　航天遥控系统信息传输模型

（1）遥控指令产生。遥控信息系统中的信息包括注入数据和遥控指令两大类。

注入数据包括航天器平台和有效载荷工作所需要的程控指令和各种数据，程控指令是按时间规定执行的指令，即程序控制执行；数据可以是各种参数，如变轨控制参数，也可以是软件代码，用以代替航天器计算机中原来的程序。

遥控指令是立即指令，即航天器一旦收到便立即执行。它通常是断续的，而不必连续传输。遥控指令由计算机或操作员根据预先设计的状态和所遥控对象实际状态数据的比对，通过指令产生设备产生。通常指令信号为一组二进制码的数字信号，又称指令码。每一组指令码又配一个与之相应的指令代号。从测控中心向遥控站传输时可以用指令码，也可用指令代号，但向飞行器传输遥控信息时用指令码。航天遥控指令主要有以下类型。

① 硬件指令和软件指令。硬件指令指由硬件设备驱动，用于控制、更改硬件状态的指令，如电源通断、信号通断等；软件指令由软件处理，用于控制、更改软件功能状态，加载程序和数据的指令，如软件功能使能禁止控制、控制参数配置等。

② 直接指令和间接指令。直接指令指航天器遥控单元（模块）经译码后直接输出给用户的指令；间接指令指星载计算机收到遥控单元（模块）输出的注入数据后，控制下位机指令驱动单元输出的遥控指令。

③ 程控（自主）指令和地面遥控指令。程控指令指事先存储在航天器中，满足某种条件后由航天器自主执行的指令；地面遥控指令指由地面站上行发送到航天器上的指令。

④ 实时指令和延时指令。实时指令指航天器在接收到地面站发送的遥控指令或数据后立即执行的指令；延时指令指航天器在可视弧段外在指定时间自动执行的指令。

⑤ 开关指令和数字指令。二者都是由指令驱动单元发出硬件指令，不过在形式上不同。开关指令是脉冲形式，而数字指令是数据形式。

（2）信源编译码。为了区分不同的指令，提高指令信号的可靠性、抗干扰性和保密性，常在发射端将指令编成编码指令形式。最常用的编码方式是组合编码，导弹、航天器的遥控指令编码大多采用脉冲组合编码，因它具有指令容量大、抗干扰能力强、保密性好、便于用数字逻辑电路和计算机实现等优点。编码实现的方法有静态编码（事先编好）和动态编码（发令时才按照事先确定的编码规则进行运算、编码）两种。接收端将经过解调的编码指令信号变换成原指令信号，是编码的逆过程。

(3)指令加密。飞行器遥控系统担负着飞行器控制的重任，遥控信息安全是航天器遥控系统设计和任务实施过程中最重要的问题之一。遥控信息的传输要经过空间链路，使得遥控系统具有开放性的特征。在对飞行器遥控时，敌方可以截获己方发送的遥控信号，分析和窃取遥控信息的内容，从而伪造遥控信息或获取有价值的情报，对己方飞行器构成严重威胁。另外，在国际测控合作中，遥控信息借助他国测控资源扩大了对航天器的测控范围和能力，但同时也使遥控信息面临更为复杂的环境。为此，必须利用数据保护技术来提高航天器遥控数据的安全性。2006 年 1 月，CCSDS 针对航天器数据安全性发布了 CCSDS 350. 0 – G – 2 绿皮书。

常见的航天器遥控加密手段包括数据加密和加密认证两种。

① 数据加密。数据加密是通过使用加密算法将明文数据变换为密文数据，以防止数据内容泄露。通常加密算法是基于密钥的。按照所采用的密钥特性，加密算法分为对称密码算法和公开密码算法(非对称算法)。其中：对称密码算法又称为传统密码算法，加密密钥能够从解密密钥中推算出来；反之亦然。

对称密码算法包括序列密码算法和分组密码算法。在航天遥控中，遥控信息的序列密码算法是采用周期足够长的伪随机码对遥控信息直接扩频，实现信息的加密。这种加密类型具有伪随机码直扩的抗干扰、抗截获和保密的优点。遥控信息的分组密码算法是对遥控信息的每个固定分组进行加密变换。一般用“移位”“替代”等多种简单运算相结合，经过多次迭代以增加抗攻击强度。

序列密码算法和分组密码算法的示意图分别如图 5 – 20(a)、(b)所示。

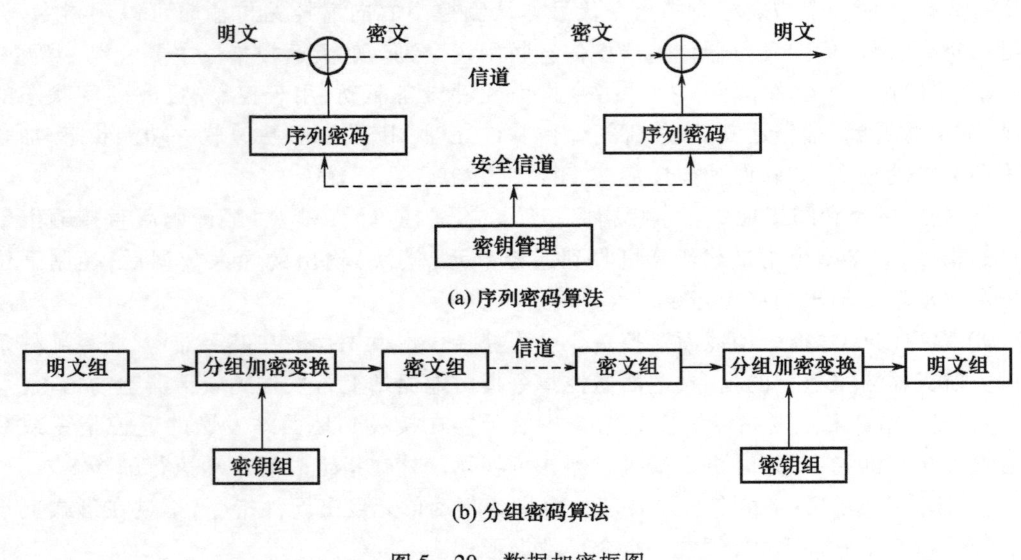

图 5 – 20　数据加密框图

② 加密认证。加密认证指任何非授权方不能伪造(包括抄袭)或修改授权方发出的信息。遥控加密认证包括数据完整性和数据合法性验证两项内容。

数据完整性是指遥控信息在传输过程中没有发生任何非法的修改。在数据发送端，对待发数据进行运算得到消息认证码，并与待发数据一起送往接收端；在接收端用相同的算法计算所接收数据的消息认证码并与发送端比较，以检查数据的完整性。通过检查数据完整性可以识别数据是否被篡改。数据合法性验证是保证声称来自某遥控源的信息实际上确实来自该遥控源，用此业务可防止非法者伪造数据攻击。

加密认证常用消息认证码和数字签名的方法实现。消息认证码是在发送的信息上附加一个码组（通常由哈希函数产生），接收端收到消息后，按照一定的规则进行认证运算，根据运算结果对遥控数据的完整性和来源合法性进行检验。数字签名序列是对发送遥控指令进行保护的一种码元序列。在遥控帧后面附加一个数字签名序列而形成扩展帧。数字签名序列一般由用户自行设计，在接收端只有识别出合法的数字签名后才能确认“合法”，其性能应满足指令防伪造、防抄袭、防泄露的要求。

如果在遥控数据中包含有关数据来源的信息，同时使用附加消息认证码或数字签名对其加以保护，就可以对抗非法者的伪造或篡改。在使用数字加密的情况下，加密认证也可以由接收端接收解密后检验数据的特定结构隐含地实现。例如，发送端在源数据中加入循环冗余校验（CRC）码，然后再进行数据加密，接收端在解密运算后对解密后的明文数据进行循环冗余校验，即可保证数据的完整性。

（4）差错控制。在飞行器遥控系统中，要求遥控系统指令传输的误指令概率小于 $10^{-9} \sim 10^{-8}$，漏指令概率小于 $10^{-7} \sim 10^{-6}$。所以除要求信道电平有较大余量和采用较好的调制方法外，还必须采用差错控制技术以降低指令、数据的错误概率。

差错控制技术有两种基本方式：一是在接收端发现错误并自动纠正；二是在接收端发现错误但不能自动纠正，将错误信息反馈给发送端，要求发送端重发信息。由此产生了前向纠错、检错重发、混合纠检错与信息反馈比对等不同的差错控制方式（图 5－21）。其中前 3 种是数字通信系统中常用的，第 4 种是航天器所采用的特有的差错控制技术。据此，航天遥控系统的差错控制可分为两类：前向防错机制和信息反馈校验机制。

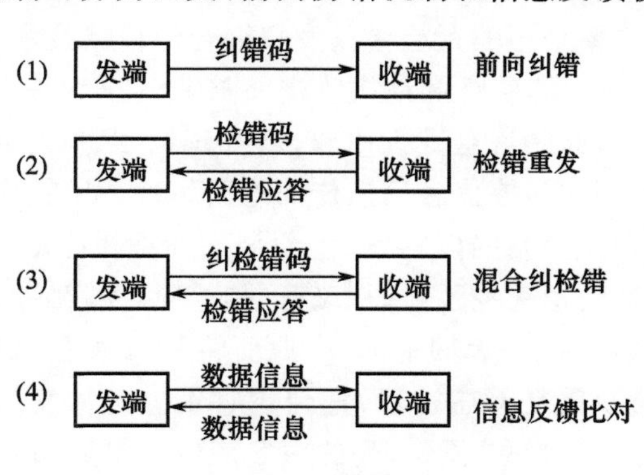

图 5－21　差错控制方式

① 前向防错机制。航天遥控指令的特点是“预令”和“动令”合一，即航天器只要收到可识别的指令就立即动作。由于传输中的失真和干扰可能造成错误，飞行器上收到的指令可能是地面发的正确指令，也可能不是地面原发的指令（误指令），或者地面发了而飞行器上没有译出的指令（漏指令），或者地面根本就没有发指令，而是由于干扰产生的指令（虚指令），这样就会产生一些错误动作。前向防错即是为了减小这种错误概率而采取的措施。在这种体制中，地面遥控系统选出一组码字间距离不小于 d 的码字，按规定编码并发出指令。航天器接收设备对接收的指令进行译码，与系统选用的码组进行匹配。

若匹配成功则送相应的执行机构执行;若传输中出现错误且错误码元数小于 d,则译码电路没有输出,执行机构不动作,产生漏码;如果错误码元数超过 $d-1$,则可能产生误码,导致执行机构误动作。

前向防错机制具体包括重发积累判决、检错重发、前向纠错和混合纠检错等不同方法。

重发积累判决通过增大总指令长度和发送时间来减少漏、误指令。实现方法是将每条码字重发 N 次,设置一个积累判决值 $m(N/2<m\leqslant N)$,如果 N 次接收结果中有 m 或 m 以上次为指令 K,则判决为 K;如果 m 次以上在码字同一位置发生错误时会造成误指令,而如果传输过程中发生错误的码字数超过 $N-m+1$,且错误不完全相同,则将产生漏指令。

检错重发基于前向检错重发。地面系统将前向检错编码指令多次重复发送,航天器接收端只要成功匹配一次则执行相应的指令。检错重发法是通过指令的重复来减小漏指令的概率。

前向纠错是指在发送端选择具有纠错能力的码字作为指令码,在接收端按规定的纠错算法进行纠错译码。这种指令码指令相对较长,编译码结构较复杂。由于遥控具有“突发”和“间歇”的特点,所以在发送指令的时间很短时,多采用分组码。CCSDS 建议的线性分组码为:信息长度 k 为 32、40、48 或 56,监督位长度为 7,如常采用(63,56)BCH 分组码;在串行注入数据帧中又常插入 CRC 码进行检错。如果遥控指令较长或连续发射,则可采用卷积编码/维特比译码。在突发错误严重时,也可采用 R-S 码。

混合纠检错是前向纠错和检错重发的结合。发端发送具有自动纠错和检错能力的码字,收端收到信息后,检查错误情况,如果错误在码的纠错范围内就自动纠错,超出范围则经反馈信道请求发端重新发送原始信息。

目前中低轨道卫星主要采用的是检错重发和混合纠检错技术。

② 信息反馈校验机制。信息反馈是接收端将接收的全部信息通过反馈信道送回发送端,发送端将反馈信息与原始信息进行比较,若发现错误,则把错误部分重传。在航天遥控应用中,飞行器将收到的遥控信息反馈传回地面站进行比较检验,如有差错再进行重发。这种体制的特点是把要控制的内容作为“预令”,而把执行动作作为“动令”。基本过程是地面遥控站向飞行器发送遥控预令码,飞行器收到后先存储起来暂不执行,而是通过遥测设备将接收到的“预令”原码返回地面,由地面将其与原发指令进行比对。若发现错误,则发出取消指令并重新重复上述过程,直到比对正确后才发“动令”脉冲。飞行器收到“动令”脉冲后再根据原存储的“预令”码的内容产生预定的动作。最后,地面发出取消指令,清除航天器存储的指令信息。

信息反馈校验机制通过对指令信息接收状况的反馈检验完成检错,并通过重发操作进行纠错,具有以下特点。

a. 需要有遥控信号和反馈信道(遥测信道)。

b. 在相同差错控制性能的情况下,编码和译码设备都比前向纠错简单。

c. 遥控动作的时间及持续时间、动作重复次数都容易控制,适用于实现比例控制、同步控制和高时间精度要求的开关控制。

d. 控制指令的传送时间比前向纠错体制所用的时间长。

信息反馈检错机制的优点是利用简单的编码方法能够得到较低的错误概率，由于星上不需要进行纠检错的处理，因此星上设备可以得到简化，而且星上命令执行需要依赖地面比对的结果，这样遥控动作的时间和次数易于控制。其缺点是由于反馈检验所需时间较长，故控制较慢。因此，这种方法主要适用于地球同步轨道卫星。

(5) 调制解调。遥控信息传输系统的特点是码速率较低，多路传输和频带受限问题不突出。因此是一个功率受限系统，但是对可靠性、抗干扰性要求很高。

由于码速率低，遥控系统常采用二次调制。其中副载波调制方式有 PSK、FSK、ASK 等键控方式，射频调制方式则常采用 PM、FM、AM 等。调幅体制设备简单，但抗干扰性能不如调频和调相体制，因此 20 世纪 80 年代后已趋向于采用调频或调相体制。已调制的上行信号形式一般为 PCM、FSK、FM 或 PCM、PSK、PM 等。如我国卫星工程中通常采用 FSK－PM、FSK－FM 调制体制，中低轨卫星工程采用 PSK－PM 调制体制。

在遥控信息的调制方式中，还采用主字母调制、扩频调制等方式。其中扩频调制具有保密性强、抗干扰、抗截获能力强等优点，在现代遥控体制中得到了广泛应用。

5.2.3 典型遥控体制

1. PCM 遥控体制

PCM 遥控是传统的遥控体制。我国制定了标准《航天器测控和数据管理第 I 部分：PCM 遥控》(GJB 1198.1A)，作为遥控体制设计的依据。

在 PCM 遥控体制中，地面将遥控数据输入遥控设备进行编码并格式化为航天器上可以识别的数字化字符，经过副载波调制和射频调制后进入无线信道。遥控信息编码采用二进制的分组码，前段为遥控信息编码，后段为检验码或加密码。发送遥控信息时，通常采用帧格式。为了提高可靠性，同帧遥控信息一般连续传送 $m(m=2,3,4)$ 次。为了增强保密性，有的帧结构末段还设置了 PN 码。

(1) PCM 遥控帧格式。PCM 遥控帧主要包括遥控指令帧和数据注入帧两种。

① 遥控指令帧。一个完整的遥控指令格式如图 5－22 所示。

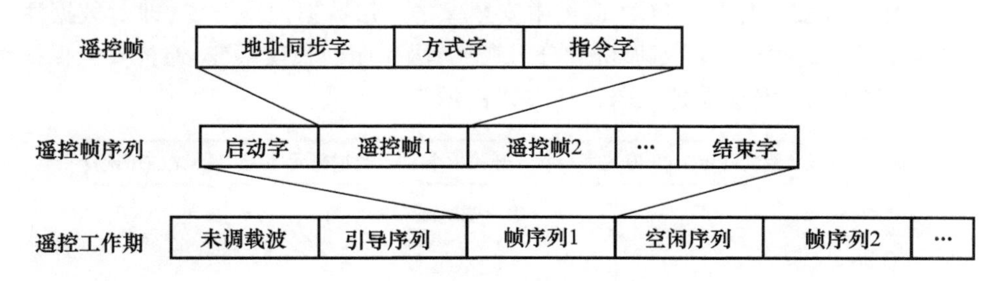

图 5－22　遥控指令格式

遥控帧是遥控设备每次发送的包括地址同步字、方式字、若干指令字的完整信息帧。其中：地址同步字用于识别卫星上的译码器，一般由 16 位字构成；方式字用来区分指令帧和数据注入帧，或区分这两种帧内的不同地址、不同的内容等，由用户自己定义；指令字的格式一般由引导、地址同步字、指令码/数据和结束字四部分组成，如图 5－23 所示。其中引导的功能是为遥控接收设备的解调、译码过程建立位同步。地址同步字既用作区分地址，又用作信息同步。在单目标控制中，只完成信息同步。信息同步的作用是向译码器指明二进制数据流中指令码字或数据起始位,以保证正确译码。在多目标遥控中地址同步字又用作地址码。指令码/数据是遥控信道需要传送的实质性控制信息。结束字表明这一帧信息已经传完,可以输出译码结果并关闭译码器。在使用固定长度指令、数据的遥控系统中也可不用结束字。

引导	地址同步字	指令码/数据	结束字

图 5-23　指令字格式

遥控帧序列是由需连续发送的若干个遥控帧构成的序列。一个遥控帧序列的起始加一个启动字,使星上译码器进入初态;也可用卫星地址同步字,使星上译码器进入初态。遥控帧序列的末尾是结束字,使星上译码器关闭。

遥控信道开启一次的工作时间称为遥控工作期,每个遥控工作期的开头有一个引导序列,使飞行器上载波、副载波解调器进入稳定和比特同步状态。如果在一个遥控工作期内间歇发送若干个遥控帧序列,需要在间歇期用空闲序列填充以维持同步。

② 数据注入帧格式。数据注入帧通过遥控信道发送数据,其帧结构由地址同步字、方式字、注入数据、防错码和结束字组成,如图 5-24 所示。

地址同步字	方式字	注入数据	CRC (可选)	结束字	数字签名序列

图 5-24　数据注入帧格式

其中"注入数据"字段可以是单用户数据也可以是多用户数据,不同用户由用户勤务字区分。典型的数据注入字段如图 5-25 所示。

用户1 勤务字	用户1 数据长度	用户1 数据	用户2 勤务字	用户2 数据长度	用户2 数据	…

图 5-25　数据注入字段格式

(2) PCM 遥控安全保护。PCM 遥控中安全保护采用数据加密方式,即对数据注入帧编码。将应用遥控数据码元序列加密或分组变换,码元序列长度不变,遥控安全保护编码格式如图 5-26 所示,安全保护编码具体方式由用户自定义。

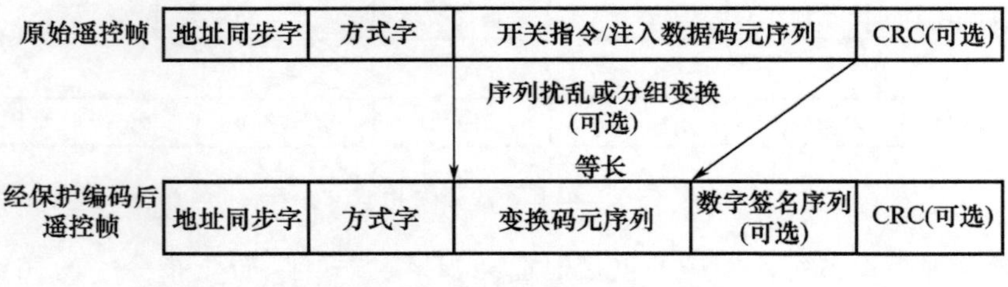

原始遥控帧	地址同步字	方式字	开关指令/注入数据码元序列		CRC(可选)
			序列扰乱或分组变换 (可选) 等长		
经保护编码后 遥控帧	地址同步字	方式字	变换码元序列	数字签名序列 (可选)	CRC(可选)

图 5-26　PCM 遥控帧保护编码格式

星上完成 PCM 遥控载波解调和副载波解调后,要对恢复出的 PCM 码字进行译码和格式识别,对星上是否认可和接受,有一定的原则限定,以保证 PCM 遥控的质量和可靠性。这些原则主要包括以下几条。

① 对 16b 的地址同步字,一般要求 16b 符合,至少要求 15b 正确。

② 方式字要求全符合,对命令字要求全符合。

③ 如果是多次重复发送的,则仅选其中一个。

④ 命令字译码器不会因单点失效而导致误指令的出现。

⑤ 带 CRC 的注入数据必须校验正确才能接受。

⑥ 注入由几个遥控帧组成的数据块时,必须要求全部帧正确、完整和顺序都正确时才接受。

⑦ 遥控译码器连续输出的不同命令脉冲不允许时间上的重叠。

⑧ 为保证对每个遥控帧的正确接收和有效执行,应充分利用星地闭合回路的作用,监督遥控的接收和执行状态。

2. 分包遥控体制

随着硬件技术水平的提高,微处理器在航天器上得到普遍使用,用户可以按“需求驱动”的原则自主生成和转换数据包格式和内容,从而获得更高的灵活性。另外,星上设备和产品不断向标准化、模块化和小型化方向发展,也对设备间的数据交换格式和设备之间的数据接口提出了通用的要求,以降低成本并提高处理效率。此外,航天器数量的持续增多、飞行任务难度不断加大,要求航天器自主控制能力更高,对航天器的控制也将由单任务单用户体制转变为多任务多用户的操作,从而实现更复杂、精密的航天器控制。常规 PCM 遥控系统是一个封闭的、单任务、单用户体制,且只从总体上考虑遥控信息在系统中的传输问题,不考虑不同控制过程的不同应用需求,已不能满足上述几方面对控制的新要求,在此背景下空间数据系统咨询委员会提出了分包遥控的遥控体制,并发布了遥控标准 CCSDS PSS-04-107。

分包遥控是指把遥控信息的命令数据打包之后,经上行信道送到航天器,实现对航天器上应用过程和设备的可靠控制。分包遥控和分包遥测构成星地间上、下行闭合回路,通过分包遥测定期返回的遥控命令链路字反映星上对遥控命令的传送和接收验证情况。

目前国际上空间遥控已经从传统的 PCM 方式过渡到分包遥控。我国也参照 CCSDS 的建议建立了自己的分包遥控国家军用标准《航天器测控和数据管理第 7 部分:分包遥控》(GJB 1198.7A),并且已经在航天活动中广泛应用。

(1) 分包遥控体制提供的业务。CCSDS 将遥控通信的 7 层功能组合为 3 种业务,即数据管理业务、数据路由业务和信道业务,并采用分层体制,如图 5-27 所示。这种结构的优点是可以将复杂的航天器控制过程简化,各层进行简单的标准操作,层与层之间按照协议由标准接口实现。

① 数据管理业务。数据管理业务提供遥控系统的用户接口,接收用户的控制请求,据此综合组织、调度命令,调用数据路由业务和信道业务发送到指定的航天器。数据管理业务包括 3 个不同的数据操作子层:应用过程层、系统管理层和分包层。

a. 应用过程层。应用过程层支持地面用户通过命令请求来控制航天器载设备,监督其传送和执行情况。发送端应用过程层的主要功能为:提供与用户的人机界面,允许用户进入系统,响应用户咨询,向用户提供一般控制功能,显示系统信息;在任务数据库的支持下响应用户的任务安排请求;把单个用户的命令请求及其传送要求和执行条件转换为下一层能识别的有名称的系统指令;把多个用户的系统指令集成为有名称的命令集合,并按

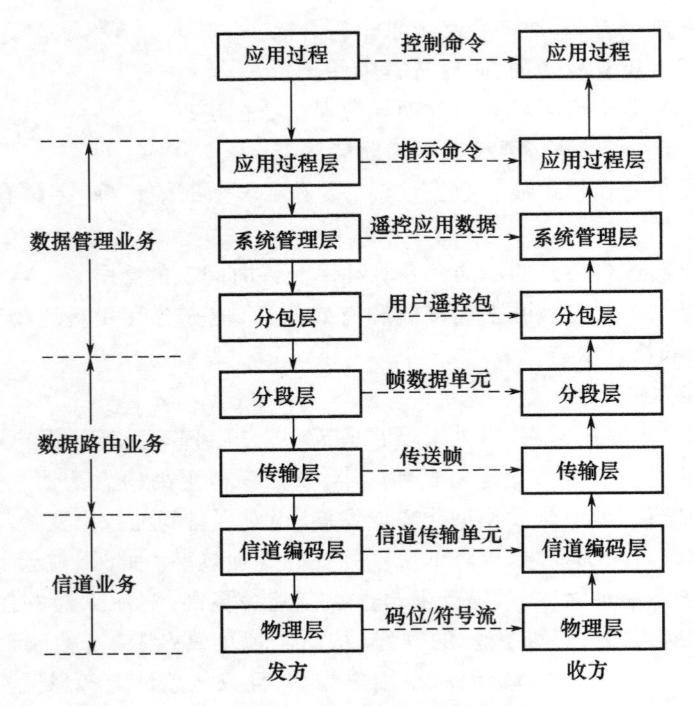

图 5-27　分包遥控的分层模型

系统约束条件进行检查和验证;分析接收端和下一层送来的状态报告,向用户形成命令传送和执行情况的有关报告。接收端应用过程层的功能是发送端的镜像。

b. 系统管理层。系统管理层把应用过程层输出的高级命令语言翻译为下一层的通信与控制语言,并全面管理下一层的操作,以保证控制命令可靠、无误地传输。系统管理层是应用过程层和下一层比特级数据通信的接口,比特级数据通信将控制指令发送给航天器。

发送端系统管理层的主要功能为:把应用过程层输出的命令指令或命令集合高级语言翻译成二进制码表示的遥控数据发送出去;决定遥控数据加密的状态,发出请求;向下一层输送控制参数;产生需要送达接收端系统管理层的控制指令;分析由下一层返回的命令状态报告并向上一层返回。接收端系统管理层的功能是发送端的镜像。

c. 分包层。分包层的功能是将用户应用数据格式化为适合于在遥控系统收发端间端到端传送的标准格式数据单元,即遥控包。在发送端,分包层接收来自系统管理层的一定格式的用户应用数据,这些数据被打进包含传输控制指令的标准数据交换结构包,并按照系统管理层要求调用数据路由业务和信道业务建立传输通道。

遥控包是遥控系统标准数据传输结构之一,包含用户数据。遥控包可以作为独立实体存在,也可以把一批遥控包汇集成一个相关的“遥控文件”。在发送端,遥控包或遥控文件被提交给下一层,并被添加入更高一级的 CCSDS 标准数据传输结构包中。

遥控包的数据结构如图 5-28 所示。它包括主导头、副导头和遥控应用数据 3 个域。遥控数据包主导头又分成 3 个子域,即包识别、包顺序控制字和包长,用以标识数据包的版本、类型等。副导头为可选项,其长度为整数字节,副导头在包内提供辅助数据编码方法,如时间、发送地址数据域格式等,以便对包内应用数据进行解释。遥控应用数据包含用户遥测信息，其长度必须是整数字节，且不能超过最大长度限制。用户数据在该域可以进行保密编码与纠错编码。

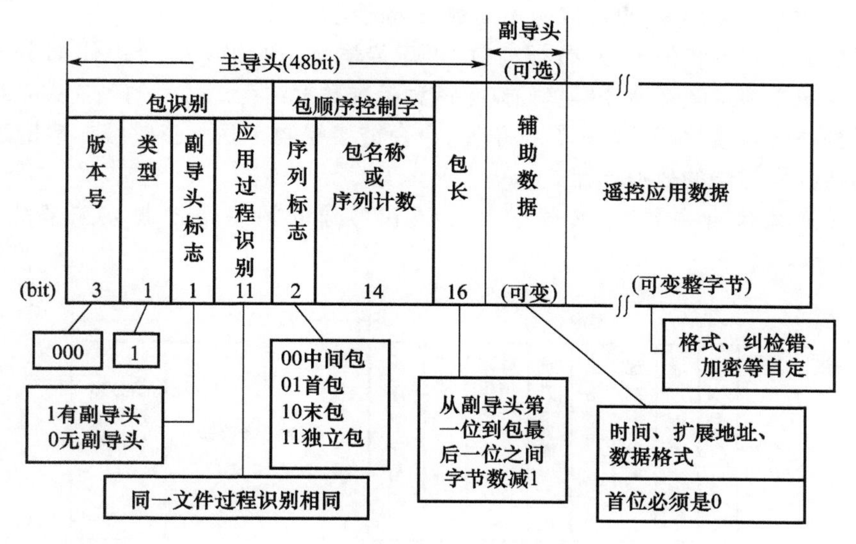

图 5-28　遥控包数据结构

② 数据路由业务。数据路由业务保证遥控数据可高效传输。数据路由业务包含分段层和传输层两个层次的数据操作，提供遥控用户高级标准数据单元与遥控系统低层通信信道之间的接口，分段层将用户数据分割成尺寸适当、便于路由、可复接的数据段。传输层将可路由的数据段包装成传输数据结构，并且控制其在信道中的传输，如重传机制。

分段层的输入数据是高层的用户数据单元，既可能是标准的遥控包，也可能是用户自定义的数据单元，输出是标准格式的“遥控帧数据单元”。分段层接收遥控用户数据单元，完成两种处理：一是把长遥控用户数据单元分割成较短的遥控段，或把短遥控用户数据单元组合成较长的遥控段，以形成遥控帧数据单元；二是提供多路复接点(MAP)，把来自遥控源的用户数据单元多路复用，以便使用同一个虚拟信道传输。

图 5-29 给出了分段层多路复接的处理流程。由图可见，传送层最多提供 64 个虚拟信道，每个虚拟信道最多提供 64 个多路接收点，即传送层最多同时传送 4096 个遥控帧数据单元。

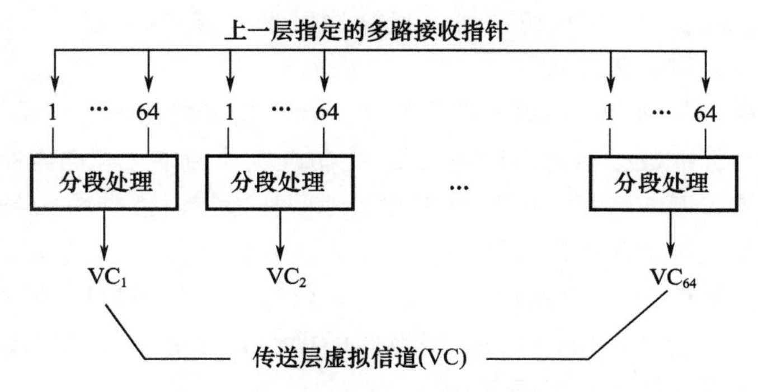

图 5-29　分段层多路复接的处理流程

遥控帧数据单元主要由遥控段构成，帧长根据是否存在帧差错控制可变。遥控段包括段头和段数据两个域，段头用以标识顺序和多路复接点，段数据域可以包含一个遥控用户数据单元的全部或部分，也可以是不同数据包的组合，其长度可变。

传送层是遥控系统的核心，数据高效、可靠传输所需的绝大部分操作都由传送层完成。传送层产生传送帧和命令链接控制字两种标准数据结构。传送帧是遥控系统由上行链路发送到航天器接收端的标准数据单元，命令链接控制字是由接收端产生的通过遥测链路返回遥控发射端的数据单元。

遥控传送帧包含主导头、传送帧数据域和可选的帧差错控制域三部分，格式如图 5－30所示。

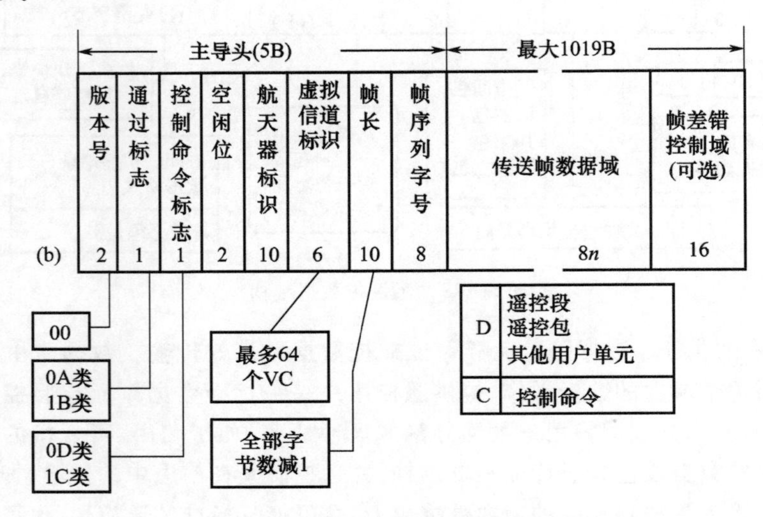

图 5－30　遥控传送帧格式

主导头又分为版本号、通过标志、控制命令标志、空闲位、航天器标识、虚拟信道标识、帧长、帧序列序号 8 个子域。传送帧数据域根据控制命令标志要么装载遥控数据单元（遥控帧数据单元），要么装载控制命令信息，其长度以整数字节可变。帧差错控制域仅仅用于检错。当传输信道不能满足误码率要求时，应使用检错码进行检错。

③ 信道业务。信道业务提供具有差错控制能力的数据通道，包含编码层和物理层。

编码层采用标准的信道编码技术，主要进行遥控数据随机化和遥控数据块的编码两种操作，并提供有效码块的开始和数据流连续性信息，使遥控信息可靠地传输。CCSDS 建议信道编码采用分组编码形式。

物理层包含射频与调制功能以及开启与关闭物理信道的操作。该层提供射频数据传输通道。物理层的标准数据结构由序列采集、控制链接传输单元和空闲序列组成。

（2）分包遥控体制的特点。PCM 遥控在星地间构成点对点传输的封闭系统，遥控命令和数据格式以及星地操作规范都需要按照任务独立设计，在飞控中心的控制下向星上注入。因此设计重复性大，可重用性小，系统成本较高。分包遥控则相对灵活，遥控格式按需动态分配，可以支持用户透明遥控，星地间的操作有标准化的操作规范，可以利用不同地面站提供不同任务的交互支持。

分包遥控系统支持模块化、标准化的分层结构，这种独立于任务的标准设计方法可以有效降低成本,加快进度,提高设计质量。

与传统遥控系统相比,分包遥控具有以下特点。

① 开放式结构。分包遥控为开放式分层结构,用户可以从分包层、分段层和编码层接入。分包层可传送多种类型的数据包,分段层对应于多个用户。

② 可靠性高。分包遥控具有3个不同类型传输可靠性控制环节,即信道业务中BCH编译码(前向纠错)、数据路由选择业务中的传送层设置的COP(检错重发)机制以及分包层的文件传输的完整性控制。后两种必须依赖下行信道返回校验信息,可与分包遥测配合实现。

③ 传输调度灵活。分包遥控体制采用虚拟信道设计,使得多个用户的数据可以根据其不同的实时性要求排列优先级进行传输。

分包遥控与传统PCM遥控比较如表5-2所列。

表5-2 分包遥控与PCM遥控体制对比

PCM遥控	分包遥控	技术新概念
点对点封闭系统	分层开放系统	交互支持
单开关命令和数据注入接口	数据包接口	遥控源包
面向固定静态分配	动态调度按需分配	虚拟信道
飞控中心集中安排上行程序	面向应用过程业务、支持用户透明遥控	遥控文件
按任务单独设计上行遥控数据	分包遥控与遥测在3个层次上对应	命令链路控制字
按任务单独设计星地操作	3类标准化操作	命令操作步骤

5.3 高级在轨系统

20世纪80年代末期,为了适应像国际空间站等大型、复杂航天器包括图像、语音在内的多数据源、大数据量、多种传输业务的需求,CCSDS扩展了分包遥测和分包遥控标准,形成了称为高级在轨系统(AOS)的第3种标准。

AOS标准扩展了分包遥测标准的业务,用于传输各种类型的在线数据(如音频和视频数据),主要面向载人空间站、无人空间平台、自由飞行器、深空探测器以及高级空间运输系统(如太空飞船)等。这些系统的一个共同特征是需要在整个空间链路传输多种类型、不同速率的数据,特别是满足一些高数据速率,如动态视频数据等的传输。AOS可以使用对称型的业务和协议,在空间链路之间双向提供声音、图像、高速遥测数据、低速数据的传输。为了使不同类型的数据共享同一链路,AOS提供了不同的传输机制(同步、异步、周期)、不同的用户数据格式协议(位流、数据包)以及不同等级的差错控制。支持AOS空间数据通信的链路层协议即为AOS空间数据链路协议。

目前,分包遥测、分包遥控与AOS的差别已不是很大。分包遥测用于空间到地面的下行遥测链路,分包遥控用于地面到空间的上行遥控链路,而AOS既可用于下行遥测链路,也可用于上行遥控链路。AOS和分包遥测、分包遥控所用的包结构一致,在业务类型和帧结构方面存在一些差异。AOS在航天器研制中已经有了普遍的应用。国外航天器主要有两种应用状态:一种是上行遥控链路使用分包遥控标准,下行遥测链路使用分包遥测标准；另一种是上下行链路都使用 AOS 标准。我国部分航天器上行遥控链路使用分包遥控标准，下行遥测链路使用 AOS 标准。在某些遥感、通信和科学卫星以及探月飞行器中等均采用了 AOS。在神舟系列飞船上有效载荷数据管理系统全面应用了 AOS 标准，应用虚拟信道和分包的概念在同一物理信道上同时成功地传输了包括观测类、试验类、工程类等数十种不同速率的数据，为飞船任务获得圆满成功发挥了重要的作用。

5.3.1 高级在轨系统协议

1. 协议结构

AOS 空间数据链路协议是一种数据链路层协议，它与遥测、遥控空间数据链路协议并存于空间数据系统链路层。与遥测数据链路协议分层模型一致（图 5－11），AOS 空间数据链路协议与数据链路协议子层相关，可以使用被称为“传送帧”的定长协议数据单元传输各种数据。数据链路协议子层支持可选的空间数据链路层安全协议。同步和信道编码子层提供传送帧在空间链路传输所需要的其他功能，这些功能对传送帧进行定界与同步、纠错编码与解码（可选）、生成与去除位跳变（可选）。

2. 协议数据单元

AOS 空间数据链路协议为使用者提供了几种在空间链路上传输业务数据单元的业务。为了方便简单、可靠和健壮地同步规程，在信号较弱、嘈杂的空间链路上使用定长的协议数据单元来传输数据，这些协议数据单元称为 AOS 传送帧。每个传送帧包含一个帧头来提供协议控制信息和一个定长的数据域来装载更高层的业务数据单元。传送帧的长度在特定的任务阶段由特定的物理信道来决定。但对于物理信道上的虚拟信道和主信道来说，AOS 传送帧在特定任务阶段都应该是固定长度的，其长度应当与 CCSDS 规范保持一致。

传送帧按顺序包含以下各域：①传送帧主导头（6B 或 8B，必选）；②传送帧插入域（整数个字节，可选）；③传送帧数据域（整数个字节，必选）；④操作控制域（4B，可选）；⑤帧差错控制域（2B，可选）。AOS 传送帧结构如图 5－31 所示。

AOS传送帧				
传送帧主导头	传送帧插入域（可选）	传送帧数据域	传送帧尾（可选）	
			操作控制域（可选）	帧差错控制域（可选）
6B或8B	可变长	可变长	4B	2B

图 5－31　AOS 传送帧格式

3. 发送端/接收端协议过程

与分包遥测、分包遥控的协议过程类似（图 5－14 和图 5－15），AOS 发送端提供包处理、位流处理、虚拟信道生成、虚拟信道多路、主信道多路和全帧生成功能。相应地，AOS

接收端提供包提取、位流提取、虚拟信道接收、虚拟信道解多路、主信道解多路和全帧接收功能。

4. 安全支持协议

与分包遥测、分包遥控的安全支持协议类似，AOS 空间链路协议可以通过使用 SDLS 协议实现安全保护。在 AOS 传送帧中定义了一个安全头和安全尾，其结构如图 5－16 所示。

5.3.2 高级在轨系统业务

1. 业务数据单元

AOS 空间数据链路协议传输的业务数据单元包括包、位流数据、虚拟信道访问业务数据单元（VCA_SDU）、操作控制域业务数据单元（OCF_SDU）、AOS 传送帧、插入业务数据单元（IN_SDU）。图 5－32 描述了 AOS 各种业务数据单元之间的关系，该图也称为 AOS 空间数据链路协议的信道树。图中，多路（用三角表示）是一种混合功能，即将多个数据单元流混合成一个单独的数据单元流。参与混合的多个数据单元中具有不同的标识，多路功能的算法由具体工程确定。整合（用方框表示）是一种拼接功能，即按照协议定义的格式化规则将多个数据单元拼接到一个单独的协议数据单元中。参与整合的多个数据单元来自不同的业务，而在协议数据单元中共享相同的标识。

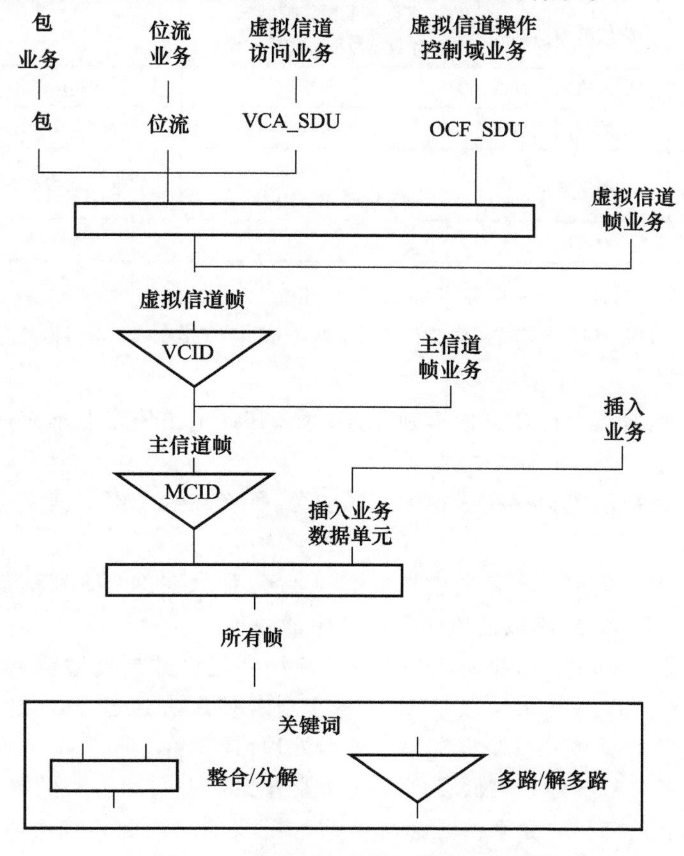

图 5－32　AOS 空间数据链路协议信道树

2. 业务基本情况

(1) 业务种类。AOS 空间数据链路协议提供 3 种业务类型,即异步、同步和周期,这些业务类型决定了使用者提供的业务数据单元是如何在空间链路上的协议数据单元中传输的。

AOS 空间链路协议提供 7 种业务,即包业务、位流业务、虚拟信道访问业务、虚拟信道操作控制域业务、虚拟信道帧业务、主信道帧业务和插入业务。其中,5 种(虚拟信道包、位流、虚拟信道访问、虚拟信道操作控制域和虚拟信道帧)是为虚拟信道提供的,1 种(主信道帧)是为主信道提供的,1 种(插入业务)是为物理信道上所有传送帧提供的。

表 5-3 列出了 7 种业务的特点、业务传输的业务数据单元(SDU)以及 SDLS 安全特性的可用性。SDLS 协议可以为部分业务传输的 SDU 提供安全保护:对数据内容进行加密;确认数据源及数据完整性。

表 5-3 AOS 业务

业务	业务类型	业务数据单元	SAP 地址	SDLS 安全特性
虚拟信道包(VCP)①	异步的	包	GVCID + 包版本号	所有
位流	异步的或周期性的	位流数据	GVCID	所有
虚拟信道访问(VCA)	异步的或周期性的	虚拟信道访问业务数据单元(VCA_SDU)	GVCID	所有
虚拟信道操作控制域(VC_OCF)	同步的或周期性的	虚拟信道操作控制域业务数据单元(OCF_SDU)	GVCID	无
虚拟信道帧(VCF)	异步的或周期性的	传送帧	GVCID	无
主信道帧(MCF)	异步的或周期性的	传送帧	MVCID	无
插入	周期性的	插入业务数据单元(IN_SDU)	物理信道名称	无

①"包业务"是虚拟信道包(VCP)业务的缩写

(2) 业务约束。AOS 各种业务存在以下约束。

① 如果一个物理信道上存在虚拟信道帧业务或主信道帧业务,那么在这个物理信道上不应该同时存在插入业务。

② 如果一个主信道上存在主信道帧业务,那么在这个主信道上不应该同时存在其他业务。

③ 如果一个虚拟信道上存在虚拟信道帧业务,那么在这个虚拟信道上不应该同时存在其他业务。

④ 如果一个虚拟信道上不存在虚拟信道帧业务,那么在这个虚拟信道上同一时刻可以存在包业务、位流业务或虚拟信道访问业务中的一种。

(3) 业务特征。AOS 空间数据链路协议给使用者提供数据传输业务,协议实体给使用者提供业务的点叫作业务访问点(SAP),每个业务使用者通过 SAP 地址来进行标识。提交给 SAP 的业务数据单元按照提交顺序进行处理,提交给不同 SAP 的业务数据单元没有固定的处理顺序。AOS 建议书假设所有这些业务都是由空间链路的终端提供的,但却没有假设航天器上系统和地面系统是怎样组成和配置的。地面系统可以将 AOS 建议书定义的业务扩展或增强到空间链路扩展业务。

AOS 建议书定义的所有业务具有以下特征。

① 单向。空间链路的一端只能发送数据而不能接收数据,另一端则只能接收数据而不能发送数据。

② 无确认。发送端不接收来自接收端的数据已收到的确认信息。

③ 不完整。业务不保证其实施的完整性,但是有些业务可能会在传送给接收方的业务数据单元序列中产生信号间隔。

④ 序列保持。虽然传递给接收方的业务数据单元序列有可能存在间隔或重复,但是由发送方提供的在空间链路上传输的业务数据单元序列是可以保持的。

5.4 邻近空间链路协议

5.4.1 邻近空间链路概述

在有的航天任务中,如火星探测中火星轨道器与火星着陆器之间的释放与交互对接,需要对多种不同类型的航天器实施联合控制,使得它们能相互协调工作。这种情况下,如果仅仅依靠地球上的测控站对航天器进行测量和控制,其开销将大到不能接受。为了适应这种新的需求,提出了一种新的测控通信方案:在主航天器与其他航天器之间建立附加的空间链路(称为邻近空间链路,Proximity Space Links),地球站只与空间任务中的一个(或少数几个)主航天器之间建立常规的空间链路。工作时,地球站通过常规空间链路将测控信息传送到主航天器,主航天器将此信息以及自身产生的控制命令通过邻近空间链路传送给其他航天器。其他航天器产生的测量信息按照相反的顺序传送,即先通过邻近空间链路送至主航天器,主航天器利用高级在轨数据系统把测量信息送回地球。

为此,CCSDS 在常规在轨数据系统(分包遥测、分包遥控)和 AOS 的基础上开发了邻近空间链路协议(PSLP)。PSLP 面向近距离空间链路,为航天器间的链路提供了标准化的物理层和链路层协议。邻近空间链路协议可以支持多种航天器之间的通信和测控需求,这些航天器可以具有不同的通信能力和工作模式。如:有的航天器仅有数据发送能力,有的同时有数据收、发能力;工作模式是相干或非相干;通信方式可以是单工、半双工或全双工。

目前最完善的 PSLP 是邻近空间点对点通信(Proximity - 1)协议。Proximity - 1 协议的链路特征是短时延、中等强度信号、简短独立的对话,适用于空间近距离、双边、固定或移动的无线通信链路,如固定探测器、在轨星座、星球着陆器、轨道中继卫星等相互间的通信。

邻近空间通信协议在深空探测和编队卫星中有着广泛的应用前景。以火星探测为例,着陆器和轨道器之间只有几百千米,空间链路可使用 Proximity - 1 实现。相比于地面测控站,轨道器可以采用简单的全向天线通信从着陆器接收更强、更准确的信号。而且轨道器可以以更小的功率向地球转发高速数据,从而有效地降低了着陆器的能量和重量需求。2001 年的火星奥德赛(Odyssey)和 2005 年的火星侦察轨道器(MRO)都使用了 Proximity - 1 通信协议。

火星探测邻近链路组成示意图如图 5－33 所示。

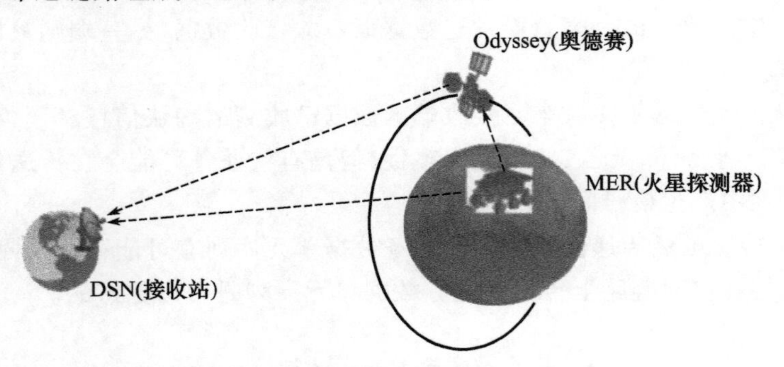

图 5－33　火星探测邻近链路组成示意图

5.4.2　邻近空间链路协议

邻近空间链路协议是应用于空间任务的双向数据链路层协议，该协议的设计特性体现了在各种类型和特征的邻近空间链路上满足空间任务有效传输空间数据的需求，支持多种空间数据在各种近距离空间的有效、可靠传递。协议分层由物理层和数据链路层构成，如图 5－34 所示。

图 5－34　Proximity－1 分层结构功能示意图

1. 物理层

物理层最重要的功能是为数据传送建立通信信道，完成频率、极化方式、调制方式、获取、空闲序列和数据速率等物理层参数的选型和配置，使收、发两端具有相同的通信信道特征。为实现物理信道连接，发射机要改变初始调制方式来优化接收方的接收机性能，以获取信道。物理层接收来自数据链路层的操作控制信号，并为数据链路层提供操作状态。发送端依次输出空信号、单载波、数据调制，以便与接收端建立数据信道。接收端在固定频带范围内扫频，锁定频率。在信道建立的过程中，物理层将状态信号实时提供给数据链路层的介质存取控制(MAC)子层。

Proximity－1 的物理层频段一般常用 UHF 频段而不用 S、X、Ka 等频段。前向频带范围为 435～450MHz，返回频带范围为 390～405MHz。协议中，PCM 数据以 PSK 方式直接调制到载波上，支持 12 种数据速率（2^nkb/s（$n=0,1,\cdots,11$））中的一种或多种。设计要求物理层链路误码率不大于 10^{-6}。

2. 数据链路层

邻近空间链路协议是数据链路层协议，由 5 个子层组成，包括编码和同步（C&S）子层、介质存取控制（MAC）子层、传送帧子层、数据业务子层和输入输出（I/O）子层。各分层的主要功能如表 5－4 所列。

表 5－4　PSLP 分层功能

编码和同步（C&S）子层	负责邻近空间链路传输单元的定界和验证
介质存取控制（MAC）子层	定义会话的建立、维持和终止，物理层和数据链路子层的桥梁
传送帧子层	帧同步、定界、FEC 和/或 CRC 编码
数据业务子层	定义顺序控制和快发业务
输入输出（I/O）子层	应答机和星载数据系统及其应用之间的接口、路由和分段

5.4.3　邻近空间链路业务

1. 业务类型

邻近空间链路协议提供两类业务，即数据业务和定时业务。

（1）数据业务包括 CCSDS 标准包业务和用户自定义的数据业务。Proximity－1 为应用过程提供的数据业务有 CCSDS 包传输业务、用户定义数据传输业务和时间业务。包传输协议可以传输 CCSDS 数据源包、空间通信协议规范网络包和因特网协议包等。当包的长度大于链路帧的最大数据域尺寸时，需要将分割后的包插入到传送帧中，而在接收端重新排列；反之，当包的长度小于链路帧的最大数据域尺寸时，需要将这些包复接成传送帧；用户定义数据传输业务是把用户定义的定界数据装入传送帧中传输，对数据内容不加任何分析，仅使用帧头的端口标识来完成路由选择。类似于 AOS 中的虚拟信道访问（VCA）业务。

（2）定时业务根据所选邻近链路传输单元（PLTU）的发送/接收实现定时标志获取、提供通信单元间的时钟校正数据、实现时差测距。定时业务为时间相关数据和基于时间的测距过程提供航天器时间信息。定时业务为航天器之间的近距离操作提供的功能，包括星载近距离时钟相关性、UTC 时间传递、成对非相干时差测距等。完成定时业务功能使用相同的时间标志捕获方法，要求收、发双方都具有对所有数据最后比特位收/发时间的跟踪能力。

2. 业务等级

邻近空间链路协议数据业务为用户提供两种业务等级，即序列控制和盲发。每种服务等级必须通过自己的业务接入点接入。

（1）序列控制采用“退回 N 帧重传”的自动重发机制，应用发送端和接收端的顺序控制和反馈邻近链路控制字（PLCW），可以保证数据在空间链路中有序、无缝、在一个对话期间无重复地可靠传递。

(2) 盲发没有任何出错重传措施,它不能保证所有传送的数据都能正确地到达用户,盲发通常由上层协议保证数据传输的正确性。盲发常用在一些特殊操作环境,如航天器的重新捕获过程。邻近链路中的管理数据帧也是通过盲发方式传送的。

5.4.4 邻近空间链路工作原理

1. 工作模式

在 Proximity-1 邻近链路通信协议中共有 3 种工作模式,即全双工、半双工和单工。

(1) 在全双工模式下,首先由发送方发出“呼叫”信号请求,在收、发双方达成协议后,开始正式会话通信。如果在会话过程中需要更改会话参数,则发起方通过邻近链路把变更请求发送给对方,对方接收到此信息后发送反馈信息。随后在收、发双方仍然保持着位同步的时候,先更改接收方的会话参数,再更改本地的会话参数。再一次通过载波来达到双方的位同步,继续进行数据的传输。数据传输过程的结束操作需要通过双方合作确认,转发器需要得到“本地无数据”和“远端无数据”两条指令,确定本次通信过程终止。

(2) 在半双工模式下,通信实体在同一时刻只能处于接收模式和发送模式两种工作状态中的某一种,工作状态的转换通过令牌交换来完成。在接收状态中,接收到要变换操作模式的请求时,通过发送空闲载波信号转换成发送模式,进行常规的数据传输。一旦收到对方发来的“远端无数据”指令后,本次接收操作就此结束。在发送状态下,如果要结束本次通信会话,需要先发送“远端无数据”指令给对方,并在收到反馈确认信息后结束操作。

(3) 在单工模式下,单次对话只能是发送模式或只能是接收模式。每次会话由单方的指令确定会话模式,再由单方的指令来结束此次对话。

2. 通信过程

在每次会话之前,发送方都要发出“呼叫”信号发起会话请求,并等待对方的反馈信号进行确认。在这个过程中设定本次会话的物理层和链路层的工作模式等会话参数,包括频率、速率、信道编码模式等。

“呼叫”信号是通过异步信道传送的。如果邻近链路的无线设备可以支持多个信道的传输,则呼叫信道将与工作信道区分开来;如果不支持多个信道,就用异步信道先发送呼叫信号,在通过呼叫建立链路之后,开始进行正常的数据传输过程,这时通信就转变成了通过同步信道进行,且一直持续到会话结束。

根据数据业务等级,邻近空间协议通信包括序列控制业务和盲发业务的发送和接收过程。

1) 序列控制业务发送与接收

(1) 发送过程。主、副航天器通过“呼叫”信号建立起通信链路后,副航天器控制器发出需要传送的数据,数据内容包括用户数据、路径信息、业务等级(序列控制)、数据包类型(用户自定义包、CCSDS 标准包)。在 I/O 层中,接收到数据后,要发送反馈信息给航天器控制器。接着要根据路径信息把用户数据重新组合,形成各自的用户数据帧(U-Frame)数据域,再把数据包分割或集装。随后,把这些数据段发送给数据业务子层。

数据业务子层中的序列控制业务采用回退 N 帧的 ARQ 重传机制来实现数据传输。在这个传输数据的过程中,一直都要保持一个单输出序列,这个帧发送序列包含着那些已经发出但还没收到来自接收端反馈信息的序列控制帧。每当一帧数据传送到接收方,并确认是有效数据后,接收方要发送 PLCW 对发送方进行反馈。如果发送方在规定时间长度内没有接收到来自接收端的 PLCW 反馈,则会自动重发该传送帧。

传送帧子层将接收到的数据包形成传送帧。传送帧结构包括帧头和帧数据域。帧头由上两层提供的信息来确定,帧数据域中包含整数个数据包或被分割的数据包。之后要完成帧传送过程中的排序工作,排好顺序的传送帧依次发送给编码与同步子层。

编码与同步子层在传送帧的基础上,加上附加同步标志和 CRC 码形成邻近链路传输单元。同时,该子层还通过捕获输出附加同步标志(ASM)最后一位输出的时刻来确定时间码,并负责把该时间码传回到 MAC 层中。

物理层向编码与同步子层发送"输出请求",表示已经准备好射频通道输出其数据。同时,物理层还要向 MAC 层发出信号,表示其已经做好输出准备。随后把数据通过无线信道发送出去。

(2) 接收过程。物理层通过无线设备接收到信号后,发送"接收通知"到编码和同步子层。随后把接收到的数据发送给编码和同步子层。

编码与同步子层对接收到的数据流进行定界,识别出每个 PLTU。再依据 CRC 码对其进行校验,从而确认解码后的 PLTU 是准确无误。把无误的 PLTU 传送给传送帧子层。同时还要捕获 ASM 最后一位输入时刻的时间来确定时间码及帧序列号,再把时间码和帧序列号同时传送给 MAC 层。

传送帧子层接收到来自编码与同步子层的数据后,首先要确认接收到的帧是否为发送数据帧;接着根据帧的航天器标识和目的标识来确认该帧是否应该被本地收发机接收;之后要判断该传送帧是用户数据信息还是管理协议数据。如果确认该帧是有效的用户数据帧,则把该帧发送到数据业务子层;否则如果确认该帧是管理协议数据,则分离出其中的 PLCW,并将其发送给发送方的数据业务子层,告知发送端序列控制传送帧接收的情况。

数据业务子层接收传送帧子层传送上来的数据,成功接收后并通过 PLCW 反馈给发送端,告知该传送帧是否保持同步状态。如果不是同步状态,发送端的 MAC 层在接收到此消息后会发出指令,使其执行强制重新同步。最后,把同步的帧传送给 I/O 子层。

I/O 子层接收到数据后,先把业务数据单元从 U - Frames 中分离出来。再通过组装或分割数据将处理过的数据段进行重新整理。最后依据端口标识将数据发送给相应的数据业务用户。

2) 盲发业务发送与接收

(1) 发送过程。盲发业务的发送过程与序列控制业务发送过程基本类似。区别是数据业务子层在接收从 I/O 层发来的数据包的过程中没有重发机制,数据业务子层接收到这些数据后直接将其发送到传送帧子层。

(2) 接收过程。盲发业务的接收过程与序列控制业务接收过程基本类似。区别是传送帧子层分离出管理协议数据中的 PLCW 后,不发数据告知发送端序列控制传送帧接收的情况。

参考文献

[1] 张庆君,郭坚,董光亮,等. 空间数据系统[M]. 北京:中国科学技术出版社,2016.
[2] 刘蕴才. 遥测遥控系统(上)[M]. 北京:国防工业出版社,2000.
[3] 中国航天科技集团公司五院总体设计部. 航天器测控和数据管理 第2部分:PCM遥测:GJB 1198.2A-2004[S]. 北京:国防科学技术工业委员会,2004.
[4] 中国航天科技集团公司五院总体专业技术部. 航天器测控和数据管理 第1部分:PCM遥控:GJB 1198.1A-2004[S]北京:国防科学技术工业委员会,2004.
[5] 中国航天科技集团公司五院总体专业技术部. 第6部分:分包遥测:GJB 1198.6A-2004[S]. 北京:国防科学技术工业委员会,2004.
[6] 中国航天科技集团公司五院总体专业技术部. 航天器测控和数据管理 第7部分:分包遥控:GJB 1198.7A-2004[S]. 北京:国防科学技术工业委员会,2004.
[7] 房鸿瑞,王俊峰,黄习福. 等. 高级在轨系统网络和数据链路 第1部分:数据结构:GJB 5823.1-06[S]. 北京:中国人民解放军总装备部,2006.
[8] CCSDS. Telemetry summary of concept rationale:CCSDS 100.0-G-1[S]. Green Book,1987.
[9] CCSDS. Packet telemetry service specification:CCSDS 103.0-B-2[S]. Blue Book,2001.
[10] CCSDS. Proximity-1 space link protocol-data link layer:CCSDS 211.0-B-5[S]. [S.1]:CCSDS,2013.
[11] 李龙龙,耿国桐,李作虎. 国外卫星导航系统星间链路发展研究[J]. 测绘科学技术学报,2016(33):133-138.
[12] 周辉,郑海昕,许定根. 空间通信技术[M]. 北京:国防工业出版社,2010.
[13] Proakis J G. Digital Communications[M] 4th ed. NY:McGraw-Hill,1989.
[14] TANENBAUM A S,WETHERALL D J. 计算机网络.5版[M]. 严伟,潘爱民,译. 北京:清华大学出版社,2012.
[15] 任放,赵和平,陈曦. 基于CCSDS Proximity-1协议的动态变帧长策略研究[J]. 航天器工程,2013,22(4):72-76.
[16] 陈裕华,顾晓东,张忠伟,等. 最新CCSDS图像压缩算法研究与实现[J]. 空间科学学报,2007,27(6):519-522.
[17] 朱云华,王凤阳,刘泳,等. CCSDS无损压缩算法的实现与应用研究[J]. 中国空间科学技术,2008,28(4):40-46.

第6章 统一载波测控系统

统一载波测控系统采用一个载波实现测控中的多功能综合,即将测控的跟踪测轨、遥测、遥控及通信等多种功能统一在同一个载波上完成。统一载波测控系统包括基于频分制的频分统一测控系统和基于时分制的扩频统一测控系统。本章分别介绍频分统一测控系统和扩频统一测控系统的基本组成和工作原理,并以美国"阿波罗"登月工程的测控系统为例进行说明。

6.1 测控系统概述

在统一载波系统提出之前,由于当时航天器距地较近,对测控要求也较低,同时考虑到尽量利用原有各种设备,因此测控系统多采用由功能不同的各种设备组合而成的"分离体制",即测控系统由相互分离的跟踪定轨分系统、遥测分系统和遥控分系统等几部分组成。在分离测控系统中,上述分系统中的信道设备和射频频率相互独立,因此设备体积庞大、结构复杂,设备间干扰严重,电磁兼容性能较差。目前这种基于分离体制的测控系统已经被淘汰。

随着航天事业的发展,高轨航天器和深空飞行器不断出现,要求测控系统具有多功能、作用距离更远,且要求飞行器上测控设备体积小、重量轻而且电磁兼容性好。因此,统一载波系统应运而生。统一载波测控系统是指地面测控站和航天器测控设备(分别)都采用同一个载波、一套天线设备和一个公用收发信道实现对航天器的测控。在一个载波上用多个副载波调角,实现多路信号的复用传输,从而实现测控中的多功能综合。显然,相对于分离测控体制,统一载波测控显著缓解了射频拥挤的现象,简化了测控设备。最早出现的统一载波测控系统是采用频分多路原理实现的,因此称为频分统一测控系统。因系统通常工作于S或C频段,所以又称为统一S频段(USB)系统或统一C频段(UCB)系统。

美国于1966年提出统一S频段测控系统,用于解决"水星"和"双子星座"载人航天测控因使用多个频段设备而导致飞船上天线数量多、可靠性能差、地球上的测控设备复杂的缺陷,并在20世纪60年代中期开发了以统一S频段测控系统为主体的跟踪测控网,使航天测控系统从单一功能的分散体制演进为更先进的综合多功能体制,以支持"阿波罗"登月工程。统一S频段测控系统问世以后,便迅速在空间技术领域中得到广泛的应用。世界无线电管理会议在1979年决定以S频段作为空间业务频段,这也使统一载波测控系统得到了进一步的发展。到20世纪80年代,USB被纳入国际空间数据系统咨询委员会标准,为多数国家共同接受。今天,世界上主要的航天国家都建立了自己的USB或UCB测控系统。中国、美国、苏联、德国、日本、法国等国家也都陆续建立了自己的USB航天测控体系。

尽管频分统一测控系统已经广泛应用于航天测控的各个领域,但其仍然存在着一系列的局限性。主要表现在以下几个方面。

(1) 抗干扰性能较差。系统干扰主要来自副载波的相互交调和相位调制的非线性特性。由于系统使用多个副载波,各副载波间存在着各种组合波的干扰,这是由各测控信号之间相互交调造成的。而由于上下行测距、遥测和遥控等几部分中均采用频分复用体制,即不同的副载波上调制着各路不同的测控信号,当各个副载波调制到同一个载波上之后,在相位调制的过程中存在着非线性特性,便会引起副载波的高次谐波造成干扰。另外,由于统一载波测控系统采用的是调相的频分复用体制,抗窄带大功率干扰和多径干扰的能力较差。

(2) 侧音测距的测量距离受限。统一载波测控系统中测距采用的是侧音测距的方法。侧音测距解距离模糊的过程较为复杂,同时因为最低侧音频率的选择要满足最大无模糊距离,当距离很远时,最低侧音频率非常低,这给频率的产生带来一定困难。尤其是在深空测量时,一般不采用侧音测距,而是采用伪码测距。

(3) 多目标测控实现困难。在统一载波测控系统中,通常采用频分复用的体制来区分各个测控目标。因此,在进行多目标测控时,往往多套类似设备同时工作才能完成测控任务,设备重复和浪费的情况相当严重。同时各个子载波频点之间存在着干扰,对系统的性能造成了影响。另外,航天技术的发展日新月异,测控系统中被测目标逐渐变多,频带资源也变得越来越紧张。

(4) 设备重复、复杂。由于采用频分复用体制来实现多目标测控,造成设备复杂、重复率高;测控系统中的各个视频终端之间相互独立,如调制器、解调器、编码器、译码器等同种类型的设备重复使用,浪费严重,不能充分利用。

(5) 保密性差。统一载波测控系统的信号保密性不好,测控信号容易被截获、侦收,测控通信系统容易受到攻击。

因此,随着需求的牵引和技术发展的推动,人们发展了基于时分制的统一测控系统。这种体制将代表各种功能的信息统一为一个数据流,再扩频调制在一个载波上传输,因此称为时分统一测控系统或扩频统一测控系统。早在 20 世纪 70 年代,美国在发展 TDRSS 时就采用了“时分制”和扩频技术,利用数字信号传输实现了一个载波上的多功能综合。近年来,欧洲空间局也发展了扩频统一测控体制,并制定了相应的标准。由于时分统一测控体制能够有效克服频分统一载波测控系统的缺点,具有多目标测控、抗干扰性强、信号隐蔽保密性好、测距性能理想、节省频带资源等优点,能够满足航天事业的迅速发展和未来电子战的需要,因此具有广阔的应用前景及巨大的发展潜力。

我国于 20 世纪 80 年代建成了 C 频段测控网,于 90 年代建成了 S 频段测控网,并在西安成立了 S 频段测控网多任务管理中心,统一协调对航天器长期管理工作中的 USB 系统使用配置。我国 C 频段统一系统用于地球同步卫星的测控,S 频段统一系统主要用于低轨航天器和深空航天器的测控。同时,我国也在大力推动扩频统一测控系统的研制,并积极策划制定相应的标准。

6.2 频分统一测控系统

频分统一测控系统中,多个副载波调制在一个载波上,每一个副载波实现一个功能,通过频分复用的方式实现测控的多功能综合。如果一个载波不够,可仍用频分方法在同一频段内采用 2 ~3 个载波。

6.2.1 系统组成及功能

频分统一测控系统由飞行器设备和地面测控站设备组成,如图 6 -1 所示。

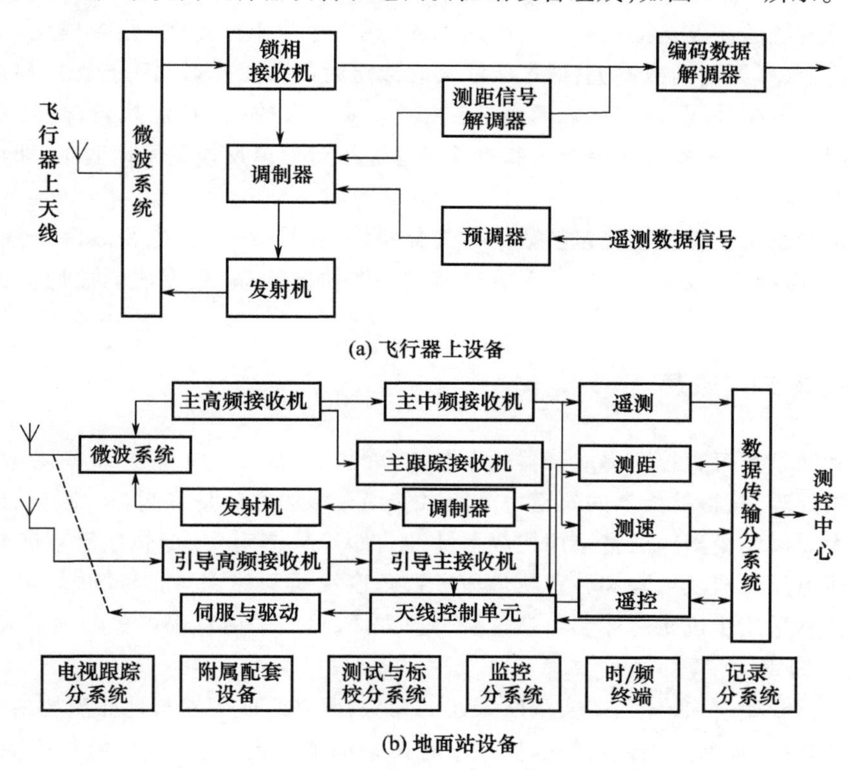

图 6 -1 频分统一测控系统组成框图

完整的统一载波测控系统通常由多个分系统组成,有的分系统包括地面站和飞行器上两部分。根据实现的功能,可将各分系统分为以下 3 类。

(1) 发射和接收系统。发射分系统的作用是对载波信号进行调制和功率放大,使之适合于空间远距离传输。信号的发射和接收通过天线分系统实现。测控通信对载波的稳定度和频谱纯度有较高的要求,以满足高精度多普勒测速的需要。

地面接收分系统的任务是在强噪声背景中检测出微弱信号,并能以最小的失真复现信号。飞行器上的应答机是测控系统中的飞行器载设备,一般由接收机、发射机和调制解调器组成,它与地面站协同工作,共同完成测距、测速、测角、遥测、遥控、数传等任务。

(2) 测轨与遥测、遥控系统。测轨系统包括测距和测速分系统。测距分系统的作用是测量地面测控站与飞行器之间的径向距离。在标准 TT&C 系统中,常采用纯侧音测距。其他一些系统中有的也采用伪码测距和码音混合测距方案。测距分系统的主要技术要求是确保测距精度和最大无模糊测量距离,减小距离捕获时间。测速分系统的作用是测量地面测控站与飞行器之间的径向速度,测量方法采用载波多普勒频率测量法。

遥测分系统用于接收和处理由飞行器上遥测设备下发的遥测信号,并恢复出遥测数据。在统一载波系统中,飞行器上的遥测信号一般是采用副载波体制,地面遥测终端要完成接收信号的滤波和解调,提取位同步,完成帧同步,分离出遥测数据,进行预处理和数据反演,并进行显示、记录和打印。测控系统主天线的角跟踪多采用精度高的单脉冲体制。引导通道的宽波束小天线通常采用较简单而精度较低的新型圆锥扫描体制或单通道单脉冲体制。

遥控分系统的任务是接收测控中心送来的(或本地应急产生的)指令或注入数据,调制到副载波上,再调制到载波上,通过天线实时或定时向空间发射到飞行器应答机。经应答机解调出已调副载波,再二次解调出遥控指令(或注入数据)控制执行部件,实现对飞行器的控制。另外,还能将遥控指令和校验信息经下行信道反馈送回地面站,即经遥测完成校验工作。

(3) 辅助系统。辅助系统包括数据传输分系统、监控分系统、电视跟踪分系统、数据记录分系统、时/频终端等。这些分系统与前述系统协同工作,是完成测控通信任务必不可少的部分。

6.2.2 系统工作原理

统一载波系统可直接测得航天器的距离 R、角度(A、E)、径向速度 $\dot{R}$ 等参数,经坐标变换和数据处理,获得航天器的轨道。测距时使用最多的方法是多侧音测距法,保证测距精度和最大无模糊距离。通常采用比幅单脉冲自跟踪体制对中、低轨航天器各轨道段及地球同步轨道航天器发射端和转移轨道段进行角度测量和跟踪,而对同步轨道航天器长期在轨测控常采用步进跟踪体制。在速度测量方面,一般采用双程多普勒频率测量体制。

1. 工作流程

系统工作开始时,首先需要实现航天器的捕获,建立起航天器与地面测控站间的双向通信链路。之后,地面遥控终端根据测控中心送来的遥控命令,形成遥控指令码,并对遥控副载波进行调制。已调副载波再与其他上行信号(含测距侧音)一起调制到测控上行载波后发送至航天器。

航天器应答机接收到上行载波信号后,经下变频、中频放大,由解调器解调出遥控副载波和侧音信号。遥控副载波再经遥控滤波器送到遥控终端,解调恢复出指令信号给执行部件。航天器遥测设备将航天器的姿态、设备工作状态以及环境等参数,经脉冲编码并对副载波进行调制,再与别的下行信号(含测距侧音)一起对载波调制后发向地面。

地面测控站天线收到下行信号后,经双工器、滤波器至低噪声放大器进行放大,然后经两个下变频器输出中频信号,它被分为两路。一路经过主接收机,进行锁相跟踪滤波、相干解调后,输出测距音、已调遥测副载波和锁相环压控振荡器的频率控制码。其中测距音被送到测距终端完成测距,频率控制码送到测速终端完成测速,遥测副载波送往遥测终端完成副载波解调、位同步提取和帧同步。它们输出的数据都送往测控中心完成飞行器的测轨处理和遥测数据的反演。另一路中频信号经过主角跟踪接收机检波出角误差信号,送入角跟踪的天线控制单元,完成驱动天线跟踪飞行器的任务,并输出测角数据。

2. 系统捕获

实现系统对航天器的捕获是航天测控通信的前提。统一测控系统中的系统捕获包括角度捕获、频率捕获和载波捕获等。

1）角度捕获

系统捕获的第一步是完成地面站对航天器在角度上的捕获，即让地面站的天线波束对准飞行器目标。对航天器的角度捕获包括角度引导和角度捕获两个步骤。

（1）角度引导。为了保证高的测角精度和远的作用距离，地面测控站的天线波束做得很窄，这种窄波束覆盖空域很小，要截获飞行目标（目标落入波束内）须借助其他辅助手段实现，这些辅助手段通常称为角度引导。角度引导按不同的分类标准，可分为多种类型。

① 按引导信号类型，角度引导分为模拟引导和数字引导。

a. 模拟引导以模拟量的方式提供引导信息并对目标捕获跟踪，模拟引导主要用于对同站未跟上目标的设备或无跟踪能力设备的引导，通常由旋转变压器或同步机产生引导信息，使被引导设备随动。

b. 数字引导是以数字量的方式提供引导信息并对目标跟踪，数字引导一般用于测控中心或站级计算机对窄波束设备的远程引导。

② 按引导信息来源，角度引导分为自引导、同步引导、程序引导、互引导等。

a. 自引导指角跟踪设备自带宽波束的小天线和引导跟踪接收机，而伺服系统与主天线的伺服系统共用，一旦自引导系统跟踪目标后，可自动或手动转入主天线窄波束跟踪。

b. 同步引导主要指同站的引导设备对主跟踪设备的引导，其角度引导信号直接送往被引导的主天线跟踪设备从而实现角度同步运动。

c. 程序引导又称为理论引导，是按照飞行理论轨道计算出各时间点上天线指向角，以控制天线对目标捕获跟踪。这种方式不需要其他实时信息，因而相对简单，但当实际飞行轨迹偏离理论轨迹较大时，会使目标位于波束之外而失去引导作用。

d. 互引导是多台设备之间的相互引导，当某一设备跟踪上目标后，输出引导信息，引导其他设备跟踪同一目标。由于这些设备不在同一地点，因此往往要由测控中心进行位置坐标的变换，用数字信号实时传往各跟踪设备。

③ 按引导使用的主要设备，角度引导可分为数字引导、宽波束雷达引导或自带宽波束小天线自引导、其他跟踪设备的互引导等。利用数字引导实现角度截获时，测控天线按计算机提供的角度数据和角度变化率运动。计算机提供的相关角度数据来源于飞行目标的设计数据，或来源于宽波束雷达跟踪提供的实测数据，还可来源于根据测控天线提供的实测数据得到的外推数据。数字引导方法既发挥了计算机引导方式灵活的优点，又大大提高了系统截获目标的能力。角度引导既可以由一个独立的宽波束引导设备完成，也可以由一个附加在主天线上的小引导天线完成。当使用宽波速雷达作角引导时，雷达在锁定跟踪目标后，将测量的角度位置传送给测控天线，引导测控天线转到目标方向。宽波速雷达具有波束宽、覆盖空域大、拦截目标能力强的特点。

（2）角度捕获步骤。角度捕获的一般过程是：根据轨道预报信息预置天线为等待捕获状态（必要时也可进行搜索），当目标进入角度捕获范围后，首先由主跟踪接收机进行频率捕获。如果目标未在主波束内，则要由引导接收机进行对目标的初始捕获和自跟踪，进而带动窄波束精密测控系统或无自跟踪能力的遥控、遥测设备或窄视场光学设备的伺服系统去捕获、跟踪目标。之后锁定航天器下发的信标信号，系统转入角跟踪闭环实现角跟踪。

一般大型测控系统的作用距离达几万千米甚至更远,此时宽波束引导雷达已达不到这样的距离。而且当飞行器飞行异常时,不能用计算机按理论弹道角度数据完成引导,导致测控天线截获目标的可靠性较低。为此,在测控系统中设计有角度扫描捕获方式,其实现方法是使天线以多种形式在不同范围和方向进行机械扫描或电扫描,以覆盖目标轨道可能的散布空域,扩大截获目标的范围。

由于统一载波系统是连续波系统,实现角度捕获后,还须完成频率捕获锁定才可转入角自动跟踪。因此,天线扫描速率应满足目标可捕和不漏捕条件:可捕条件指波束照射目标的时间应大于跟踪接收机的频率捕获锁定时间和系统判决时间;不漏捕条件指扫描速率和扫描范围应保证飞行目标以最大穿越(波束)速度运动时,在扫描周期内不出现漏掉目标的现象。

2）频率捕获

地面站在完成对飞行器目标的角度捕获后,需要进行对飞行器发回的信标频率的捕获。因为在测控系统中跟踪接收机通常采用锁相相干解调方式。这种连续波窄带锁相式接收机,完成载波频率的捕获锁定后才能解调出角误差信号,之后系统才可转入自动角跟踪。因此,载波频率捕获锁定是完成自动角跟踪的先决条件。

由于运动目标有多普勒效应,地面跟踪接收机收到的飞行目标发回来的信号(信标)载波频率附加有多普勒频率;同时信标频率、地面跟踪接收机各参考源参考频率等都随时间、温度的变化而发生变化,这使得地面收到的信号载波频率是一个未知的变化量。为使测控系统的跟踪接收机能捕获锁定该频率,通常在接收机中使用频率扫描或频率引导方式来实现。

(1) 频率扫描法。频率扫描法是在跟踪接收机锁相环的控制端加一个扫描电压。当锁相环的输出频率和输入信号频率基本对准时,环路进入捕获锁定状态并跟踪信号频率的变化,此时扫描电压自动切断。这种方法简单适用,但平均捕获时间稍长。

(2) 频率引导法。频率引导法基于频谱分析原理,采用多个窄带滤波器组成滤波器组来完成测频。为了保证频率的可靠捕获,滤波器组中每个滤波器的中心频率相距不能太大,所有滤波器中心频率排列起来应覆盖目标运动引入的最大多普勒频率范围,且相邻两个滤波器带宽应有一定重叠。将所有滤波器的输出都送入判决电路,当收到目标信号频率时,其中某个滤波器输出最大,而其余滤波器输出较小,这个输出最大的滤波器的中心频率值就是回波信号的频率值。然后再根据压控振荡器的电压–频率控制特性,求得这个频率所对应的控制电压,并把这个电压(引导信号)送给锁相环压控振荡器。将压控振荡器输出频率对准回波信号频率,环路即进入捕获锁定跟踪状态,并自动切断引导信号,完成系统频率捕获。

3）载波捕获

测控系统在完成对飞行器信标频率的捕获之后,还应完成双向载波捕获,即上行方向上应答机捕获地面站发射的上行载波和下行方向上地面接收机捕获飞行器应答机发射的下行载波。双向载波捕获是获得测控数据的先决条件。

在统一载波系统中,一般采用地面发射机扫频来实现双向载波捕获。当地面发射机频率扫至应答机锁相环捕获带内时,应答机捕获并随地面发射机的扫频规律随扫。在应答机频率随扫至地面接收机主载波环的捕获带内时，地面接收机主载波环捕获并随扫，这时上行和下行载波都已捕获锁定并随扫。利用这种随扫可判决上、下行都已捕获锁定，再令发射机停扫并回零，在它回到发射机中心频率后，即完成了整个双向载波捕获过程。

3. 系统的调制解调

统一载波系统中，遥测、遥控数据和测距侧音信号以多副载波方式调制一个载波，实现遥测、遥控和测距的统一完成。低码速率数据的测控业务广泛采用以 PSK 为基础的副载波调制体制，载波通常用调相方式，即统一载波测控系统采用 PCM－PSK－PM 调制体制。

1）PCM－PSK－PM 调制

测控数据或信号经模数转换和基带成型滤波后生成的 PCM 信号 $S_{\mathrm{PCM}}(t)$ 可表示为

$$S_{\mathrm{PCM}}(t) = \sum a_n g(t - nT_s) \tag{6-1}$$

式中：a_n 为二进制序列；$g(t)$ 为成型脉冲；T_s 为符号持续时间。

PCM 信号对副载波进行 PSK 调制，生成的信号为

$$S_{\mathrm{PSK}}(t) = S_{\mathrm{PCM}}(t) \times \cos(\Omega t) \tag{6-2}$$

式中：Ω 为副载波频率。

已调的 PSK 信号对载波调相，得到的信号为

$$S_{\mathrm{PM}}(t) = A\cos[\omega_c t + k_p S_{\mathrm{PSK}}(t)] \tag{6-3}$$

式中：A 为载波幅度；ω_c 为载波频率；k_p 为调相指数

对 $S_{\mathrm{PCM}}(t)$、$S_{\mathrm{PSK}}(t)$、$S_{\mathrm{PM}}(t)$ 三者进行频域分析，得到图 6－2 所示的频谱图。

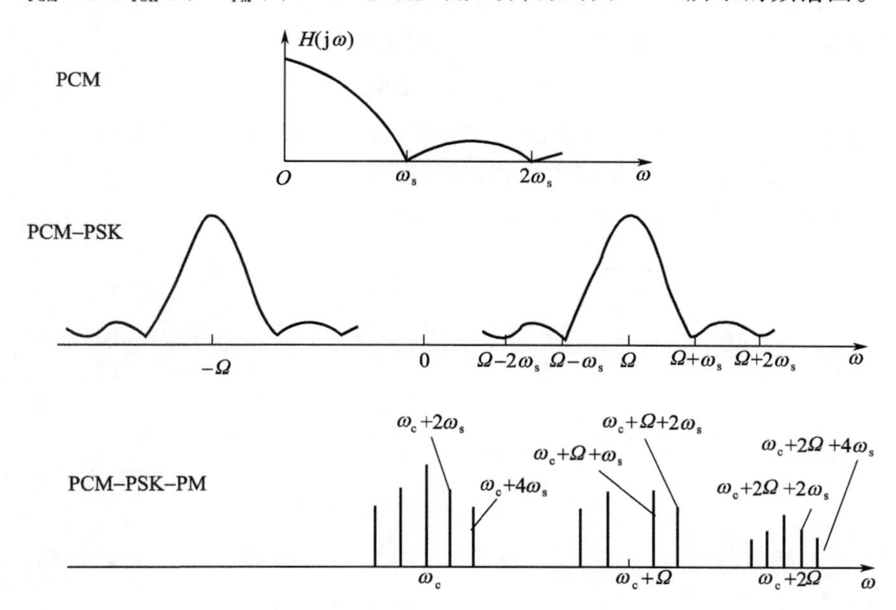

图 6－2　PCM－PSK－PM 信号频谱

从图 6－2 可见，对于采用 NRZ 基带波形的 PCM 信号，功率谱中不含有离散谱线，因此不能直接提取比特率钟频。而副载波频谱在副载波频率 Ω 与比特频率的倍频 $n\omega_s$（$n=0,1,$

2…)的和差频率($\Omega \pm n\omega_s$)上为零;PM 信号的频谱由离散谱线构成,以载波频率 ω_c 与副载波频率的倍频 $n\Omega(n=0,1,2,\cdots)$ 的和差频率 $\omega_c \pm n\Omega$ 为中心向两边展开。

2) PCM－BPSK－PM 解调

在 BPSK－PM 接收解调系统中最关键的设备,除载波调相接收机外,还包括 PSK 副载波解调器、比特同步器和匹配滤波器的 PCM 码恢复器。

(1) BPSK 解调。由于 BPSK 信号中没有离散载波分量,要从中提取本地相干参考载波须采用一些特殊的技术,最主要的方法有平方环、COSTAS 环和重调制环路技术。

① 平方环的工作原理框图如图 6－3 所示。

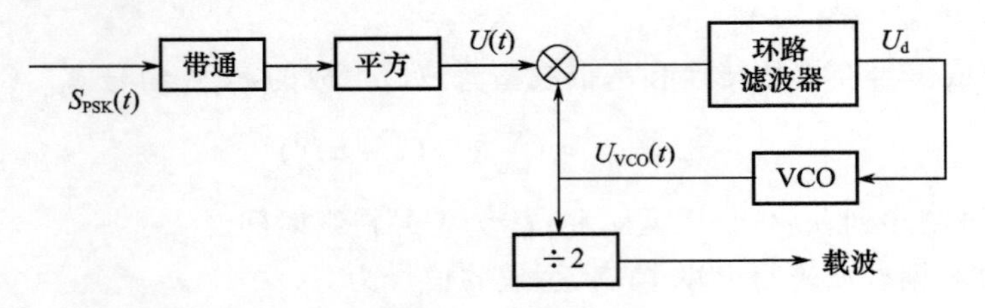

图 6－3 平方环原理框图

平方环的输入信号为 $S_{PSK}(t)$,经过平方处理后得到

$$U(t) = \left[\sum(a_n g(t-nT_s)\right]^2 \cos^2(\Omega t) \tag{6-4}$$

锁相环本振信号为

$$U_{VCO}(t) = A\sin(2\Omega t + 2\Delta\phi) \tag{6-5}$$

鉴相输出经环路滤波后得到控制 VCO 的低频成分,即

$$U_d = K\sin(2\Delta\phi) \tag{6-6}$$

VCO 受相位差 $\Delta\phi$ 控制,实现载波相位跟踪。跟踪输入相位的本振信号经二分频后可得到相干参考载波,再与 PSK 信号鉴相,即可得到 PCM 码信号。

② COSTAS 环的工作原理如图 6－4 所示。

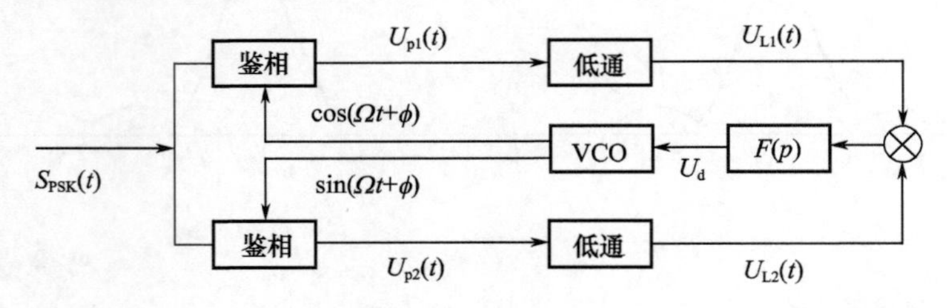

图 6－4 COSTAS 环原理框图

COSTAS 环输入信号 $S_{PSK}(t)$,它分别与两个正交的本振信号 $\cos(\Omega t+\phi)$ 和 $\sin(\Omega t+\phi)$ 相乘(鉴相),分别得到

$$U_{P1}(t) = K_1\left[\sum(a_n g(t-nT_s)\right]\cos(\Omega t) \times \cos(\Omega t + \Delta\phi) \tag{6-7}$$

$$U_{P2}(t) = K_2\left[\sum(a_n g(t-nT_s)\right]\cos(\Omega t) \times \sin(\Omega t + \Delta\phi) \tag{6-8}$$

经过低通滤波后分别得到低频成分,即

$$U_{L1}(t) = K_3\left[\sum_n (a_n g(t-nT_s))\right]\cos(\Delta\phi) \tag{6-9}$$

$$U_{L2}(t) = K_4\left[\sum_n (a_n g(t-nT_s))\right]\sin(\Delta\phi) \tag{6-10}$$

再将 $U_{L1}(t)$ 和 $U_{L2}(t)$ 相乘(鉴相),去掉码调制成分后,仅余下与相位差 $\Delta\phi$ 有关的 $U_d = K\sin(2\Delta\phi)$,用它控制 VCO 就实现了载波相位跟踪。

③ 在重调制环方法中,输入信号 $S_{PSK}(t)$ 与本地载波 $\cos(\Omega t+\Delta\phi)$ 鉴相后得到

$$U_1(t) = K_1\left[\sum_n (a_n g(t-nT_s))\right]\cos(\Omega t)\times\cos(\Omega t+\Delta\phi) \tag{6-11}$$

经滤波后得到低频成分,即

$$U_{L1}(t) = K_{L1}\left[\sum_n (a_n g(t-nT_s))\right]\cos(\Delta\phi) \tag{6-12}$$

用 $U_{L1}(t)$ 去调制本地载波 $\sin(\Omega t+\Delta\phi)$,得到

$$U_2(t) = K_2\left[\sum_n (a_n g(t-nT_s))\right]\sin(\Omega t+\Delta\phi)\times\cos(\Delta\phi) \tag{6-13}$$

式中:$U_2(t)$ 为本地载波的 PSK,它与输入 PSK 信号鉴相滤波得到 $U_3(t) = K\sin(2\Delta\phi)$。VCO 受 $U_3(t)$ 控制,即可实现载波跟踪。图 6-5 给出了重调制环解调的原理。

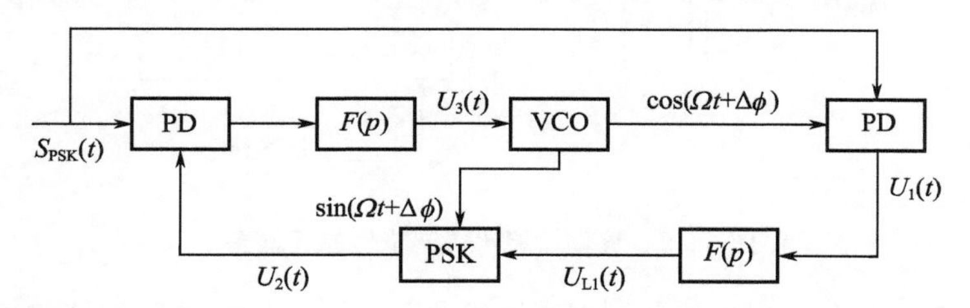

图 6-5 重调制环原理框图

(2) PCM 解调。采用 NRZ 的 PCM 码信号中没有比特时钟频率成分,解调时需要采用特殊的信号处理方法提取时钟信号。常用的有谐振法、记忆锁相和量化锁相方法。

谐振法提取时钟信号的原理如图 6-6 所示。将信号 $S_{PSK}(t)$ 的每个码跳变边沿变成方波脉冲,然后通过窄带滤波产生谐振波形,再通过锁相环提取比特时钟。

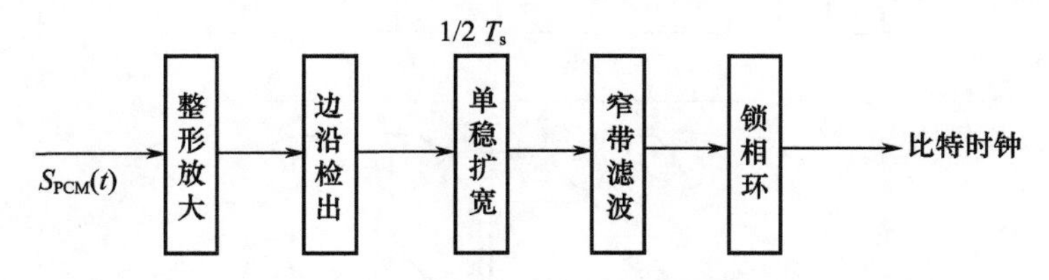

图 6-6 谐振法比特同步器原理框图

记忆锁相环的原理如图 6-7 所示。其鉴相器是一个采样保持器。本振 VCO 产生三角波,用输入 PCM 码波形的边沿时刻去采样,因此不同相位差的采样电压值也就不同,把它保持下来,消除了采样间隔的影响,形成阶梯电压,经环路滤波器控制 VCO,锁定在比

特钟频上。

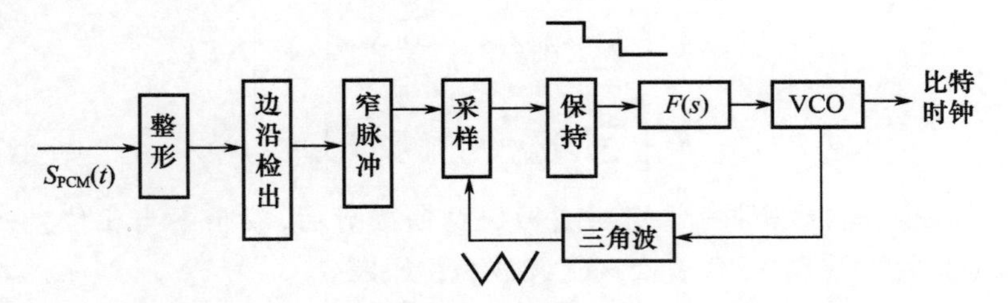

图 6-7　记忆锁相法比特同步器原理框图

量化锁相是一种数字式锁相环，其工作原理如图 6-8 所示。首先把输入 $S_{PSK}(t)$ 信号的码边沿检出，然后根据每一个边沿时刻出现在本振方波的高电平或低电平来决定相位差是超前还是滞后，然后给本振正常的分频链中加或减一个脉冲，使本振信号提前或推迟一个最小相位量化单位。经过若干次调整（次数视初始相位而定），最终必然使输入码沿对准本振信号钟沿，在 ±1 个量化单位范围内抖动，从而实现了比特钟同步。

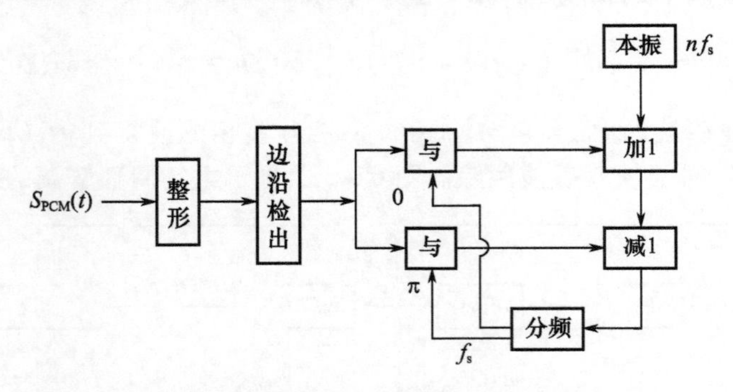

图 6-8　量化锁相比特同步器原理框图

（3）码元恢复。对于副载波调制器得到的 PCM 码信号，它的匹配滤波器应该是用已锁相同步的比特时钟去积分采样，即在相关时钟每一区间进行双向积分，每个时钟周期末时刻的积分值就是最大置信度的码元值。以此判决码元是 1 或 0 是最可信的，或者说噪声的影响最小。图 6-9 给出这种码恢复器的原理图和相应的波形图。

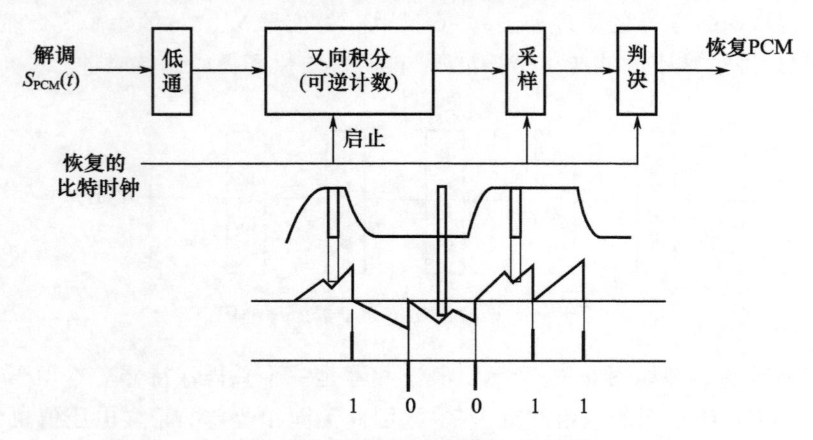

图 6-9　匹配滤波器的码元恢复器

6.2.3 系统特点

从频分统一载波测控系统的组成和工作原理可见,它具有以下特点。

(1) 与分离系统相比,统一载波系统采用一个载波和多个副载波调角实现多功能综合,即用一个设备实现了测轨(测距、测速、测角)、遥控、遥测等多种功能。当采用同一频段多载波时,还可综合电视、数传等功能。

(2) 系统采用了锁相接收技术。由于锁相环的带宽做得很窄,以及能进行低阈值的相干检测,因而能在强噪声中检测出弱信号,大大提高接收信号信噪比,由此实现了远距离捕获和跟踪测量。同时还采用了连续波雷达体制和伪码测距(或极低频率次侧音),因而作用距离可以很远并实现远距离无模糊测距。

(3) 统一载波使飞行器上设备数目大大减少,从而减小了所需占用的体积,减轻了设备的重量,同时也简化了地面设备的维护和使用成本。此外,由于工作频段的统一,系统的电磁兼容性大大提高。

(4) 统一载波常使用的 S 频段已被世界无线电管理会议定为空间业务频段,C 频段也被国际上定为卫星通信的频段,因此,现在世界上已建立了统一载波系统的国际标准,因而使它在国际上获得了广泛应用,并便于开展国际合作。

(5) 统一载波系统采用单站定位体制(A、E、R 定位)。随着距离的增加,由测角误差引起的定位误差加大,所以系统只具有中等定位精度。此外,采用频分制易引起两类组合干扰:一类是多副载波在相位调制解调时,由于器件的非线性而产生的多副载波组合干扰。另一类是多个载波信号同时工作时,由于载波信道的非线性而产生的多载波组合干扰。

6.3 时分统一测控系统

如前所述,频分统一测控系统采用频分制实现。由于系统中存在大量的非线性器件,如放大器、混频器、调相器、AGC 二极管衰减器等,在工作中它们会产生新的频谱分量。如果这些新的频谱分量落在有用信号带宽内,就将形成干扰,即交调干扰。而且实际工作时,接收系统的信号存在多个载波,设计信号的频谱选择就需要保证信号间互不干扰。

克服频分制交调干扰的一个办法是采用时分制。时分制传输的是数字信号,用时间分路,因此对系统线性要求低,而且数字信号便于进行各种处理,汇合分路都是数字集成电路,简单可靠。而且数字信号抗干扰能力强。它可以将数据(遥控、遥测等)、语音、电视综合起来时分传输。因此,传输效率高、容量大。

6.3.1 系统组成及功能

时分统一测控系统的组成大部分与频分统一测控系统相同,区别主要在于系统在信号处理终端采用了与扩频体制相应的结构。系统的组成框图如图 6-10 所示。

如第 3 章所述,扩展频谱技术由于采用了伪随机编码作为扩频调制的基本信号,具有很多独特的优点:用于通信中时,抗干扰能力强,发射功率谱密度低,保密性高,截获概率低,易于实现码分多址通信功能等;用于测控中时,如应用伪随机码测距,可大大提高测距

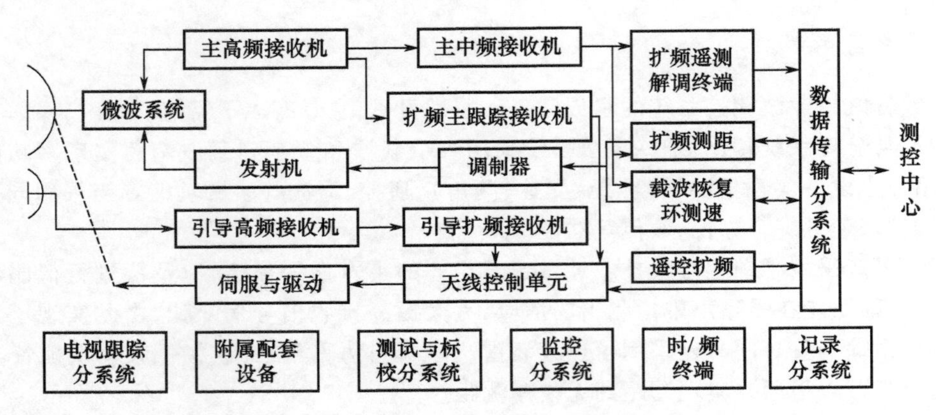

图 6-10　时分统一测控系统结构框图

精度和准确度，而选择适当的信号形式，可以使系统同时具有通信及遥测、遥控、测距、测速功能。

由于频分统一测控系统和时分统一测控系统结构类似，所以在同一个测控系统中，通常具有“频分测控”和“扩频测控”两种模式。它们的主要区别是：在时分模式中，测距采用了伪噪声（PN，Pseudo Noise）码扩频测距，测速采用了载波恢复环测速，测角采用了低载噪比的扩频跟踪接收机，遥测、遥控采用了扩频数字传输。

6.3.2　系统工作原理

1. 遥测、遥控及数传

时分统一测控系统的测轨采用伪码相干测距以及相干多普勒频率测速等技术。

在伪码扩频测控体制中，各种信号不再用不同的副载频来区分，而是采用包式数传或采用时分多路，即上行遥控、数传数据和其他上行测控数据，下行遥测、数传数据和其他下行测控数据等按一定格式分别统一打包再封装成帧，以包头中识别号区分不同信号，或直接封装成帧，用时分多路来区分不同信号。信号封装成帧后统一进行伪码扩频后再对载波进行调制，并送入信道进行传输。所以，在这种系统中，无论是遥测数据、遥控数据还是通信数据，在传输信号中都是以同样的传输数据形式出现，每种信号完全依据帧格式区分。

具体实现上，地面终端设备将遥控信息及其他上行数据信息，经过帧格式形成后，注入上行调制器，经过扩频和载波调制，获得中频扩频信号，然后通过上变频和功率放大等环节，再经天线发向星上应答机。带有上行测控信息的伪码扩频信号到达飞行器应答机天线，经过低噪声放大器、下变频后输出中频信号，然后完成伪码捕获和跟踪。将跟踪后的伪码与接收信号相关，完成解扩过程。然后进行相干解调获得信息比特，从中得到帧标志和遥控信息及其他上行数据信息。

飞行器的下行遥测及数传信息同样经过帧格式形成后，信号经过扩频和载波调制，获得中频扩频信号，然后通过上变频和功率放大等环节，再经天线发射出去。地面终端设备接收来自星上应答机的返回信号，完成伪码捕获和跟踪、解扩、解调，从中得到帧标志和遥测信息、数传信息。

2. 伪码测距

时分统一测控系统中，用来对各种数据进行扩频调制的 PN 码可同时用于测距。测距时，二进制伪码对发射载波进行相位调制，调制信号被目标反射后进入接收机。接收机本地内部的伪码发生器产生一个本地 PN 码（它是发射码的副本），接收端的 PN 码捕获电路调整本地 PN 码的相位使其与接收信号的 PN 码同步。之后，再利用比较器来对比同步后的 PN 码和发送端发送的 PN 码，会出现一定的相位差（即时延差），利用时延差即可解算出目标距离。

用于这种系统的伪随机码测距的信号形式通常有以下两种类型。

（1）长 PN 码测距。在采用长 PN 码测距时，上行链路和下行链路的信号形式有所不同。

上行链路采用 UQPSK 调制体制，在 I、Q 两路正交信道上分别传送扩频指令（遥控或数传信息）和测距码。信号表达式为

$$S(t)=\sqrt{2(0.9)P_{\mathrm{T}}}\mathrm{PN}_{\mathrm{I}}(t)c(t)\sin(\omega t)+\sqrt{2(0.1)P_{\mathrm{T}}}\mathrm{PN}_{\mathrm{Q}}(t)\cos(\omega t) \quad (6-14)$$

式中：P_{T} 为信号功率；ω 为载频；$c(t)$ 为指令码；PN_{I} 为指令信道 PN 码，采用码长为 1023（即 $2^{10}-1$）的短 Gold 码；PN_{Q} 为测距信道 PN 码，采用码长为 261888［即 $256\times(2^{10}-1)$］的长 Gold 码。

下行链路中的同相分量调制遥测及其他数据，正交分量转发 PN 测距码。下行链路信号为

$$S(t)=\sqrt{2P_{\mathrm{I}}}\mathrm{PN}_{\mathrm{I}}(t)d_{\mathrm{I}}(t)\sin(\omega t)+\sqrt{2P_{\mathrm{Q}}}\mathrm{PN}_{\mathrm{Q}}\left(\frac{t-T_{\mathrm{C}}}{2}\right)d_{\mathrm{Q}}(t)\cos(\omega t) \quad (6-15)$$

式中：P_{I}、P_{Q} 分别为 I、Q 通道信号功率；PN_{I}、PN_{Q} 分别为 I、Q 通道 PN 码；T_{C} 为 PN 码片周期；$d_{\mathrm{I}}(t)$、$d_{\mathrm{Q}}(t)$ 分别为 I、Q 通道传输信息。

在设备具有测距功能时，下行链路 I、Q 两路 PN 码都是 261888 位的长码，用码的长度来保证测距的无模糊距离，用码片周期来保证测距精度。

（2）数据帧测距。数据帧测距扩频系统也是用对传输数据进行扩频的伪码同时来实现测距，但通常其伪码码长较短，传输数据的数据钟与伪码周期相同或有整数倍关系。利用较短周期伪码进行精确测距，而利用信息帧解距离模糊。由于伪码码长较短，所以可在较低电平条件下很快捕获信号，并同时实现精确测距和解距离模糊，如图 6－11 所示。

在图 6－11 中：τ_0 为伪码序列周期长度；t 为帧标志（独特字段）长度；T 为测距采样间隔周期。

扩频数据帧测距的原理：测距采样以帧标志的开始作为采样周期的起点，以下一个帧标志的开始作为采样周期的结束，且 T 大于信号传播时间，以此方式来解决距离模糊问题。信息按帧连续发送，在一帧信息字段的开始为帧标志（独特字段），通常选用自相关特性较好的巴克码作为帧标志独特字。独特字的一个码元宽度等于伪码序列长度或与其整数倍相等。独特字后可传输数据。采样脉冲由发射信号的中心时钟产生，与推动产生信息码的发端位脉冲对齐，即与推动伪码序列周期的第一个码片脉冲对齐。收端位脉冲由推动产生本地码的时钟产生，与本地伪码周期的最后一个码片脉冲同步。独特字相关峰为收端检测到的独特字最大相关值。假设本地码与接收码已经同步，则只要测量出发

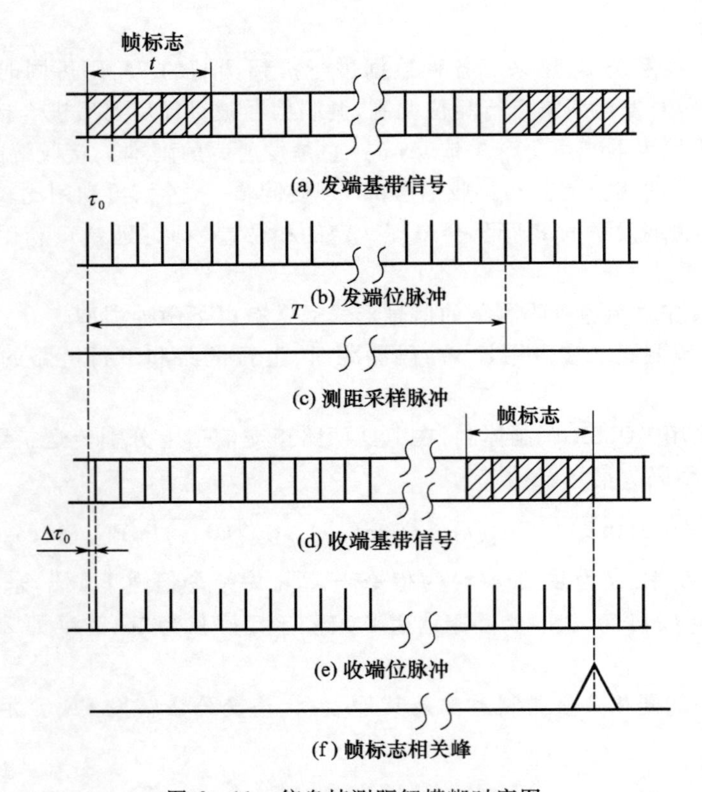

图 6-11　信息帧测距解模糊时序图

端位脉冲与收端位脉冲的时间差 $\Delta\tau_0$，并同时测量出独特字相关峰出现为止的收端位脉冲个数，便可精确测量出信号的传播时延。

数据帧测距扩频信号与长码测距扩频信号比较，优点是伪码捕获电路较简单、捕获时间短。缺点是在多用户需要码分时，短码互相关特性好的码较少，互相关特性也比长码差，短码的保密性、抗侦破能力较差。

(3) 混合测距方案。混合测距方案中，扩频测距用于上行链，而标准侧音用于下行链。该方案可以使用标准的 PM 调制方法，地面测控站跟踪残留载波。卫星接收上行链扩频信号(PN 码)，并使用 PN 码时钟产生一些同步的侧音。侧音的相位与 PN 码起始点对应，PN 码恒定相位延迟就包括一个整数倍数的侧音期。使用 PM 调制将测距侧音发射到地面，地面基带设备测量出这个侧音和原来发射的 PN 码之间的延迟进而完成测距。

6.3.3　系统特点

时分统一测控体制是在统一 S 频段载波测控的基础上发展起来的，通过扩频技术在一个统一的载波上综合多种测控功能的若干测控信号，并且共用收发信道和设备。时分统一测控系统能够完成遥测遥控、测距跟踪、数据通信、宽带图像传输等多种功能的统一、多站多目标测量的统一以及地面多站测控信号的统一。相对于频分统一测控体制，时分统一测控系统的优点主要体现在以下几个方面。

(1) 能够方便地实现多目标测控。时分统一测控系统采用的是扩频通信体制，通过码分多址的多址方式进行通信，这样便可以对多个测控目标或者统一测控目标的多个信号分配不同的扩频码进行扩频，共用同一个载频。不但节省了频谱资源，还能解决频分体制引起的若干难以解决的电磁兼容问题。

(2) 能实现一码多用。对于时分测控系统，无论是遥控指令还是注入数据、遥测数据抑或是其他数据，均看作统一的数据流，采用虚拟信道的方式，利用数据打包再封装成帧进行传输。这种时分复用的统一数据流能在一个载波上进行时分复合多路信号传输，从而实现遥测、语音、图像等多功能的综合，并实现测控与通信功能的综合。此外，同一个伪随机码既可以用作该目标扩频通信时的地址码也可以用来进行测距，当采用码片周期测速方案时还可实现测速，因此有利于提高信号功率利用率，减小互调干扰。

(3) 测距性能提高。时分统一测控系统中采用的是伪随机码测距，测距精度取决于伪随机码的速率。由于扩频伪随机码的速率高达几十兆比特每秒，远远高于侧音测距方法中精侧音的频率，因此测距精度非常高。伪随机码测距的无模糊距离取决于伪随机码的码长，如果测量距离更远，而伪随机码的码长却受限，此时可以通过测控信号的帧同步、超帧同步以及特殊的码字来进行解模糊。因而无论是测距精度还是测距距离，时分统一测控系统采用的伪随机码测距的性能均优于频分统一载波测控系统中的侧音测距。

(4) 异体制共通道。扩频信号的频带很宽并且功率谱密度非常低，因此可以与其他不同调制体制的信号共存，也就是系统中的扩频信号与非扩频信号可以在相同的载频和频段下共存。这样有利于提高频带利用率。

(5) 此外，采用扩频测控能带来很多好处，如抗干扰、抗截获、抗多径、多址、保密性能好等。

由于时分统一测控系统采用的是扩频通信体制，因此存在着用户之间的多址干扰、远近效应等问题。此外，扩频测控还有一些关键技术问题需要解决，如扩频长码的快速捕获、快速角捕获、功率控制等。

6.4 “阿波罗”飞船统一载波测控系统

美国“阿波罗”登月飞行测控系统是一个典型的S频段统一测控系统。该系统是为“阿波罗”月球飞行任务而使用的通信跟踪系统。

在星上，“阿波罗”飞船分为两部分，即指挥舱和登月舱。前者通信系统从发射开始直至载人溅落的整个阶段都在工作，而后者的通信系统主要是在月球区工作。这两部分各有自己的S频段系统，其结构和参数有所不同。因此，地面站的系统较为复杂，要求地面站对这两个部分有同时测量和通信的能力。

美国的S频段地面站有3类，即深空站、中间辅助站和地球轨道站。深空站共有3个，天线直径26m，能同时对两个飞船进行深空跟踪和通信。这3个站分别设在美国加利福尼亚的戈德斯顿、西班牙的马德里和澳大利亚的堪培拉。中间辅助站起辅助跟踪的作用。在飞船飞行高度还较低时，深空站无法捕获目标（因为深空站能捕获的目标最小高度也是几千千米），这时利用中间辅助站来填补跟踪的空白区域。这些中间站有直径1m的天线，可同时对两个飞船进行数据通信。地球轨道站的任务是和中间辅助站结合起来，共同保证在地球轨道飞行阶段对“阿波罗”飞船的良好跟踪。

6.4.1 系统组成及工作原理

统一 S 频段系统由飞船统一系统和地面统一系统所组成。图 6-12 所示为飞船统一系统的简化框图。飞船分系统由两部分组成,即信息处理机和应答机。上行载波信号包括测距码、上行数据基带信号调制的副载波和语音基带信号调制的副载波。应答机收到上行载波信号后,由锁相接收机的载波跟踪环跟踪载波信号,载波解调器的输出为上行数据副载波、上行语音副载波和测距码。由滤波器将上行数据和语音副载波分离出来后,送信息处理机中的上行数据解调器和上行语音解调器分别解调出上行数据与语音;测距码则经视频滤波之后再去调制下行载波,发回地面。

下行信号共有 9 种。各信道信号在调制统一载波之前必须经过预处理,即各信道先对各自副载波进行调制(个别除外,如测距码)。然后将所有的已调制副载波信息相加再去调制统一的载波频率。统一载波的个数根据传输信号的多少和性质而定,可以是一个,也可以是几个。在"阿波罗"统一 S 频段系统中,由于有两个飞船(登月舱和指挥舱),所以上行统一载波有两个,下行载波有 3 个,其中指挥舱用两个,登月舱用一个。

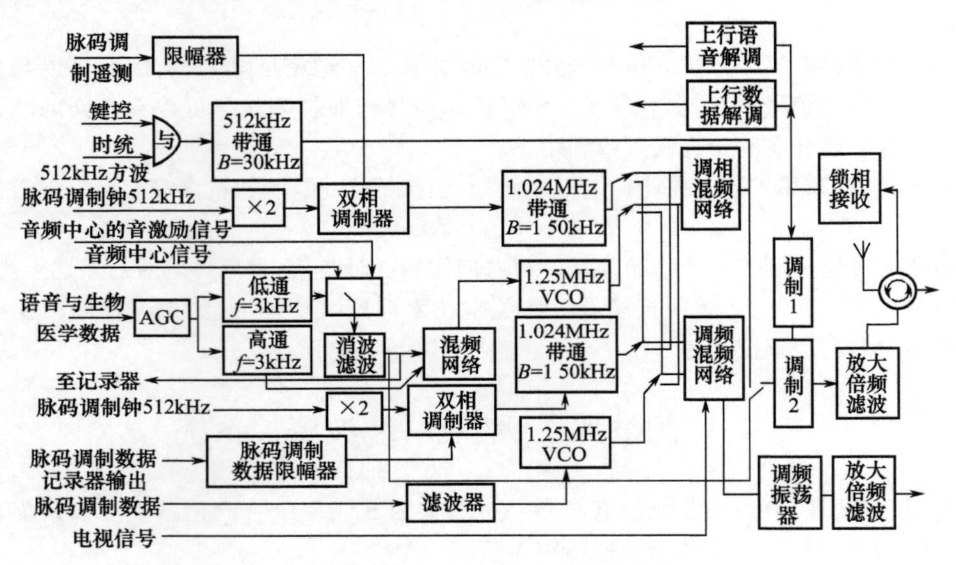

图 6-12 飞船统一系统简化框图

统一 S 频段地面系统的框图如图 6-13 所示。从图中可以看出,发码产生器产生的上行测距伪码信号与其他上行调制信号相加后对上行载波调相,语音信号和上行数据通过数据选择处理设备与控制台加到预调器,分别对 30kHz 和 70kHz 的副载波调频,然后与测距码相加对上行载波调相。

下行信号是根据各信道的副载波频率不同,即用频分的方法来区分信道的。接收机收到下行载波信号后,从载波锁相环提取多普勒频率供测速用。混频后得到的中频调制信号,通过鉴相器解调出各信道信号调制的副载波信号之和,此信号加至各副载波解调器或滤波器分别解调出各信道的调制信号。例如,1.25MHz 语音副载波调频信号通过 1.25MHz 副载波解调环路解调出语音信号和生物医学副载波调制信号,用低通滤波器滤出语音信号,7 个低频调制信号滤波器和解调器则解出 7 个生物医学信号。编码调频遥测信号经 1.024MHz 滤波器和副载波跟踪环，由平衡检波器检出编码调制遥测信号。应急语音和应急键控信号是直接对载波调相的，所以从鉴相器的输出用应急语音滤波器可得到应急语音信号，经应急键控检波器可得到应急键控信号。

调频信道的工作过程：调频接收机收到下行调频载波信号后，由中频载波解调环解出各路副载波调制信号的混合信号。其中一路通过 1.25MHz 副载波解调环解调出记录语音和生物医学信号之和，再经语音滤波器滤出语音信号，经生物医学数据副载波滤波器和解调出各种生物医学数据；另一路经 1.024MHz 副载波解调环和平衡检波器检出记录遥测信号。还有一路经电视滤波器输出电视信号。

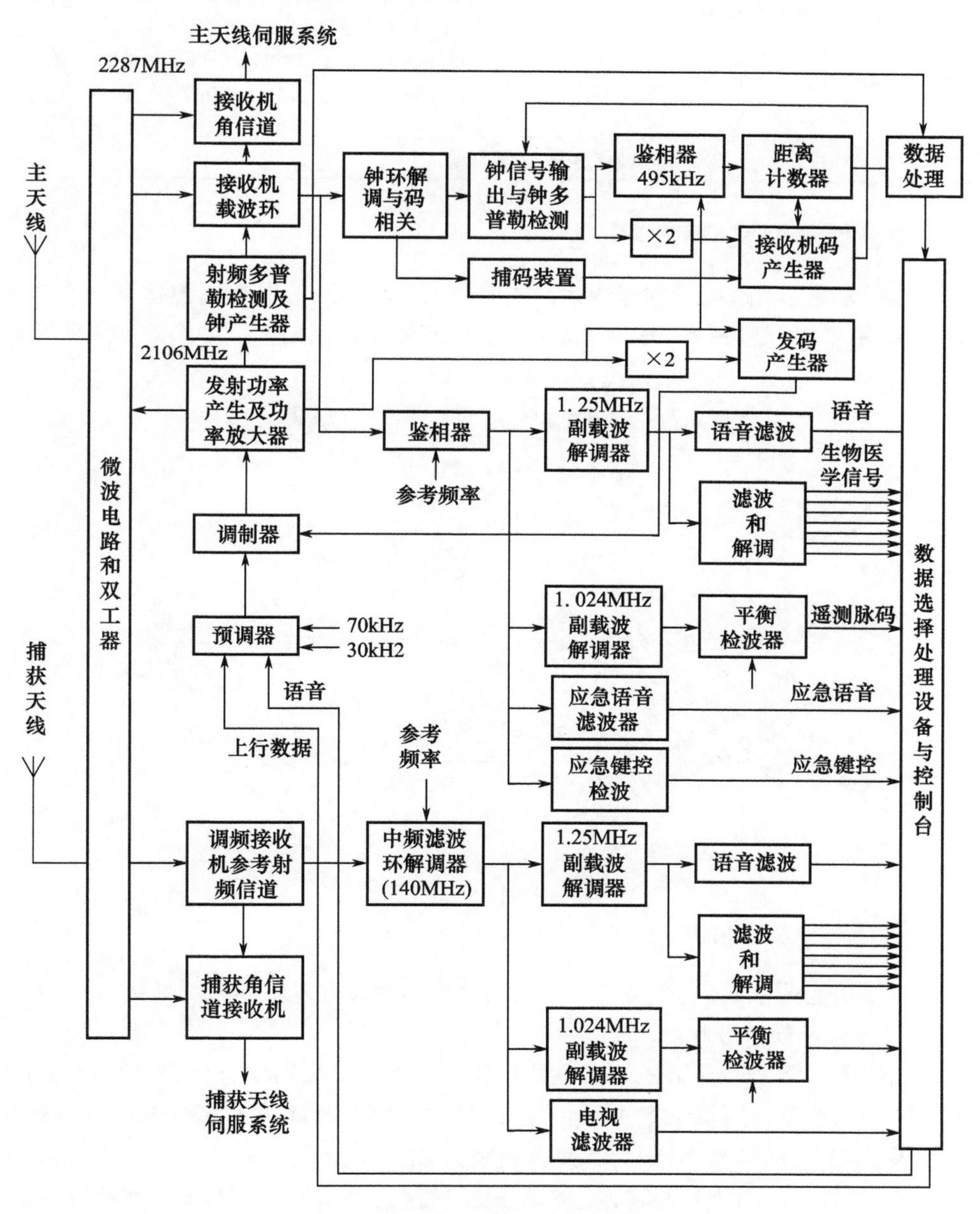

图 6-13　统一 S 频段地面系统

在执行任务期间,航天测控网每个统一 S 频段地面站可提供的通信信道如表 6-1 所列。

表 6-1 统一 S 频段所提供的信道

统一 S 频段站←→GSFC/MCC	MCC←→GSFC/统一 S 频段站
① 2 条高速数据(2.4kb/s),用于遥测 ② 1 条会议话路(空-地),用于飞行控制 ③ 1 条语音/生物医学数据,用于模拟信号(实时) ④ 1 条跟踪数据(1.2kb/s 或 2.4kb/s),实时 ⑤ 1 条语音信道,用于载人航天网调度(MCC) ⑥ 1 条跟踪数据(2.4kb/s),实时 ⑦ 1 条电传信道,用于跟踪数据(实时或作备份) ⑧ 1 条电传信道,用于工作调度	① 1 条高速数据(1.2kb/s 或 2.4kb/s),用于数字指令(实时) ② 1 条会议会话、用于飞行控制 ③ 1 条语音/生物医学数据,用于维护/操作调度 ④ 1 条语音信道,用于载人航天网调度 ⑤ 1 条电传信道,用于预报/引导(实时或备份) ⑥ 1 条电传信道,用于工作调度
注:GSFC——戈达德航天中心;MCC——航天控制中心(休斯敦)	

6.4.2 传输信号及其频谱分配

"阿波罗"测控通信系统实质上采用了"时分"加"频分"的混合测控体制。在频谱使用方面,则采用了"双载波"和"多副载波"方法。系统所使用的频段如图 6-14 所示。

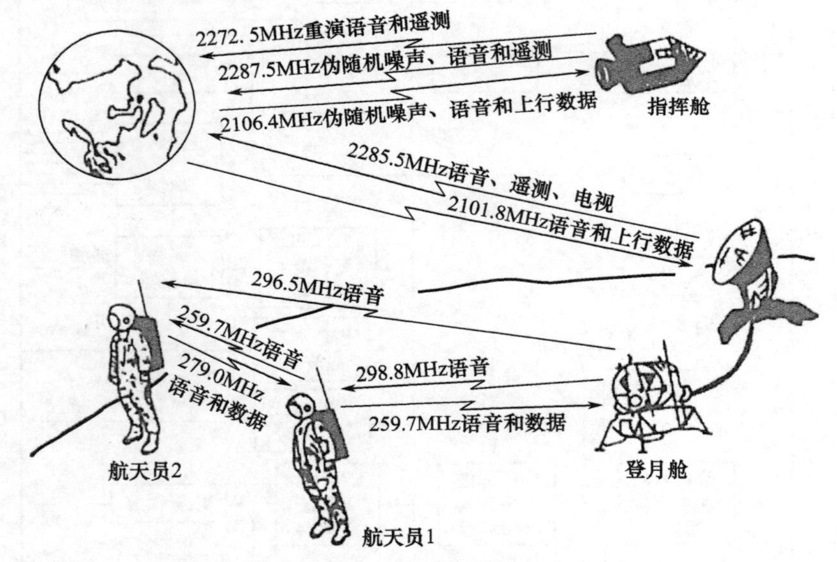

图 6-14 "阿波罗"测控系统使用的信号频段

根据测控功能的不同,上行信号与下行信号在参数设置上有明显的区别。

1. 上行信号及频谱分配

(1) 测距码。测距码是地面站发出的重要信号之一。采用复合伪码,钟码为 496kHz 的方波。复合码的基本周期是 5.4s,所对应的最大无模糊距离为 1.62×10^{7}km。测距码由 4 个子码、一个时钟码组合而成,其组合函数为 $CL\oplus\bar{X}\cdot(a\cdot b+b\cdot c+a\cdot c)$,各子码长度如表 6-2 所列。测距码和其他上行副载波调制信号相加后再对上行载波统一调相。在码捕获时,系统采用双环跟踪装置,先捕获钟码,再依次捕获 $\bar{X}$、a、b、c 等 4 个子码。

表 6-2 子码组成

子码	长度/b
CL	2
X	11
a	31
b	63
c	127

(2) 上行数据。上行数据为数字指令信号。该信号由 1kHz 正弦波和 2kHz 正弦波合成,其中 2kHz 正弦波受一个 1000b/s 的数字信号移相键控。数字信号是一个以 200b 为基础的信号,并且是亚比特(subbit)编码(用两个编码组分别表示“1”和“0”),5b 为 1。基带上行数据信号先对 70kHz 副载波调频,然后和其他上行调制信号相加再对统一载波调相。

(3) 语音信号。上行语音信号是地面对飞船进行语音通信的信号。基带语音信号为模拟信号,能量集中在 300~2300Hz 的频率范围内。语音信号先对 30kHz 副载波调频,然后和其他上行调制信号相加再对载波调相。图 6-15 所示为测距码加上语音副载波和上行数据副载波对载波(频率为 f_0)调相的频谱图。从图中可看出,测距码信号频谱的包络为 $\sin x/x$ 形式,每隔 1MHz 有一零点,包络内的离散谱线图中没有画出。语音副载波和数据副载波的基频分量分别离中心载波频率 30kHz 和 70kHz。

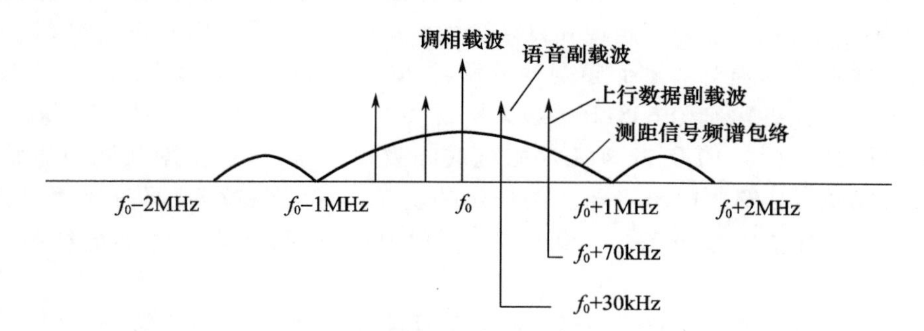

图 6-15 单上行频谱

当地面站要对两个飞船同时测控通信时,其上行信号频谱如图 6-16 所示。这是一个双上行频谱图。其中含有两个载波频率相隔开的单上行频谱图。这两个频谱在形式上相似,但包含的信息内容是不同的。

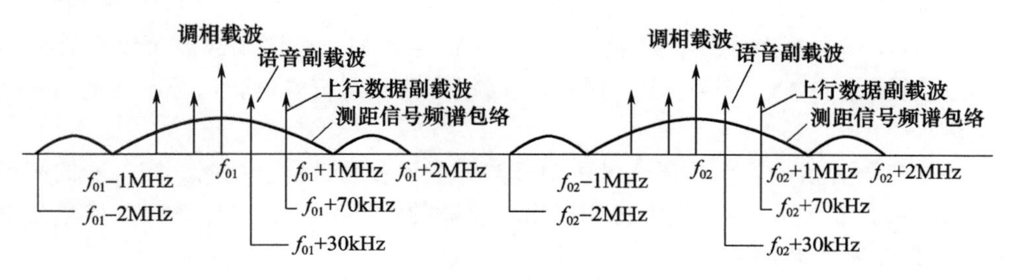

图 6-16 双上行频谱

2. 下行信号及频谱分配

(1) 测距码信号。下行测距码是飞船将上行测距码转发后形成的,除增加了转发噪声和多普勒效应的影响外,其频谱与上行测距频谱相似。下行载波有 3 个,其中指挥舱统一 S 系统有两个,登月舱统一 S 系统有一个。指挥舱的两个下行载波,一个被调相,称为调相信道;另一个被调频,称为调频信道。下行测距码与其他下行信号相加后对载波调相。登月舱只有一个下行载波,既可调相又可调频,但当需要用测距码时,就只能用测距码去对载波调相。

(2) 语音信号。下行语音与上行语音相似。信号来自航天员的送音器或调幅转发接收机(当航天员在飞船外活动时)。基带语音信号先对 1.25MHz 的副载波调频,然后可与调相信道的其他调制信号相加对下行调相载波调相,也可与调频信道的调制信号相加再对下行调频载波调频。

(3) 脉码调制遥测信号。飞船的主要遥测信号是非归零二进制编码调制信号。传输速率为 51.2kb/s 或 1.6kb/s。飞船上的基本遥测时钟频率为 512kHz,其倍频为 1.024MHz,编码信号先对 1.024MHz 副载波调相,然后可与调相信道或调频信道的信号相加对下行载波调相或调频。

(4) 电视信号。电视信号是模拟信号,为节省功率,传输图像每秒只有几帧。每帧 320 线,纵横比为 4∶3。基带电视信号先与其他调频信道调制信号相加,再对下行载波调频。

(5) 生物医学遥测信号。当航天员在飞船内活动时,生物医学数据是通过遥测信道获得的。当航天员在飞船外行走或在月球表面活动时,在航天服内有发射机,将测得的 7 个生物医学信号分别对 7 个低频副载波调频,这 7 个副载波频率为 4.0kHz(备用)、5.4kHz(航天服设备电池)、6.8kHz(航天服压力)、8.2kHz(氧气压力)、9.6kHz(航天服温度)、11.0kHz(体温)及 12.4kHz(阻抗或呼吸传感器)。被调副载波相加后,再对超高频载波调幅,并发射回母飞船。在母飞船上调幅信号被解调,同时还原出调频副载波,并进一步解调出基带信号。还原后的信号以基带形式进入母船的统一 S 频段系统。

(6) 脉码调制遥测记录信号。当飞船处于月球背面时,可将遥测信号进行记录。当飞船处于"电波视场"内需要向地面传送记录信号时,将此信号对 1.024MHz 副载波进行调相,然后既可对调相信道的载波调相,又可对调频信道的载波调频。需强调的是,实时遥测数据的传输与记录数据的传输不能用同一个载波,因为它们的副载波都是 1.024MHz。

(7) 语音记录信号。语音记录信号对 1.25MHz 的副载波调频。鉴于对基带带宽的考虑,不能将飞船外的生物医学数据与语音记录信号相加。已调副载波可以和其他信号相加,并通过调相或调频信道送出。同理,实时语音信号与记录语音信号不能用同一载波信道送出。

(8) 应急语音信号。应急语音基带信号与一般语音基带信号相同。当飞船的高增益天线或末级放大器出故障时(不考虑同时出现故障的情况),可利用应急语音信号与地面联络。此时,基带语音信号直接对载波调相。

(9) 应急键控信号。当飞船的其他通信手段都失灵时,宇航员可通过发莫尔斯码来实现通信联络。基带键控信号是一种断续的直流电压，通过对飞船上的 28V 电池键控后获得。此信号与 512kHz 的方波“相与”，再经带通滤波器产生 512kHz 的键控信号副载波对载波进行小角度调相。图 6－17 和图 6－18 分别为指挥舱下行频谱和登月舱下行频谱。

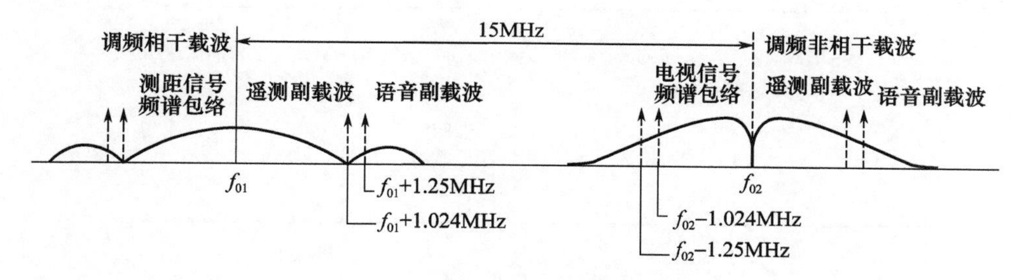

图 6－17　指挥舱下行频谱

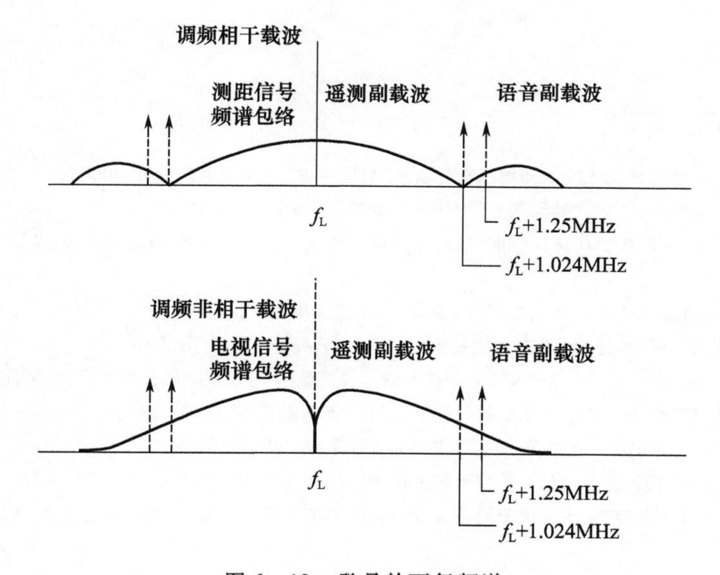

图 6－18　登月舱下行频谱

图 6－19 给出了指挥舱和登月舱工作时的全部频谱图，应急语音和应急键控信号频谱如图 6－20 所示。

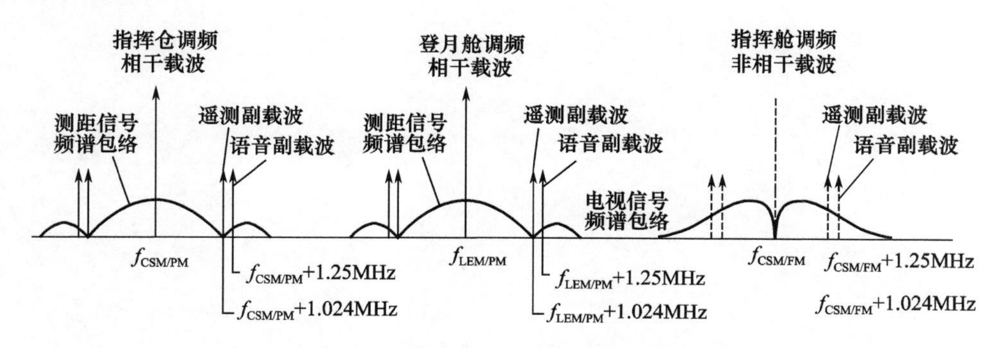

图 6－19　指挥舱和登月舱全部工作时的频谱

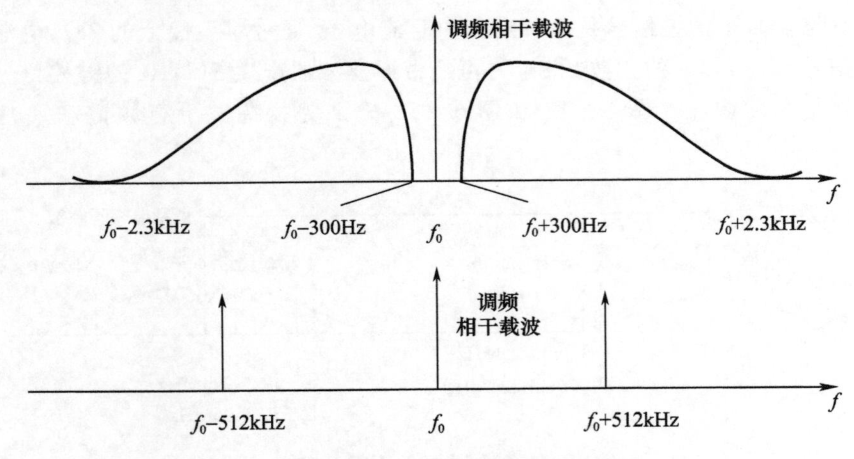

图 6-20 应急语音和应急键控信号频谱

参考文献

[1] 周智敏,陆必应,宋千．航天无线电测控原理与系统[M]．北京:电子工业出版社,2008.

[2] 李艳华,李凉海,谌明,等．现代航天遥测技术[M]．北京:中国宇航出版社,2018.

[3] 董光亮,耿虎军,李国民,等．中国深空网:系统设计与关键技术(下)深空干涉测量系统[M]．北京:清华大学出版社,2016.

[4] 赵业福,李进华．无线电跟踪测量系统[M]．北京:国防工业出版社,2002.

[5] 刘嘉兴．载人航天 USB 测控系统及其关键技术[J]．宇航学报,2005,26(6):743-747.

[6] 张庆君,余孝昌,左莉华,等．神舟载人飞船测控与通信分系统的研制[J]．航天器工程,2004,13(1):97-103.

[7] 余孝昌．联盟号飞船测控与通信分系统的设计特点[J]．航天器工程,1994,3(2):52.

[8] 王举思．USB 测距电离层延迟误差分析[J]．飞行器测控学报,2002,21(3):24-30.

[9] 殷复莲,卢满宏,郭黎利．测控通信干扰抑制技术综述[J]．宇航学报,2009,30(5):1757-1764.

[10] 陈茹梅,刘齐,单琦,等．统一 S 频段测控系统残余载波快速捕获方法[J]．航天器工程,2014,23(4):62-65.

第7章　天基测控通信系统

由中继卫星构成的天基测控网极大地提升了航天测控的覆盖范围，具有通信频带宽、链路容量大等特点，是航天测控发展的新阶段。天基测控系统主要包括跟踪与数据中继卫星系统和导航卫星系统。

跟踪与数据中继卫星系统是一个利用地球同步卫星和地面终端站，对中、低轨道航天器进行高覆盖率测控和数据中继的测控通信系统。系统具有跟踪测轨和数据中继两方面的功能。本章介绍跟踪与数据中继卫星系统的基本概念和发展历程，并以美国跟踪与中继通信系统为例，重点介绍了系统的组成特点和工作原理。

卫星导航主要应用于飞船、空间站和低轨道卫星等航天飞行器的定位和导航，在测控通信领域也具有重要的应用意义，可提供运动平台的位置、速度和时间信息。卫星导航定位技术提高了飞行器定位精度，并简化了相应的测控设备，推动了航天技术的发展。本章以美国GPS和中国北斗卫星导航系统(BDS)为例，介绍卫星导航系统的功能、组成和工作原理，并简介其他卫星导航定位系统。

7.1　跟踪与数据中继卫星系统

7.1.1　基本概念与发展历程

20世纪60年代，美国为了解决载人航天的高覆盖率问题，最先提出了跟踪与数据中继卫星系统。这是一种利用地球同步卫星上的中继转发器，实现地面设备对中、低轨航天器跟踪测轨和数据中继传输的天基测控通信系统(TDRSS)，它具有数据中继(DR)与跟踪测轨(T)两种功能。

TDRSS相当于将地面上的测控站移到了地球静止轨道高度，使用一颗卫星可观测到大部分近地空域内的航天器，两颗卫星组网则基本可覆盖整个中、低轨道空域。两颗中继卫星在赤道上空相隔经度越大，对近地轨道航天器轨道的覆盖率越高，当相隔经度为160°时可完全覆盖，但这样就无法用同一个地面终端来沟通两颗中继卫星，必须设置两个地面终端站。因此，为简化系统组成，两颗中继卫星之间的最大经度间隔一般设为130°，这样地面只需设一个终端站，但此时存在测控盲区，可通过增发第3颗卫星来解决。TDRSS概貌如图7-1所示。

在TDRSS的发展过程中，以美国的系统最具有代表性。到目前为止，美国共发展了3代TDRSS系统。1983年4月，美国发射了第1颗跟踪与数据中继卫星(TDRS)，至1993年1月第6颗TDRS发射后，系统组网成功，称为第1代TDRS。该系统对中低轨航天器的覆盖率达到100%，具备了在轨运行和轨道备份能力，能为各种中低轨道航天器提供跟踪与数据中继业务。根据中低轨道航天器，特别是当时“自由”号空间站发展的需要，美

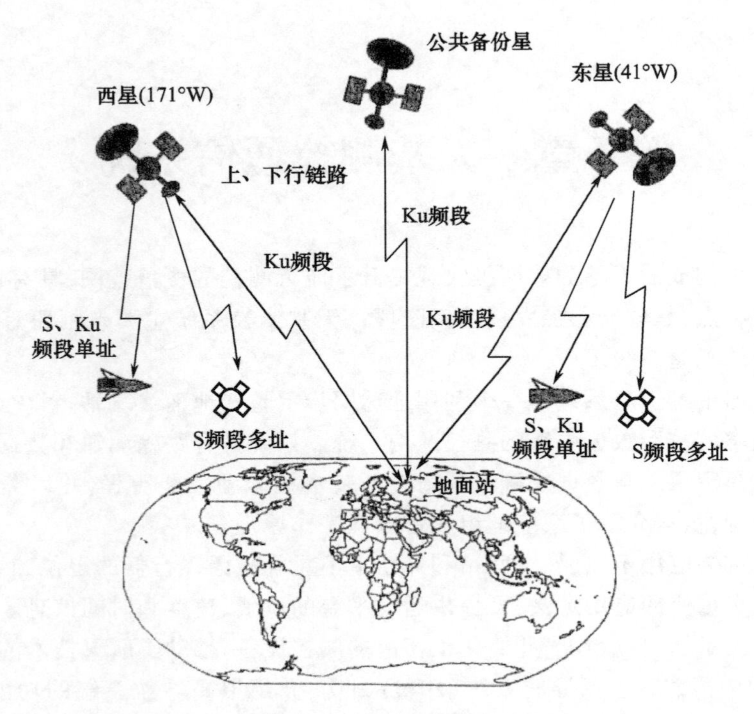

图 7 - 1　TDRSS 概貌

国国家航空航天局在 2000—2002 年间，发射了 TDRS - H、TDRS - I 和 TDRS - J 卫星，建立了称为“高级跟踪与数据中继卫星”的系统，即第 2 代 TDRS。第 2 代 TDRS 卫星具有数据传输和为地面和空间提供近似连续的通信联系的双重能力。到 2006 年 8 月，NASA 决定采购第 3 代卫星补充在轨星座，以满足 2025 年前的用户需求。第 3 代卫星进一步提高了系统功能，并升级了卫星遥控与遥测链路的通信安全系统。在地面支持系统方面，美国建立并发展了分别位于新墨西哥州和关岛的白沙地面终端站（WSC、STGT）和远程地面终端站（GRGT），为美国国家航空航天局的天基网用户提供高可用性指令和控制能力及更高级的服务。

除美国外，俄罗斯、日本、欧洲和中国也在研制自己的跟踪与数据通信卫星系统。

俄罗斯已拥有多个军用和民用数据中继卫星系统。军用系统主要服务对象包括“和平”号、“礼炮”号空间站及“联盟”飞船等。民用系统分为东部、中部和西部 3 个独立网络。地面站采用了分布式地面应用系统，各自管理各自的数据中继卫星。

1989 年，欧洲空间局（ESA）制订了分两步走的数据中继卫星发展计划，即“数据中继和技术任务”（DRTM）计划。计划首先以“高级中继和技术任务”进行数据中继应用的关键技术研究，然后进行正式的“数据中继卫星”（DRS）技术飞行。

日本十分重视数据中继与跟踪卫星的发展。其发展分 4 步走：第 1 步是利用工程试验卫星 6 号进行试验；第 2 步是利用通信工程试验卫星进行试验；第 3 步是利用光学轨道间通信工程试验卫星进行试验；第 4 步是发射两颗实用型数据中继技术卫星。

2008 年 4 月 25 日，我国首颗数据中继卫星天链一号 01 星发射成功，标志着我国成为继美国之后在世界上第 2 个拥有对中、低轨航天器具备全球覆盖能力的中继卫星系统的国家。目前我国已发射了天链一号的4颗中继卫星。其中由定点于76.95°E的01星、定点于176.76°E的02星、定点于16.65°E的03星和定点于76.40°E的04星实现全球组网。前3颗卫星组网可对350km以上的中继用户提供100%全球覆盖,对地面中继用户提供80%以上覆盖,其覆盖特性显著优于地面站组网。我国的中继卫星系统已成功应用于载人飞船的数据中继、测控和跟踪、空间交会对接、遥感卫星高速数据传输、航天器测控以及航空器、舰船等非航天器平台的数据中继传输。例如,嫦娥四号着陆器在动力下降段和月面工作段的空间探测任务在月球背面执行,需要中继卫星提供中继转发任务,相关的测控通信链路如图7-2所示。后续我国将逐步完善天链系统和光学、红外以及合成孔径雷达卫星的预警体系,建立自己的天基系统平台。

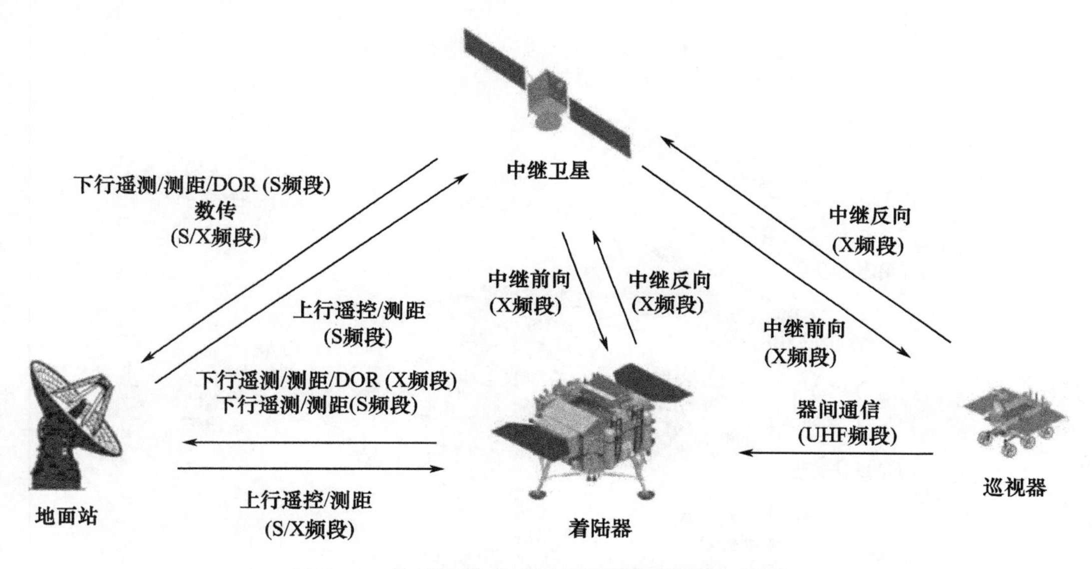

图7-2　嫦娥四号中继卫星测控通信链路示意图

TDRSS使航天测控通信技术发生了革命性的变化,具有地基测控系统无法比拟的优点。TDRSS的天基测控思想从根本上解决了测控、通信的高覆盖率需求问题,同时还解决了高速数据传输和多目标测控通信等技术难题,并具有较高的经济效益。目前TDRSS还在继续向前发展,不断地拓宽其应用领域。

7.1.2　系统组成

TDRSS一般由两颗跟踪与数据中继卫星(TDRS)、一个地面终端站和用户终端设备三部分组成。通常定义从地面终端站到TDRS、从TDRS到用户星的链路为前向(或正向)链路,相应传输的信号为前向(或正向)信号,而从用户星到TDRS以及从TDRS到地面终端站的链路为反向链路,所传输的信号为反向信号。TDRSS结构如图7-3所示。

下面以美国TDRSS为例予以介绍。

1. 跟踪与数据中继卫星

中继卫星是TDRSS的核心单元,主要由星体结构、有效载荷和天线3部分组成。美国的第1代TDRS外形如图7-4所示。

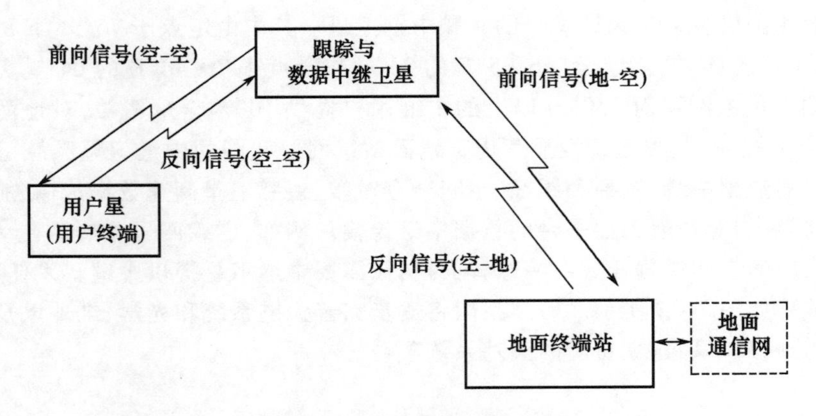

图 7-3　TDRSS 结构示意图

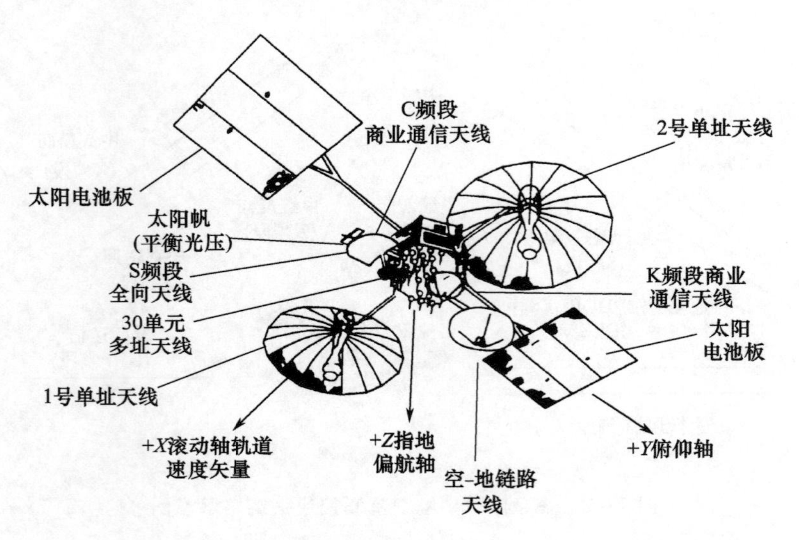

图 7-4　TDRS 外形

星体平台包括跟踪测轨、遥测、遥控指令(TT&C)以及能源、推进动力和姿态控制等分系统。卫星上包含5种天线,即两个4.9m K/S双频单通道抛物面天线、一个S频段多通道相控阵天线、一个K频段"空-地"链路抛物面天线、一个S频段测控天线以及两个卫星通信天线。有效载荷主要是TDRS转发器,包括"空-空"单通道设备、"空-空"多通道设备、"空-地"传输设备、TDRS星上前向/反向处理机和频率产生设备等5个部分。

系统工作时,首先由地面终端站用Ku(或Ka)频段通过前向链路向中继星发射遥控指令、扩频测距信号和其他前向数据,经中继星转发给用户星,该空间链路采用Ku(或Ka)和S频段。用户星接收、解调出遥控指令和测距信号,并通过反向链路将测距信号和用户星本身的反向数据传送给中继星,中继星再反向转发给地面终端站,从而实现测距和数据中继功能,构成天基数据链。

对于中继星上的S/Ka(或Ka)双频段抛物面天线,每次只能用一个通路为一个用户星服务,称为单址业务(或称单通路业务,SA),单址业务中又包括工作于S频段的单址业务(SSA)或工作于Ka频段单址业务(KSA)。对于中继星上的S频段多波束天线,它能同时为多个用户星服务(多址业务,MA),称为S频段多址业务(SMA)。同时还利用扩频信号实现测距,利用载波多普勒实现测速,实现对用户星的定轨,利用数据传输通道实现遥测和遥控。

2. 地面终端站

美国的TDRSS地面终端站设于白沙靶场,目前已有两套设备,它包括1983年投入工作的"白沙地面终端"(已于1996年改进、增强)和第2代TDRSS地面终端站,每套设备都有3个18.3m的大天线和一个6m的小天线。3个大天线工作于Ku频段,每部天线分别与一颗TDRS配套工作,实现正、反向测控通信。小天线用于对TDRS星进行应急测控。另外,还有发射测试信号和模拟信号的辅助天线。

TDRSS中继传输的数据不在地面终端站产生,地面终端站进行"全透明"的传输,它包括相应的地面正向通道和地面反向通道。地面终端站的组成框图如图7-5所示。

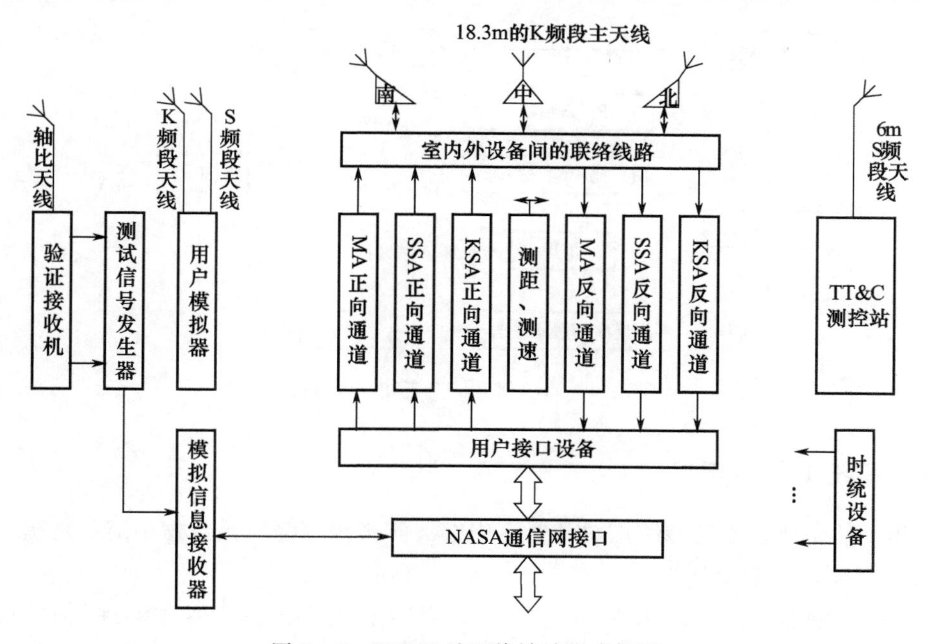

图7-5 TDRSS地面终端站组成框图

前向和反向传输链路工作于Ku频段,其中TT&C前向通道对中继卫星进行遥控,用于正常的定点保持和卫星姿态调整,反向通道主要用于接收来自星上的信号。地面终端站实现多址通道、S频段单址通道和K频段单址通道3种业务。MA、SSA和KSA各地面前向通道的主要区别是带宽不同。KSA与SSA的主要差别是数据速率,Ku频段的带宽较宽,可以传输更高的数据速率。

地面终端站还包括距离和距离变化率测量设备、时间统一和频率标准设备、模拟校准站设备、应急备份的TT&C设备等其他设备。

3. 用户航天器应答机

TDRSS中的应答机具有遥控、遥测、测距、测速作用,还具有数据的中继传输功能。应答机接收前向链路发来的测距伪码和扩频信号,从中解扩解调出送至用户航天器的指令、语音和数据等信息,并相干转发测距伪码,在下行扩频码上调制遥测、语音、指令验证等信息,同时向中继卫星发射高速探测数据。

为了使用户应答机的适应范围更广、用途更多,通用的 TDRSS 用户应答机尽量采用双模式(TDRSS 和 TT&C)和双频段(S/Ku 或 S/Ka 等)的工作方式。在 TDRSS 状态下,正、反向链路的信号通常采用 QPSK 或 SQPSK 调制和直接序列频谱扩展,具有测距 PN 码的解调、调制,各种指令的接收,遥测信息的发射以及中/高速数传等功能。

用户应答机的天线形式概括起来有 3 类,即相控阵天线、机电驱动的窄波束天线和宽波束的固定天线,以满足不同用户航天器的需求。对于高速数传用户航天器,必须采用高增益定向天线和相应的精密天线波束指向控制和跟踪机构。对于中速数传的用户,可使用各种中增益天线,如拱形贴片式阵列天线、缝隙式阵列天线或喇叭天线。对于低速数传用户,有时采用全向天线。

TDRSS 用户应答机的原理框图如图 7-6 所示。

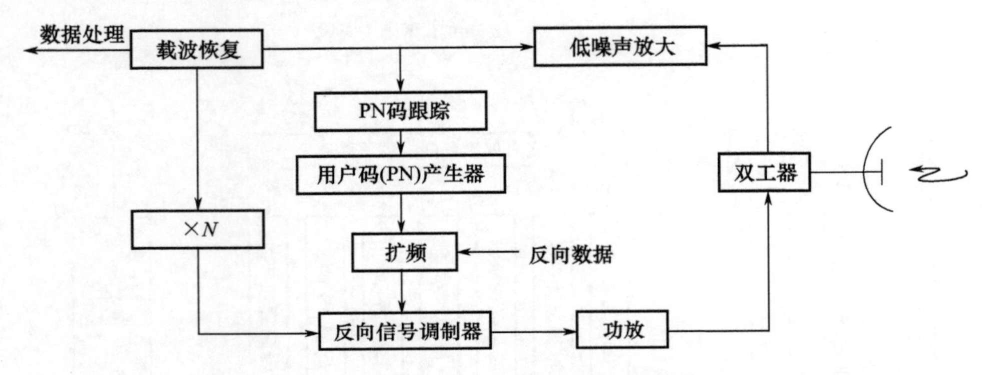

图 7-6　TDRSS 用户答应机原理框图

7.1.3　系统工作原理

TDRSS 的主要功能是跟踪测轨和数据中继。实现跟踪测轨是数据中继的前提。

1. 信号捕获与测定轨

(1) 信号捕获。跟 USB 系统一样,TDRSS 要能正常工作,必须首先实现信号的捕获。首先是让 TDRS 天线与用户航天器的天线相互对准实现角捕获和角跟踪;其次进行伪码的短码捕获;再次完成载波捕获锁定;最后完成伪码的长码捕获、锁定、跟踪。

① 天线捕获与角度跟踪。天线捕获是指中继卫星和用户星的天线在空间方向上相互对准。由于用户星的轨道偏差和 TDRS 偏航的影响,二者间的角度存在一个不确定的偏差,这种偏差一般在 ±0.22°范围内。

S 频段的 SMA 业务的相控阵天线波束宽度为 26°,覆盖了其服务的用户航天器的所有空域,因此不存在天线捕获与角度跟踪的问题。S 频段的 SSA 链路的波束较宽(约 2°),远大于用户星 ±0.22°角度偏差范围,因此比较容易捕获,只要应用较准确的轨道预报数据就能正确地引导 TDRS 的 SSA 波束指向用户航天器,故可采用开环控制的方式。

对于 KSA 链路,由于频率升高,K 频段的波束变窄了(约 0.28°),捕获比较困难。为解决 KSA 角捕获问题,采用 K/S 双频段天线,先利用 SSA 宽波束对 KSA 天线进行引导,再转到 KSA 的窄波束跟踪。即 KSA 的角捕获过程分为开环和闭环两个阶段。在开环指向阶段，首先地面终端站的计算机发出捕获程序，并给出用户航天器的星历表，这时根据预报轨道与遥测传来的 SSA 天线的指向数据，可计算出天线指向目标的偏差，根据偏差角的大小调整天线转速，使 SSA 天线开环指向用户航天器，实现对 KSA 天线的引导。闭环跟踪是在 KSA 通道进行的。当在开环控制下 SSA 波束指向目标的误差小于 0.22°时，系统转入 KSA 自跟踪阶段。这时，角误差信号被合并成单通道单脉冲信号，反向传输至地面终端站，被解调后加到计算机进行校正等处理，并将误差信号、轨道预报信息、遥测信息等进行综合处理，作出判断。然后向 TDRS 发出前向指令以驱动天线转动，实现 KSA 波束的复合控制跟踪。

② 伪码与载波捕获。当 KSA 闭环跟踪完成后，地面站发出前向 KSA 信号，经 TDRS 转发给用户航天器，这时用户航天器开始进行伪码捕获和载波捕获。码捕获过程实际上是使本地产生的伪随机码与卫星发射信号中的扩频伪随机码实现码同步，以达到解扩与码相位精确跟踪的目的。TDRSS 采用长、短两种伪码实现伪码捕获，短码与长码的基准频率相同。长码满足无模糊测距要求，短码用于初始捕获并引导长码捕获。

为了捕获信号频率，从中继卫星发射出去的信号载波要加多普勒补偿，以使到达用户航天器的信号落在用户航天器接收机的额定中心频率的附近。伪码速率同样也要加多普勒补偿。TDRSS 的伪码与载波捕获是在中频数字域实现的。典型的数字化 TDRSS 中频信号捕获与跟踪系统框图如图 7－7 所示。

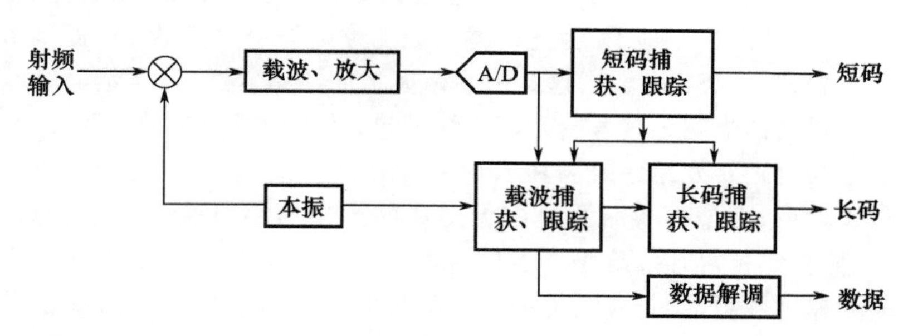

图 7－7　TDRSS 中频信号捕获与跟踪系统框图

（2）测定轨。TDRSS 采用测量距离和距离变化率（$R\dot{R}$ 法）来对轨道航天器定轨，即利用地面终端站→中继卫星→用户航天器→中继卫星→地面终端站的双向测距测速数据来对轨道航天器定轨。设地面终端站和中继卫星的距离为 R_1，相对速度为$\dot{R}_1$，中继星与用户星间的距离为 R_2，相对速度为 $\dot{R}_2$。利用地面站测得的距离和 $s=R_1+R_2$ 及速度和 $\dot{R}=\dot{R}_1+\dot{R}_2$，去掉已测得的 R_1 和$\dot{R}_1$，即可得到 TDRS 和航天器间的距离 R_2 和相对速度 $\dot{R}_2$。运用卫星动力学模型给出的用户航天器轨道方程，并以航天器观测的理论计算值与实际观测值之差作为轨道改进的初值，通过迭代计算即可实现精确定轨。另外，通过多次长弧段跟踪，利用(R_1+R_2)、$(\dot{R}_1+\dot{R}_2)$、R_1 和$\dot{R}_1$联合求解，还可以同时确定用户航天器和中继卫星的轨道。只要跟踪时间足够长，这种方法可使中继卫星和用户航天器的轨道精确到 150m 左右。

上述方案的计算过程和程序较为复杂。一般希望利用高精度的中继卫星轨道作为先验信息,直接解出用户航天器的轨道。由于对中继卫星的定位存在误差,此误差对最终的用户航天器的定轨精度有很大影响,因此应首先获得高精度的中继卫星轨道数据。为此,一般采用多站测距交汇定位法来对中继卫星精确定位,如图 7-8 所示。

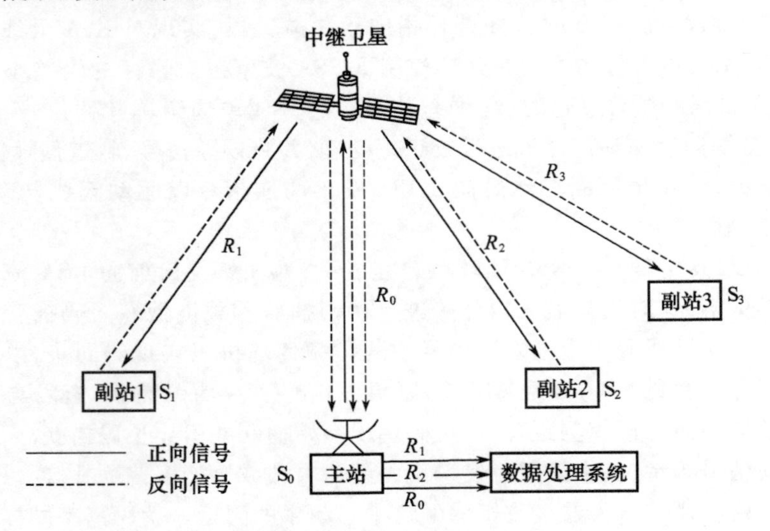

图 7-8 TDRSS 的 $3s+R_0$ 定轨

在图 7-8 中,从地面主站 S_0 向中继卫星发送测距信号。中继卫星将测距信号分多路发送,其中一路直接发送至地面,由此测得地面测控站与中继卫星间的距离 R_0。另外 3 路分别送到 3 个副站(S_1、S_2 和 S_3),这 3 个副站离地面主站较远,且与地面终端站呈三角形分布。该 3 个副站再将测距信号转发回中继卫星,并由中继卫星转发回地面主站,由此可测得中继卫星与测距转发站的距离和 s,由 $3s+R_0$ 可实现中继卫星的定位。在确定了中继卫星的位置之后,由地面主站通过中继卫星转发器向用户航天器发射测距、测速信息,经用户航天器应答机再转发给中继卫星转发器,再转发回地面,得到地面主站至用户航天器的距离和速度数据,结合所测得的中继卫星高精度位置数据即可算出用户航天器的轨道,完成对用户航天器的定轨。

除了用上述的双向测速、测距方案外,TDRS 星对用户航天器定轨的方案还可用单向测速测距方案。即用户航天器发出信标信号,经中继卫星转发送至地面终端站进行数据处理。这种方案比较简单,但定轨精度相对要差些,其精度很大程度上取决于用户航天器上信标的质量。美国第 2 代 TDRSS 就是采用了这种单向定轨技术。当 TDRS 星的定位精度达到 25m,速度精度达到 2.5mm/s 时,对用户航天器的定轨精度可以达到 50m。

2. 传输链路与数据业务

在 TDRSS 中,中继卫星将地面终端站发射的遥控指令、测距信号和其他数据转发给用户航天器。在用户航天器上,接收、解调出遥控指令并反向转发回测距信号和反向传输它获得的信息(含遥测数据)给中继星,中继星再将这些信号反向转发到地面站。从而实现双向测速测距和数据中继。如 7.1.2 节所述,根据天线工作频段及接入方式,TDRSS 中的数据业务可分为 SSA、KSA 和 SMA 等 3 类。

系统数据中继示意图如图 7-9 所示。

(1) 正向通道和数据业务。在图 7-3 和图 7-9 中,由地面→中继星→用户航天器

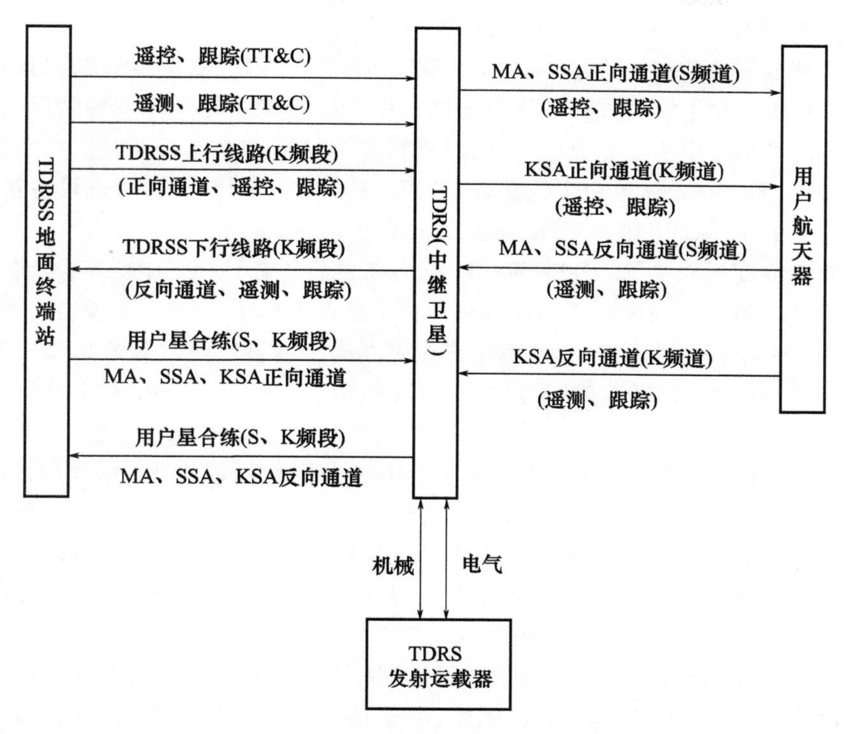

图 7-9　中继卫星数据中继示意框图

构成的通道称为正向(前向)通道或链路。正向通道传送的信号主要有遥控指令、测距、测速信号以及语音、电视信号等。各种数据业务均采用相同的调制体制——UQPSK 调制。I 路发送扩频遥控指令,Q 路发送测距码。两路的信号功率不一样,其中 I 路的更高。

当地面→中继星通道工作于 K 频段时,多路上行信号组成频分复用复合通道。其中 TT&C 前向通道对中继卫星进行遥控,用于正常的定点保持和卫星姿态调整。SSA、KSA 和 MA 各数据业务通道的主要区别是带宽不同。15 个正向发射机组的发射信号分配到 3 个 18.3m 的天线,每部天线分一路 MA、两路 SA 和两路 KSA。

在中继星→用户航天器通道中,中继星天线接收到由地面站发送来的 K 频段频分复用信号后,经收发双工器进入 K 频段接收机,进行低噪声放大、变频等处理以后进行 FDM 分路。再经 TDRS 星上前向处理器后,输出前向通道 5 路信号,包括两路 S、两路 KSA 和一路 MA 信号。前向处理机输出的 20 个用户的前向信号是时分发射的,每个用户所占的时分段中包含它的数据和相控阵天线指向指令,这些指令在前向处理机中被解调出来送去控制相控阵天线中 10 个阵元的移相器,形成 20 个时分多波束,指向 20 个用户航天器。因为相控阵天线的指向指令和该用户的正向数据信号是复合在一起传输的,所以也同时实现了用户前向信号的时分多址通信。

(2) 反向通道和数据业务。由用户航天器→中继星→地面站构成的通道称为反向通道。反向通道的工作方式与正向通道的工作方式相同,只是信号流程相反。

虽然反向链路与正向链路的工作方式相同,但信号调制方式却不同。反向传输的信号主要有遥测数据、测距、测速信号以及语音、图像等信号。反向数据分为两个组,即数据组 1(DG1)和数据组 2(DG2)。DG1 传送的数据率较 DG2 低。

DG1 又分成 3 种数据模式,即 M1、M2、M3。其中 M1 用于双向多普勒测量和距离测量。用户应答机以相干转发方式工作;M2 用于用户应答机非相干转发的情况,应答机不用捕获正向信号;M3 用于高速数传,可同时进行双向测距和多普勒测量。伪随机码的捕获与 M1 相同。M3 中 Q 通道包含数据,不扩频。I 通道用于测距,同时也可传输数据(扩频)。DG1 的 M1 和 M2 采用 SQPSK 调制,M3 采用 QPSK 调制。

DG2 有两种调制方式,即 QPSK 和 BPSK,且不进行扩频处理。DG2 不使用扩频,不能进行测距。DG2 的反向载波与正向载波可以相干也可不相干,相干可以测速。

在用户航天器→中继星链路段,各用户航天器向中继星反向发射 S 频段或者 K 频段载波信号,上面载有用户航天器要求传输的数传信号、遥测信号和转发的测距伪码信号等。

在中继星→地面链路段,用户航天器应答机发射的信号,被 TDRS 星上相控阵天线的 30 个阵元同时接收。这 30 个信号经各自的低噪声放大和接收机处理后,30 路并行送入 FDM 反向处理机,按 7.5MHz 的间隔频分复用,并在此与其他通道的信号 FDM 多路复接,形成下行 FDM 中频频分复用信号。此复用信号包括 6 路,即两路 SSA 通道、两路 KSA 通道、一路 SMA 通道和一路中继星遥测信号。复用信号再经上变频变换为 K 频段,通过 2m 星-地抛物面天线向地面发射出去。地面终端站用 18.3m 的抛物面天线接收这些 K 频段频分复用信号,经过各种处理,输出测距、测速信号和各种不同类型(基带或直接转发载波)的用户信号,完成整个反向链路的传输。

7.1.4 系统特点与关键技术

TDRSS 既具有测控功能又具有数传功能。作为一个测控通信系统,它的测控覆盖率可达 100%,可取代全球布站,大大减少地面测控站数目及其维护费用。目前数传率已达到 800Mb/s 以上。系统还具有多目标测控通信能力,以及抗干扰、抗截获等特点。

1. TDRSS 的测控功能特点

TDRSS 与第 6 章描述的 USB 系统在测控功能和实现上存在着很大的不同。

首先在测定轨方面,TT&C 一般是采用单站定位(AER)的方法来测轨,而 TDRSS 中是采用测量距离和距离变化率($R\dot{R}$)来对轨道航天器定轨。

其次在遥控、遥测功能方面,USB 中的遥控、遥测分别采用一个副载波,使用频分复用的方法来进行传输,从而传输的速率不高。TDRSS 改进了 USB 统一载波系统中用频分复用来统一完成各种测控功能的方案,而采用时分复用统一数据流和扩频来实现多种测控功能和数传功能的"统一"。如第 6 章中所述,扩频统一载波体制仍然统一在一个载波上传输,但把不同功能的、各种码速率的数据合并为统一的数据流并格式化。它传输的数据不但有遥控、遥测数据,还包括其他高速数据(如图像),扩展了数传功能。

2. TDRSS 的通信功能特点

TDRSS 的一个重要功能是数据中继。由于中继卫星所处的特殊环境,系统具有一些不同于普通卫星通信的特点,并由此决定了其技术实现也有很大不同。主要表现在以下几个方面。

(1) 在卫星通信中,通常通信频带有限。由于常使用频分多址、频分复用技术,且用户占用带宽较宽，因此需要采用限带措施来限制频谱，从而带来成形滤波、匹配滤波、非线性影响等一系列问题。与卫星通信站的多址通信相比，天基网目前的用户还少得多。由于 TDRSS 在 SA 和 KSA 上是单址接入，在 SMA 中是码分多址，所以 TDRSS 对用户占用的频谱没有多少限制。加之系统工作在 Ka 或 Ku 频段，可应用的频带就很宽，因此更有利于数据信号的高速传输。在系统功率方面，高速数据传输要求天线有高的等效全向辐射功率（EIRP），但 TDRS 上因功耗、体积、重量的限制，而使得发射功率受限。为使固放的效率高、输出功率大，TDRSS 系统中 SSA 和 KSA 载波因包络是恒定的，可工作在饱和状态，而 SMA 不是恒包络的，所以放大器工作在线性状态。这与卫星通信是不一样的。

（2）中继星要对目标进行定轨和跟踪，即通过 TDRSS 测量用户星的距离和速度，并用动力学法确定用户星的飞行轨道。对用户星进行角捕获和跟踪时，需要知道 TDRS 和用户航天器的准确位置及姿态。中继星上的天线增益高而波束较窄，因此覆盖空域也较窄，给信号捕获带来了一定的困难。另外，由于通信的目标为高速空间飞行器，从而有较大的多普勒频率和多普勒频率变化率，中继星需要提供多普勒补偿以实现频率捕获。因此，信号捕获比卫星通信中更加困难，因为卫星通信的用户为位于地球上的卫星通信固定站或速度较低的移动通信站。

（3）TDRSS 具有空间多波束可进行多目标测控通信。中继星上产生多个波束分别对准不同的用户，从而实现多目标同时测控通信。其多址通信的方法，采用了码分多址、时分多址，并采用了 TDRS 星载相控阵天线及其多波束地面形成等新技术实现空分多址。SMA 采用码分多址且用 FDM 传输相控阵的各个阵元信号，可同时为多个用户航天器服务。

3. TDRSS 系统的关键技术

1）TDRS 中继星的天线技术

为了获得最大天线增益，美国第 1 代 TDRSS 采用了螺旋天线阵元，第 2 代采用了微带天线。随着 TDRSS 技术的发展，要求多址系统增强相控阵天线的能力，以获得更大的天线增益、极化复用能力和更大的带宽。美国第 3 代 TDRS 卫星中多址相控阵阵元的数量大大增加，从原来的 30 个增加到 46 个。多址反向波束形成器产生的波束可与 S 频段单址反向信道进行最大比值合并，这样使得 SSA 的 G/T 值得到提高。中继星上 4.9m 天线的馈源改进为 S/Ku/Ka 三频段兼容馈源。频段升高使得系统可用频带加宽，天线增益的提高，从而增强了星上的处理和再生能力。

在跟踪技术方面，美国第 1 代 TDRSS 采用星-地大回路对用户星进行自跟踪，后来又提出了在 TDRS 星上实现自跟踪的方案，其主要技术难点是要在星上实行解扩、解调，提取角误差信号，使星上结构复杂。目前美国第 3 代 TDRS 上使用的 Ka 和 Ku 频段都是角跟踪馈源，具有自跟踪能力。TDRSS 的 SSA 和 KSA 对于按动力学方程约束的轨道目标的角度跟踪可以做到程序跟踪，但对于轨道方程不能预先知道的目标，KSA 还需要进行自跟踪。

2）TDRSS 系统中地面终端站技术

地面终端站是一个多功能综合系统，包括数传、用户星定轨、中继星正常测控、中继星应急测控、中继星定位等 5 种功能。为了实现多功能综合，必须在双频段天线、信道、基带、信号设计等方面采取综合化设计,并利用监控台控制实现设备重组和远程自动化监控,并在信道设计时要考虑多路信号同时工作时的互调干扰和多址干扰。

地面站具有多种工作模式。调制/解调方式有 BPSK、QPSK、UQPSK、SQPSK 等多种;纠错编码方式有 BCH、R-S、卷积、R-S+卷积级联码等多种;数据码速率范围为 1kb/s~150Mb/s,测距方式有侧音测距、伪码扩频测距、码分多址 PN 码测距,有多种伪码码型,有扩频/不扩频、相干/非相干等多种工作方式。要满足如此复杂的要求,必须采用软件无线电技术,尽可能使设备复用,同时要求监控系统合理统一指挥管理。

3) 测控通信的关键技术

在码捕获方面,需要实现长 PN 码的快速捕获。Ka 频段载波的最大频率动态范围为 ±900kHz,最大频率变化率动态范围为 ±1.3kHz/s,伪随机码的最大频率动态范围为 ±215Hz,最大频率变化率动态范围为 32Hz、码长为 1023×256(261888)位,S/N 为 -25dB。因此,中继星地面终端站需要完成低信噪比、大频率动态、261888 位长码的直接快速捕获,相对其他系统而言是非常特殊的问题。

在测控方面,TDRSS 中广泛采用扩频测控技术。采用扩频信号对用户航天器同时测距和低速数传,采用码分多址实现中继星 3R 定位。TDRSS 测控通信系统中存在 3 种测距体制,包括在正常测控与应急测控中采用纯侧音测距体制、在用户星定轨中采用扩频测距体制以及在中继星定位中采用码分多址的测距体制。而测距精度的最高要求为随机误差 3m,系统误差 3m。这些要求较以往的测控系统有了较大的提高。

在高速数传方面,TDRSS 系统中地面终端站需要完成高达 300Mb/s 的高速数传。要实现这个要求,在设备中涉及低误码率的高速数据解调器和高速数传信道两个环节的问题。由于中继卫星系统高速数传的用户终端多种多样,其调制器的群时延特性可能不同,加上中继星转发器随着时间、环境条件的变化其群时延特性也有变化,因此对高速数传需要进行群时延波动的自适应均衡。为满足高速解调器误码指标的要求,需要在信道中先进行群时延波动和幅频特性波动的预均衡。将均衡后的信号送高速解调器终端。剩余的群时延波动和幅频特性波动,在高速解调器中采用自适应均衡的方式加以解决。在高速数传信道方面,要求反向链路具有低相噪、线性大动态传输和群时延预均衡,要求前向链路具有群时延和幅度均衡。

7.2 卫星导航定位系统

在天基测控系统中,除了中继卫星系统外,还有卫星导航定位系统。

卫星导航定位系统是利用卫星技术为地面运动目标提供导航服务的系统。美国海军于 1958 年开始建立用于舰艇导航的第 1 代卫星导航系统,即子午卫星系统(Transit),又称海军导航卫星系统(NNSS)。该系统采用多普勒测量的方法来进行导航和定位。1964 年 1 月,子午卫星系统正式建成并投入军用,到 1967 年 7 月,该系统解密,同时供民用。NNSS 在动态导航和静态定位领域中发挥了重要作用,但它存在一次定位所需时间过长、导航定位不连续、定位精度偏低等缺点。为此,在该系统投入使用后不久,美国国防部即组织陆、海、空三军着手研制第 2 代卫星导航定位系统——全球定位系统(NAVSTAR/GPS,简称 GPS),这是美国继"阿波罗"登月计划和航天飞机计划之后的又一重大空间计划。在 NNSS 的技术基础上，GPS 采用了“多星、高轨、测时测距”体制，具有全球覆盖、全天候、精度高、抗干扰能力强等优点，实现了三维实时导航和定位。1995 年 4 月，美国空军空间部宣布 GPS 已具有完全的工作能力。目前，GPS 在军事、交通运输、测绘、高精度时间比对及资源调查等领域中得到了广泛的应用。

导航卫星系统不仅可用于导航定位和精密定位测量，在航天飞行器测控方面也具有重大的应用价值。美国国防部自 20 世纪 80 年代初组建三军 GPS 协调委员会，专门研究 GPS 用于靶场外弹道测量应用，并进行了多次试验，取得了很好的结果，证明了 GPS 适用于绝大多数靶场试验，是一种极有前途的航天测控手段。具体地，GPS 在航天测控中的应用主要有以下几个方面：一是航天器测量，目标是人造卫星、宇宙飞船、轨道站、空间试验室等，其测控内容包括轨道和位置测定、精密测轨、航天器交会对接、姿态测量等；二是靶场外测跟踪，目标是运载火箭或弹道导弹，其测控内容为靶场安全跟踪和弹道测量（外测）；三是其他应用，如精密测址，精密测时，使多个测控站时间同步，测定弹头、飞船、回收舱的落点位置等。

GPS 与现有的航天测控设备相比，具有许多突出的优点，如成本低、测量精度高、全天候、无盲区、可跟踪多目标、抗干扰能力强等，从发展的角度看，GPS 可取代许多现用的大型测控设备。尽管利用 GPS 技术进行航天测控，需要考虑并解决许多特殊问题，但毫无疑问，GPS 将成为航天测控中一种重要的技术手段。

7.2.1 美国 GPS

美国的 GPS 是最早建立、也是现阶段技术最完善的卫星导航定位系统。

1. 系统组成

GPS 由以下 3 个部分组成：空间部分（GPS 卫星）、地面监控部分和用户部分。

GPS 卫星可连续向用户播发用于进行导航定位的测距信号和导航电文，并接收来自地面监控系统的各种信息和命令以维持系统的正常运转。地面监控系统的主要功能是：跟踪 GPS 卫星，确定卫星的运行轨道及卫星时钟改正数，进行预报后，再按规定格式编制成导航电文，并通过注入站送往卫星。地面监控系统还能通过注入站向卫星发布各种指令，调整卫星的轨道及时钟读数，修复故障或启用备用件等。用户则用 GPS 接收机来测定从接收机至 GPS 卫星的距离，并根据卫星星历所给出的观测瞬间卫星在空间的位置等信息求出自己的三维位置、三维运动速度和钟差等参数。

（1）空间部分——GPS 卫星。GPS 卫星的主体呈圆柱形，两侧有太阳能帆板，能自动对日定向。太阳能电池为卫星提供工作用电。每颗卫星都配备有多台原子钟，可为卫星提供高精度的时间标准。卫星上带有燃料和喷管，可在地面控制系统的控制下调整自己的运行轨道。GPS 卫星的基本功能是接收并存储来自地面控制系统的导航电文；在原子钟的控制下自动生成测距码（C/A 码和 Y 码）和载波；采用二进制相位调制法将测距码和导航电文调制在载波上播发给用户；按照地面控制系统的命令调整轨道和卫星钟，修复故障或启用备用件以维护整个系统的正常工作。

GPS 的空间部分有 24 颗卫星，其中 21 颗工作卫星，3 颗备用卫星。工作卫星分布在 6 个等间隔的轨道平面内，每个轨道面分布 4 颗卫星。卫星轨道半径约为 26600km（地心到卫星的距离），轨道面倾角为 55°，相邻轨道面的邻近卫星的相位差 40°。GPS 卫星的分布如图 7-10 所示。GPS 卫星运行周期为 11h58min,在同一测站上每天出现的卫星分布图相同,只是每天提前约 4min。每颗卫星每天有 5h 在地平线上,同时位于地平线上的卫星数目随时间和地点而异,最少为 4 颗,最多为 11 颗。这样的卫星分布,可保证在地球上任何时间、任何地点至少同时观测到 4 颗卫星。这就保证了连续、实时的全球导航能力。

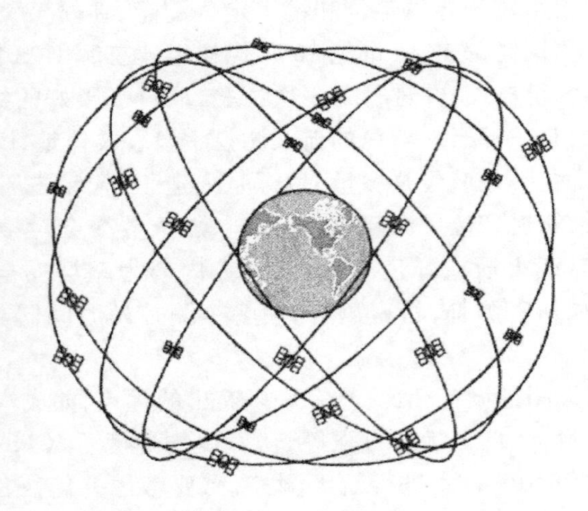

图 7-10　GPS 卫星分布示意图

通常采用 3 种不同的方法标识不同的 GPS 卫星:一是给每个轨道面分配一个字母 A、B、C、D、E、F,在一个平面内给每颗卫星分配一个 1~4 的号码,如 C_4 表示轨道面 C 内 4 颗卫星;二是采用美国空军分配的 NAVSTAR 号,一般由字符串 SVN 加相应的数字代表,如 SVN19 表示 NAVSTAR19 卫星;三是每颗卫星的伪随机码产生器的结构不同,利用其产生的独特的伪随机码来区分。

(2) 地面监控部分。支持整个系统正常运行的地面设施称为地面监控部分,全球定位系统的地面监控部分由主控站、监测站、注入站和辅助系统组成。

GPS 的主控站设在科罗拉多州斯平士城范尔肯(Falcon)空军基地,它负责地面监控站的全面控制。其主要任务是收集各监控站的观测数据,经过修正后,计算每颗 GPS 卫星的时钟、星历和历书数据的估计值,并以此外推一天以上的卫星星历及钟差,按一定格式转化为导航电文,由上行注入站注入各 GPS 卫星。主控站还监控整个系统的可靠性。

监控站是无人值守的数据自动采集中心。其主要任务是取得卫星的观测数据,并将这些数据送至主控站。整个 GPS 共设立了 17 个监测站。其中有 6 个站为美国空军的监测站,分设在科罗拉多泉城(Colorado Springs)、卡拉维拉尔角(Cape Canaveral)、夏威夷(Hawaii)、太平洋的卡瓦加林(Kwajalein)岛、大西洋的阿松森(Ascension)岛、印度洋的迪戈加西亚(Diego Garcia)岛。在监测站设有 GPS 用户接收机、铯原子钟、收集当地气象数据的传感器和进行数据预处理的计算机。

注入站是向 GPS 卫星输入导航电文和其他命令的地面设施。GPS 的 4 个注入站分别设在卡瓦加林岛、阿松森岛、迪戈加西亚岛和卡纳维尔(Canavaral)岛,其主要任务是在每颗卫星运行至上空时,通过大口径天线将导航数据和主控站指令注入卫星。

通信和辅助系统是指地面监控系统中负责数据传输以及提供其他辅助服务的机构和

设施。GPS 的通信系统是由地面通信线、海底电缆以及卫星通信等联合组成。

地面监控部分的系统框图如图 7－11 所示。

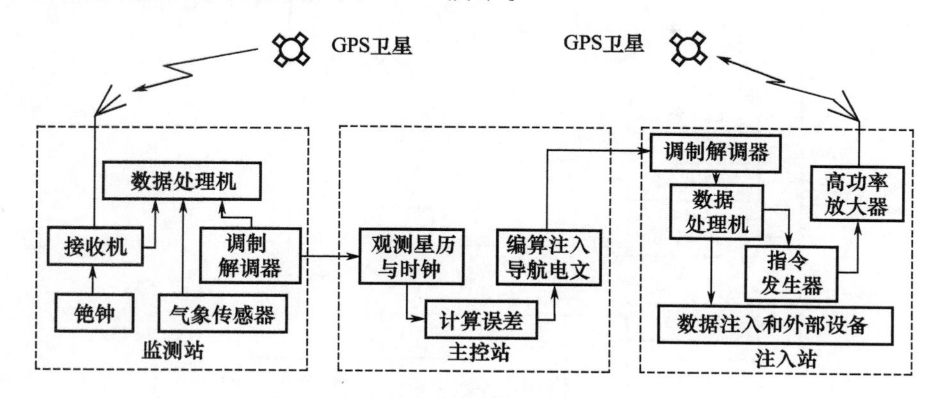

图 7－11　地面监控系统框图

（3）用户部分。GPS 用户部分由用户及 GPS 接收机等仪器设备组成。

GPS 接收机是指能接收、处理、量测 GPS 卫星信号以进行导航、定位、定轨、授时等工作的设备。接收机接收卫星发射的信号并利用本机产生的伪码取得距离观测量和导航电文，并根据导航电文提供的卫星位置和钟差信息解算接收机的位置。

GPS 接收机主要由天线、信号捕获与跟踪通道、微处理器、输入输出单元以及电源组成，典型的 GPS 接收机如图 7－12 所示。

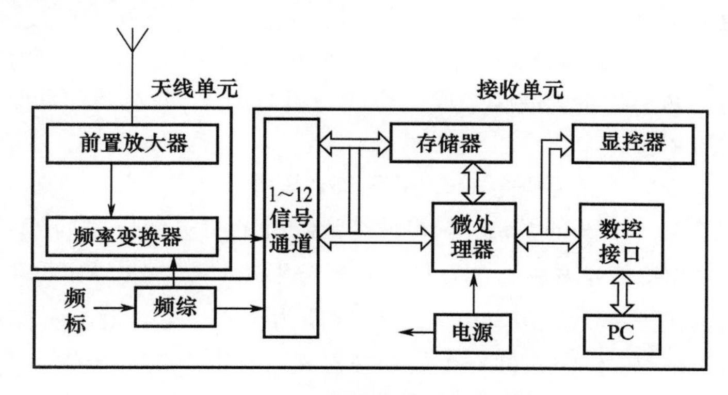

图 7－12　GPS 接收机的基本结构

GPS 接收机有多种不同的类型。根据用途不同，GPS 接收机可分为导航型接收机、测量型接收机、授时型接收机等。按接收信号类型，GPS 接收机可能同时接收 P 码和 C/A 码，也可能只跟踪 C/A 码，这两种接收机对天线的带宽要求、信号捕获与接收通道功能有所不同。此外，GPS 接收机也可按使用环境的不同进行区别。有的应用于高动态环境，如星载、机载 GPS 接收机，有的应用于低动态环境，如车载 GPS 接收机，还有的则应用于静态测量。

2. 工作原理

1）GPS 信号构成

GPS 卫星发射的信号由载波、测距码和导航电文三部分组成。信号构成如图 7－13 所示。

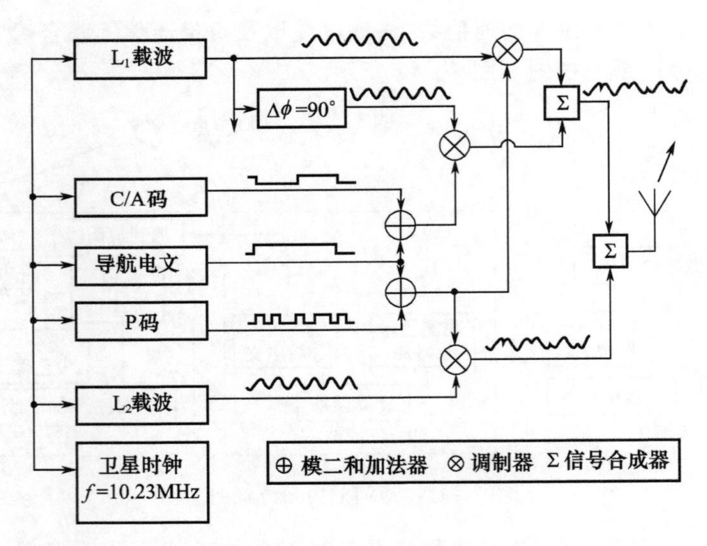

图 7－13 GPS 卫星信号构成示意图

（1）载波。GPS 卫星所用的载波有两个，由于它们均位于 L 频段，故分别称为 L_1 载波和 L_2 载波。其中 L_1 载波频率为 1575.42MHz（波长 $A_1=19.05$cm），L_2 载波频率 1227.60MHz（波长 $A_2=24.45$cm）。采用多个 L 频段载波频率的主要目的是更好地消除电离层延迟，减小信号受水汽吸收和氧气吸收的影响，并能组成更多的线性组合观测值。与一般的无线通信有所不同，在全球定位系统中，载波除了能更好地传送测距码和导航电文这些有用信息外（担当起传统意义上载波的作用），它还被当作一种测距信号来使用。其测距精度比伪码测量的精度高 2 个或 3 个数量级。因此，载波相位测量在高精度定位中得到了广泛的应用。

（2）测距码。GPS 的测距码包括 C/A 码和 P 码等。

C/A 码是长度为 1023b 的 Gold 码，由两个周期性的二进制码序列 G_1 和 G_2 进行模 2 相加后形成。G_1 和 G_2 信号发生器的特征多项式分别为 $1+x^3+x^{10}$ 和 $1+x^2+x^3+x^6+x^8+x^9+x^{10}$。C/A 码的码速率为 1.023Mb/s，码元周期为 1ms。每个卫星所使用的 C/A 码各不相同，且相互正交。由于 C/A 的一个周期中总共只含有 1023b，若以 50b/s 的速率进行搜索，最多只需要 20.5s 即可捕获，然后通过导航电文快速捕获 P 码，因此 C/A 码也叫捕获码。C/A 码也可用于测距，其码元宽度较宽，约为 0.97752μs，所对应的距离为 293.052m。假设测距的精度为一个码元宽度的 1/100，则用 C/A 码测距精度只能达到 2.93m，对应单程无模糊作用距离为 300km，因此 C/A 码也称为粗码。

P 码是由两个二进制码序列 X_1 和 X_2 通过模 2 和相加得到的，其中 X_1 又是由 X_{1A} 和 X_{1B} 两个子序列求模 2 和后产生的。X_{1A} 和 X_{1B} 都是由 12 级线性反馈移位寄存器产生，对应的特征多项式分别为 $1+x^6+x^8+x^{11}+x^{12}$ 和 $1+x+x^2+x^5+x^8+x^9+x^{10}+x^{11}+x^{12}$。类似地，$X_2$ 由 X_{2A} 和 X_{2B} 两个子序列模 2 相加后形成，且产生 X_{2A} 和 X_{2B} 的两组移位寄存器的特征多项式分别是 $1+x+x^3+x^4+x^5+x^7+x^8+x^9+x^{10}+x^{11}+x^{12}$ 和 $1+x^2+x^3+x^4+x^8+x^9+x^{12}$。P 码的码率为 10.23Mb/s，码元宽度对应的距离仅为 29.3m。如果测距精度仍按码元宽度的 1/100 计算，则达到 0.29m，可以较精确地测定从接收机至卫星的距离，因此

P 码称为精码。由于 P 码的周期很长,捕获时需要 C/A 码引导。

(3) 导航电文。导航电文是由 GPS 卫星向用户播发的一组反映卫星在空间的运行轨道、卫星钟的改正参数、电离层延迟修正参数及卫星工作状态等信息的二进制代码,也称为数据码(D 码),它是用户利用全球定位系统进行导航定位时的一组十分重要的数据。

导航电文是以帧为单位向外播发的。一个主帧的长度为 1500b,发送速率为 50b/s。一个主帧包含 5 个子帧,每个子帧均为 300b。每个子帧又由 10 个字组成,每个字含 30b。导航电文的结构如图 7-14 所示。

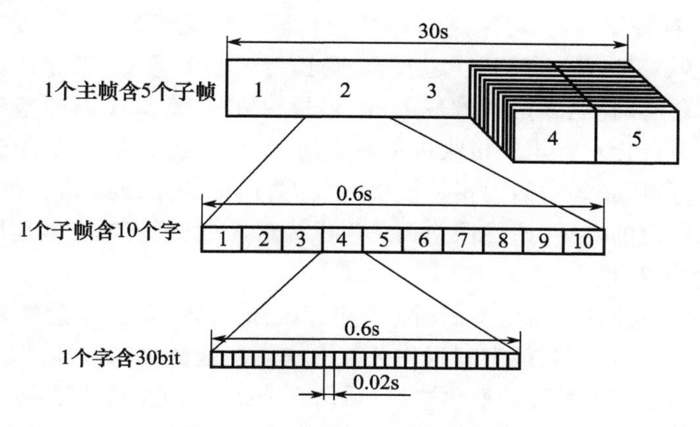

图 7-14 导航电文结构示意图

GPS 信号在调制时,在 L_1 载波上调制有 3 种信号,即 C/A 码、P 码和 D 码。在 L_2 载波上通常只调制 P 码和 D 码。D 码首先对 C/A 码和 P 码进行扩频调制,调制后的 C/A 码和 P 码对 L_1 采用四相移相键控调制。L_2 载波的调制信号可能形式有 P+D 或 C/A+D 或 P 码,但一般不会同时调制 P 码和 C/A 码,最常见的是 P+D,且采用双相移相键控调制。

由此,得到 GPS 卫星信号表达式为

$$S_{L_1i}(t)=A_P X_{P_i}(t)D_i(t)\cos(\omega_1 t+\varphi)+A_C X_{C_i}(t)D_i(t)\sin(\omega_1 t+\varphi) \tag{7-1}$$

和

$$S_{L_2i}(t)=B_P X_{P_i}(t)D_i(t)\cos(\omega_2 t+\varphi) \tag{7-2}$$

式中:i 为卫星序号;$X_{P_i}(t)$ 为第 i 颗卫星的 P 码伪随机序列,取值为 ±1;$X_{C_i}(t)$ 为第 i 颗卫星的 C/A 码伪随机序列,取值为 ±1;$D_i(t)$ 为第 i 颗卫星的导航电文码;A_P、B_P 分别为调制在 L_1 载波和 L_2 载波上的 P 码的振幅;A_C 为调制在 L_1 载波上的 C/A 码的振幅;ω_1 和 ω_2 分别为载波 L_1 和载波 L_2 的角频率。

2) GPS 信号捕获与跟踪

GPS 导航接收机导航定位过程分为 3 步:第 1 步完成信号的捕获;第 2 步是跟踪卫星信号以保证连续测距;第 3 步是解调导航电文,进行定位计算。因此,GPS 导航接收机的基本功能应包括码的捕获、锁定、测距、电文解调和定位计算。图 7-15 给出了 GPS 导航接收机的功能示意框图。

GPS 信号捕获过程是在接收机开始工作或更换所观测时进行的。通过检测伪随机码

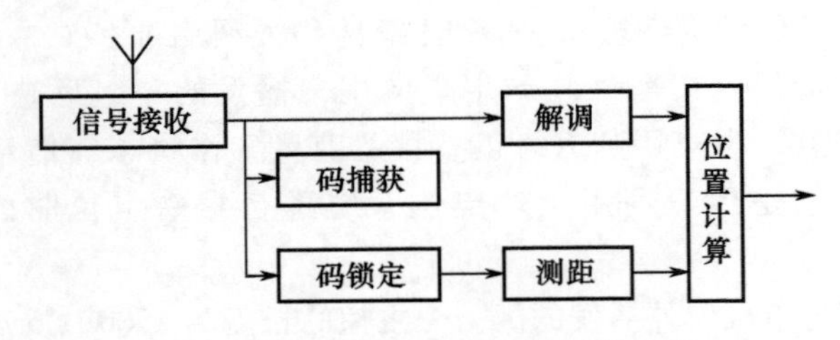

图 7-15　GPS 接收机功能示意框图

自相关输出的极大值实现,通常采用相关试探的方法进行搜索。C/A 码的码长为 1023b,周期为 1ms,是一种较短的码,可采用自动搜索检测自相关函数峰值的方法,一般最多需 90s 即可完成码的捕获。而 P 码是一组长码,码长为 2×10^{14} 量级,若采用试探捕获的方法则需要很长的捕获时间,但 P 码的构成方式,可提供在捕获 C/A 码的基础上迅速捕获 P 码的方法。由于卫星相对于用户接收机不断运动,伪距也随之变化,必须使本地码不断地适应变化,以保持所捕获码的最大相关输出,这称为码的锁定或跟踪。在锁定状态,接收机应能自动跟踪伪距的变化,始终保持相关输出为最大,就可随时自本地码的延迟读出瞬时的伪码,完成实时测量。

GPS 卫星向用户发送导航电文码时采用扩频通信技术,即在发射端基带信号先经频谱扩展后再发射出去,在接收端则利用相关技术来解调这种扩频信号,恢复原来的基带信号。GPS 卫星中的基带信号即导航电文(D 码),扩频调制的实现方法是将其与伪码相乘(或模 2 和)。由于伪码的码率(1.023Mb/s)比 D 码码率(如 50b/s)高许多,因此占用的频带也宽很多。在用户接收机完成码的捕获和锁定后,用本地码与接收机的伪随机码扩频信号相乘,即可完成电文解调。

接收机完成导航电文解调和伪距测量后,即可由接收机内的微处理器,按照编制好的计算程序进行位置计算,确定用户接收机的位置(坐标),从而完成导航定位工作。

3) GPS 定位原理

(1) GPS 定位方法。根据接收信号的 3 种基本观测量——伪距、载波相位和载波多普勒频率相对应,GPS 有 3 种基本的定位方法,即伪距测量定位、载波相位测量定位和积分多普勒测量定位。3 种观测量中,伪距由 GPS 的双频伪随机码测距体制获得,载波相位和载波多普勒频率两种观测量通过 GPS 发射信号中的 L_1 和 L_2 两种载波获取。3 种定位方法中,伪距测量定位是航天器导航定位的基本方法;载波相位测量精度高,广泛应用于高精度测量定位;积分多普勒方法则由于需要的观测时间长、精度不高而应用较少。

按接收信号点所处位置,GPS 定位方法分为绝对定位和相对定位两种基本类型。绝对定位是指一个待测点上利用 GPS 接收机接收 4 颗以上的 GPS 信号,独立确定待测点的坐标位置。相对定位是指在两个或多个测量站利用 GPS 接收机同时接收 GPS 信号,以测定它们之间的相对位置。相对定位最常见的是差分定位。

按照待测点的运动状态,GPS 定位分为静态定位和动态定位两大类。静态定位是指待测点相对于地固坐标系没有运动,或在较长的时间内可以忽略的微小运动。动态定位是指待测点相对于地固坐标系存在明显的运动。动态定位又分为实时确定待测点位置和速度、事后测定待测点在不同时刻的位置和速度两种方式。

(2) 伪距测量定位原理。利用测距码测定卫地间的伪距的基本原理:首先假设卫星钟和接收机钟均无误差,都能与标准的 GPS 时间保持严格同步。在某一时刻 t,卫星在卫星钟的控制下发出某一结构的测距码。与此同时,接收机在接收机钟的控制下产生相同的测距码(以下简称复制码)。由卫星所产生的测距码经 Δt 时间的传播后到达接收机并被接收机所接收。由接收机所产生的复制码则经过一个时间延迟器延迟时间 r 后与接收到的卫星信号进行比对。如果这两个信号尚未对齐,就调整延迟时间 r,直至这两个信号对齐为止。此时,复制码的延迟时间 r 就等于卫星信号的传播时间 Δt,将其乘以真空中的光速 c 后即可得卫地间的伪距 d。

由于卫星钟和接收机钟实际上均不可避免地存在误差,故用上述方法求得的距离 d 将受到这两台钟不同步的误差影响。此外,卫星信号还需穿过电离层和对流层后才能到达地面测控站,在电离层和对流层中信号的传播速度 $v \neq c$,所以按上述方法求得的距离 d 并不等于卫星至地面测站的真正距离,因此将其称为伪距。

典型的高精度 GPS 接收机是一种 4 通道接收机,可同时接收来自 4 颗最佳几何位置(能自动选择)的 GPS 卫星的 L_1 和 L_2 信号,利用伪码相关技术测出卫星伪码信号的传播时间延迟。利用 4 颗卫星的伪距离值,加上从导航信息中解码得到的卫星发射该伪码时的位置、时刻及其他必要的修正值,就能精确地求解出用户的三维位置和时间偏差。

电波经电离层的传播误差可利用 C/A 码中的电离层修正模型或者利用 L_1 和 L_2 载波上的两组 P 码来实时修正。同样,卫星的轨道速度为精确已知值,卫星发射载波的频率准确度极高,用户设备以本机频率测出 4 个卫星信号的载波多普勒频率(或距离差),就能计算出用户的三维速度及接收机的频率偏差。定位原理如图 7-16 所示。

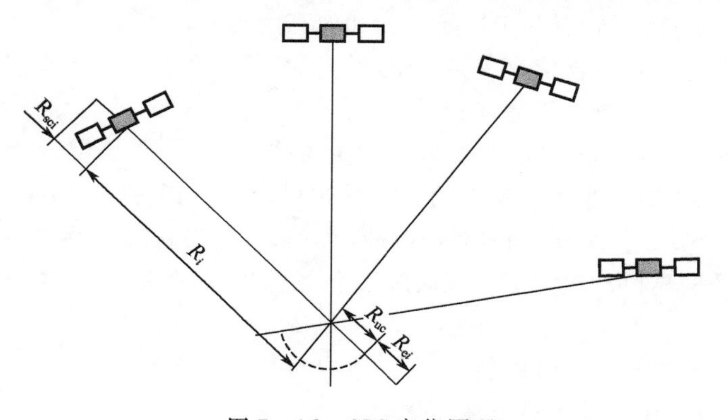

图 7-16　GPS 定位原理

GPS 定位方程为

$$
\begin{aligned}
\tilde{R}_i &= R_i + R_{ei} + R_{uc} + R_{sci} \\
&= \sqrt{(X_{si}-X)^2+(Y_{si}-Y)^2+(Z_{si}-Z)^2} + R_{ei} + c\Delta t_u + R_{sci} \quad (i=1,2,3,4) \qquad (7-3)
\end{aligned}
$$

式中:$\tilde{R}_i$ 为用户接收机由伪码相关测得的到第 i 颗卫星的伪距;R_i 为用户到第 i 颗 GPS 卫星的实际距离;R_{ei}为电波传输时延造成的伪距误差和其他误差;R_{uc}为用户接收机时钟与 GPS 卫星时钟不同步引起的伪距误差;R_{sci}为卫星始终误差和星历误差造成的伪距误差,由卫星所发导航信息进行修正,残差计入测距误差;X_{si}、Y_{si}、Z_{si}为第 i 颗卫星发射伪码时的轨道位置(地心直角坐标);X、Y、Z 为当时的用户天线位置(地心直角坐标,待求量);

c为光速;Δt_u为用户接收机时钟与 GPS 卫星时钟不同步偏差(待求量)。

实际上,从每个 GPS 卫星的伪码和载波的锁相跟踪中可以同时得到伪距、载波相位、载波多普勒频移及其积分等多测量值。利用这些测量值可以提高定位精度,适应不同定位要求。此外,还可与惯性测量装置等组成综合导航体制,利用差分技术消除公共误差。

3. GPS 系统在航天测控中的应用

1) 靶场外测跟踪

GPS 用于导弹和运载火箭弹道测量,目前已在美国各靶场普遍推广。美国空军东靶场从 2000 年开始,用 GPS 外测设备取代雷达系统。

从 GPS 的工作原理来看,利用它来跟踪试飞目标将有以下一些优点。

① 由于 GPS 是一个无线电定位测速系统,所以不受天气条件的影响。

② GPS 能在全球范围、全天时提供高精度信息,因而导弹试验可不受发射场区、射向、射程、发射窗口及测量站布局的限制,可以在世界上任何地区、任何时间进行试验。这对于跟踪机动发射的各种射程的导弹特别有利,更有利于需要用各种地形特征、不同航迹的巡航导弹试验。

③ 由于 GPS 卫星在高轨运行,GPS 接收机又能自动动态选择最有利的 GPS 卫星进行测量,所以可以进行全弹道高精度跟踪,且整个弹道测量精度均匀一致。这是以往任何一种靶场测控系统很难实现的,而全弹道精密跟踪对于提高战略武器的命中精度至关重要。

④ 可以跟踪低空目标,有利于巡航导弹和低高度再入体跟踪。

⑤ GPS 用户是被动接收信号完成定位测速的,所以用户数可无限多。利用这一特性,很容易解决多目标的精确跟踪问题。

⑥ GPS 在抗干扰和电子对抗方面做了大量工作,因而与现用雷达相比,其抗干扰能力高得多。如将实时定位数据存储在目标上的记录器里,能秘密进行靶场试验。

⑦ 可大量取代现用大型外测设备,仅留遥测站即可。遥测、外测设备共装一车,轻便机动。此外,GPS 的高可利用性可以大大缩短靶场的停射时间,加快周转,因而大大降低试验费用。

⑧ 靶场安全可延伸到任何需要的地方,落点也可任意选择。

⑨ 适应能力强,外测设备易于标准化。

GPS 外弹道测量方案可分为两大类,即接收机方案和转发跟踪方案。

弹载接收机系统包括弹上 GPS 接收机和地面遥测接收机、遥测数据记录器、基准接收机、数据处理计算机等。弹载 GPS 接收机是一台能适应高动态性能的全功能多通道接收机,该接收机能同时接收 4 颗以上 GPS 卫星信号,进行跟踪测量,并实时计算出导弹或卫星的位置和速度。弹载接收机的定位和测速信息通过遥测系统发给地面。地面遥测接收机接收到定位信息后,一路送到 GPS 处理机进行差分修正,得到实时定位和测速结果,用于靶场安控;另一路送到遥测记录器记录下来供事后精密处理。

弹载转发器方案系统组成如图 7-17 所示。目标上不安置高动态 GPS 接收机,而装载 GPS 信号转发器;高动态 GPS 接收机和基准接收机均设置在地面。由目标转发的 GPS 卫星信号,经遥测接收机接收后送入中心处理站。然后将信号分成两路,一路送磁带记录器记录，另一路送高动态接收机进行跟踪测量。测量结果经基准接收机修正后，进行实时定位。事后将记录信号重放进行精确测量，获取观测值；结合基准接收机观测数据进行精细的伪距差分定位或载波相位相对定位，得到高精度的弹道图或轨道参数。

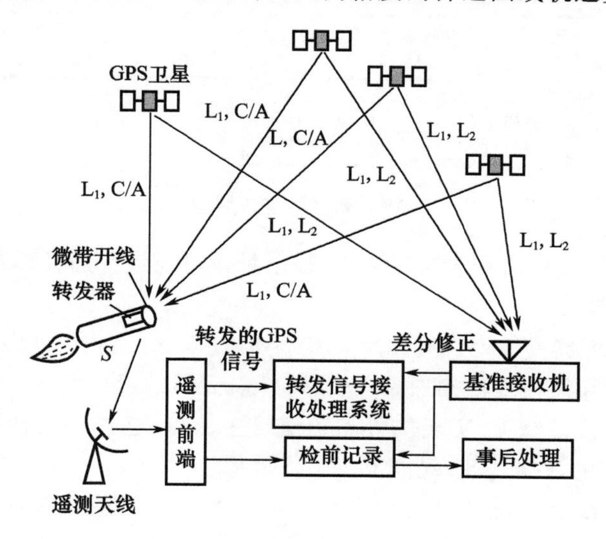

图 7－17　转发跟踪系统方案

弹上转发设备由 L 频段全向接收天线、弹载转发器和遥测发射设备组成。接收天线接收视场内的所有 GPS 卫星信号，经转发器变频成 S 频段，通过遥测信道转发到地面，在地面上完成对 GPS 信号的测量和数据处理。

弹载转发器所转发的信号可以是 GPS 的 L_1、L_2 载波上的 P 码和 C/A 码信号。实际应用中主要转发 L_1 的 C/A 码信号。C/A 码定位精度较低，但经过电离层修正并加以最佳滤波，定位精度仍有可能达到 15m 左右，可满足一般外测任务的要求。采用差分技术以及更完善的事后数据处理技术，定位精度可达到 3m 左右，测速精度可高于 1cm/s。

弹载转发跟踪方案与弹载接收机方案相比，主要优点是弹上设备简单、成本低，因此特别适合不可回收重复使用的飞行体试验。但弹载转发跟踪方案要依赖地面遥测站的视线联系，所需转发线路带宽达 2MHz，同时跟踪的目标数将受遥测信道数量的限制。

2）航天器测量

（1）航天器轨道和位置测量。利用 GPS 测定用户航天器的轨道和位置主要有 3 种方式。

第一种是几何法定轨。利用多通道 GPS 星载接收机按传统定位方式接收 4 颗以上 GPS 卫星的信号，由 4 个伪距实时确定各时间点的卫星空间位置和速度。这种定轨方式不需要作用于卫星的力模型，反映的是卫星运动状态本身，因此称为几何法定轨。几何法定轨获得的是离散几何点，若想获得连续的轨道，需要通过拟合或内插来得到。几何法定轨的精度不随力模型准确度而变化，但对使用的 GPS 卫星数量及其分布几何的变化敏感。

第二种是动力学法定轨。利用各时间点的 GPS 测量量，由卫星运动约束方程，借助动力学模型，按卫星定轨法确定卫星的 6 个轨道根数。随着跟踪时间加长，测量数据量累积，逐渐改进轨道根数，这种定轨方法称为动力学法定轨。动力学法定轨精度受限于卫星作用力的力学模型和积分弧段长度。动力学定轨基本流程如图 7－18 所示。

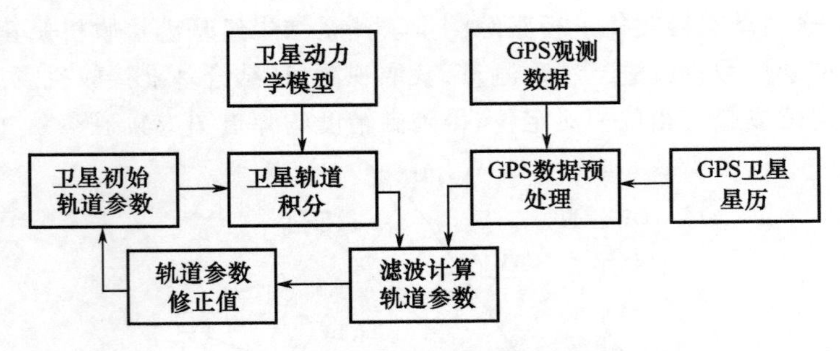

图 7-18 动力学定轨原理框图

第三种则是几何法和动力学法相结合,根据具体情况进行加权组合以取得最佳效果,称为最佳简化动力学法。

利用 GPS 为航天器导航定位有以下优点。

① 可大量减少和简化地面测控站,从而降低航天器的运行费用。

② 能近实时作轨道修正,实现位置和轨道自主保持,这样不仅消除星地间信息往返延迟,还可省去地面的数据处理,提高卫星工作效率。

③ 减少了传统跟踪系统的种种误差源,如电波传播误差以及地球自转、极移、重力场、测站位置等误差。

④ GPS 卫星轨道高,对中、低轨道用户航天器的观测几何关系好,跟踪时间长,容易实现长弧段高精度定轨。

⑤ 航天器上可得精度高于微秒级的时间信息,不需要定期作天-地时钟同步。

⑥ 可用于航天器的发射、在轨、轨道机动、再入返回各阶段高精度定位测速。

在实现上,用 GPS 跟踪用户航天器最简单的办法是在航天器上装一台高动态 GPS 接收/处理机实时确定其位置、速度和时钟偏差。如果用户航天器定位的实时性要求不高,也可在用户航天器上装一个频率变换器,将接收的 GPS 卫星信号进行频率变换,直接或经跟踪与数据中继卫星系统转发到地面站,在地面解算出用户航天器的轨道。这种工作方式不需要在用户航天器上装重量较大的接收机,而将复杂的接收机功能和数据处理功能转移到地面,因而成本低,而且可得到更精确的轨道解。

(2) 精密轨道测量。对于轨道位置精度要求达厘米级的卫星(如海洋卫星),利用天基和通用地基航天测控网都难以满足要求,为此必须在全球布设精密测距测速跟踪网或激光跟踪网。利用 GPS 精密测轨时,在用户星上装一台多通道双频 GPS 接收机,测得伪距和载波导出伪距增量。在全球均匀分布的 6 个地面站上(位置精确已知)也设有类似的 GPS 接收机,各接收机与用户星同时观测同一组 GPS 卫星,得相应测量量。空间、地面两组对应差分测量量作差(即同一 GPS 卫星的天地测量量作差,再在两 GPS 星之间作二次差),得双差分测量值,再采用最佳加权的简化动力学法来定轨,可使 1300km 圆轨用户星的轨道高度确定到几厘米精度,而且 GPS 降精度措施的影响也可基本消除。

(3) 航天器交会对接。空间两航天器的交会对接过程,要求精确测定两航天器之间的相对位置、相对速度和姿态,天、地基测控系统很难完成此项任务。而利用 GPS 相对导航技术很容易测出这些量。GPS 用于航天器交会对接的测量详见本书第 9 章介绍。

(4) 航天器姿态测量。某些航天器的操作或机动飞行需要精密的航天器姿态数据,利用 GPS 信号相干测量可给出适当精度的姿态数据。这种测量可实时进行，且不会有惯性姿态测量装置的慢漂累积误差。

在航天器的两条正交基线顶端装两对（十字形）或 3 个（L 形）GPS 接收天线，将这些天线所接收的信号送 GPS 接收机处理，一方面测得伪距及其变化率，用于高精度导航定位；另一方面从载波锁相环恢复的载波测出相对两天线的载波信号的相位差，按干涉仪原理处理这些相位差数据，消除整周模糊，即可得航天器的俯仰、偏航和滚动姿态数据。由于是干涉仪原理，正交基线越长，姿态测量精度越高。一般而言，可将航天器姿态测定到角分的量级。利用这种方法测定姿态，设备简单，精度高。

（5）精密定时。利用 GPS 作为全世界的精密时间传递手段，首先推出的是单通道定时接收机。其原理是只需要看到一颗 GPS 卫星，与卫星发出伪码相同步，从导航信息中可知道该伪码的发出时间和卫星轨道位置，利用已知接收机位置，即可算出电波传播延时，从而计算出地面接收机时钟与 GPS 星钟的差值。再修正 GPS 系统时间与 UTC 之间差值，即可将本地时钟同步到 UTC 上。这种 GPS 定时接收机虽然是单通道型，但由于待校时钟常设置在固定地点，单条通道可按时间顺序先后跟踪 4 颗 GPS 卫星。再将 4 颗星的伪距归算到同一时刻，计算出用户时钟所处位置的坐标值，经过长期平均，定时精度相当高。

在多通道 GPS 接收机中，输出每一组定位值时，同时输出一个时间信息。该时间信息一般都精确到几十纳秒量级，所以当前许多标准定位接收机同时输出由此导出的高精度秒信号，该信号的误差一般小于 100ns。

需要高精度相对同步时可采用共视法，即两用户同时观测同一颗 GPS 卫星。由于可抵消公共误差，时间同步精度可高达几纳秒量级。

有了精度达纳秒级的时间同步精度，可以将现有单脉冲雷达改造成主站加两副站的多站址系统，从而提高外测精度。还可按 GPS 工作原理构成特别适用于局部航区和多目标测量的倒 GPS 外测系统。

3）其他应用

利用 GPS 的高精度定位能力，能精确测定测控站的站址（固定站测量船和测量飞机），还可以厘米级精度确定多站测量系统的基线；利用 GPS 动态相位差分技术的厘米级定位精度，可校准和鉴定无线电测量设备；利用 GPS 定位能力，可测定弹头、飞船、卫星回收舱在陆上及海上的落点位置；利用 GPS 双频能力，可测定当地电离层分布的实时模型；利用目标上 GPS 接收机的实时定位能力，可引导地面遥测天线或光测设备，还可为发射场测定垂线和正北方向偏差，测定航天器定轨所需的多种物理量。此外，GPS 的高精度定位测速能力还可用于常规靶场（如战术导弹、巡航导弹、无人飞机等）、电子靶场的时空信息的测量。

7.2.2 北斗卫星导航系统

北斗卫星导航系统是中国着眼于国家安全和经济社会发展需要，自主建设、独立运行的卫星导航系统，是继美国、俄罗斯和欧盟之后的第 4 个成熟的卫星导航系统。

20 世纪后期，我国开始探索适合国情的卫星导航系统发展道路，逐步形成了 3 步走发展战略：2000 年年底，建成北斗一号系统，向我国提供服务；2012 年底，建成北斗二号系统，向亚太地区提供服务；在 2020 年前后，建成北斗全球系统，向全球提供服务（此目标已经在 2018 年底初步实现）。2035 年前还将建设并完善更加泛在、更加融合、更加智能的综合时空体系。

北斗卫星导航系统由空间段、地面段和用户段 3 部分组成。空间段由若干颗地球静止轨道卫星、倾斜地球同步轨道卫星和中圆地球轨道卫星等组成；地面段包括主控站、时间同步/注入站和监测站等若干地面站，以及星间链路运行管理设施；用户段包括北斗及兼容其他卫星导航系统的芯片、模块、天线等基础产品，以及终端设备、应用系统与应用服务等。

相对于其他卫星导航定位系统，北斗系统具有以下特点：一是空间段采用 3 种轨道卫星组成的混合星座，与其他卫星导航系统相比高轨卫星更多，抗遮挡能力强，尤其在低纬度地区性能优势更为明显；二是提供多个频点的导航信号，能够通过多频信号组合使用等方式提高服务精度；三是创新融合了导航与通信功能，具备定位导航授时、星基增强、地基增强、精密单点定位、短报文通信和国际搜救等多种服务能力。

1）系统组成

（1）空间星座。北斗三号标称空间星座由 3 颗地球静止轨道（GEO）卫星、3 颗倾斜地球同步轨道（IGSO）卫星和 24 颗中圆地球轨道（MEO）卫星组成（2020 年 6 月 23 日，北斗三号最后一颗全球组网卫星在西昌卫星发射中心成功发射）。之后将视情部署在轨备份卫星。GEO 卫星轨道高度 35786km，分别定点于东经 80°、110.5°和 140°；IGSO 卫星轨道高度 35786km，轨道倾角 55°；MEO 卫星轨道高度 21528km，轨道倾角 55°。北斗卫星星座示意如图 7－19 所示。

图 7－19　北斗卫星星座示意图

（2）坐标系统。北斗系统采用北斗坐标系（BDCS）。北斗坐标系的定义符合国际地球自转服务（IERS）组织规范，与 2000 中国大地坐标系（CGCS2000）定义一致（具有完全相同的参考椭球参数），具体定义如下：

① 原点、轴向及尺度定义。原点位于地球质心；Z 轴指向 IERS 定义的参考极方向；X 轴为 IERS 定义的参考子午面与通过原点且同 Z 轴正交的赤道面的交线；Y 轴与 Z、X 轴构成右手直角坐标系；长度单位是国际单位制米。

② 参考椭球定义。BDCS 参考椭球的几何中心与地球质心重合，参考椭球的旋转轴与 Z 轴重合。BDCS 参考椭球定义的基本常数见表 7－1。

表 7-1 BDCS 参考椭球的基本常数

序号	参数	定义
1	半长轴	$a = 6378137.0\text{m}$
2	地心引力常数(包含大气层)	$\mu = 3.986004418 \times 10^{14}\text{m}^3/\text{s}^2$
3	扁率	$f = 1/298.257222101$
4	地球自转角速度	$\Omega_e = 7.2921150 \times 10^{-5}\text{rad/s}$

(3) 时间系统。北斗系统的时间基准为北斗时(BDT)。BDT 采用国际单位制秒为基本单位连续累计,不闰秒,起始历元为 2006 年 1 月 1 日协调世界时(UTC)00 时 00 分 00 秒。BDT 通过 UTC(NTSC)与国际 UTC 建立联系,BDT 与国际 UTC 的偏差保持在 50ns 以内(模 1s)。BDT 与 UTC 之间的闰秒信息在导航电文中播报。

2) 系统服务

北斗系统具备导航定位和通信数传两大功能,提供 7 种服务。具体包括:面向全球范围,提供卫星无线电导航业务(RNSS)、全球短报文通信(GSMC)和国际搜救(SAR)3 种服务;在中国及周边地区,提供星基增强(SBAS)、地基增强(GAS)、精密单点定位(PPP)和区域短报文通信(RSMC)4 种服务(表 7-2)。其中,2018 年 12 月 RNSS 服务已向全球开通,2019 年 12 月 GSMC、SAR 和 GAS 服务已具备能力,2020 年 SBAS、PPP 和 RSMC 服务形成能力。主要服务性能指标如表 7-3 所列。

表 7-2 北斗系统服务规划

服务类型		信号/频段	播发手段
全球范围	卫星无线电导航业务(RNSS)	B1I、B3I	3GEO+3IGSO+24MEO
		B1C、B2a、B2b	3IGSO+24MEO
	全球短报文通信(GSMC)	上行:L 下行:GSMC-B2b	上行:14MEO 下行:3IGSO+24MEO
	国际搜救(SAR)	上行:UHF 下行:SAR-B2b	上行:6MEO 下行:3IGSO+24MEO
中国及周边地区	星基增强(SBAS)	BDSBAS-B1C、BDSBAS-B2a	3GEO
	地基增强(GAS)	2G、3G、4G、5G	移动通信网络互联网络
	精密单点定位(PPP)	PPP-B2b	3GEO
	区域短报文通信(RSMC)	上行:L 下行:S	3GEO
注:中国及周边地区即东经 75°~135°、北纬 10°~55°			

表 7-3 主要性能指标

服务类型	主要性能指标
RNSS	定位精度:水平不大于 10m,高程不大于 10m;授时精度不大于 20ns;测速精度不大于 0.2m/s;服务精度不小于 95%,服务可用性不小于 99%
GSMC	响应时延优于 1min;终端发射功率不大于 10W;服务容量上行 30 万次/h,下行 20 万次/h,单次报文最大长度 560b;服务成功率不低于 95%
SAR	检测概率不小于 99%,独立定位概率不小于 98%;独立定位精度不大于 5km;地面接收误码率不大于 5×10^{-5};可用性不低于 99.5%

续表

服务类型	主要性能指标
SBAS	单频增强和双频多星座增强服务，实现一类垂直引导进近（APV－I）指标和一类精密进近（CAT－I）指标
GAS	对北斗系统提供单频伪距增强、单频载波相位增强和双频载波相位增强服务，定位精度 m 级；对 BDS/GNSS 系统提供双频载波相位增强服务，定位精度 cm 级；对 BDS/GNSS 系统提供后处理相对基线测量服务，定位精度 mm 级
PPP	第一阶段（2020 年）播发速度 500b/s，定位精度水平不大于 0.3m，高程不大于 0.6m，收敛时间不大于 30min。第二阶段（2020 年后）扩展为增强多个全球卫星导航系统，提升播发速率，视情拓展服务区域，提高定位精度、缩短收敛时间
RSMC	响应时延不大于 1s；终端发射功率不大于 3W；服务容量上行 1200 万次/h，下行 600 万次/h；单次报文最大长度 14000b；服务频度最高 1 次/s；服务成功率不低于 95%

3）信号特性

本节以北斗系统 B2b 信号 I 支路信号 $S_{\mathrm{B2b\_I}}(t)$ 为例介绍北斗系统所用信号的特性。

$S_{\mathrm{B2b\_I}}(t)$ 的载波频率为 1207.14MHz、调制方式采用 BPSK，符号速率为 1000s/s，由导航电文数据 $D_{\mathrm{B2b\_I}}(t)$ 和测距码 $C_{\mathrm{B2b\_I}}(t)$ 调制产生，其数学表达式为

$$S_{\mathrm{B2b\_I}}(t)=\frac{1}{\sqrt{2}}D_{\mathrm{B2b\_I}}(t)\cdot C_{\mathrm{B2b\_I}}(t) \tag{7-4}$$

式（7－4）中，导航电文为

$$D_{\mathrm{B2b\_I}}(t) = \sum_{k=-\infty}^{\infty} d_{\mathrm{B2b\_I}}[k]p_{\mathrm{B2b\_I}}[t-kT_{\mathrm{B2b\_I}}] \tag{7-5}$$

式中：$d_{\mathrm{B2b\_I}}$ 为 B2b 信号 I 支路的导航电文数据码；$T_{\mathrm{B2b\_I}}$ 为相应的数据码片宽度；$p_{\mathrm{B2b\_I}}(t)$ 为宽度为 $T_{\mathrm{B2b\_I}}$ 的矩形脉冲。

导航电文采用循环冗余校验（CRC），具体实现方式为 CRC－24Q，其生成多项式为

$$g(x) = \sum_{i=0}^{24} g_i x^i \tag{7-6}$$

式中

$$g_i=\begin{cases}1, & i=0,1,3,4,5,6,7,10,11,14,17,18,23,24\\ 0, & \text{其他}\end{cases}$$

导航电文采用 64 进制 LDPC（162，81）编码，每个码字符号由 6b 构成，定义于本原多项式为 $p(x)=1+x+x^6$ 的有限域 $\mathrm{GF}(2^6)$。

式（7－5）中，测距码 $C_{\mathrm{B2b\_I}}(t)$ 的数学表达式为

$$C_{\mathrm{B2b\_I}}(t) = \sum_{n=-\infty}^{\infty}\sum_{k=0}^{N_{\mathrm{B2b\_I}}-1} C_{\mathrm{B2b\_I}}[k]p_{T_{\mathrm{c\_B2b\_I}}}(t-(N_{\mathrm{B2b\_I}}n+k)T_{\mathrm{c\_B2b\_I}}) \tag{7-7}$$

式中：$C_{\mathrm{B2b\_I}}$ 为 I 支路分量的测距码序列（取值为 ±1）；$N_{\mathrm{B2b\_I}}$ 为对应分量的测距码码长，其值为 10230；$T_{\mathrm{c\_B2b\_I}}=1/R_{\mathrm{c\_B2b\_I}}$ 为 B2b 信号 I 支路的测距码码片宽度，$R_{\mathrm{c\_B2b\_I}}=10.23\mathrm{Mb/s}$ 为 B2b 信号 I 支路的测距码速率；$p_{T_{\mathrm{c\_B2b\_I}}}(t)$ 为宽度 $T_{\mathrm{c\_B2b\_I}}$ 的矩形脉冲。

$C_{\mathrm{B2b\_I}}$ 由两个 13 级线性反馈移位寄存器通过移位及模 2 和生成的 Gold 码扩展得到。

生成多项式为

$$\begin{cases} g_1(x) = 1 + x + x^9 + x^{10} + x^{13} \\ g_2(x) = 1 + x^3 + x^4 + x^6 + x^9 + x^{12} + x^{13} \end{cases} \tag{7-8}$$

4）天基测控功能

北斗卫星导航系统作为天基测控时，主要功能如下：

① 为各种飞行器提供时空基准。

② 各种轨道航天器自主定轨。北斗卫星导航系统的 L 频段用户波束受波束覆盖范围限制，一般只能用于低轨航天器自主定轨；其 Ka 频段星间链路波束，除了用于导航系统自身自主定轨外，还可用于低、中、高轨道用户航天器自主定轨。

③ 外弹道测量。用于武器试验场导弹和反导弹等高速武器的跟踪和精确弹道测量、时统建立与保持等。

④ 构建导弹武器组合制导。用于构建弹道导弹、巡航导弹等各种精密打击武器的组合制导系统，提高导弹武器远程打击精度和综合作战效能。

7.2.3 其他卫星导航定位系统

目前，世界上共有 4 个卫星导航定位系统。除了前面介绍的美国的 GPS 和中国的北斗系统外，还有俄罗斯的全球卫星导航系统（GLONASS）、欧盟的 Galileo 系统。

1. GLONASS

GLONASS 是苏联研制和组建的第 2 代卫星导航定位系统，现由俄罗斯负责管理和维护。该系统和 GPS 一样，也采用距离交会原理进行工作，可为地球上任何地方及近空间的用户提供连续、精确的三维坐标、三维速度及时间信息。

从 1982 年 10 月 12 日发射第一颗 GLONASS 卫星起至 1995 年 12 月 14 日止，先后共发射了 73 颗 GLONASS 卫星，最终建成了由 24 颗工作卫星组成的卫星星座。这 24 颗卫星均匀分布在 3 个轨道倾角为 64.8°的轨道上（图 7－20）。相邻轨道面的升交点赤经之差为 120°。每个轨道面上均匀分布 8 颗卫星。卫星在几乎为圆形的轨道上飞行（$e \leqslant 0.01$）。卫星轨道的平均高度（卫星离地球表面的距离）为 19390km，运行周期为 11h15min44s。

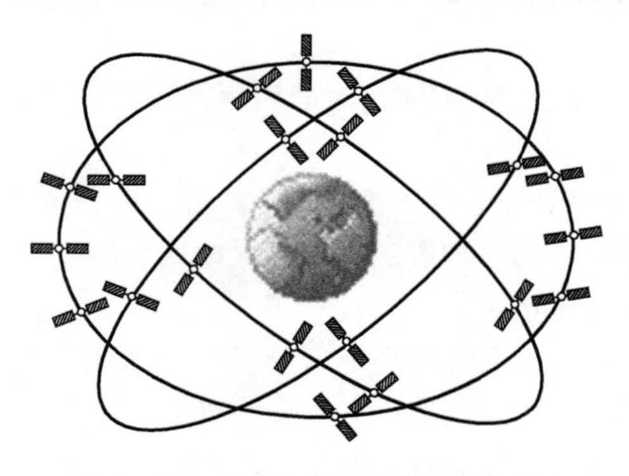

图 7－20　GLONASS 卫星星座示意图

GLONASS 的地面监控部分均设在苏联的境内，其系统控制中心位于莫斯科。GLONASS 所用的时间系统是苏联自己维持的 UTC 时间，除了存在跳秒外，与 GPS 时间之间还有数十纳秒的差异。GLONASS 所用的坐标系是 P90 坐标系，与 GPS 所用的 WGS - 84 坐标系也不相同。

与 GPS 不同，GLONASS 采用了频分多址技术 FDMA。这种方法的优点是敌对方发出的某一干扰信号只会影响与其频率相仿的卫星信号，对其他卫星信号不会产生显著的影响；不同卫星信号间也不会产生严重的干扰；测距码的结构比码分多址要简单得多。FDMA的缺点是接收机体积大、造格高，因为处理不同频率的卫星信号时需配备更多的前端部件。此外，系统占用的频率资源也要大得多，其中有一部分与 VLBI 所用的频谱重叠，所以 GLONASS 决定将位于地球两侧的两个卫星共用一个频率，把所占用的频率压缩一半。同时考虑今后是否改用码分多址技术。GLONASS 第 i 颗卫星的信号频率为

$$\begin{cases}(f_1)_i = 1602.5625\text{MHz} + (i-1)\times 0.5625\text{MHz} \\ (f_2)_i = 1246.4375\text{MHz} + (i-1)\times 0.4375\text{MHz}\end{cases} \quad i = 1, 2, \cdots, 24 \qquad (7-9)$$

GLONASS 与 GPS 的另一差异是：GPS 的地面监测站是较均匀地分布在全球范围内的，而 GLONASS 的监测站则布设在苏联境内。为弥补覆盖不足的缺陷，在卫星上配备了后向激光反射棱镜，通过激光测卫观测值（精度优于 2cm）来校正无线电测距的结果，以提高测距精度。此外，又将卫星轨道高度降低至 19100km，相应的卫星运行周期减少为 11h15min。此外，由于苏联处于高纬度地区，因此把 GLONASS 的轨道倾角也提高了大约 10°，以便对高纬度地区有更好的覆盖率。

2. Galileo 系统

2002 年 3 月，欧盟开始启动伽利略（Galileo）系统的组建计划。Galileo 系统的卫星星座由 30 颗卫星组成(27 颗工作卫星加 3 颗在轨的备用卫星)，这些卫星均匀地分布在 3 个倾角为 56°的轨道面上，每个轨道面上均分布有 9 颗工作卫星和 1 颗备用卫星。卫星轨道高度为 23200km，运行周期为 14h7min，地面跟踪的重复时间为 10 天，10 天中卫星运行 17 圈。卫星的设计寿命为 20 年，质量为 680kg，功耗为 1.6kW。每颗卫星上均配备 2 台氢原子钟和 2 台铷原子钟，1 台在用，其余备用。

卫星信号将采用 4 种位于 L 频段的频率来发射，其频率分别为：E5a 为 1176.45MHz；E5b 为 1207.14MHz（11969.91 ~ 1207.14MHz，待定）；Eb 为 1278.75MHz；E2 - L1 - E1 为 1575.42MHz。

Galileo 系统与 GPS、GLONASS 都采用时间测距原理进行导航定位，但其卫星数量多，轨道位置高，轨道面少。

Galileo 系统除具有全球导航定位功能外，还具有全球搜索救援等功能，并向用户提供公共服务、安全服务、商业服务、政府服务等不同模式的服务。

Galileo 系统具有下列特点。

① 系统是一个具有商业性质的民用卫星导航定位系统。非军方用户在使用该系统时受到政治因素影响较少。

② 相对于 GPS 在可靠性方面存在的缺陷（用户在无任何先兆和预警的情况下，可能面临系统失效、出错），Galileo 系统从系统结构设计方面进行了改造，以最大限度地保证系统的可靠性，及时向指定用户提供系统的完备性信息。

③ 采取措施进一步提高精度。例如，在卫星上采用了性能更好的原子钟；地面监测

站的数量达 30 个左右,数量更多,分布更好;在接收机中采用了噪声抑制技术等,因而用户能获得更好的导航定位精度,系统的服务面及应用领域也更为宽广。

④ 系统与 GPS 既保持相互独立又互相兼容,具有互操作性。相互独立,可防止或减少两个系统同时出现故障的可能性。为此,Galileo 系统采用了独立的卫星星座和地面控制系统,采用不同的信号设计方案和基本独立的信号频率。兼容性意味着两个系统都不会影响对方的独立工作,避免干扰对方的正常运行。互操作性是指可以方便地用一台接收机来同时使用两个导航系统进行工作,以提高导航定位的精度、可用性和完好性。

参考文献

[1] 刘嘉兴. 飞行器测控通信工程[M]. 北京:国防工业出版社,2010.

[2] 李征航,黄劲松. GPS 测量与数据处理[M]. 2 版. 武汉:武汉大学出版社,2010.

[3] 赵业福,李进华. 无线电跟踪测量系统[M]. 北京:国防工业出版社,2002.

[4] 刘天雄. 卫星导航系统概论[M]. 北京:中国宇航出版社,2018.

[5] 王家胜. 我国数据中继卫星系统发展建议[J]. 航天器工程,2011(2):1-8.

[6] 夏南银,张守信,穆鸿飞. 航天测控系统[M]. 北京:国防工业出版社,2002.

[7] 中国卫星导航系统管理办公室. 北斗卫星导航系统发展报告(4.0 版). http://www.beidou.gov.cn/xt/gfxz/2019.12.

[8] 龚志刚,寇保华,罗丹. 基于中继卫星系统的天基测控与数据中继关键技术浅析[J]. 载人航天,2009,15(2):56-60.

[9] 卢鋆,张弓,陈谷仓,等. 卫星导航系统发展现状及前景展望[J]. 航天器工程,2020,29(4):1-10.

第8章 深空测控通信系统

深空探测是指进入太阳系空间和宇宙空间的探测活动,是人类航天活动三大领域之一,具有重要的科学、经济和政治意义。深空测控通信系统是深空探测系统的重要组成部分。与近地航天器的测控通信系统相比,深空测控通信系统的原理和基本组成总体上是相似的,也是通过基本的测控手段完成对探测器的跟踪和遥测、遥控任务。二者最主要的区别是深空航天器与地球之间的距离非常遥远,而且通信环境更加复杂,导致信号传输时延加大、信号衰减加剧。一些在近地航天器测控通信系统中使用的技术不能有效工作,而必须采用更先进的测控手段和方法。

本章首先针对跟踪任务,重点介绍了一些适应深空遥远距离的新型测距、测速和测角等无线电测量技术;其次介绍了深空测控通信数据传输的基本方法;最后讨论了未来深空测控通信技术发展趋势,并具体以天线组阵、深空光通信和行星际网络为例进行了介绍。

8.1 深空测控通信系统概述

随着科学技术水平的发展,人类已经具备了通过航天活动来探索地球以外天体的能力。根据探测目标和任务的不同,人类的航天活动主要分为人造地球卫星、载人航天和深空探测三大领域。深空探测是指脱离地球引力场,进入太阳系空间和宇宙空间的探测,它是人类了解地球、太阳系和宇宙,进而考察和勘探太阳系其他天体的第一步。通过深空探测,人类可以进行空间资源开发与利用、开展空间科学技术研究。深空探测活动在当今世界高科技领域中极具挑战性、创新性和带动性,对国家的政治、经济、科学及人类社会的可持续发展都具有重大而深远的意义。

关于深空的定义,国际宇航界公认的是国际电信联盟(ITU)的《无线电规则》第1.77款中关于深空的规定。1988年10月,在世界无线电管理大会(WARC)ORB-88会议确定将深空的边界修订为距离地球大于或等于2.0×10^6km的空间,这一规定从1990年3月16日起生效。今天国际上主要航天国家和组织均把这一定义作为深空的标准定义。

目前深空探测的6个重点方向为月球探测、火星探测、小行星与彗星的探测、太阳探测、水星与金星的探测、巨行星及其卫星的探测。探测的主要方式有:①在近地空间轨道上进行远距离深空探测;②从探测目标星体近旁飞过,进行近距离观测;③成为探测目标星体的人造卫星,进行长期的反复观测;④在探测目标星体表面硬着陆,利用坠毁之前的短暂时机进行探测;⑤在探测目标星体表面软着陆,进行实地考察,也可将取得的样品送回地球研究;⑥在深空飞行,进行长期探测。

迄今为止,已独立或合作开展深空探测活动的国家和组织主要有美国、苏联/俄罗斯、欧洲空间局(ESA)、日本、中国和印度。这些国家和组织先后发射了200多个深空探测器,实现了对太阳系八大行星和部分小天体的探访。已探测的太阳系天体有月球、火星、金星、水星、木星、土星、天王星、海王星以及小行星和彗星等;实现了月球、火星、金星、土卫六、小行星和彗星着陆,并完成了月球、小行星及彗星粒子采样返回,有的探测器甚至正在飞出太阳系,开始进入外太阳系。

深空探测活动通过空间探测系统实现。空间探测系统包括空间探测器和深空网。空间探测器是系统的空间部分,装载科学探测仪器,执行空间探测任务。深空网是为了对执行月球、行星和行星际探测任务的航天器进行跟踪、导航与通信而建立的测控网,可以提供双向通信链路,对航天器进行指挥控制、跟踪测量、遥测以及接收图像和科学数据等。

目前,美国、欧洲空间局、中国等已经建立了深空测控网。美国 NASA 深空网具有目前世界上能力最强、规模最大的深空测控通信系统,由在全球按经度间隔接近 120°分布的 3 处深空通信综合设施组成,分别位于美国加州的戈尔德斯通(Goldstone)、西班牙的马德里(Madrid)和澳大利亚的堪培拉(Canberra)。每个综合设施都有 1 个 70m 天线和数个 34m 天线。深空网的操作控制中心位于美国加州帕萨迪纳(Pasadena)的喷气推进实验室(JPL)。ESA 是世界上第 2 个建成全球布站深空测控网的航天机构。ESA 深空网的建设始于 1998 年,目前已经建成了 3 个全球分布的具有 35m 口径天线的深空站,分别是澳大利亚新诺舍(New Norcia)站、西班牙塞夫雷罗斯(Cebreros)站和阿根廷马拉圭(Malargüe)站,空间操作中心位于德国达姆施塔特(Darmstadt)。中国深空网由位于中国东北部地区和西北部地区的 2 个深空站以及位于南美洲阿根廷西部地区的 1 个深空站组成,飞行控制中心位于北京。中国深空测控网具备支持各类月球和深空探测任务的遥测、遥控、数据接收和跟踪测量等功能,是目前世界上功能完备、全球布局的三大深空测控网之一。除美国、ESA 和中国外,俄罗斯、日本、印度、意大利、德国等国家也研制建设了自己的深空测控设备。

8.1.1 深空测控通信系统任务

深空测控通信系统要完成的任务主要包括以下几方面。

1. 跟踪测量导航

在探测器飞行过程中,地面指挥控制人员要实时知道探测器的飞行位置,探测器也要能确定自身所在的空间位置,以便进行姿态保持或控制。这就需要利用深空网实现对探测器的跟踪测量。通过融合连续或多弧段的各类测量数据,可以对探测器的飞行轨道进行计算定轨,同时将定轨结果注入探测器以供制导、导航与控制分系统使用。

2. 任务飞行控制

为了完成特定的深空探测任务,探测器需要从发射初始轨道经过一系列的变轨以达到目标轨道。例如,对于火星着陆探测,其主要的飞行控制包括地火转移轨道的中途修正控制、近火点制动捕获火星控制、环绕火星轨道控制和着陆火星控制等。任务飞行控制是建立在跟踪测量定轨基础上的,由任务中心根据任务设计的轨道要求计算出当前轨道到目标轨道的变轨控制量,并通过深空网注入探测器完成探测器的变轨任务。

3. 探测任务操作

探测任务操作是任务控制中心根据探测器的当前状态和探测任务要求,编排一系列指令控制程序,并通过探测器相关执行机构实施的过程。探测操作可分为直接控制操作、程序控制操作和交互式操作 3 种基本模式。根据任务的复杂程度,一项操作任务的实施可由一种或多种不同操作模式组合完成。

4. 数据传输通信

数据传输通信将探测器产生或获取的各类信息数据传输到地面,供各类用户使用。这些数据主要包括探测数据和视频图像信息,如果是载人活动,还包括语音信息。探测数据主要供科研人员开展科学研究,图像和语音信息主要供任务中心进行任务指挥和控制使用。

8.1.2 深空测控通信特点

1. 信号空间衰减大

深空测控需要对几亿千米,甚至上百亿千米的遥远探测器进行测控,信号衰减程度非常大。无线电信号功率按传播距离的平方衰减,遥远的距离带来巨大的信号路径损耗。这意味着同样强度的发射信号,接收方得到的信号更加微弱,可传输的有效信息将急剧下降,或为保证一定的信息量传输花费更大的代价。

为了弥补深空测控通信巨大的信号空间衰减,通常采用增大天线口径、增大射频发射功率、降低接收系统噪声温度(简称噪温)、接收机采用极窄带锁相环提高载波频率、利用高效信道编译码技术、降低传输码速率和通过数据压缩降低信息传输数据量等措施。例如,美国的深空网天线最大口径已经达到70m,工作频段已经提高到Ka频段(32GHz),地面最大发射功率也已经达到上百千瓦。

2. 信号空间传输时延长

近地卫星测控中,电波的空间传播时延为毫秒(ms)级。在深空测控中,这个时间延长到数分钟甚至数小时。常规测控模式已不再适应深空任务大时延的特点。比如,要完成1×10^8km的距离测量,常规测距模式下距离捕获的时间将达到1.5h,而对海王星探测器测距时,上行测距音经探测器转发返回地面后,地面站可能由于地球自转而无法看到目标,从而无法对其进行实时操作控制和状态监视。

表8-1给出了太阳系主要天体与地球的距离以及与地球同步静止轨道卫星相比较的信号衰减情况和信号传输时延情况。

表8-1 太阳系内各大行星与地球的通信距离、延迟及与地球同步静止轨道卫星相比的信号衰减

行星	与地球最远距离/10^6km	与地球同步静止轨道卫星比较(0.036×10^6km)		通信单向延迟/min
		距离的倍数	通信路径损耗增加量/dB	
水星	221.9	6163.9	75.797	12.328
金星	261.0	7250.0	77.207	14.500
火星	401.3	11147.2	80.943	22.294
木星	968.0	26884.4	88.590	53.778
土星	1659.1	46089.1	93.271	92.172
天王星	3155.1	87641.7	98.854	175.180
海王星	4694.1	130392.0	102.305	260.780

为了克服巨大时间延迟，地面深空站需研究适应深空任务特点的深空测距流程。目前主要采用地面提前注入的控制模式和多站接力的测量模式。例如，美国的“旅行者”2号在海王星附近时，信号往返传输的时间超过了 8h，当信号返回地球时发射站已经随地球自转出了航天器视线，必须由另一个站来接收。

3. 高精度导航困难

与近地航天器导航相比，深空探测器距离地球遥远，无法使用像 GPS 这样的卫星导航系统；同时，由于地面接收到的深空探测器信号非常微弱，还将导致无线电测距、测速精度恶化。此外，由于深空探测器相对于单个地面站的测量几何关系变化非常微小，也不利于实现高精度的轨道测量。

深空测控设备的测距、测速、测角的精度要求很高。比如，在载噪比为 20dBHz 的条件下，S 频段测速随机误差为 1mm/s，X 频段测速随机误差为 0.1mm/s，测距随机误差为 1m。针对这样的要求，需要采用大口径天线、制冷超导滤波器和低噪声场放来提高系统的接收品质因数(G/T)。其次，需要在接收基带采用超窄带的载波锁相环和副载波锁相环以保证测量精度。

为了实现深空探测器的高精度导航，美国 NASA 提出了基于 VLBI 技术的无线电导航方式。在此基础上开发的差分甚长基线干涉仪，通过一条长基线两端的 2 个地面站接收航天器差分单向测距(DOR)的相干来提供精确的探测器角位置，可实现 5nrad 的导航精度。这种技术已在对冥王星及其卫星进行探测的任务中进行了应用。

4. 信号传输环境复杂

深空测控通信无线电信号除了必须穿过近地空间的对流层和电离层外，还要穿越变化复杂的太阳等离子区，经受随时出现的太阳风暴的冲击。同时，对具有大气层的地外天体的探测，信号还要穿过这些天体的大气层。这些都会对测控通信性能带来影响。无线电信号频率越高，电波波长越短，电离层和太阳等离子区中带电粒子的影响就越小，从而可以提高无线电测量的精度。例如，带电粒子对 X 频段双向链路的影响相比对 S 频段链路的影响降低为原来的 1/13，对未来使用的 Ka 频段双向链路的影响将进一步降低。

5. 通信方式多样化

为了提高通信效率和通信资源利用率，深空通信根据航天器的飞行方式不同而采取不同的方式。

航天器在深空巡航飞行时，飞行环境接近自由空间，可以采用激光通信或经跟踪与中继卫星转发实现通信；当航天器采用掠过天体的飞行方式时，由于航天器与行星遭遇时的成像观测数据量巨大，应采用存储转发方式，即先高速获取数据，存储后再低速传回地球；如果航天器成为探测目标的人造卫星，其轨道变成行星的卫星轨道，即航天器采用环飞的飞行方式，则根据飞行条件采取间断的存储转发方式或连续通信方式。间断的存储转发方式指当航天器飞入行星阴影区，地球不直接可见时，先将感测数据存储起来，在飞出阴影区后采用跟踪与数据卫星转发回地球。连续通信方式则需要在行星附近建设辅助数据中继卫星系统，航天器将观测数据实时发送给此系统并由数据中继卫星发回地球；当航天器进行着陆探测时，为使探测活动能与地球建立实时联系，需找出天体的静止轨道以建设独立的天基测控通信星座和管理站。

8.1.3 深空测控通信系统功能及组成

1. 系统功能

深空测控通信系统是对执行深空探测任务的航天器进行跟踪测量、监视控制和信息交换的专用系统。首先,它是天地之间进行信息交互的唯一途径,也是航天器正常工作运行、充分发挥效能的重要保证。通过地面站建立地面与航天器之间的天地无线通信链路,完成对航天器的跟踪测量、遥测、遥控和天地数据通信业务。其次,它是深空探测体系的重要组成部分。从深空航天器发射入轨一直到任务周期结束,测控通信系统一直负责对航天器进行操作管理,提供长期的飞行状态监视和飞行控制,并进行探测信息接收、处理和数据交换。此外,它还为相关系统提供科学应用处理所需基准信息,提供航天器精确轨道与姿态数据、遥测数据,作为科学探测载荷应用数据处理的基准信息。

深空测控通信系统利用深空测控站上行或下行无线链路和深空航天器上的测控应答机,可以实现 3 种基本功能。第一个功能,也是最重要的,是产生无线电测量数据。在深空航天器在轨运行期间,任务中心利用多种无线电测量信息估计航天器的位置,包括多普勒信号数据、测距信息数据、两个测控站构成的干涉仪差分测量数据等。深空测控通信系统的第二个功能是利用加入到上行链路(从深空测控站出发)和下行链路(从深空航天器出发)的调制信号,遥控指令通过上行链路发送至深空航天器,同时工程和科学数据通过下行链路发送回地球。第三个功能是利用深空测控网作为科学仪器设备研究无线电科学和雷达天文学。目前,在 NASA 政策支持和鼓励下,利用深空航天器发射的无线电信号、银河系外的无线电信号或者戈尔德斯通的大功率雷达发射器回波,科学家可以将深空网作为科学仪器设备来了解宇宙深处的奥秘。

深空测控通信网的功能如图 8-1 所示。

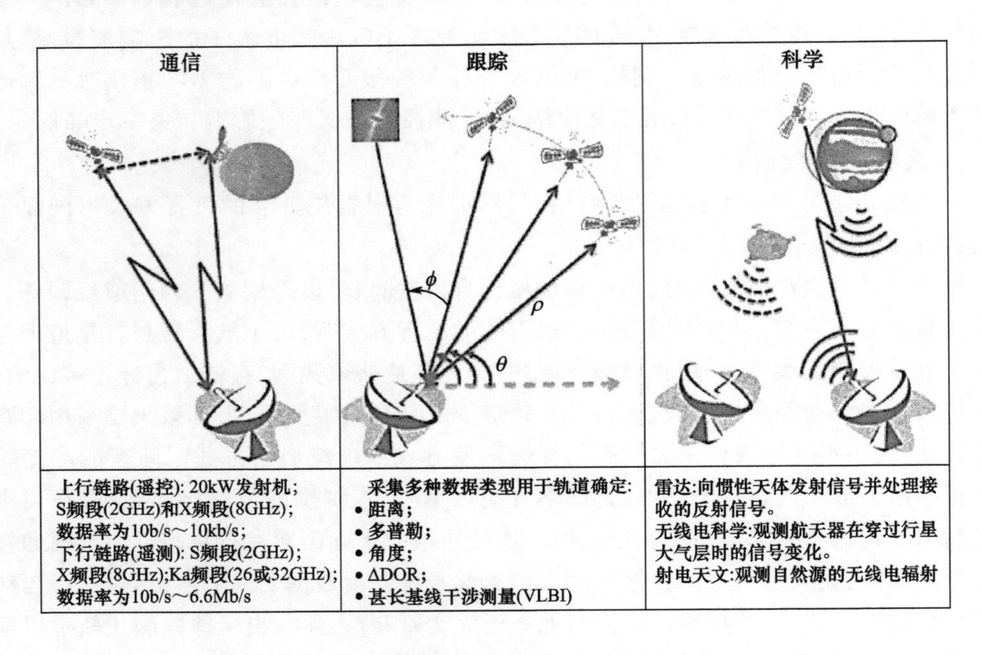

图 8-1 深空测控通信网的功能示意图

2. 系统组成

深空测控通信系统一般由航天器测控通信分系统、分布于地面的深空测控站、深空任务飞行控制中心以及将测控站和飞行控制中心连接在一起的通信网组成。早期的近地航天器上有独立的跟踪分系统、遥测分系统和遥控分系统等,后来把3个系统的射频载波统一起来,合并为一个共用的测控应答机。这种统一载波的基本组成形式也是目前绝大多数深空航天器所采用的测控通信系统构成方式。

(1) 航天器测控通信分系统。航天器上测控通信部分的主要功能是完成航天器的内部状态参数测量并下传(遥测)、接收地面控制指令、数据注入(遥控)和向地面发送有效载荷获取的各类探测数据的任务,以便地面站能监测航天器的工作状态、飞行轨道,对其进行控制、接收各类探测数据等。

航天器测控通信部分主要包括数据管理分系统和航天器射频分系统两部分。

① 数据管理分系统实现向航天器各分系统提供时间基准及频率标准、处理射频分系统收到的地面遥控指令,并按要求发送给各分系统;根据各分系统采集到的工作状态参数生成遥测数据,并通过射频分系统向地面发送等功能。数据处理包括指令序列存储、航天器时钟、遥测打包及编码、数据存储、故障保护和进入安全模式等。数据管理分系统通常包括一台核心计算机,承担整个航天器活动的管理功能。

② 射频分系统负责完成上行测控通信信号的接收、解调、转发,下行测控通信数据的调制和发射任务。射频分系统的配置以满足深空探测航天任务各阶段的需求为目标,综合考虑预期的最大通信距离、预定的工作频段、要求的上下行数据速率、航天器上可用的电源功率、质量限制等要素。一般包括射频天线、低噪声放大器、高功率放大器、测控应答机以及超稳晶振等。

(2) 地面测控通信系统。地面测控通信系统通常包括地面深空测控站、深空任务飞行控制中心以及将测控站和控制中心联系在一起的通信网络。

① 地面深空测控站。地面深空测控站通常由大口径天线(目前国际上主流天线为34m和35m口径波束波导天线)及馈源系统、射频信道(包括S、X和Ka频段在内的多条射频链路)、基带处理设备、时间统一及频率源系统、测试标校系统(如距离校零设备)、辅助系统(如低温制冷系统、电源系统等)和系统监控台等组成。

深空测控天线采用波束波导天线结构,可以保证天线同时工作于S、X、Ka等3个频段,且在3个频段内天线均可有最佳的照射效率、较高的天线增益和较低的副瓣。最重要的是,波束波导天线结构使得天线馈源下移至地面,便于低噪声放大器(LNA)和高功率放大器等关键器件的安装与维修,也利于LNA等接收端器件采取低温制冷技术,提高系统信噪比。射频信道接收链路的低噪声放大器采用低温制冷技术,尽可能降低接收系统噪声温度。目前,深空测控站的上行链路一般工作在S、X双频段,S频段的低噪声放大器总的噪声温度优于12K,X频段优于18.5K。来自基带设备的已调信号经变频后送S、X频段高功率放大器(HPA),放大后经正交器送天线。S、X频段HPA均采用速调管放大器,发射功率通常在10kW以上。

基带处理设备主要由前端模数转换模块、上行调制模块、遥测模块、遥控模块、测量模块和分集合成等模块组成,各模块之间通过专用局域网互联。基带信号处理系统可以生成的测量数据包括距离、多普勒频率、AGC数据、气象数据和开环测量数据等。

高稳度频率源用于确保实现对深空航天器的高精度测量。高稳度频率源可以为系统生成所需 5MHz、10MHz 和 100MHz 的频率参考信号,再经频率综合器向系统提供本振信号。

② 深空任务飞行控制中心。深空任务飞行控制中心是深空探测任务的指挥控制机构,是深空测控通信系统信息收集、交换、处理和控制中枢。飞行控制中心的任务是:指挥和控制深空测控站对航天器实施跟踪测控;收集、处理和发送深空测控站获取的各种测量数据;监视深空航天器的轨道和姿态及其设备的工作状态,生成并通过深空测控站发送控制指令;确定轨道或位置要素,发布航天器的轨道和位置信息;对行星表面的着陆探测器或巡视勘察探测器实施控制操作。

在深空探测任务中,深空测控设备将采集的数据送至飞行控制中心;飞行控制中心通过大量计算、分析和判断,实时将遥控信息发往深空测控站,通过深空测控设备将指令和数据发送给深空探测航天器,把引导数据送往深空测控设备,使其能够捕获并跟踪航天器。飞行控制中心的数据处理系统对测控信息进行汇集与分发、数据处理、轨道计算、航天器姿态控制、发送遥控指令(使航天器维持轨道)和引导信息、记录原始信息和中间结果;同时通过监控显示系统对各深空测控设备、测控信息、现场操作的各种数据、曲线、图像进行显示,为任务指挥和操作人员提供决策信息。

深空任务飞行控制中心通常由数据处理系统、数据存储系统、监控显示系统、干涉测量信号处理系统和通信系统组成。数据处理系统通常包括轨道计算子系统、遥测遥控子系统、轨道计算子系统、数字仿真子系统、操作监视子系统、航天器长期管理子系统、开发测试子系统以及网络设备所组成,并通过通信系统与地面通信网接口。数据存储系统由大容量存储设备以及配套的接口设备组成,用于存储任务中获取的各类测量数据和其他需要记录的任务数据。监控显示系统由监控显示服务器、显示工作站、图形处理工作站、网络交换机和大屏幕投影等设备组成,并通过通信系统与通信网的语音调度和视频子系统等接口。干涉测量信号处理系统由干涉信号相干处理器、数据预处理系统以及接口计算机设备等组成,用于干涉测量信号的相干处理,获得深空航天器的干涉测量角位置信息,并将解算的测角数据发送给飞行控制中心的轨道计算软件系统进行轨道确定。此外,飞行控制中心还有语音指挥调度、视频以及信息安全等功能系统。

③ 地面通信网络。深空测控任务由任务飞行控制中心和分布于全球的深空测控站共同完成。在任务期间,深空测控设备与任务飞行控制中心之间需要实时和事后传送各种测控数据。此外,为便于任务飞行控制中心远程监视和指挥深空测控站工作现场,还需要传送和再现有关的电视画面。这些工作均由地面通信网来完成。地面通信网络主要包括各深空测控站与任务飞行控制中心间的通信链路,具体负责完成各种测量数据、科学数据、各种遥控指令、监视图像的传输以及语音调度等任务。

深空测控的数据量大,特别是一些图像和干涉测量原始数据,因此,深空测控站到飞行控制中心间的通信链路以宽带光纤和卫星通信为主。通常,以带宽更宽的地面光纤作为主用链路,卫星通信作为备份链路。

光纤通信链路具有以下几个特点。

a. 传输频带宽,特别适合宽带信号和高速数字信号的传输。

b. 传输损耗小,特别适合远距离传输。

c. 抗干扰能力强,抗电磁干扰、杂音信号的能力突出。

d. 传输质量高,传输误比特率小于 1×10^{-9}。

卫星通信主要使用的卫星为地球同步静止轨道卫星,使用的工作频段主要为 C 频段和 Ku 频段。卫星通信具有以下特点。

a. 通信覆盖范围广,作用距离远,不受地理条件限制。

b. 通信容量大,能传输的业务类型多。

c. 具有多址连接能力,能够同时实现多方向、多地点通信。

d. 信道稳定、可靠,可以认为卫星通信信道是一个恒参信道。

e. 传播时延较大,通过同步静止轨道卫星的一跳传播时延达 270ms 左右。

8.2 深空无线电测量技术

深空无线电测量主要包括深空飞行器的测角、测速和测距。无线电测量的基本原理已经在第 4 章中作过介绍,本章主要介绍这些原理在深空测量中的应用。

8.2.1 深空探测中的测角技术

角度是确定探测器轨道的最重要元素之一,完成对探测器跟踪的首要条件是确保地面天线能够随时对准探测器。角度测量一般通过幅度比较和相位比较实现。

幅度比较测角的原理是通过同一个地面站天线接收信号测量来波射频信号的幅度,反映出探测器对地面站天线射频轴向的偏离情况,从而给出航天器相对地面站天线的俯仰角度和方位角度。该方案原理简单,方案成熟,工程实现相对容易,已大量应用于近地轨道的航天器。幅度比较的前提是地面站接收机必须首先可靠地捕获跟踪航天器下行载波信号,而深空距离遥远,相对近地航天器而言,到达地面站的射频信噪比极低,导致幅度比较误差相对较大,测角误差相对近地航天器较大。另外,由于距离的原因,同样的角度偏差,对深空航天器带来的位置确定误差远大于近地航天器。因而,幅度比较方案的测角精度已不能满足深空测定轨的需求。

相位比较测角基于相位干涉原理,通过不同地面站天线接收信号测量来波射频信号的相位差,获取地面站和航天器连接矢量与地面站坐标轴的方向余弦,从而给出航天器相对地面站天线的俯仰角度和方位角度。这种相位干涉测量方案可获得相对较高的测角精度,是目前深空测角的主要方式。常用的工程实现方案有甚长基线干涉仪(VLBI),以及在此基础上改进的差分甚长基线干涉仪(ΔVLBI)、连接端站干涉仪(CEI)和同波束干涉仪(SBI)等技术。

1. VLBI

VLBI 技术诞生于 20 世纪 60 年代,最初用于天文观测,利用两个(或多个)观测站精确测量来自同一射电源的信号波到达两个测站的时间差。射电源辐射出的电磁波,通过地球大气到达地面,由基线两端的天线接收。天线输出的信号经放大、变频转换为中频信号和视频信号。用高精度原子钟控制本振系统,提供精密的时间信号,由处理机对两个“数据流”做相关处理,用寻找最大相关幅度的方法,求出两路信号的相对时间延迟。VLBI的基本原理图如图 8-2 所示。

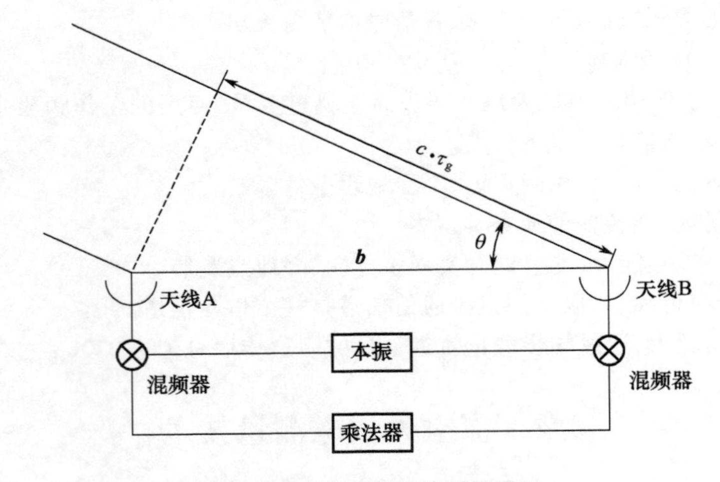

图 8-2 甚长基线干涉测量原理

由于射电源离地球非常遥远,因此可以将信号波前看作平面。两测站收到某一波前的时间差为

$$\tau_g = \frac{|\boldsymbol{b}|\cos\theta}{c} \tag{8-1}$$

式中:c 为光速;$|\boldsymbol{b}|$为基线长度;θ 为基线与源方向的夹角。因地球的自转,θ 为时间的函数,从而 τ_g 也是时间的函数。通过对多个源的 τ_g 及其对时间的变化率的多次测量,就可以解出基线矢量 $\boldsymbol{b}$ 的各分量和源的位置。考虑其他介质等因素的影响,对延迟进行修正,即可得到信号方向与基线方向的夹角。此外,通过足够的观测并在一定的解算模型下,即可得到每个测站的站址坐标、被观测源的角位置及其他一些与信号传输路径有关的参数。

对式(8-1)求导,可得到角位置信息 θ 的测量精度表达式为

$$\partial\theta = \frac{c\partial\tau_g}{|\boldsymbol{b}|\sin\theta} \tag{8-2}$$

由式(8-2)可见,测角精度与时延测量精度成正比,与基线长度成反比。因此,为了提高测量精度,除了应尽量提高地面站时延差测量精度外,还可以通过增加基线长度来实现。

VLBI 技术是目前角分辨率最高的天文观测技术。当基线长度达到上万千米的量级时,其测角精度能够达到 20~30nrad。利用 VLBI 技术可以直接测量得到探测器的角度数据,对探测器横向位置和速度有较好约束。传统的多普勒测速和测距方法可以直接测得探测器的径向距离及速度,对探测器视向位置和速度具有较好的约束。利用这两种数据进行联合定轨,能够有效地提高定轨精度,从而满足深空探测需要。

VLBI 技术被用于深空探测器最早可以追溯到 20 世纪 70 年代后期,NASA 利用 VLBI 技术测量火星探测器“海岛号”和金星探测器“先锋者”的相位时延。随着科学技术的不断发展,VLBI 技术也得到了不断进步。在嫦娥一号任务中,中国首次在航天任务中使用了 VLBI。

由于 VLBI 是在两个观测站记录来自同一个源的射频信号并进行互相关得到时延,因此信号由被发射到进行互相关处理之前,任何会对信号产生影响的因素都会对最后互相关得到的时延产生影响。这些因素包括设备相位抖动、设备相位延迟、太阳等离子体以

及地球定向参数的不准确性和测站的站址误差等。系统误差的存在使得 VLBI 几何延迟的准确度受到严重降低,如果不对这些系统误差进行处理,测量精度就得不到保证。如果只采用经验模型计算系统误差,效果不甚理想。因为这些系统误差的变化规律一般比较复杂,而经验模型只能建立在平均规律性的基础上。为了解决这个问题,提出了差分甚长基线干涉仪(ΔVLBI)、同波束干涉仪(SBI)、连接端站干涉仪(CEI)等技术。其中,ΔVLBI 和 SBI 技术的思路是将测量的参考点放到宇宙中去,把深远距离的测量变为近距离的测量。只要参考点的位置是已知的,则测得深空探测器与参考点的相对位置就可确定深空探测器的位置,并利用差分技术来抵消那些由相关因素引起的系统误差,从而提高测量精度。SBI 利用两个深空站天线对同波束内的两个目标同时进行测量,可以获得两个目标相对位置的精确数据。CEI 则是利用光纤来实现基线传输,从而提高了端站间的"时间差"测量精度并获得了实时性。

2. ΔVLBI

ΔVLBI 技术可以有效消除 VLBI 测量的仪器时延、时钟及大气等引起的系统差的影响,因而广泛应用于 VLBI 天文观测及深空探测器的导航。ΔVLBI 是在被测目标附近小区域内,同时或几乎同时观测一个参考源,将参考源的系统差用于待测源,求出待测源的时延。

如果应用 ΔVLBI 技术获取探测器下行信号(如载波)的多普勒频移,然后将其与用相同方式获得的角距相近的射电源信号的多普勒频移做差分,形成的观测量为双差多普勒频移,这种技术称为窄带 ΔVLBI,也称为 ΔDOD 技术。如果应用 VLBI 技术获取探测器宽谱信号的相位信息生成群延迟,然后将其与用相同方式获得的角距相近的射电星的群延迟做差,形成的观测量为差分延迟,这种技术称为宽带 ΔVLBI,也称为 ΔDOR 技术。由于 ΔDOR 技术能够提供更精确的探测器角位置,因此在深空探测导航中应用更为广泛。

与 VLBI 时延提供的信息量类似,ΔDOR 提供了在以射电源定义的坐标系下探测器在天平面内直接的几何角测量。图 8-3 所示为 ΔDOR 测量原理示意图。

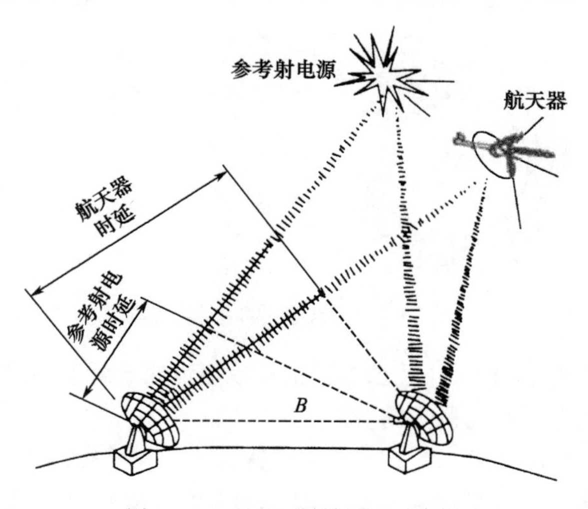

图 8-3　ΔDOR 测量原理示意图

由于双差分极大地消除了测量中的系统误差，因而 ΔDOR 具有很高的角测量精度。目前 DSN 利用 ΔDOR 能够达到的角测量精度为 2nrad。相比于只以视线测量数据求得的轨道解，由视线及 ΔDOR 数据求得的轨道解表现出对系统误差的不敏感性。此外，由于 ΔDOR 是一种直接的几何测量，利用 ΔDOR 观测数据联合定轨得到的解在低赤纬与其他特殊几何构型下没有奇异性。ΔDOR 的另一个显著优势是其在短弧定轨、定位方面表现显著，可对进行轨道机动后的深空探测器状态进行快速测量，特别适用于仅有少量的观测机会，但需满足长时间导航精度的情况。

应用于深空探测的 ΔDOD、ΔDOR 技术，继承了 VLBI 技术的基本思想，即通过基线的不断拉长，使各种测量误差平摊在基线上，从而提高了测量精度。同时，通过将探测器的多普勒频移及时延与射电源对应的观测量做差分，进一步削减了各系统差的影响。ΔDOD、ΔDOR 技术与天文 VLBI 观测的一个显著不同是，对于天文 VLBI 的观测，由于射电源是类白噪声的宽谱信号，为了形成一定的等效扩展带宽，需要在具有一定频谱子带宽内记录射电源信号并进行互相关处理，才能得到时延。而对于探测器，为了得到类似的时延，只需在下行载波频谱上调制间隔等于所需带宽的两根侧音（正弦波或方波）信号，或利用遥测信号的高次谐波即可，并且由于探测器信号是确定性信号，因此不需进行互相关处理即可得到等效带宽对应的时延。

3. SBI

当两只飞船在角度上非常接近时，它们可以在地面天线的同一波束内被观察到。使用两个深空站天线作干涉仪对在同一波束内的两只飞船同时观测，可以生成差分干涉测量。这种测量体制称为同波束干涉。它可以提供两航天器非常精确的相对角位置测量。其测量的基本原理：利用地面干涉仪同时测得两个目标的角度方向，这是一次差分；对此二角度方向作二次差分，即可求得二目标间的角度间隔 $\Delta\theta$。

以月面着陆器与巡视器 SBI 为例，其测量的几何原理如图 8－4 所示。

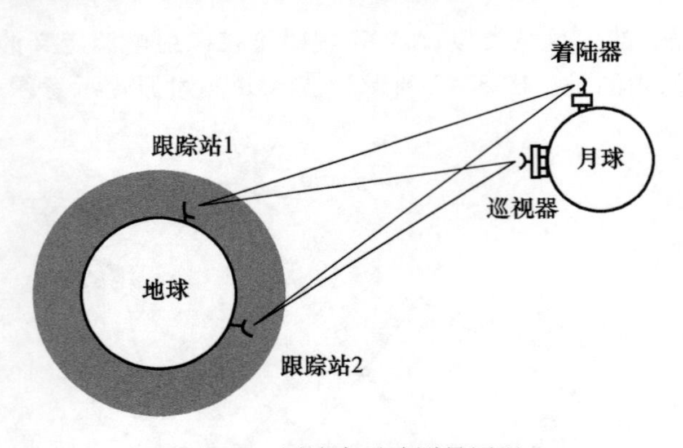

图 8－4　同波束干涉测量原理

相比于传统 ΔVLBI 技术，SBI 技术能够更有效地消除系统差，并且其相位延迟的测量方式能够获得比群延迟更高的测量精度。

SBI 是测量载波相位延迟，再加上用了两次差分，从而去掉了很多同源相关误差。ΔDOR 技术测量的是调制在探测器下行载波上的单音来获得群延迟观测量，其测量精度可达到扩展带宽对应的等效波长的几分之一。对于 X 频段（8.4GHz）上调制的单音形成的 40MHz 的扩展带宽，这个等效波长为 7.5m。而 SBI 测量的是载波相位延迟，其精度可达到载波波长的几分之一（X 频段信号波长约为 3.6cm）。

SBI 相比于 ΔDOR 测量的另一个显著优势在于两个被测探测器的角距很小（通常为几毫弧分之一），而 ΔDOR 测量中两个探测器的角距约为 10°。由于许多测量误差与该角度的大小成比例，X 频段 SBI 测量的理论精度可以达到 0.2mm，而同频段的 ΔDOR 测量精度只能达到 14cm。

在联合轨道估计过程中，用 SBI 数据补充多普勒数据可以降低对引力模型误差的敏感度，并使轨道确定精度得到提高。同波束干涉数据与双向多普勒或单/双向多普勒相结合，有可能成为强有力的轨道确定数据，并可以同时跟踪多个航天器。此外，SBI 比传统航天器——射电星干涉还具有一些操作上的优越性。由于不需要射电星，也就不需要将天线指向从航天器离开，在数据处理过程中也就不需要互相关步骤。

4. CEI

连接端站干涉仪（CEI）使用同一频率基准，通过相距几十千米至 100km 两个跟踪测量站之间的光纤通信链路，实现对两站接收信号时间延迟的非常精确的测量。通过这种高精度数据，可以确定无线电发射源相对两站间基线矢量精确的角位置。在相对较短的基线上可以实现与长基线干涉仪相当的测角精度，而且它不需要长时间连续的数据弧段。利用光纤通信链路将获取的数据实时传送至同一相关器进行处理，这种实时处理能力的潜在优点是可靠性高和可实时发送导航数据。CEI 干涉测量原理示意图如图 8-5 所示。

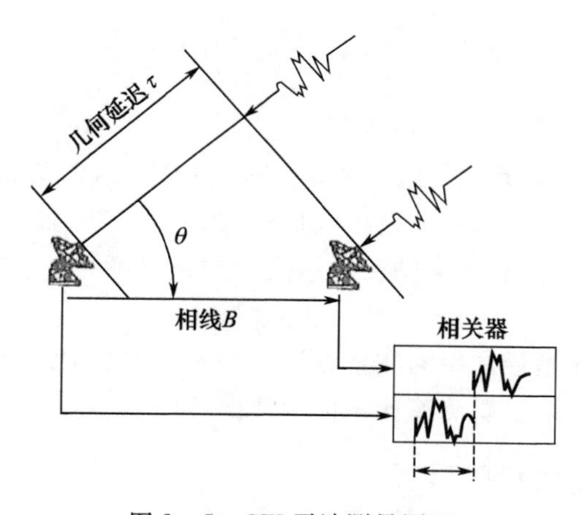

图 8-5　CEI 干涉测量原理

CEI 测量技术具有一些显著的优点，包括：①可以及时修正影响观测的一些不利因素；②系统使用同一时钟，便于两站之间进行相干处理；③短基线具有一定的误差抵消作用，可以使传输介质误差明显减小；④较短的基线可以提供较长的视野观测时间和更高的观测仰角。因此，CEI 技术在深空探测测定轨中具有明显的优势，特别是在月球、行星抵近以及月球和行星降落过程的测轨尤为显著。同时，该技术在对中高轨道卫星的实时高精度定轨中也具有特殊的优势。

影响 CEI 相位延迟测量的误差源主要有基线长度、射电源位置、对流层、电离层、时钟稳定度和测量准确度等。通过对两个角位置邻近的无线电源（飞船和射电星）的同时观测并进行差分，可以校正很多误差，包括两站间的时钟和本振未知延迟和相位偏差、测量设备的未知延迟、测量过程中的设备相位漂移、天线结构变形引入的延迟、传输介质延迟和基线误差等。

8.2.2 深空探测中的测速技术

对深空探测器的速度测量，与近地轨道航天器测速近似，也是通过测量载波的多普勒频偏来实现的。设探测器发射信号频率为f_τ，地面站接收信号频率为f_R，c为光速，v为探测器相对于测控站的径向速度，则通过测取f_τ与f_R之差获得目标的多普勒频率f_d，进一步经计算即可得到速度v。

根据跟踪模式的不同，深空探测器的速度测量可以分为3种方式，即单向多普勒测量、双向多普勒测量和三向多普勒测量。

单向测速系统一般由探测器上的信标机和地面接收设备组成。可测得多普勒频率f_d为

$$f_d = f_R - f_\tau = \left(\sqrt{\frac{c+v}{c-v}} - 1\right) f_\tau \approx \frac{v}{c} f_\tau \tag{8-3}$$

双向测速系统一般由探测器上的应答机（相干）和地面发射/接收设备组成。进行双向测速时，航天器应答机要相干转发上行载波。假设转发比（应答机转发频率与接收频率的比值）为q，则多普勒频率为

$$f_d = f_R - q f_\tau = \left(\frac{c+v}{c-v} - 1\right) q f_\tau \approx \frac{2v}{c} q f_\tau \tag{8-4}$$

当$v \ll c$时，式（8-3）和式（8-4）近似成立。

当探测器距离地面站很远时，由于地球自转的影响，这时无法用单个收/发站测速。从而需要用一个站发射信号，另一个站接收信号，即采用三向多普勒测速。这种情况下，假设地面接收站能够精确复制地面站发射站发射的信号频率f_τ，则仍然可以用式（8-4）计算多普勒频移。

双/三向多普勒测速是最常用的测量方法。因地面站能比星上振荡器提供更稳定的频率源，因此双向或三向多普勒测速比单向测速的精度更高。

8.2.3 深空测控通信的测距技术

深空测距的基本原理：地面站发射调制有测距信息的上行射频信号，经深空航天器应答机相干转发后，再由地面站接收解调测距信息，通过比较得到收发测距信息的时延差，该时延差与光速的乘积即为距离量。

1. 深空测距的特点

由于测量距离遥远，接收到的信号十分微弱，且收/发信号的时延很大，深空测距具有与近地测距不同的特点，主要表现在以下方面：

（1）接收信号的信噪比低。由于距离很远，信号传输的衰减较大，接收到的信号很弱。因此深空测距接收机要采用窄带锁相环，使得捕获测距信号和减少测量动态误差的困难增大。

(2) 距离捕获时延长。遥远的距离使得测距信号的发送和接收的时延加长,由此给距离捕获带来一些特殊的问题。如测距音的时序和时隙设计、测距信号的复制等。同时,测距信号捕获时延的加长也使得发送和接收的测距信号的相干性减弱,从而使相位测量误差加大,对测距误差的影响也因此加大。

(3) 超远距离的解模糊。由于距离捕获时间加长,通常需要有距离预报的先验信息来辅助解模糊。

此外,由于深空站覆盖探测器的时间较长,对测距系统的鲁棒性也提出了更高的要求。

2. 深空网测距系统配置

深空网测距系统最常用的配置为双向测距,这时上行和下行深空站是同一个站测得双向相位延迟就可以确定深空站与航天器之间的往返时延。对于一些外行星探测任务,由于地球与航天器之间的电波时延非常大,无法进行单站测距(即双向测距)。在这种情况下,可以采用"三向测距",即上行站和下行站不是同一个站。三向测距的具体实现方式为地面站 A 在 t_1 时刻发射信号,该信号经航天器应答机相干转发后,地面站 B 在异地 t_2 时刻接收该信号,并与 t_1 时刻相位进行比对,从而完成对航天器与地面站之间径向距离的测量。按照首发信号是否同源,三向测距可分为同源三向测距和非同源三向测距。如果发射站与接收站之间距离较近,两站之间通过微波链路或光纤链路连接,保证站间频率的相干性,这种方式称为同源三向测距;否则称为非同源三向测距。在深空探测任务中,主要是非同源三向测距。由于收发不同源,一般而言,三向测距精度低于双向测距精度。提高三向测距精度的关键技术是收/发站之间的时钟同步及尽可能分离收/发链路距离零值,使设备校标引入的三向测距误差减小。

3. 深空测距的信号体制

按照测距信号的类型不同,深空测距方式分为序列侧音测距、伪码测距和码音混合测距。

(1) 序列侧音测距。序列侧音测距系统测距信号由一系列正弦波或方波组成,包括一个测距时钟和多个解模糊侧音。其中测距时钟决定测距精度,解模糊侧音决定无模糊距离。每个侧音持续一段时间以便进行相关积分提高信噪比。在工作时,发射一个侧音序列获得一个测距数据,多次周期性循环发射,获得多个测距数据。本质上序列测距是一种离散测距。

纯侧音测距便于与遥测副载波、遥控副载波共用测控信道组成统一测控系统,技术成熟,实现方便。但纯侧音测距体制用于深空测距的不足也较明显。首先,深空测控站距离捕获时,采用传统侧音测距,侧音依次发送将需要更长的系统捕获时间。因此,在深空测控时,主音发送完成后,一般不等主音返回就发送次音。这就要求收/发信号之间保持较强的逻辑关系,增加了系统操作繁杂程度。其次,受发送能量的限制及空间路径损失的影响,测控站接收信号极其微弱,大动态、微弱信号的跟踪与接收决定了深空测控站必须采用条件稳定的、带有多普勒补偿的高阶窄带锁相环提取测距信号,系统复杂。

序列侧音测距在我国航天测控领域,以及在 NASA、ESA 地球轨道航天器测控系统中得到了广泛应用。在深空测控体制中,NASA、ESA 均保留了该体制,我国深空测控站也将该测距体制列为多种测距体制选择的一个重要选项。

(2) 伪码与再生测距体制。PN 码测距是指测距信号是由测距时钟与几个伪随机噪声码(PN)逻辑组合而成的,它是一个连续信号,因此测距是连续的。测距时,深空站发射由这个测距信号调相的上行载波,航天器应答机接收和处理调制后的上行载波,应答机的测距信道可以是直接转发式,也可以是再生式信道。下行载波返回深空站并解调出测距信号,将该测距信号与本地测距时钟产生的 PN 码组进行相关,确定接收码相对于发射码的时延,进而得出探测器与地面站之间的径向距离。

受实现手段的限制,纯侧音测距对应的最大无模糊作用距离远低于深空测控实际需要。而伪码测距的最大优点就是解决了距离的模糊问题。在伪码测距中,码长决定最大无模糊距离,通过适当地加大码长,可进一步扩展距离解模糊能力。再生伪码测距方式通过解调上行载波并跟踪滤波测距时钟,再生出测距信号,具有上行噪声不影响下行信号的优点。这对深空微弱信号检测有很大好处,因而是深空测距的主要应用方向。

(3) 码音混合测距。码音混合测距利用了侧音测距高分辨率和良好的信噪比性能,以及伪码解模糊的优点。虽然与遥测信号的抗干扰性能不如伪码测距方式,但是可通过选择侧音频率,避免大多数情况的干扰,如 ESA 标准中采用序列码 + 高频侧音的码音混合测距方案。上行测距信号包括高频侧音和由其分谐波得到的序列码,该码被调相在侧音上得到测距信号。测距信号与遥控信号相加调制上行载波。

目前国际上还未形成统一的深空测距体制。侧音测距、伪码测距和码音混合测距在各次深空测控任务中均有应用。理论分析表明,相对于序列侧音码,PN 码具有更小的测距误差,而所需的积分时间更少,其性能更优且使用灵活方便。因此,PN 码测距特别是 PN 码再生测距是深空测距的较好方案。

8.3 深空测控通信信息传输技术

与近地航天器测控通信信息传输类似,深空测控通信信息传输也包括遥测数据、遥控数据和探测数据的传输。不同的是,由于深空探测的目标距离地球遥远,深空数据传输常常只能达到较低的数据率,到达地球的信号十分微弱,而且收到信号的时延很大,这就使得深空数据传输具有下述特点。

(1) 由于到达地球接收天线的信号微弱,接收信号的信噪比非常低。

(2) 数传的码速率较低。特别是随着探测距离越来越远,可实现的码传输速率很低。

(3) 多普勒频移大。由于深空探测器相对于地球的运动速度可能很大,且常工作在频率更高的 Ka、X 频段,多普勒频移比地球轨道航天器更高。

(4) 特殊的调制解调和编码方式。为了在低码速和中/高码速时各自获得较好的功率效率,同时也为了适应不同的测距体制,目前深空中多同时具有残留载波和抑制载波调制方式。为了在低信噪比接收时获得数据的可靠性,深空数据传输中一般采用高编码增益的纠错编码。此外,为了降低数传速率以提高作用距离,深空信源数据压缩也需要采用特殊的方式。

(5) 信号捕获时间很长。由于深空通信中多普勒频移大,载噪比较低,且接收锁相环的带宽很窄,因此信号捕获所需的时间较长。而且数据多是非实时传输,深空应答机常采用存储转发的方式,而地面站可先记录再事后处理。

8.3.1 深空遥控信息传输

地面深空站向探测器发送的上行通信控制信息包括遥控开关指令和注入数据两部分。其中,遥控开关指令是指控制探测器飞行姿态和探测器上设备工作状态、主备切换等的开关命令;注入数据指控制探测器运行的工作参数,包括轨道根数、设备工作程序参数、延时遥控指令、时钟校正和探测器计算机程序等。这些遥控信息由二进制码序列组成,并按照一定的格式排列,形成探测器与地面均能识别的信息。

深空遥控典型系统是由地面深空站接收飞控中心送来的指令或注入数据,经过加扰、BCH 编码、码型变换后,调制到副载波上,再调制到载波上,通过大功率发射机和高增益天线发射到探测器。探测器上的遥控终端接收到应答机解调出的已调相移键控(PSK)副载波信号后,再二次解调出遥控指令或注入数据,输出脉冲编码调制(PCM)码流。指令译码器译码输出遥控指令;数据译码器接收、解包和校验注入数据,并将恢复的数据送往数据管理计算机或其他用户,控制执行部件,实现对探测器的控制。

深空遥控典型系统组成框图如图 8-6 所示。

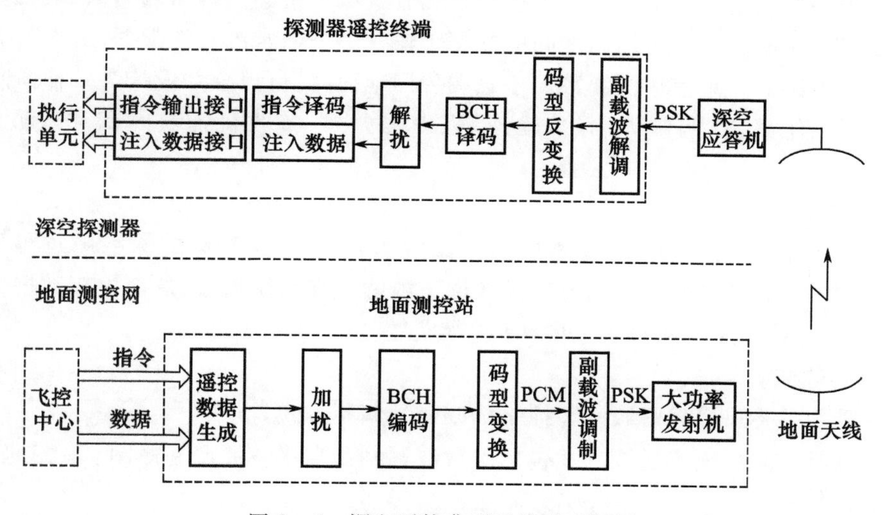

图 8-6 深空遥控典型系统组成框图

深空探测器遥控的作用距离遥远,上行信号接收能力有限,上行数据码率一般很低。同时,由于传输时延大,不易进行返回校验,通常采用纠错编码、信息加密或身份认证等技术措施,以保证上行数据的正确性和安全性。

在遥控信号调制体制方面,针对深空探测中信噪比极低的特点,CCSDS 早期的建议是采用 PCM、PSK、PM 矩形波调制,带宽较宽的接收机可以恢复 PCM、PSK、PM 矩形波调制的高次谐波,从而增大有用信号功率。在月球探测等较近距离的探测任务中,由于强发射功率的航天器数量较多,需要限制探测器采用满足通信要求的最小频谱带宽以解决频段拥塞问题,因此 CCSDS 建议采用需要较小频谱带宽的 PCMPSK、PM 正弦波调制。深空遥控的典型参数如表 8-2 所列。

表 8-2 深空遥控的典型参数

项目	参数
遥控副载波波形	正弦波或方波
副载波率范围	100Hz~16kHz,1Hz 连续可变
调制方式	PCM、PSK、PM
调制指数范围	正弦波副载波 0.1~1.52rad,方波调制副载波 0.1~1.40rad
遥控码型	NRZ-L/M/S,Bi-Φ-L
遥控码速率	$4000/2^n$ b/s($n=0,1,\cdots,9$)
纠错体制	前向纠错,具有加解扰、BCH 编译码功能
遥控发令的工作方式	具有常发和突发 2 种工作模式,常发模式下一直发送遥控副载波,在无遥控指令时发送引导序列和空闲序列(101010…);突发模式下收到中心发送遥控指令后,开始发送遥控副载波,突发模式在基带本身不发送引导序列和空闲序列,引导序列和空闲序列由指令本身产生

8.3.2 深空遥测和数据信息传输技术

遥测的基本作用是将航天器的工程参数和有效载荷采集的科学数据传输到地面。数传的作用则是完成探测器与地面之间的数据传输。数据通常由科学数据、工程数据、图像和语音数据等组成。星上遥测和数传信息在传回地面时,可以合并设计为一种体制,其主要特性包括工作频段、调制体制、传输速率、编码方式、接收机捕获时间和载波环路带宽等。

1. 工作频段

目前深空探测主要采用 S、X 频段。口径为 35m 或低于 35m 的深空站也可采用 Ka 频段。Ka 频段与 X 频段相比,同等收发条件下能够提高系统增益,从而提高数据传输率。因此,深空测控系统工作频段正在向 Ka 频段发展。

2. 调制体制

深空遥测主要采用残留载波和抑制载波两种调制方式。

(1) 残留载波。残留载波方案包括副载波调制和直接载波调制体制。副载波常使用方波或正弦波。

用方波副载波对残留载波进行 BPSK 调制是深空遥测最常用的调制方式。这种调制方式具有下列特点:残留载波可以在支持其他多种功能时共享一个下行频率,如双向测距和差分单向测距;航天器提供未调制载波有利于射电科学研究;残留载波跟踪在出现滑周前允许有较低的载波环信噪比,不会受到较多的半周期滑动损害,而这却是抑制载波跟踪会出现的;副载波可使数据边带在频域上远离残留载波,因此可以无干扰地跟踪载波。

正弦波副载波常用于 A 类(近地)任务。正弦波副载波的特点是高阶谐波下降很快,使得占用带宽比相同频率的方波副载波少。缺点是接收机只能恢复基波能量,高阶谐波中发射的数据能量被损失掉。而方波副载波可以恢复接收机带宽内的所有数据能量。

直接载波调制方式的频谱占用带宽小，相当于方波副载波系统所占用频谱的一半，是中速和高速数据遥测的较好方案。

（2）抑制载波。在深空遥测中，常见的抑制载波调制方式包括 BPSK、QPSK 和 OQPSK 等。

抑制载波 BPSK 的高数据率性能与残留载波 BPSK 几乎相同，而在中数据率上的效果更好。带宽占用与无副载波的残留载波 BPSK 相同。抑制载波 BPSK 的缺点是不能与测距或 ΔDOR 同时使用。

QPSK 和 OQPSK 的带宽效率优于 BPSK。对于指定的二进制符号率，QPSK 或 OQPSK 载波只占用了 BPSK 调制载波（无副载波）带宽的一半。QPSK 和 OQPSK 具有与抑制载波 BPSK 相同的缺点，即不能与测距或 ΔDOR 同时使用。一种可能的解决方法是采用 UQPSK，在一条支路上传输数据，另一路支路上传输测距码。这种方式在 TDRSS 和扩频测控系统中已得到成功应用。

在高数据率时，QPSK 和 OQPSK 的基本遥测性能与抑制载波 BPSK 相同。在采用成型滤波的数据信号时，OQPSK 比 QPSK 在频谱宽度上有一些优势，这就使 OQPSK 在卫星通信中得到普及。但对于不成型滤波的数据信号，QPSK 和 OQPSK 在性能和频谱占用上是相同的。

残留载波和抑制载波的遥测性能比较，主要与传输的比特率有关。通常残留载波在比特率极低时遥测性能较好，尤其在比特率低且载波环带宽较大时。在中等比特率，抑制载波的遥测性能远远优于残留载波。而在高数据率时，抑制载波与残留载波的遥测性能相当。

3. 传输速率

深空信息传输速率与所采用的调制体制密切相关。如残留载波调制信号的最小符号速率量级为几符号每秒，抑制载波调制信号中的 QPSK 和 OQPSK 调制的符号速率在几十符号每秒到数十兆符号每秒之间。

由于深空信号传输速率较低，信号所占带宽较窄，对带宽效率没有严格要求。而采用 QPSK、OQPSK 反而会因存在 I、Q 两路，带来一些附加的调制和解调损失。CCSDS 研究结果指出，在码速率不太高时，二进制相移键控/非归零（BPSK/NRZ）调制方式和码率 1/3 的 Turbo 编码是首选方案。

4. 编码方式

深空遥测的信道编码方式的选取主要考虑编码增益、带宽、延迟和误差性能几个方面。常见的编码方式有以下几种。

（1）无编码。无编码数据需要的带宽小、延迟时间最短，主要用在链路余量足够、带宽受限致使不能用编码的情况。此时数据传输的差错概率由信道误码率决定。

（2）R－S 码。CCSDS 推荐的深空遥测信道编码中的 R－S 码参数为 RS(255,223)。这种信道编码具有对突发错误很好的纠错能力，能够在 255 个符号中纠正 16 个符号错误。当信噪比较高时，其纠错作用减小。

（3）卷积码。CCSDS 推荐的航天遥测信道编码使用的卷积码参数为：编码效率为 1/2或 1/3，编码约束长度 $k=7$，采用 8 电平软判决，维特比最大似然译码。这是一种低延时时间码，对任意输入 SNR 都有编码增益。

(4) 级联码。深空通信中使用 R－S 码与卷积码级联方案，其中内码为维特比译码的卷积码，外码为 R－S 码。当航天器的 R－S 编码数据在传输前进行 1/2 码率卷积编码时，其合成码的带宽扩展得稍大一点，但在各种 SNR 下的性能比只有单独的 R－S 码或卷积码的性能好得多。NASA 和 ESA 深空通信编码标准之一即是采用 RS(255,223,33)的 8 元 R－S 码作为外码，与码率为 1/2、约束长度为 7 的卷积码作为内码的串联级联码。

(5) Turbo 码与 LDPC 码。在目前已经找到的众多编码方法中，Turbo 码和 LDPC 码具有很高的编码增益，能够在极低的信噪比下获得接近香农极限的编码性能。CCSDS 已经把 Turbo 码作为深空通信的标准，并逐步将 LDPC 码在空间通信中的应用标准化。LDPC是目前最接近香农极限的编码方式。我国的嫦娥二号任务中就使用了 LDPC 信道编码技术，实际应用中获得了 8dB 以上的编码增益。

8.4 未来深空测控通信技术发展

随着航天科技水平的不断发展，深空探测活动的广度和深度都在不断扩大，随之对深空测控通信也提出了更高的要求，主要集中在以下一些方面。

1. 更高的测控通信覆盖

今天，对月球、火星和木星等的探测活动越来越深入，特别是未来对火星表面的大范围探测以及可能的载人火星探测任务，都需要最大限度地满足对探测器各种关键事件的测控通信保障，需要提供尽可能高的测控通信覆盖。此外，由于深空探测时探测器的飞行时间很长，提高时间覆盖率也是很重要的。理论上，地球上一座深空站对深空探测器的测控通信每次最多只能达到 8h，为了增加测控时间的覆盖率就要全球布站或建立天基深空站，如航天测量船远洋布站、国外建站或国际合作等。

2. 更加灵活的任务适应性

未来深空探测的距离会更远，甚至有可能将人类的触角伸向遥远的太阳系之外。在探测器飞向目标的漫长旅程中，随着地面技术的发展和进步，可能会出现新的探测方案或发现探测器发射时系统存在的技术缺陷或问题，需要能够进行及时的修改和完善，以确保任务实施的成功。此外，在重点探测的行星附近以及行星表面可能会同时存在多个探测器或测控通信目标，这些需要地面测控通信系统和行星轨道数据中继系统具备自主功能，能够自动适应不同目标的信息传输需求。

3. 更高的数据传输速率

目前，深空探测的通信数据分为两类：一类是现场感知数据，主要是探测器拍摄的现场照片和视频信息；另一类是科学探测数据，主要包括探测图像、合成孔径雷达和多频谱及混合谱成像探测仪获取的数据。随着载人深空探测的开展，未来的深空探测数据也会从现在的图像向视频乃至高清晰度数字电视发展，数据传输速率需求将达到百兆量级。

4. 更高精度无线电测量技术

随着深空探测的不断拓展，经典的伪码/侧音测距、双向多普勒测速和幅度比较测角的精度已经越来越不能满足深空测定轨的需求。特别是随着距离越来越遥远，对角度测量精度的需求越来越高。更大基线的空间 VLBI、多站高精度时统的联结端站干涉测量(CEI)、弱参考源相位修正参考干涉测量等高精度测角技术将是下一代深空探测器高精度无线电测量的发展方向。

5. 极低信噪比接收解调技术

深空探测的主要问题是距离遥远导致的接收端射频信号非常微弱、信噪比极低,因而极低信噪比下的接收解调是深空通信的关键技术之一。对一些新型的降噪调制体制(如反向对称调制)、极窄带锁相跟踪环、自适应滤波、更高增益的信道编译码等技术的深入研究将在极低信噪比接收解调的难题上有所突破。

6. 空间因特网技术

为解决深空距离遥远及无法连续实时测控通信的难题,可以仿照地面微波站接力和因特网技术,建立空间因特网。通过逐级传输的方式将各个深空探测器信息传送至地面站。空间因特网包含若干行星附近的近空网以及把近空网互联起来的太阳系星际骨干网。需要解决的关键技术包括三维高精度捕获跟踪与功率自动调整分配、长时延星际路由协议算法、多链路协议兼容技术等。

美国 NASA 已将中小口径天线组阵技术与深空光通信技术和行星际通信网络技术并列为实现未来深空测控通信的 3 个主要技术途径。以下分别对其进行介绍。

8.4.1 深空天线组阵技术

1. 基本概念

由于遥远的传输距离带来的传输衰减,地面站接收到来自航天器的信号非常微弱,提高接收信号信噪比的一条途径就是加大接收天线的面积以增加天线收集到的能量。但天线口径加大会带来一系列的技术问题,如天线重力下垂、风负荷加大、热变形、天线面加工精度要求、天线测试方法等,目前天线口径的加大已趋近极限。提高接收信噪比的一个方法是使用天线组阵技术,即利用分布在不同地方的多个小天线组成天线阵列,接收来自同一深空探测器发送的信号,并将来自各个天线的接收信号进行合成,从而获得所需的高信噪比接收信号。图 8-7 所示为位于美国新墨西哥州中部的天线阵列。

图 8-7 美国新墨西哥州中部甚大规模天线阵列

相对于大口径的天线，天线组阵具有以下优点。

(1) 天线组阵可以增加口径效率，能够超过现有的最大口径天线，在需要的时候可以为某个任务提供支持，实现更高的资源使用。

(2) 提供了更高的系统可用性、维护的灵活性和工作的可靠性。常规的预防性维护可以在轮换使用不同天线的基础上实现，使系统能全时全功能工作。使用单个天线，故障可能会使系统失效。使用一个天线阵列，一个阵元素天线的失效只会使系统性能下降，而不会导致整个系统瘫痪。

(3) 可以减少用于备件的费用。单个天线为保证全时全功能的工作需要100%备份件，天线阵列只需要一个分数量级的备份件配置方案即可。

(4) 可以通过使用更小口径的天线来降低成本。因为从重量和尺寸考虑，小口径天线更容易建造。制造过程可以实现批量化、自动化，从而降低成本。

(5) 天线组阵还可以提高系统的可操作性和计划的灵活性。新增加的天线单元对正在执行任务的设备不会有任何影响，还可以根据不同任务的需求，设计不同的组阵方案和工作计划安排。

NASA深空网从20世纪70年代初就开始使用天线组阵技术。“旅行者”2号探测器在20世纪80年代后期抵近天王星和海王星时，就是依靠深空网的地面天线组阵来提高返回的数据量。在抵近天王星时，位于澳大利亚堪培拉的70m天线与相距近180km处的一个64m天线组成阵列。在抵近海王星时，天线组阵是通过使用在戈尔德斯通的70m天线和2个34m天线与在新墨西哥州中部的甚大规模天线阵列(VLA)27个直径25m的天线实现的。在NASA伽利略木星探测任务中，由于探测器上的高增益天线未能展开，导致只能通过低增益天线发送数据，任务中使用天线组阵技术增加了3倍的科学数据返回量。

2. 天线组阵信号合成方案

天线组阵的信号合成方案主要有5种基本形式，即复符号合成、符号流合成、基带合成、全频谱合成和载波合成。

复符号合成是一种“零中频合成”。来自各个天线的中频信号经复数下变频到基带，使用多个副载波环、多个符号环和多个匹配滤波器部分解调，然后使用一个基带锁相环进行合成和解调。这种方案中，数据以比符号速率稍高的速率发送到合成站，因此数据带宽比较小，而且符号合成损失可以忽略不计，适合调制度较高的情况。复符号合成的缺点是每个天线都必须配备开环载波跟踪、副载波跟踪和符号环跟踪装置，并且对设备的相位稳定性要求严格。

符号流合成方案是一种“数据合成”。天线接收到的信号首先下变频至中频，再经过各接收机的载波环以及符号环后输出解调的符号流，送入符号流对齐合成器中进行对齐与合成。各符号流对齐时要使用对参考信号解调时获得的码同步脉冲进行同步，然后加权合成。符号流合成方案的优点是对设备的相位稳定性没有严格要求。跟复符号合成方案类似，符号流合成方案每个天线都要配备载波跟踪、副载波跟踪和符号环跟踪装置，要求有较高的环路信噪比。

基带合成方案是一种“视频合成”，来自每个天线的信号都是载波锁定的，各载波环的输出在相同的基带频率上。该基带信号被数字化、延迟、加权，然后合成。延迟的偏移量通常由各个天线基带信号互相关得到。最后用合成的信号完成副载波解调。基带合成方案的优点是没有传输介质引起的天线间的射频相位差,基带频率较低对设备稳定性要求相对较低。缺点是基带合成要求对每个天线信号进行载波锁定,一旦载波解调被破坏,它携带的信息都会丢失。基带合成方案适合于调制度比较低的情况。

全频谱合成是一种在中频合成信号的组阵技术。来自各个天线的中频信号首先通过互相关确定天线间的相对延迟和相位,然后利用这些延迟和相位来修正各路中频信号,再加权合成为一路中频信号,送入后端解调器解调。全频谱合成的优点是它不依赖信号的频谱特征,因此适用于载波微弱的情况。其缺点是在信号合成时整个信号带宽必须发送到合成站,对链路要求很高的相位稳定性和较大的带宽。

载波合成是一种利用多个载波进行信号合成的组阵技术。在载波合成中,几个载波环配对在一起使用以提高所接收载波的信噪比,从而减少由于不完全载波同步引起的损失。载波合成方案中各个载波环不再是各自跟踪,而是共享信息以联合提高性能。载波合成自身并不合成数据,需要利用基带合成或是符号流合成来进行数据频谱组阵。这种合成方案的优点是可以利用所有的载波跟踪达到最佳载波同步的全局估计。缺点是载波锁定信息必须发送到合成站,而合成的全局解还要返送回各个天线,因此对设备的相位稳定性有严格要求。

5 种天线组阵方案中,符号流合成是较早的天线组阵方案之一。它的实现最简单,但需要多个载波环、多个副载波环和多个符号环。按照最佳性能进行比较,最佳方案是在中频进行相关的全频谱合成方案。在信号合成后,只需要一个载波环、一个副载波环和一个符号环。

3. 平方公里射电阵

平方公里射电阵(SKA)是一个巨型射电望远镜阵列,由数千个 15m 口径的碟形天线及超过 100 万个低频天线等单元组成的阵列式射电望远镜。天线分布在直径 3000km 的范围内。SKA 计划始于 1993 年。目前处在第一阶段建设,全部建成预计在 2030 年以后。SKA 的结构示意图如图 8 – 8 所示。

图 8 – 8 平方公里射电阵

SKA 是集大视场、高灵敏度、高空间分辨率、高巡天速度、宽频段范围等诸多卓越性能于一身的革命性设备，其频率范围覆盖 50MHz ~ 20GHz（未来可能升级到 20GHz 以上），空间分辨率可高出哈勃空间望远镜两个数量级，灵敏度将达到目前地球上任何射电望远镜阵列的数十倍。SKA 将人类视线拓展到宇宙深处，有望在宇宙起源、生命起源、宇宙磁场起源、引力本质、地外文明等自然科学重大前沿问题上取得革命性突破。

组建 SKA 的主要目的是提高深空网（DSN）的接收能力。它可以将 DSN 下行链路能力提高 2 ~ 3 个数量级，从而大大提高深空任务返回的科学数据量。地面站通过 SKA 可以接收更加微弱的信号，从而降低探测器上通信系统的质量和功率，即使探测器到达太阳系之外，也可以和地面进行高速率通信。此外，还可以大大降低通信成本，据 NASA 评估，使用 SKA 可以将单位数据的成本降低 2 个数量级。

4. 天线组阵的关键技术

目前上行链路矩阵、软件合成器、大规模天线组阵（平方公里射电阵）技术是天线组阵技术的难点，特别是上行链路组阵技术难度最大。

在实现下行链路组阵时，各天线接收到的高频信号必须在时间上对齐，并且在合成前进行适当的幅度加权。信号通常处于微波频段，通过下变频到更低的频率进行处理，这就需要本地振荡器相位和传输线时延的精确控制。并且，如果组阵的规模较大，各天线的大气时延将显著不同。

对于上行链路组阵，组阵各天线没有共同的参考信号可以用于连续标校。因此，必须有一个可以进行周期性标校的系统。组阵通过这个系统，在每次跟踪开始前与一个或多个航天器进行一定周期的通信以完成标校。在上行链路组阵设计中，需要考虑发射机相位调整的问题。由于探测器无法将来自不同发射天线的接收信号对齐，各上行链路信号的相位调整必须在地面完成，这就需要考虑上行链路电子设备引起的不稳定性以及对流层变化引起的不稳定性。因此，上行链路组阵面临三大主要挑战：一是确定组阵各天线的初始标校值，这意味着各天线发射的信号时钟实现对齐；二是在维持各个天线的时钟对齐时，要将天线阵指向目标航天器；三是在跟踪目标航天器时，要维持较长时间（数小时）周期的时钟同步。

2006 年 2 月，NASA 利用其深空网在戈尔德斯通的两个 34m 波束波导天线首次成功实现了对在轨的火星全球勘测者探测器的上行组阵验证试验，取得了突破性进展。目前研究和开发工作正在开展中。

8.4.2 深空光通信

在深空距离上进行通信十分困难，通信波束随发射机和接收机之间的距离呈 2 次方扩散。随着距离的增加，通信的难度也呈 2 次方增长。例如，常规的地球轨道卫星通信通常采用地球静止轨道（GEO）上的卫星与地面通信。GEO 的高度大约是 40000km，在这样的距离上，可建立和维持 Gb/s 级的相当高的数据速率。而地球到海王星和冥王星的距离达 40×10^8km 的量级，来自航天器的通信波束经过如此远距离的传输后，其扩散面积比 GEO 距离上的波束扩散面积大 100 亿倍。如此微弱的波束将使对地通信的难度也增加 100 亿倍。一个从 GEO 到地面通信能发送 10Gb/s 的系统，在海王星/冥王星标称距离上，只能达到 1b/s。

通过改善射频通信技术难以满足未来行星探测技术的信息传输速率要求。以美国

NASA 的“旅行者”1 号深空探测器为例，其 X 频段（8GHz）测控通信分系统发射功率为 20W，天线口径为 3.7m，地面深空站天线口径约为 70m，低噪声接收机的系统工作温度接近 0K，这些参数均已达到了工程实现的极限，但从木星至地面的信息传输速率只能达到 100kb/s。到达海王星时，利用 NASA 深空网戈尔德斯通的 1 个 70m 和 2 个 34m 天线与新墨西哥州美国射电天文学会的 27 个 25m 天线组成的甚大规模天线阵进行组阵共同接收，才达到 10kb/s 量级。即使采用 Ka 频段，其传输速率也只能比 X 频段提高约 4 倍。

同射频通信链路相比，激光通信链路的工作载频（200 ~ 300THz）要高得多。这意味着衍射损失更小，传递信号能量的效率更高，使得光学链路在更低发射功率和更小孔径尺寸下，仍能达到很高的传输速率。图 8 - 9 给出了光传输与 X 频段射频传输的波束扩散比较情况。从图中可见，当射频波束从土星附近达到地球时，衍射使得信号扩散到 1000 个地球直径的面积上，而激光束（假定频率为 3×10^{14}Hz）的尺寸仅扩展为 1 个地球直径，这表示水平方向和垂直方向上的接收能量集中程度高 1000 倍，相当于功率密度提高 10^6 倍。

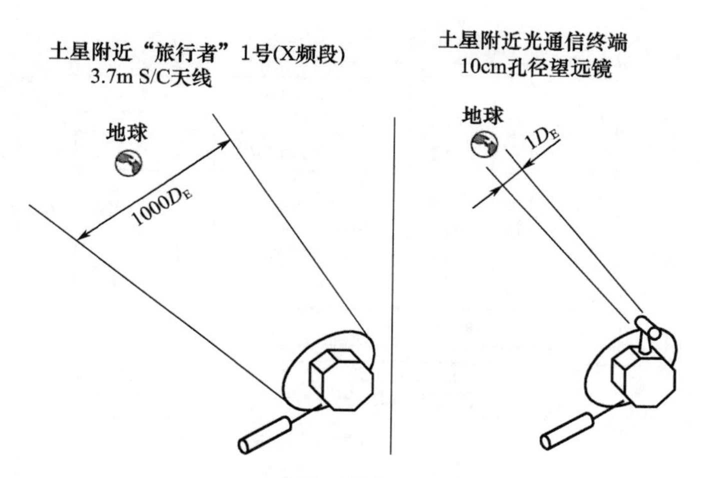

图 8 - 9　从土星发射到地球的射频波束和光束扩散的比较

JPL 于 1979 年开始研究空间激光通信，开发出光通信演示器，并开展了许多系统级的演示。2013 年，美国开展了月球激光通信演示验证（LLCD），主要目的是验证关键技术和长距离激光通信的可行性。2014 年，进行了“激光通信科学光学载荷”（OPALS）试验，利用激光束将一段高清视频从国际空间站传回地面接收站。2017 年开展了“激光通信中继演示验证”（LCRD），演示地球同步轨道卫星与地面接收站的高速双向通信。项目将为未来深空探测通信网络和下一代 TDRS 网络建设提供依据。深空光通信（DSOC）计划用于从近地小行星开始向外到木星的数据传输，以 250Mb/s 的速率从火星回传数据，通信距离达 6.3×10^8km。

除美国外，欧洲空间局、日本等组织和国家也开展了空间光通信的研究。目前，光通信方案还处在概念研究阶段。JPL 已建立了光学通信技术实验室，并研发出了 1m 直径光学望远镜样机进行实验。未来 JPL 将在大多数深空任务中采用光通信，以支持无法用射频通信满足的高速数据传输任务。从长远看，光通信技术是未来深空探测任务解决高速率信息传输必需的关键技术。由激光应答测距与激光通信一体化集成构成的激光测控通信系统,在实现下行高速率信息传输的同时,还可完成探测器的高精度位置测量和上行大数据注入任务,因此将在未来深空测控通信技术领域发挥重要的作用。此外,利用从天基激光通信终端发射的激光束进行定位参考和光传播时延,还可进行多种"光科学"测量。如进一步了解行星、月亮、小行星或者彗星的特性;研究探测器行星边缘的掩星介质散射特征;检验基础物理理论,如广义相对论、引力波、统一场理论、天体物理学等;还可以利用科学测量更好地了解地球的板块构造和大陆漂移。

1. 空间光通信系统的工作原理

空间光系统进行传输时,需要将信号经调制器转化为光信号,而后聚焦为光束,以电磁场方式发送到传输介质中进行传播。空间光通信的原理框图如图 8-10 所示。信息源产生的信息被调制到一个光载波上,光载波以光场或光束的形式通过空间光通道(自由空间、湍流大气层)进行传输。在接收端,光场被光接收机接收和处理(光检测)。光接收机有功率探测接收机和外差接收机两种基本类型。光接收机将光波还原为电信号,解码后传送给信宿。

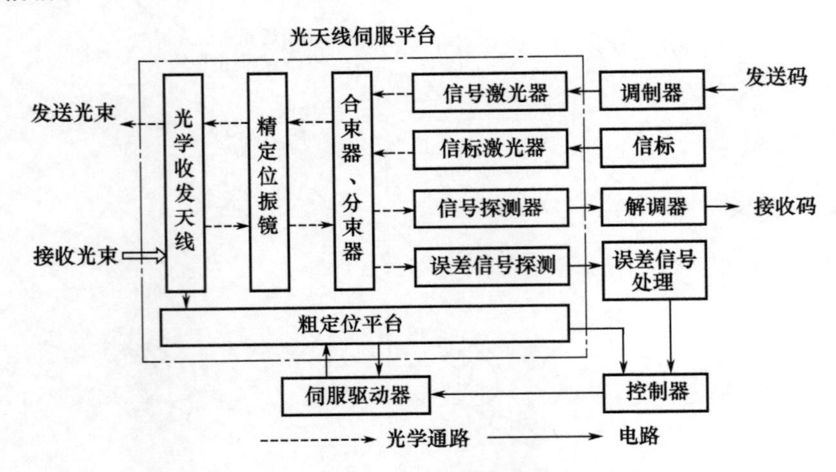

图 8-10　空间光通信原理框图

2. 空间光通信系统的组成部分

空间光通信系统主要包括光发射机和光接收机,如图 8-11 所示。

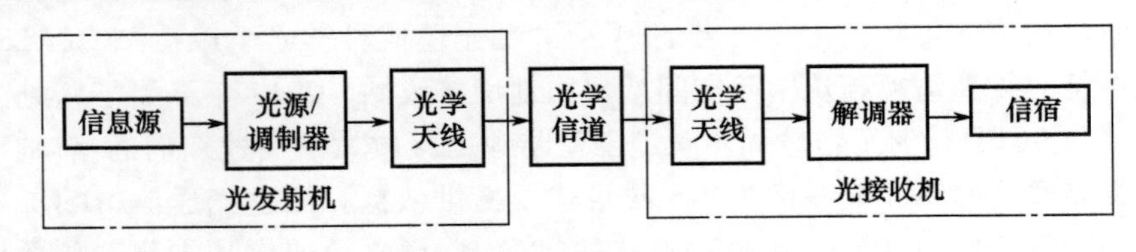

图 8-11　空间光通信系统框图

(1) 光源。光源是光通信系统的核心部件。常用光器件有发光二极管、激光器和激光二极管等。星间光通信对光源的要求主要是:波长必须在空间传输的低损耗窗口,如大气通信波长为 820~860nm 和 1600nm;足够大的功率以保证克服星间远距离通信的衰减,卫星之间的信号衰减一般达 9 个数量级;必须有足够窄的光束以保证能量集中,一般要求光束的发散角小于10μrad。

（2）光调制器。光调制器的任务是把模拟或数字信号叠加到光源上。在光效应变化中，如果导致了极化方向的变化，则为强度调制；若导致了时延的变化，则为相位调制；若阻断或改变光传输路径，则为脉冲调制。

光调制有内调制与外调制两种类型。内调制器是对光源直接调制，即通过偏置电流的变化，对光源进行幅度或强度的调制，而改变激光管的腔长可以实现频率或相位的调制。光外调制器完成对光源输出的聚焦，然后通过外部器件使光波传输特性产生变化，即利用光效应（如折射率、极化方向、传输方向的变化）实现光波调制。其优点是光源利用率高，但会引入大的耦合损耗。

（3）光学天线。光学天线即光学望远镜。其作用是在发射端对光束进一步扩束准直，扩大发射系统的光斑尺寸，压缩光斑的接收角；在接收端对光束进行聚焦，并耦合到光探测器上。因此，要求发射天线具有适当的发射增益，接收增益要高，光学损耗要低。

光发射天线增益 G_t 为

$$G_t = 10\lg\frac{32}{\theta_t^2} \approx 10\lg\frac{21.5D_t^2}{\lambda^2} \tag{8-5}$$

式中：θ_t 为激光发射角；D_t 为发射天线口径；λ 为光波波长。

若天线口径为20cm，波长为0.8μm，发射角5μrad，则天线增益可达121dB。

接收天线增益 G_r 为

$$G_r = 10\lg\left(\frac{2\pi D_r}{\lambda}\right)^2 \tag{8-6}$$

式中：D_r 为接收天线口径。

光学天线口径大小直接影响天线增益，口径越大，增益越高。但口径增大将导致体积和重量增加，会加大系统难度。因此，星上天线口径不宜过大，一般为30cm左右，如JPL研制的卫星光通信系统接收天线口径为32cm。

光学天线的类型有反射式和透射式两种。通常口径较大的天线采用发射式，而口径较小的天线采用透射式。天线可以收、发共用，也可以不共用。收、发天线共用的优点是光终端体积小、重量轻，但需要增加分光器，光能损耗加大。

（4）光学系统。光学系统是指除天线以外的其他光学元件，如光学透镜、合束镜、反射镜、分光片、光滤波器和分束片等。

一般激光器的发散角为几度到几十度，所以需要使用光学透镜对发出的激光进行准直、整形和匹配。合束镜的作用是将多支激光束合为一束，以便充分利用光能量，为了充分利用能量，合束精度要求很高，要达到光发散角的10%以下，甚至达到1%。分光片对不同波长的光具有不同的反射率和透射率，因此可以将不同的光分离，实现对光能的分配。光滤波器可从众多的波长中选出所需波长，其作用是抑制背景光噪声，提高信噪比。分束片的工作是将多支光束分开，将光信道信号与光标信号分开。

（5）瞄准、捕获与跟踪（Pointing，Acquisition，Tracking，PAT）系统。由于激光光束的发散角非常小，使得收、发双方对准极为困难，为解决这一问题，光通信系统必须具有复杂的PAT系统。

PAT 系统是空间光通信系统的重要组成部分,具有搜索、瞄准、捕获、跟踪等功能,它关系到通信的成败。捕获与跟踪系统又可以分为粗跟踪与精跟踪两大部分,如图 8-12 所示。粗跟踪过程是由具有两个旋转轴的万向器带动望远镜转动,完成方向的选择,达到粗瞄准的目的。精瞄准装置位于望远镜(光学天线)后面,由两个独立旋转精密可控的反射镜组成,控制旋转反射镜达到精密调节方向的目的。捕获装置由传感器(一般采用 CCD 传感器)与相应的电子驱动部分组成。在捕获过程中,CCD 传感器测出入射光束的每个点的位置,并找出最大值的位置。

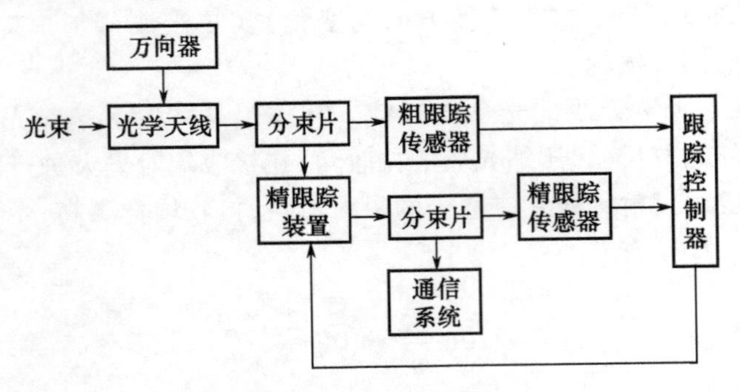

图 8-12 PAT 原理框图

(6) 信标系统。信标系统是为捕获跟踪过程提供定标光束。由于信标光是用作系统粗对准的,为了使通信双方搜索方便、节约捕获时间,信标光激光器应有较大的光束发散角。而为了保证接收端能收到足够强的光信号,信标激光器应有足够大的发射功率。

3. 关键技术

(1) 高功率光源。高效、低耗、稳定、长寿命的高功率激光光源是自由空间光通信关键技术之一。

空间激光通信中的激光光源可分为信标光源和信号光源两种。目前大多采用半导体激光器或半导体泵浦固体激光器作为激光光源。工作波长一般选择大气传输低损耗窗口,即 800~1500nm 的近红外频段。通常,信标光的调制频率为几十赫至几千赫,信号光调制频率为几十兆赫至几十吉赫。激光器的热稳定性、频率稳定性、工作寿命等都是需要考虑的问题。如果采用直接调制方式,还需考虑频率调制、相位调制和光电延迟效应等问题。

(2) 精密可靠的光束控制技术。光波波长比微波小 3~4 个数量级,可以取得大得多的通信容量。但要在自由空间长距离传输后获得足够的接收光功率,就必须减小光束的发散角。得益于光波的短波长,即使使用较小口径的光学天线也可较容易地实现很小的光束发散角,但同时也带来了新的问题,即在很小的光束发散角的情况下,如何在相距很远的卫星间进行精确的对准。解决这个问题的关键是设计服务于卫星激光通信的 PAT 系统。

(3) 高码率编码与调制技术。选择合适的编译码、调制解调技术是高效、可靠地传输信息的保证。在空间光通信中,综合考虑系统复杂度和可靠性要求,一般采用强度调制/直接探测方式,即非相干探测。最常用的数字强度调制形式为开-关键控

（OOK）和脉冲位置调制（PPM）。此外，还利用波长调制（WM）和脉冲强度调制（PIM）来增加信息吞吐量。

采用直接光强度调制/直接探测的方式，在800nm频段，结合半导体激光器的特点，调制速率单信道可达1Gb/s。除了系统简单外，这一频段的另一个优点是能够采用对光有内置放大作用的APD探测器。而在1550nm频段，一般采用幅度调制解调方式，但其幅度调制是基于相位的幅度调制外加功率放大，而接收端则一般采用光纤前置放大加强度探测接收技术，单信道调制速率可达40Gb/s。

信道编码方式根据系统的不同有所不同。光学信道中，可采用R－S码、卷积码、类Turbo的串行和并行级联码以及LDPC码等。随着数据率的提高，新的编码方式不断出现。

（4）PAT技术。一般情况下，空间光通信距离都很遥远，常为几千千米到几万千米的量级。完成光的长距离传输会产生很大的光能量损失，接收信号常十分微弱。为了增大接收光信号的能量，常压缩发射激光束的发散角。发射激光束的发散角一般可压缩到几个微弧度至几十个微弧度的量级。此外，背景光（太阳、月球和星体等）也将产生很强的干扰，这就大大增加了光信号的接收难度。以三星配置的地球静止轨道卫星为例，其星间距离约为73000km。若半导体器件的光通信功率为60dB，设接收光功率平均分配在一个圆形光斑中，按接收天线面积$1m^2$计算，则要求发送光束的发散角小于8μrad。对于这样小的角度，仅依靠卫星的相对位置数据，以及采用开环方式将光学天线相互对准相当困难。因此在太空较强的背景光干扰下，以微弧度量级的发散角度在两个相对高速运动的终端之间建立通信链路，如何瞄准、捕获、跟踪空间目标就成了关键性问题。

深空探测实用光通信系统还有一些其他难题，包括高灵敏小质量探测器、大型轻质航天器载望远镜和控制系统的光－电－机械装置等。

8.4.3 行星际网络

随着深空探测的发展，使网络从地球表面、地球附近延伸到更远的空间。从深空探测的角度来看，地球、月球、火星或其他被探测星球构成本地的区域网，这些区域网互相连接在一起，就可以构成一个行星际网络。为了实现深空探测任务科学探测数据的有效传输和可靠的测控通信支持，NASA提出要发展下一代空间互联网络体系结构，定义为行星际互联网（IPN）。

1. 行星际互联网的主要应用

（1）对时间不敏感的科学探测数据传输。实现从月球和地外行星获取的大量科学探测数据，通过布设在空间中的通信节点进行数据的交互通信。

（2）时间敏感的科学探测数据以及大量的本地视频和音频数据的传输。将在探测行星本地获取的具有实时传输需求的数据，传输到行星本地的节点（或基地）、地球乃至在轨或在行星表面活动的航天员，确保各个通信单元之间保持实时的通信联系。

（3）任务状态遥测数据传输。将处在任务飞行或行星表面活动过程中的航天器状态和健康状况报告传输到地面的任务、控制中心或其他节点上，确保对航天器状态的连续掌握。

（4）指令控制和数据注入。行星际网络的另一个重要作用是对在轨、在行星表面活动的航天器进行指令控制和数据注入。通过网络可以实现任务指挥控制中心或其他节点对在轨或行星表面活动的探测器的连续控制以及大数据率的上行数据注入。

2. 行星际互联网的构成

行星际互联网体系主要由以下几类要素构成，即主干网络、接入网络、星座或编队组网、邻近无线网络。

（1）主干网络。负责信息传输与分发的高速宽带网络，主要由未来数据中继卫星系统、地面测控网、地面数据网、地面因特网构成。未来的主干网络将延伸至整个太阳系，由多个具有数据交换处理能力的星际中继星联网而成。主干网络负责传送来自用户探测器及其科学应用系统、测控信息及用户的指令及数据。用户航天器与主干网的接口是地面网的天线、中继卫星天线等。

（2）接入网络。它是指用于探测器和主干网建立连接和信息交换的设备。航天器端是指航天器上的通信分系统，主干网端指主干网节点上与航天器上通信分系统对应的分系统，包括天线、收发设备等。与主干网相比，大部分接入网的用户数据率更低。航天器上的数据系统也是接入网络的一部分，为用户获取航天器上信息和服务提供接口，提供包括科学数据文件存储、通信、协议转换、数据路由、自动任务操作控制、高级别数据产品产生等服务。

（3）星座或小卫星编队飞行网络。它指协作飞行的航天器用于交换数据的星间网络。协作飞行器一般指航天器星座或编队。通常，利用射频或激光链路实现航天器星座或编队组网时，由星座或编队内的某一航天器作为主星，专门处理与主干网的接口，其他航天器配备星座内星间链路通信的能力。来自地面的指令由主星处理分发给星座或编队内其他航天器；或者星座或编队内所有航天器都具有平等地位，既拥有星座或编队内星间链路通信的能力，又拥有和主干网通信的能力，在某一时刻由任意一个航天器和主干网相连，并负责向其他航天器转发来自主干网的指令，将其他航天器的数据转发到主干网。

（4）邻近无线网络。主干网节点只与执行该任务的一个或少数主航天器之间建立链路，完成信息交流。而在主航天器和其他的航天器之间建立的网络称为邻近无线网络。该网络的特点是作用距离短，耗费功率低，成本低，拆建方便。

3. 火星网络

火星网络是第一个行星际网络，是美国在火星探测计划中开发的火星轨道上的通信及导航卫星星座，用于支持未来火星探测中通信和导航的需要。火星网络构想结构如图 8－13所示。该网络由低成本小卫星以及火星中继卫星组成，也是星际因特网最先实现的组成部分。根据火星网络计划，网络将与由 6 颗微型人造卫星组成的卫星群，以及一个在火星低层轨道上运转的大型人造卫星 Marsat 通信。这 6 颗微型人造卫星负责为火星表面或附近的航天器提供通信中继服务，以便从火星飞行任务传送回更多数据。Marsat 从所有这些小型人造卫星收集数据并传回地球。在这个概念性的火星网络中，火星上的“精神”号和“机遇”号漫游车通过火星全球探测器和火星“奥德赛”轨道器用中继链路发回科学数据。火星现有的中继设施是极地科学轨道器。以后会有一种专用的行星中继卫星到达火星，为载人火星任务做准备。火星网络的原理也可应用在其他星球间的通信网络。

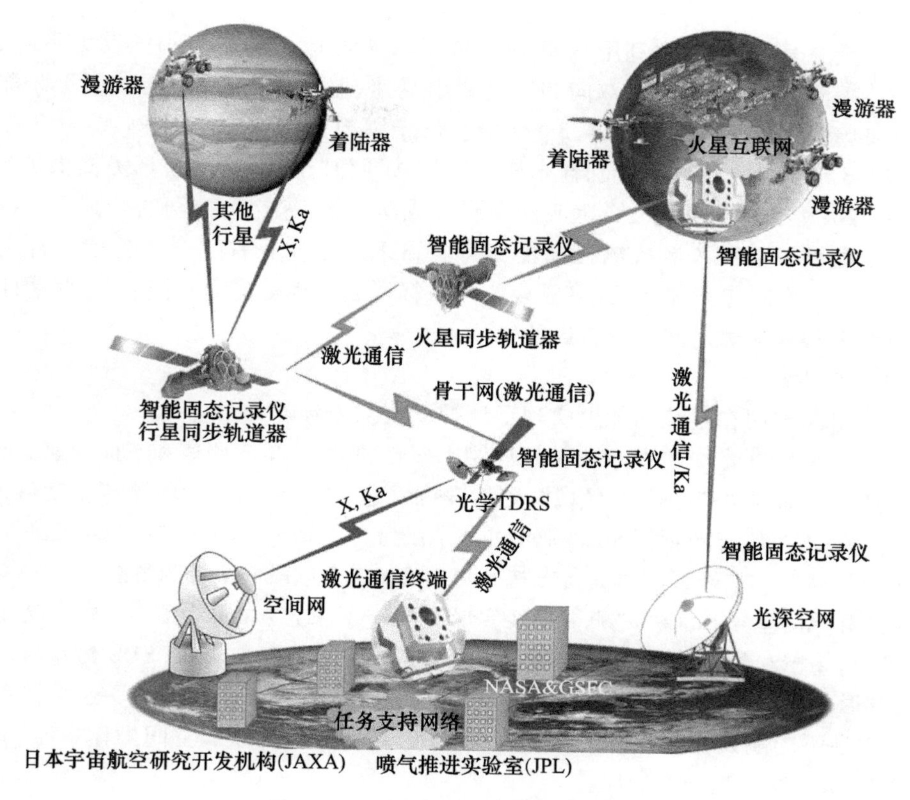

图 8 - 13　火星网络构想结构示意图

8.5　中国深空测控网现状与未来

1. 概况

我国深空测控网是目前世界上三大深空测控网之一。测控网包括我国西北部喀什地区 35m 深空站、我国东北部佳木斯地区 66m 深空站和位于南美洲阿根廷西部内乌肯省萨帕拉地区的 35m 深空站，对深空航天器的测控覆盖率接近 90%。

我国深空测控网采用国际标准的 S、X 和 Ka 三个频段，频率范围符合国际电联和 CCSDS 的相关建议，所用频段如表 8 - 3 所列。目前 S、X 频段上下行链路均可用，Ka 频段主要用于下行接收。

表 8 - 3　中国深空网测控工作频段

频段	上行/MHz	下行/MHz
S	2025 ~ 2120	2200 ~ 2300
X	7145 ~ 7235	8400 ~ 8500
Ka	34200 ~ 34700	31800 ~ 32300

喀什 35m 深空站和佳木斯 66m 深空站从 2011 年 10 月开始负责对嫦娥二号卫星的测控支持，检验了深空测控设备对深空探测器的 S 频段遥控、遥测、数传和干涉测量数据采集等功能，最远跟踪嫦娥二号卫星至约 10^8km。这两套深空测控设备从 2013 年 12 月

开始参加嫦娥三号任务，首次利用 X 频段完成了探测器地月转移、环月、动力下降、月面工作段的各项测控任务，获取的双向和三向测距测速、差分单向测距、同波束干涉测量等数据的测量精度相比 S 频段提高了 3 ~ 5 倍。位于阿根廷的 35m 深空站在 2017 年底建成，并于 2018 年 5 月与国内喀什和佳木斯深空站共同为"鹊桥"中继星任务提供了 S 频段测控支持。2018 年 12 月 8 日，嫦娥四号探测器成功发射，深空测控网的全部 3 个深空站为探测任务提供了全程 X 频段测控通信支持。嫦娥四号任务首次全面检验了深空测控网全网协同工作和稳定可靠运行、多频段与多目标联合测控等能力，并实现了世界上首次月球背面航天器与地球之间的中继通信。

2. 功能与性能

中国深空测控网在系统功能上实现了测控、数传、干涉测量一体化。

在无线电跟踪测量方面，目前支持双向相干多普勒测速、单向测速和三向测速。测速数据类型包括多普勒频率和相位，S 频段测速精度可以达到 1mm/s，X 频段测速精度可以达到 0.1mm/s；测距支持侧音测距、ESA 准码音混合测距和 CCSDS 建议标准的伪码测距。双向测距精度可以达到 1m；干涉测量具备支持 S、X 和 Ka 三个频段的窄带测量能力，可以实现差分单向测距和单向差分多普勒观测，并已经实现了与 ESA 深空站的联合测量和数据交互。

在遥测、遥控和数据接收功能方面，中国深空测控网具备符合 CCSDS 建议标准的调制方式、波形、数据码速率和信道编码方式，同时还引入了 CCSDS 空间链路扩展协议(SLE)以实现不同航天机构之间的交互支持，并已经实现了与欧洲空间操作中心(ESOC)的互联互通和月球探测任务的支持。

在科学应用功能方面，中国深空站已经具备一定的宽带射电天文观测能力。在可用接收频段内能够进行射电天文观测，同时还具备了双频段多普勒同时测量能力，可用于无线电科学研究。

中国 35m 三频段深空测控设备和 66m 双频段深空测控设备均是由天伺馈分系统、发射分系统、高频接收分系统、多功能数字基带分系统、监控分系统、数据传输分系统、时频分系统、CCSDS 空间链路扩展服务终端分系统、标校分系统和自动测试分系统等组成的。在系统性能上，与美国、ESA 等所属的深空站处于同一水平。

3. 未来展望

未来中国深空测控网将面临更复杂的测控通信任务、更遥远的测控通信距离、更高的深空导航精度等诸多新的挑战。伴随着后续月球和深空探测工程的实施，中国深空测控网在规模和性能上都将会有大幅度提升。未来中国深空测控网的发展表现在以下几个方面。

(1) 建设天线组阵系统。在 2020 年实施的首次火星探测任务中，中国深空测控网的测控通信支持距离将进一步延伸到 4×10^8km 远。为了提高深空测控网的数据接收能力，中国正在喀什深空站建设 3 个 35m 口径新天线，与原有的 1 个 35m 天线组成天线阵系统。未来还计划在阿根廷深空站构建类似的天线阵系统，从而实现更强、更远的测控通信能力。进一步地，将通过广域天线组阵，综合利用中国国内可用的大口径天线，可形成等效天线口径超过 150m 的接收能力。

(2) 应用 Ka 频段测控通信。中国深空测控网已经建成的喀什和阿根廷的 2 套 35m 深空测控设备已经具备了 Ka 频段下行接收能力。正在建设中的喀什深空站天线阵系统的 3 个 35m 口径天线后续可升级成具备 Ka 频段全功能测控通信能力的系统。未来中国深空测控网将具备全面支持 Ka 频段测控通信的能力，数据接收能力和导航测量精度都将会得到大幅度的提升。

（3）研制 100kW 级大功率发射机。中国在 2012 年研制了 S 频段和 X 频段 10kW 速调管发射机，2017 年 X 频段 50kW 连续波速调管高功放试验成功。后续还计划开发发射功率在 100kW 量级的 X 频段连续波速调管高功放，以支持未来实施的火星采样返回任务和木星探测任务，以及进一步提升深空测控网的上行发射能力。

（4）发展深空光通信技术。中国计划在探月工程四期开展地月激光通信技术验证试验。未来将进一步发展深空测控网光通信系统以提高深空测控通信能力。

（5）构建相位参考干涉测量系统。2013 年，中国利用嫦娥三号开展了中国首次相位参考干涉测量试验。以嫦娥三号巡视器作为目标源，着陆器为参考源，利用 VLBI 天文观测网的 4 个测站的数据，得到了可靠的巡视器相位参考图，相对定位精度优于 1m。未来将综合利用国内已有的大地测量和其他天文观测设备，进一步增加测站数量，丰富基线组合，从而更有效地提高相位参考干涉测量的精度和实时性，为后续深空探测任务提供更高精度的导航支持。

（6）发展地月空间长基线干涉测量技术。中国的空间 VLBI 计划提出在后续月球深空探测任务中，在环月轨道上部署月球 VLBI 天线，通过与地基射电望远镜组网开展地月 VLBI 观测试验。预期在深空探测导航技术应用、天体测量学与天体物理学领域前沿课题观测研究等方面展示技术能力，产出有国际影响力的成果。

（7）拓展科学探测应用。未来中国深空测控网将在现有基础上，进一步扩展设备的接收频率范围，将其作为高精度时空基准的测量设施。还将利用大口径接收能力以及接收灵敏度高的特点，开展天体引力场探测、脉冲星观测等科学活动，为人类认识宇宙作出贡献。

参考文献

[1] HEMMATI H. 深空光通信[M]. 王平，译. 北京：清华大学出版社，2009.

[2] 暴宇，李新民. 扩频通信技术及应用[M]. 西安：西安电子科技大学出版社，2019.

[3] 李海涛. 深空测控通信系统设计原理与方法[M]. 北京：清华大学出版社，2014.

[4] 董光亮，李国民，雷厉，等. 中国深空网：系统设计与关键技术（上）S/X 双频段深空测控通信系统[M]. 北京：清华大学出版社，2016.

[5] ROGSTAD D H, MILEANT A, PHAM T T. Antenna arraying techniques in the deep space network[M]. Hoboken: John Wiley & Sons, Inc., 2003.

[6] HAMKINS J, SIMON M K. 用于深空的自主软件无线电接收机[M]. 闫春生，译. 北京：清华大学出版社，2009.

[7] 周辉，郑海昕，许定根. 空间通信技术[M]. 北京：国防工业出版社，2010.

[8] 吴伟仁，李海涛，李赞，等. 中国深空测控网现状与展望[J]. 中国科学（信息科学）. 2020(1)：87－108.

[9] 吴伟仁，王广利，节德刚，等. 基于 ΔDOR 信号的高精度 VLBI 技术[J]. 中国科学（信息科学），2013，43：185－196.

[10] 刘适，黄晓峰，毛志毅，等. 嫦娥四号着陆器测控通信系统设计与验证[J]. 航天器工程，2019，28(4)：85－93.

[11] 孙泽洲，吴学英，刘适，等. 地月中继链路系统设计与验证[J]. 中国科学（技术科学），2019，49(2)：147－155.

[12] 钱志瀚，李金岭. 甚长基线干涉测量技术在深空探测中的应用[M]. 北京：中国科学技术出版社，2012.

[13] 张靓，郭丽红，刘向南，等. 空间激光通信技术最新进展与趋势[J]. 飞行器测控学报，2013，32：286－293.

[14] BOROSON D M, ROBINSON B S, MURPHY D V, et al. Overview and results of the lunar laser communication demonstration[C]. Proceedings of SPIE. San Francisco, 2014.

第 9 章　航天测控通信应用系统

本章介绍了 4 个测控通信系统应用实例，分别是载人航天测控通信系统、导弹靶场测控通信系统、临近空间测控通信系统和低轨卫星互联网。

9.1　载人航天测控通信系统

9.1.1　系统任务及特点

载人航天是人类驾驶和乘坐航天器在宇宙空间从事各种探测、试验、研究、军事和生产应用的航天活动。载人航天系统一般由载人航天器、运载工具、发射场、着陆场、测控通信网、航天员和应用等系统组成，如图 9-1 所示。

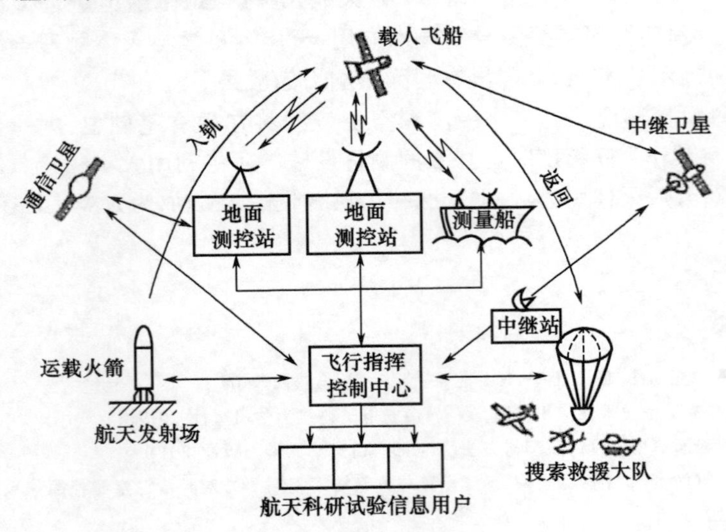

图 9-1　载人航天大系统组成示意图

载人航天器按飞行和工作方式，可分为载人飞船、空间站和航天飞机等。载人航天测控通信系统对运载火箭和航天器进行跟踪、测量和控制，以完成地面对航天器的测控以及两者之间的信息传递。与普通的航天任务相比较，载人航天系统中地面与航天器之间传递的信息除了包括跟踪测量、指令控制、遥测、遥感等项目外，还包括天地语音和电视图像。其中遥测信息包含航天员生理参数，借以了解航天员的健康状态，通信信息包括航天员的生活图像、航天员与地面指挥控制人员的通话信息，地面向航天员播放电视、音乐节目，航天员与家人“实况见面”等内容。

总体上讲，载人航天测控通信系统承担下述 5 项主要任务：

(1) 测轨。包括目标实时的坐标与速度测量以及航天器的轨道计算和位置预报。

（2）测姿。包括航天器姿态测量和姿态稳定与控制信息传输。

（3）遥测。测量和传输各种工程参数以及航天员生理数据等。

（4）遥控。实时遥控指令和延时遥控指令的产生及传输。

（5）通信。提供遥感和监视显示信息、为远方测量设备提供引导信息、实时数据信息传递、人员通话等。

根据载人飞行的特殊使命和要求以及轨道特性，其运行轨道可分为上升段、运行段和离轨返回段。上升段指从运载火箭点火起飞到箭船分离的飞行段；运行段指飞船入轨至飞船返回调姿的飞行段；返回段指从飞船返回调姿至返回舱安全着陆的飞行段。图 9－2 给出了飞船返回轨道示意图（发射时方向相反）。

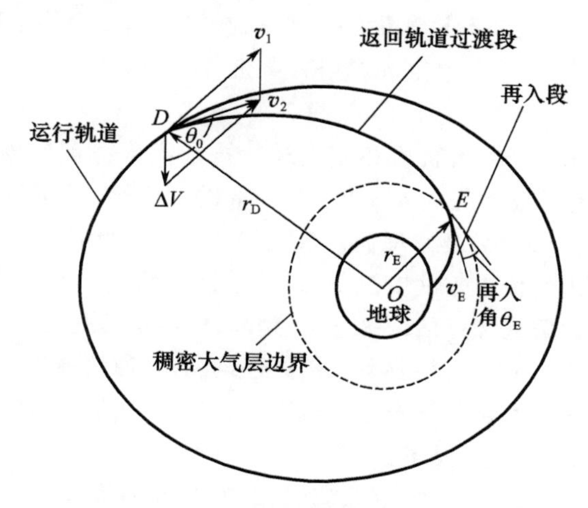

图 9－2　载人飞船轨道示意图

载人飞船在各阶段的飞行特性存在较大区别，测控通信系统的任务也因此各不相同。

1. 上升段

上升段主要靠运载火箭提供的动力将载人飞船送入预定轨道。在发射过程中，由地面测控系统负责测量并监视运载火箭的飞行状态以及飞船是否进入预定轨道；飞船入轨后，地面测控系统继续对其进行测控和监视，以保证其在轨的正常运行和运营；需要变换轨道时，飞船轨道的变换和保持更需地面测控系统进行测量和控制。上升段的测控任务主要包括以下内容。

1）外弹道测量

（1）运载火箭一、二级飞行段的外弹道测量由发射首区的测控系统完成，将所测得的数据经数传设备送至指挥站中心计算机，同时由终端记录设备记录。计算机按选优程序对测量数据进行实时处理，将发射坐标系的火箭飞行弹道参数送至飞行控制中心。弹道参数经飞行控制中心计算机处理后转发给航区各测控站和海上测量船，测控站（船）计算机将接收到的弹道参数换算成引导数据，对测量设备进行实时引导。

（2）运载火箭三级飞行段的外弹道测量，由飞行控制中心的陆上测控站和海上测量船完成，以确保入轨段测量。各测控设备将测量数据传送至飞行控制中心的计算机进行实时数据处理，将所得参数分送至发射首区的指控中心。

2）遥测数据的接收和处理

（1）地面测控系统配备不同频率点的超短波综合遥测设备，接收运载火箭一、二、三级的遥测数据。

（2）用统一S频段系统的遥测终端器接收飞船遥测参数，测量船上以微波频率接收飞船遥测参数，超短波频率接收火箭三级速度遥测参数。

（3）用遥测数据处理机进行编辑、记录和传输处理。

（4）飞行控制中心对遥测数据进行汇集处理。

3）地面安全控制与应急救生

火箭起飞后，地面安全控制系统实时处理测量信息，显示各种关键参数，不断地监视、判断火箭飞行情况。当一、二级飞行段发生故障、参数超出安全标准时，可选择适当时机，由遥控设备发出控制指令，采用救生逃逸塔方案进行应急救生。

2. 运行段

载人飞行的运行段可分为入轨段和在轨运行段。载人飞船的轨道一般比较低，入轨高度为200～350km，运行数圈后进入350～400km的圆轨道，并进行轨道维持。

入轨后飞船上的作业较多，要求地面监视飞船和航天员状态以及飞船各个结构部件的展开情况，主要仪器仪表的检查测试情况；及时评估运行轨道是否正常，保持与航天员的语音通信和电视监视；根据监视和评估结果分析、判断，做出是否继续飞行、等待返回或立即返回等决策。所以，要求入轨后对飞船要有较长的连续测控、通信覆盖时间。在轨运行段主要是保持适当频度通话，精确测定并预报运行轨道，注入有关数据、参数和调整指令等。

1）进入初始轨道测控工作程序

（1）由测量船上的单脉冲雷达、双频测速仪、双频段遥测设备和统一S频段遥测分系统测得入轨数据及飞船姿态角。

（2）连续接收航天员的生理医学遥测数据和飞船各分系统的工程数据，由测控站（船）初步处理后汇集至飞行控制中心作实时处理，与航天员保持语音通信，进行电视转播。

2）经停泊轨道进入运行轨道的测控工作程序

（1）控制变轨发动机点火，通过遥测和跟踪测量设备所得数据预报变轨运行情况。

（2）控制飞船上的导航制导与控制系统，及时调整飞船的运行参数，以保持飞船的标准轨道。

（3）与航天员保持语音通信，进行电视转播。

（4）接收飞船遥测信息和航天员的生理医学遥测数据。

3）交会对接的测控工作程序

交会对接是载人航天工程的一个特殊的轨道机动过程。其测控工作程序将在后文详述。

3. 返回段

返回段飞船主要的程序包括：第一次调姿、轨道舱分离、第二次调姿、制动及返回。返回轨道的测控包括对离轨段、过渡段、再入段和着落段的测控。飞船返回段的测控任务主要有以下几方面。

（1）地面测控站注入返回指令。

（2）注入分离指令，轨道舱、服务舱分别与返回舱分离。

(3) 由测量值预报再入点,在进入再入点之前调整返回舱姿态并将其稳定在设计的配平角状态。

(4) 跟踪测量返回舱,在其再入大气层后,调整其滚动角,以控制返回着陆点位于预定区域。

(5) 搜索返回舱信标。

(6) 根据得到的返回舱的轨道测量数,预报落区,做好回收救援准备。

相对于常规的航天活动,载人航天工程可靠性要求更高、航天任务更加复杂,因此对测控通信系统提出了更高的要求。载人航天测控通信系统的一些特点表现在以下方面。

(1) 可靠性高。载人航天工程最大的特点是可靠性要求高。一定要确保航天员顺利入轨和安全返回。因此,各大系统均应采取提高可靠性的措施。测控通信系统是载人飞船上天后与地面的唯一联系通道。能否准确获取信息、及时做出判断,并实时进行控制,直接影响载人航天工程的成败,因此要从测控网的网络结构、操作模式、链路建立、设备组成、软件开发等方面提高系统的可靠性。

(2) 实时性强。为保证跟踪监视、信息传输和应急救生的需要,测控通信系统要在满足可靠性要求的前提下快速搜集、处理信息,及时做出判断和决策。在上升段出现故障的可能性大,故障发展快,危险程度大,因此要求信息采集、传输链路和实时处理系统的时延尽可能小,决策速度尽可能快。

(3) 轨道覆盖率高。因为是载人飞行,并要进行复杂的操作,所以要求地面与空间有较长的联络时间。在上升段要求达到100%,运行段要求每圈平均有9min以上时间进行测控通信,且连续中断时间不能超过1圈。要满足这一要求,必须保证测控网的覆盖率。

(4) 功能多、数据量大。为更好地监视航天员的生理状态和工作情况,在卫星测控功能基础上又增加了与航天员通话和电视图像传输任务。下行遥测数据的种类和数量也大为增加,数据率从千比特每秒提高到兆比特每秒。

9.1.2 系统功能结构及组成

1. 功能结构

从功能实现角度,载人航天测控通信系统包括实时数据处理分系统、事后数据处理分系统、外测分系统、遥控分系统、引导分系统、搜索救援分系统、通信分系统等,如图9-3所示。

(1) 外测分系统和遥测分系统,用于获取运载火箭和飞船的轨道参数、工作状况的遥测数据和航天员的生理遥测数据,并拍摄和记录运载火箭的飞行状态。

(2) 遥控分系统泛指安全遥控系统和飞船遥控系统。包括地面遥控设备和运载火箭,飞船上指令接收机、译码器等设备,用于应急救生和对飞船的轨道、姿态控制以及船上设备控制,引导航天器返回,进行着陆导航。

(3) 实时数据处理分系统包括指挥中心计算机、测控站计算机和相应的软件及外部设备,用于实时计算、加工测控系统所获取的信息为飞行控制中心提供显示数据,并为测控系统提供引导信息。

(4) 搜索救援分系统由指挥机关与各种特种装备(飞机、直升机、水陆交通工具、测向设备、目视观测器材、通信设备以及医学、气象和其他信息处理设备)组成。

(5) 事后数据处理分系统由计算机、洗印判断设备、磁带记录重放设备、打印设备、显

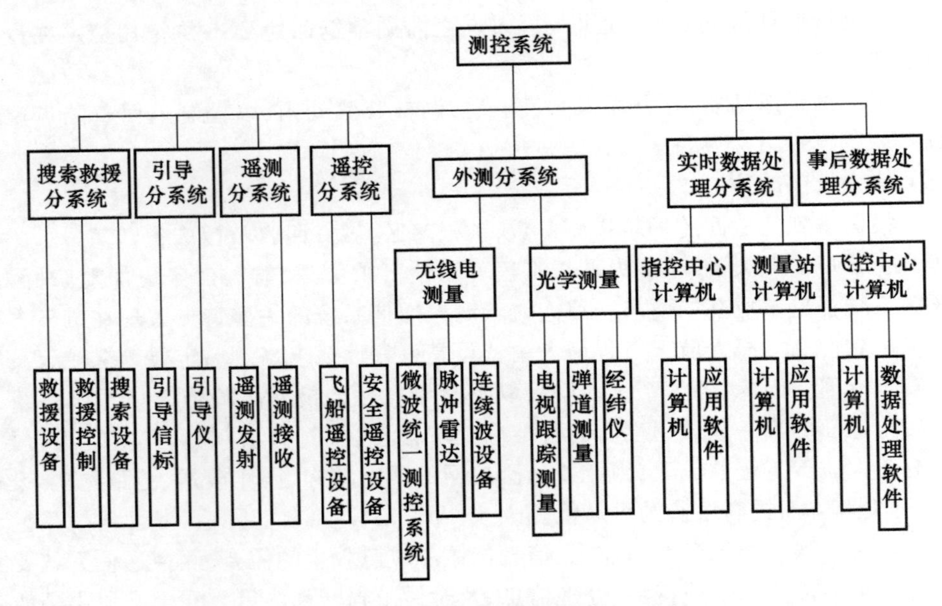

图 9-3　载人航天测控通信系统结构框图

示设备、频谱分析仪和数据存储设备及相应软件组成。其主要任务是精确处理轨道数据和遥测参数，并向研制部门提供处理结果报告。

此外，通信系统分为天-地通信与数据传输系统和地-地通信系统，用于完成航天器和地面之间的语音、电报、电视、图像和特种或较高速率数据的传输。该系统包括信源终端、用户终端、数据传输设备、通信线路、交换设备等，把航天器、各级指挥中心、发射场、回收场、测控站（船）联系起来，完成各种电传、数据、语音图像等信息的传输。

2. 系统组成

从系统组成角度，载人航天测控系统可以看成由若干个位置合理布局的测控单元经通信系统连接构成的网络（图 9-4）。测控单元是指由若干种功能的测控分系统组成的有机集合，可以作为一个相对独立的单位布置在适当的位置，执行指定功能的航天测控任务。基本的测控单元有飞行控制中心和测控站两类。

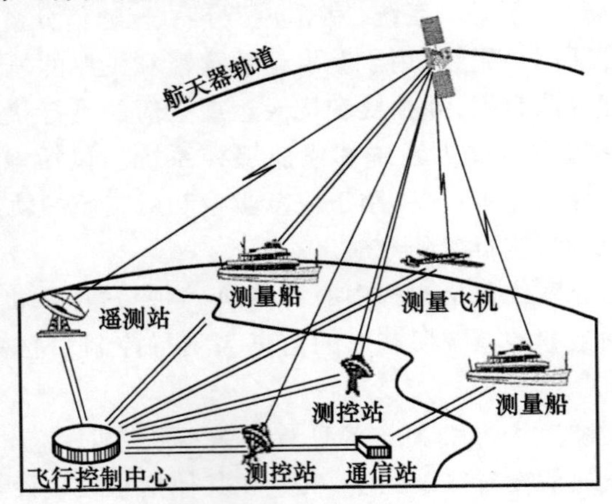

图 9-4　航天测控网络结构示意图

飞行控制中心包括指挥调度中心、控制计算中心、信息交换中心、试验通信中心和数据处理中心。测控站按布设地理位置不同，分为跟踪与数据中继卫星、测控飞机、陆上测控站和海上测量船等。

通信系统将航天器和各测控站连接成一个统一整体。

9.1.3 交会对接的测控通信

交会对接(RVD,Rendezvous and Docking)是载人航天的三大基本技术之一(另外两个是载人天地往返技术和出舱活动技术)，是实现航天站、航天飞机、太空平台和空间运输系统的空间装配、回收、补给、维修、航天员交换及营救等在轨道上服务的先决条件。交会对接技术为长期载人航天飞行、大型空间设施的在轨建造及维护和使用、月球和深空载人探测等大规模航天任务提供了支持。

交会对接技术是指两个飞行器于同一时间在轨道同一位置以相同速度会合并在结构上连成一个整体的技术。参与交会对接的两个飞行器分别称为被动飞行器和主动飞行器。交会对接飞行前，被动飞行器先由地面控制进入预定对接轨道后，一般不做机动或仅做少量机动，称为目标飞行器或目标器，如天宫一号目标飞行器、国际空间站等。主动飞行器需要执行一系列的轨道机动接近目标飞行器，称为追踪飞行器或追踪器，如神舟飞船、航天飞机等。

交会对接包括相互衔接的两部分空间操作，即空间交会和空间对接。空间交会是指目标航天器在已知轨道上稳定飞行，而追踪航天器执行一系列的轨道机动与目标航天器在空间轨道上按预定位置和时间相会；空间对接是指在完成交会后，两个航天器在空间轨道上接近、接触、捕获和校正，最后紧固连接成一个复合的航天器的过程。除了装配任务以外的交会对接任务，最后一般都还有撤离飞行任务。交会对接任务除了涉及追踪和目标两个飞行器外，还需要地面系统支持，甚至航天员的直接操作。

从追踪航天器入轨完成开始，交会对接过程一般分为远距离导引段、寻的段、接近段、平移靠拢段、对接段、组合体飞行段和分离撤离段。其中寻的段、接近段和平移靠拢段一起被称为自主控制段。

在交会对接过程中，不同阶段所需要的测控精度、测控方法及测控设备都有所不同。远距离导引段是指两航天器相对距离在75～4000km，此时要求的测速精度为1～2m/s，测距精度为1000m左右。近距离导引段是指两航天器相对距离为400m～75km，此时要求的测距精度最高为5m(约为距离的1%)，而测速精度为0.1m/s。接近段是指两航天器相对距离为30～400m，此时要求的测距精度高为0.5m，而测速精度为0.05m/s。平移靠拢段和对接段是指两航天器间距离在30m以内，此阶段由于两飞行器相对距离很近，控制精度要求非常高，一旦发生故障可能会导致两飞行器碰撞，产生严重后果。另外，在对接过程中两飞行器处于无控状态，可能出现大姿态漂移，因此要求地面测站进行监控，以便在紧急情况下及时实施干预。所以，平移靠拢段和对接段应安排在陆海基测控站连续覆盖区域进行，以保证关键过程的连续测控。

1. 交会对接系统基本组成

交会对接系统基本组成如图9－5所示。

交会对接任务如果有地面的支持，将会大大降低其复杂度，提高安全和成功概率。由

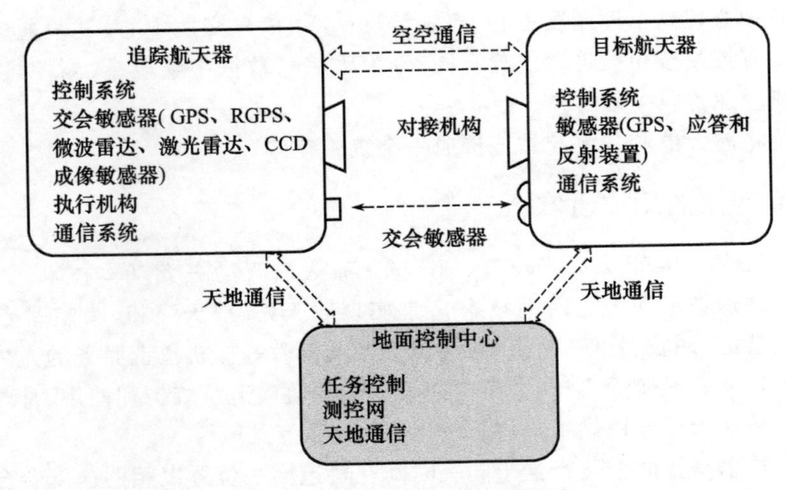

图 9-5 交会对接系统基本组成

于地面测控网的覆盖范围有限,因此交会对接中追踪航天器必须具有一定的自主控制能力,能够在目标航天器附近进行自主控制。追踪航天器和目标航天器的地面控制中心可以单独设立,也可以联合设立。

在发射和远距离导引段,追踪航天器和目标航天器可以单独控制。除了要相互交换的必要信息外,追踪航天器地面控制只需要得到目标航天器的精确轨道参数。在近距离导引段开始自主控制后,追踪航天器和目标航天器开始需要频繁交换数据。在这一阶段,追踪航天器和目标航天器必须建立空-空通信链路,接近轨迹必须满足安全性要求。在进入接近走廊后,必须建立包含追踪航天器、目标航天器和地面控制中心的控制体系结构,明确各参与方的控制优先权。

2. RVD 测量特点及相对测量设备

在 RVD 中的测量系统具有以下主要特点。

(1) 测量的动态范围比较大,通常是 1.5m~150km,大约 10°的动态范围,对测量系统的配置要求较高。

(2) 测量精度高。测量精度受测量距离约束,测量距离越近,精度要求越高。

(3) 测量参数多,包括相对位置、相对速度、相对姿态及其变化率等。

(4) 实时性强,一般要求测量数据更新率为 5~10Hz。

(5) 大约工作在 400km 的高空,空间环境恶劣,测量设备要有很强的空间环境适应性。

(6) 可靠性、安全性要求高。

从交会对接各飞行阶段任务看,航天器交会对接的飞行阶段主要由远程导引段和近程导引导段组成,相应的运动控制也分为航天器绝对运动控制和相对运动控制。与此相对应,交会对接测量设备也由两部分构成,即测量单个航天器位置、速度和姿态的绝对测量设备,主要包括地面测控系统和惯性测量传感器等;测量两航天器之间的相对位置、速度和姿态的相对测量设备,主要包括激光交会雷达、微波交会雷达、CCD 成像敏感器和相对 GPS 等。

交会雷达具有对目标的搜索、捕获和跟踪功能,并且能够测量目标相对于飞船的径向距离、相对径向运动速度、目标的仰角和方位角,以及角度变化率。CCD 成像敏感器能够测量目标相对于飞船的位移分量、位移变化量、姿态角及姿态角变化率。对接敏感器件用于完成平移靠拢段和对接段的测量任务。

GPS 相对定位功能能极大地降低定位的系统误差,提高定位精度,为交会对接提供技术保证。GPS 测量可应用于远距离导引段、近距离导引段。使用 GPS 进行 RVD 的测量时,在两个要对接的航天器上各安装一台高动态 GPS 载波相位测量接收机,既能测量 C/A 码伪距,又能测量载波相位和多普勒频率。在远距离引导段,定位精度和测速精度要求较低,一般采用 C/A 码伪距测量定位。在近距离导引段时,采用普通的伪距测量方法不能满足系统的要求。由于在航天器交会对接中重要的是测量两航天器的相对距离和速度,可采用伪距相对定位法提高测量精度。即两航天器分别观测伪距和速度,并将观测数据传输给对方,在时间同步的条件下,组成伪距差观测量,解算出两航天器的相对位置和速度。采用伪距差分测量很容易满足近距离导引段的测量精度要求。逼近段采用载波相位测量动态定位技术。定位精度可达厘米级,测速精度达 0.01m/s,完全能满足系统的需要。

3. 通信设备

交会对接的两个航天器之间的空-空通信设备包括以下几个。

(1) 数据传输设备。包括频段数传机、中继终端等。

(2) 图像传输设备。包括摄像机、视频处理设备(编码、译码和图像切换等)。

(3) 语音设备。包括无线和有线两种方式,由语音处理器、无线通信单元、语音接收和发送设备等实现。

交会对接通信设备主要用于实现空-地和空-空信息传输功能,主要有以下功能:

(1) 提供数据传输通道和传输平台,对上行信息进行接收、处理、分发,对下行信息进行采集与传输。

(2) 提供高质量的双向语音和视频服务。

(3) 完成交会对接空-空通信链路的信息传输。

交会对接的两个航天器通过数据中继卫星进行通信,而在地面测控站可用且已经列入计划时,则通过地面测控站进行通信。图 9-6 描述了一个交会对接的典型通信流程。

4. 中国载人航天工程交会对接任务

1992 年 9 月,中国实施载人航天工程并确定了中国载人航天“三步走”的发展战略,交会对接是第二步中至关重要的一项技术。我国载人航天交会对接任务总体方案:以工程第一步任务研发的神舟飞船为基础,增加交会对接功能作为追踪飞行器,并进一步完善设计,提高可靠性;以神舟飞船技术为基础,研制 8t 级目标飞行器;以工程第一步任务研发的长征二号运载火箭为基础,采取措施进一步提高入轨精度并适当提高运载能力,用于发射神舟飞船和目标飞行器;采用由地面测控站、海上测控船和中继卫星组成的陆海天基测控网完成飞行器全程测控通信任务和飞船交会飞行的远距离导引控制任务;由飞船自动或航天员手动完成近距离交会飞行控制;采用导向板内翻的周边式对接机构自动完成两飞行器的捕获、锁紧和密封。

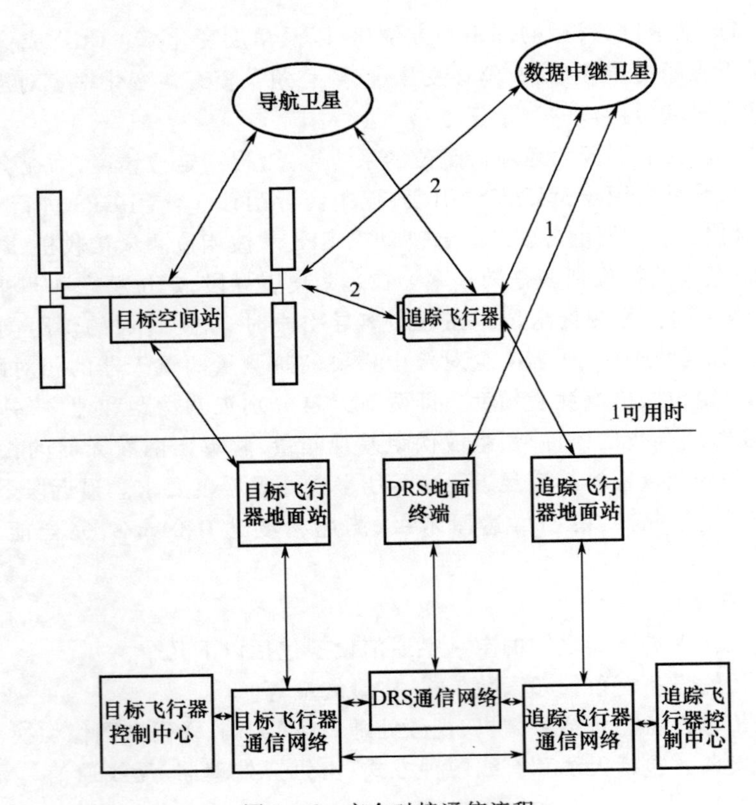

图 9－6　交会对接通信流程

1—本地通信范围之外的链路；2—本地通信范围之内的链路。

我国空间交会对接的主要飞行过程：首先，发射天宫一号目标飞行器，并在交会对接前将其调整到满足相位、轨道高度等要求的对接轨道；然后，发射神舟飞船作为追踪飞行器，通过地面远距离导引控制和近距离自主飞行控制，使飞船与目标飞行器在空间实现轨道交会，并通过对接机构使二者形成刚性密封连接的飞行组合体；载人飞行时，航天员打开舱门，进入目标飞行器，完成两飞行器之间的货物转移、科学实验等在轨工作任务；最后，飞船与目标飞行器分离并离轨返回着陆场，目标飞行器继续在轨运行并等待下一次交会对接。

2011 年 9 月 29 日，天宫一号目标飞行器从酒泉卫星发射中心发射升空，拉开了我国交会对接飞行试验的序幕。同年 11 月 1 日，神舟八号飞船发射入轨。11 月 3 日，神舟八号飞船与天宫一号目标飞行器进行了中国航天史上首次空间飞行器自动交会对接试验，并取得圆满成功。此后，神舟八号飞船与天宫一号分离，并进行了第二次自动交会对接试验，试验圆满完成。2012 年 6 月 16 日，神舟九号载人飞船载着景海鹏、刘旺、刘洋 3 名航天员进入太空，相继与天宫一号目标飞行器完成了一次自动、一次手控交会对接，标志着我国全面突破和掌握了空间交会对接技术。这次飞行任务中，3 名航天员进入天宫一号，在其中生活和工作 10 天，整个飞行任务历时 13 天。天宫一号作为长期在轨自动运行、短期有人访问工作的载人轨道飞行器，完成了载人环境控制和保障航天员生活和工作支持及保障、组合体控制等任务，这也标志着我国建成了首个试验性空间实验室大系统。

以下以我国天宫一号和神舟八号交会对接过程为例,介绍载人航天交会对接和测控通信系统主要工作过程。

① 飞船上升段。2011 年 11 月 1 日,长征二号 F 遥八运载火箭将神舟八号送入近地点约 200km、远地点约 311km、轨道倾角约 42°的运行轨道,与天宫一号距离约 1000km。

② 远距离导引段。神舟八号在测控通信系统的导引下,共进行了 5 次变轨,进入与天宫一号共面的 330km 高近圆轨道。

③ 自主控制段。11 月 2 日 23 时,在圣地亚哥测控站弧度内,两飞行器相距 52km 处,飞船转入自主控制。自主控制段又分为 3 个阶段:从 52km 到 5km 为寻的段;从 5km 到 140m 为接近段;从 140m 到对接机构接触为平移靠拢段。自主控制段飞行过程中设立了 5km、400m、140m 和 30m 共 4 个停泊点。飞船到达这些点均进行位置保持,期间控制系统进行位置误差修正以保证转出时的位置精度,并进行必要的测量设备和控制模式切换。地面飞行控制人员则进行飞船状态判断,以确认其是否满足进入下一阶段的条件。在 140m 停泊点,要确认对接机构状态是否已经设置到位。如果在某一阶段出了问题或故障,飞船将退回到上一停泊点,进行故障处理后再决定是否继续进行交会对接。

自主控制段的不同阶段飞船采用不同的制导和控制方案。在寻的段,飞船采用 C－W相对制导。在接近段,采用 C－W 制导和视线制导相结合的方案。在平移靠拢段,采用六自由度控制方式,两飞行器相距约 0.4m 时,飞船制导、导航与控制(GNC)停控。

④ 对接段。在东风站测控区内,两飞行器对接环接触,进入捕获、锁紧程序,对接机构在 8min 内正常完成了捕获、缓冲、拉近、锁紧全部动作。对接段地面实时监视飞行器状态和对接进程。组合体刚性连接完成后,天宫一号起控并开始控制组合体,交会对接顺利完成。此后,用于自主交会的微波雷达、激光雷达、空－空通信机等设备相继关机。

⑤ 组合体飞行段。对接完成后,由天宫一号负责组合体飞行控制,神舟八号飞船处于停靠状态。如果出现故障,组合体可立即转为神舟八号控制。此后,组合体偏航 180°进入正飞状态。交会飞行过程中和组合体飞行期间对光学设备进行了测试。

⑥ 二次对接段。组合体飞行约 12 天后,11 月 14 日进行了第二次交会对接。首先组合体偏航 180°,对接机构解锁,两航天器分离;其次飞船撤离至 140m 停泊点;最后飞船从 140m 停泊点按与第一次交会对接相同的程序进行二次自动交会对接。进行二次交会对接的目的是再次验证交会对接技术及对接机构部件工作的可靠性与稳定性,提高飞行试验的验证效益,为神舟九号载人交会对接积累更多经验和数据。

⑦ 分离撤离段。二次交会对接完成后,天宫一号与神舟八号组合体继续飞行了 2 天。此后,进入分离撤离段。两航天器再次分离,分离后神舟八号自主控制撤离至距天宫一号 5km 以外的安全距离,交会对接飞行结束。1 天后,神舟八号返回舱安全返回位于内蒙古的主着陆场。

交会对接全程控制策略及测量敏感器使用策略如图 9－7 所示。

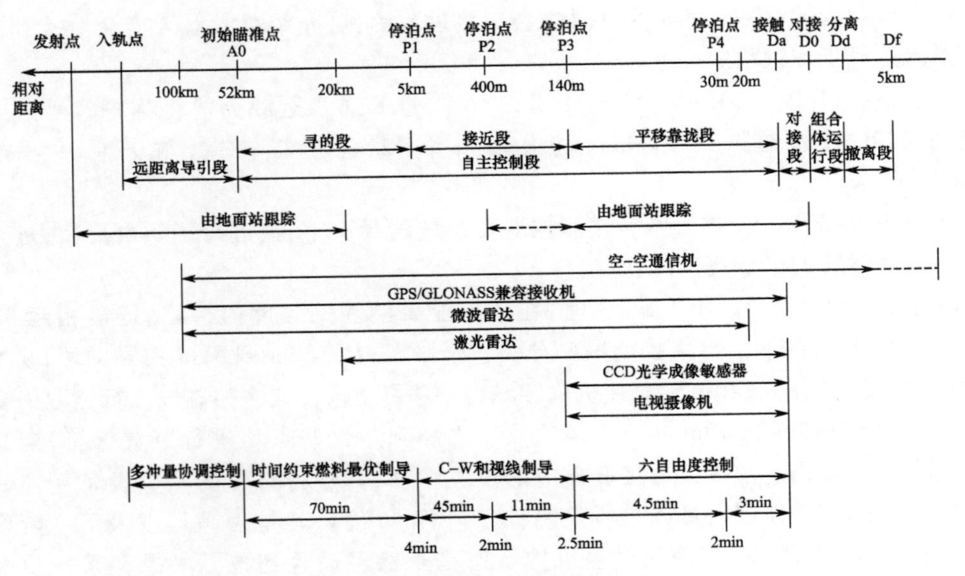

图 9-7　交会对接总体控制策略

9.1.4　载人航天测控通信系统实例

1. 苏联/俄罗斯航天测控通信网

苏联/俄罗斯航天测控系统由 2 个飞行控制中心，约 15 个测控站、6 艘测量船和 3 颗中继卫星组成。飞行控制中心与主要测控站如图 9-8 所示，这个航天测控系统的服务对象是苏联/俄罗斯的卫星、飞船、空间站和航天飞机。

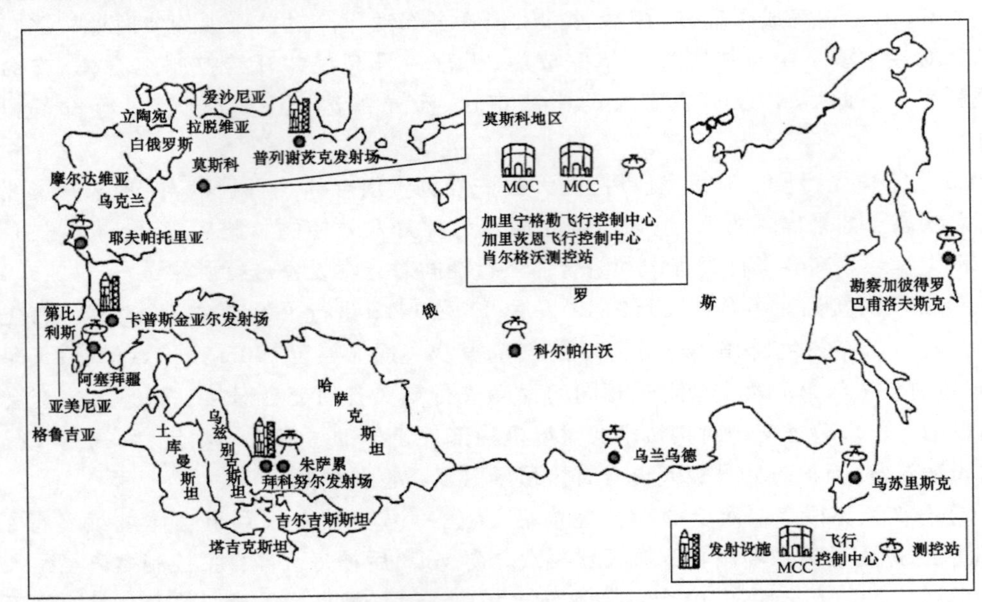

图 9-8　苏联/俄罗斯主要飞行控制中心和测控站分布

（1）飞行控制中心。加里宁格勒飞行控制中心是载人航天飞行控制中心，也是实施信息交换、数据处理、监控显示和指挥决策的中枢。

飞行控制中心的核心是计算机系统。该系统由多台大型计算机组成，每台计算机又由多台处理器组成。中心的计算机按照功能可分为弹（轨）道保障计算机、遥测处理计算机、指令和计划生成计算机、仿真计算机等，所有计算机联为一个网络。该计算机系统的数据处理能力强、实时性好、可靠性高。该飞行控制中心利用位于莫斯科以东约35km处的肖尔格沃测控站内的卫星通信站、通过闪电号和地平线号通信卫星实现与测控站（船）的通信，同时利用站内的终端站，与“波束”号中继卫星进行通信。

（2）测控站。根据火箭的不同运行阶段，测控站包括运行段测控站和主动段测控站。

① 运行段测控站。为了提高航天器的测控覆盖率，在苏联/俄罗斯领土范围内的东西方向上配置了15个主要测控站，使经度覆盖范围达到近180°。

② 主动段测控站。除测控系统中的测控站外，为了对运载火箭的主动飞行段进行测量，对3个发射场均配置了必备的测控站，如拜科努尔发射场就拥有5个测控站，并且在该发射场以东还有4个测控站，以保证发射载人飞船航区的测控需要。

（3）测量船。为了提高对航天器的测控覆盖率，苏联/俄罗斯建造了规模很大的海上测量船系统。例如，1989年11月发射的“量子”2号轨道器与“和平”号空间站对接时，用到了12艘测量船进行测量。航天器一旦超出了地面测控站的测控范围，就将通过海上测量船对其进行跟踪与控制。测量船从载人航天器接收遥测信息，并借助波束号中继卫星网把信息传输到飞行控制中心。通过测量船可以把绕地球一周的航天器与飞行控制中心之间的通信时间从20min提高到了45min。

（4）中继卫星。目前俄罗斯正在使用中的中继卫星“波束”号共3颗，分别定位于东经95°、西经16°和西经160°的赤道上空。中继卫星的2个抛物面天线分别用于与地面终端站及“和平”号空间站通信，2个抛物面之间的相控阵天线用于与飞船通信。地面终端站发往飞船、空间站的信息（来自飞行控制中心）有指令信息、语音信息等；终端站发往飞行控制中心的信息（来自飞船、空间站）有遥测信息、语音信息、电视信息等。

地面终端站位于肖尔格沃测控站内，与飞行控制中心之间有宽带通信线路。地面终端站有2副天线和2套对应设备，可同时与2颗中继卫星通信。中继卫星系统建成后，充分展示了其覆盖率高、使用方便等优点。俄罗斯在1992年执行的重要航天任务中均采用陆上测控站加中继卫星的测控方案，尽可能少地动用测量船。

2. 中国载人航天测控通信网

1）组成

测控网的各种结构要素按一定形式链接起来构成测控网拓扑结构。中国航天测控网的拓扑结构如图9-9所示。图中节点间直线表示有线（电缆、光缆）链接，其中实线链接用于近地空间卫星飞行任务，虚线链接用于载人飞船飞行任务。节点间折线链接表示卫星通信，其中实折线链接用于近地空间卫星飞行任务，虚折线链接用于载人飞船飞行任务。

中国从1967年开始建设自己的航天测控网。全网包括多个指挥控制中心、国内固定测控站、国外测控站、机动测控站、远望号远洋测量船和中继卫星系统在内的陆海天基测控网。参加载人飞船工程的地面测控系统有北京航天指挥控制中心、酒泉卫星发射指挥控制中心、西安卫星测控中心、酒泉综合测控站、发射首区各光学站、山西兴县站、陕西渭

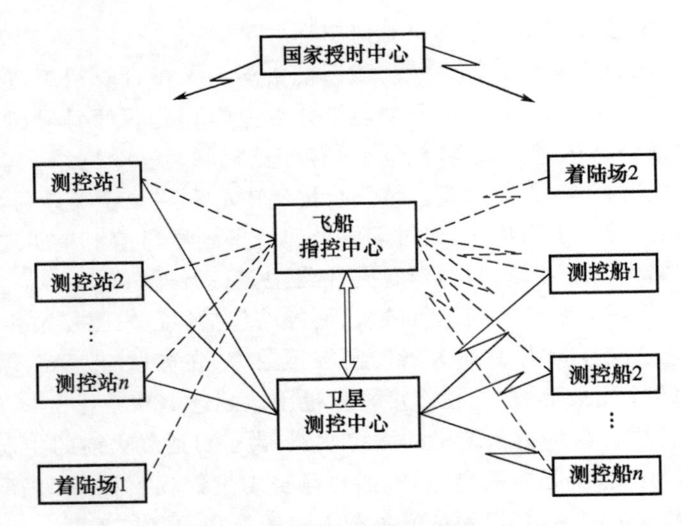

图 9 - 9　中国载人航天测控网拓扑结构

南站、厦门站、新疆喀什站、和田站、巴基斯坦卡拉奇站、纳米比亚、马林迪、圣地亚哥等国内外测控站，以及位于三大洋的四艘“远望”号测量船等。

陆海基测控网的布设重点是保证飞行关键事件和关键弧段。为此，我国载人航天飞行配置了从非洲南部到我国境内并延伸到海上的连续地面测控弧段用以保证飞船返回、近距离交会和对接段的测控通信，如图 9 - 10 所示。

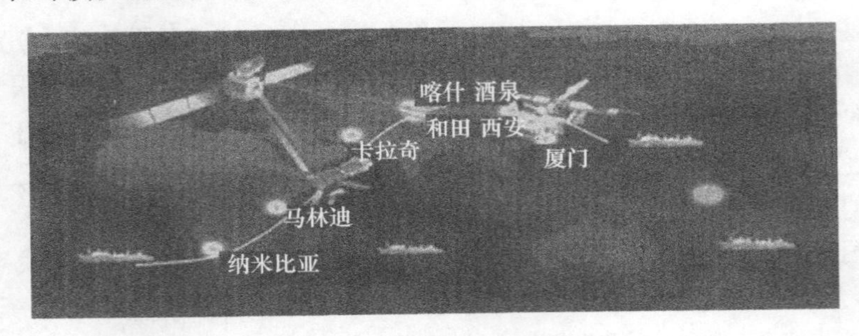

图 9 - 10　载人航天测控通信弧段

2008 年 4 月 25 日，中国首颗跟踪与数据中继卫星天链一号 01 星成功发射，标志着中国航天器天基数据中转站正式建成。天链一号 02 星于 2011 年 7 月发射成功，与天链一号 01 星组网运行，主要为中国神舟号载人飞船及后续载人航天器提供数据中继和测控服务，同时也为中国中、低轨道资源卫星提供数据中继服务，为航天器发射提供测控支持。

2）任务和功能

中国载人航天测控通信系统主要承担对火箭、航天器的飞行轨迹、姿态和工作状态的测量、监视与控制任务，提供与航天员进行视频和语音通信的通道，是航天器从起飞至寿命结束过程中天地联系的唯一手段。

测控系统与通信系统有机结合，在火箭、飞船测控通信系统的配合协调下工作，共同完成对运载火箭和飞船的测控通信任务。通信系统有指挥通信、数据传输、天地通信、时间统一、实况电视监视及传输、语音通信、帧中继交换等系统。通信系统的主用网络和备用网络覆盖了整个中国和世界三大洋。采用 Vsat 和 IBS/IDR 体制卫星通信系统、SDH 和 PDH 光纤传输、国防通信网、国家通信网、国际海事卫星通信系统及国际租用电路等多种传输手段，组成以北京卫星地球站、酒泉卫星地球站、西安卫星地球站为枢纽节点，北京航天指挥控制中心、东风中心、西安卫星测控中心为骨干节点，其他各测控站（船）为用户节点的网状通信网络，提供高速度、多方向、多业务、高质量的传输路由。北京航天指控中心主要负责飞行计划、测控计划及各类指令的生成、注入及指挥实施，飞行轨道确定及控制量计算，飞行过程中各类关键事件的监视和判断，以及飞行器故障的判断和处理。目前，东风中心主要实时接收并处理遥测信息，实施逃逸救生和运载火箭安全控制，向航区各测控站提供引导信息，向北京、西安中心传送各类信息等。西安中心作为任务备份中心，实时接收处理各类数据，实现与其他中心、测控站的信息交换等。USB 系统主要用于进行飞行器轨道测量，接收、解调遥测信息，发送遥控指令等。光测系统主要用于显示和记录火箭飞行过程中的实况图像、测量火箭飞行外弹道。遥测系统主要用于遥测数据的接收、记录、解调及部分参数的实时处理。外测系统主要用于对飞行器进行跟踪测量和定位。

9.2 导弹靶场测控通信系统

9.2.1 系统概述

在航天系统中，最早发展的是导弹。导弹是一类依靠自身动力推进、能进行飞行控制、将弹头导向并毁伤目标的武器。导弹通常由弹头弹体、制导系统和推进系统等部分组成。导弹按弹道特征或飞行轨迹，可分为弹道式导弹和飞航式导弹；按作战任务，可分为战略导弹、战役导弹和战术导弹；按发射点和目标点的不同，又可分为地对地导弹（简称为地地导弹）、地对空与空对地导弹、空对空导弹、舰对舰导弹、地对舰与舰对地导弹等。

导弹在空中飞行时，作用在其上的有 3 个力，即重力、空气动力和发动机推力。按照导弹受力情况，战略地地型弹道式导弹的飞行弹道分为三大段，即主动段、自由飞行段和再入段，如图 9 – 11 所示。

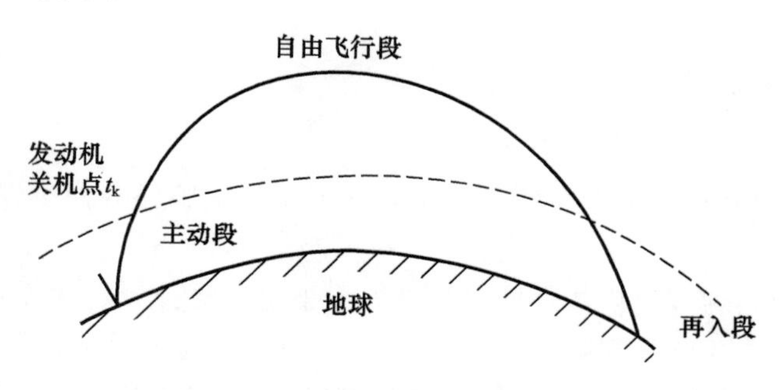

图 9 – 11　弹道导弹的飞行轨道

主动段是发动机工作的动力飞行段，它又分为发射段、转弯段和瞄准段。发射段又称为垂直上升段。导弹在此段的速度较小，易于被测控设备捕获和跟踪。但近地段的杂波干扰严重,无线电测量设备测量数据质量较差。发射段结束后,导弹在弹上控制系统作用下按程序缓慢转弯,并逐渐加速。当导弹达到预定的速度并转到规定的方向后,转弯段结束。瞄准段指转弯段结束到发动机关机的阶段。这一段的弹道近似一条直线,弹轴的方向基本保持不变,速度则逐渐增大。速度达到设计值后,控制发动机关机即可控制导弹的射程。为了减少剩余燃料造成的后效作用,常采用两次关机,即预令关机和主令关机,以保证落点的准确度。

从发动机主令关机时刻到导弹再次进入大气层时刻所对应的飞行段称为自由飞行段。导弹在自由飞行段的部分轨迹可近似看作与地球相交的椭圆轨道的部分弧段。只要知道主动段终点时刻导弹的位置和速度,就可求得自由段的弹道。在自由飞行段,导弹主要受重力的作用。

从弹头进入大气层至弹头落地为导弹再入段。再入段起始点的弹道高度,即再入点高度,一般定义为70km 或 80km。在这一高度,大气分子密度明显开始影响再入飞行弹道。在再入段,空气越来越稠密,弹头飞行速度也越来越大。当弹头飞行速度和空气密度大到一定程度,会使弹头周围产生等离子鞘套。这种等离子体会严重吸收和散射电磁波,给外弹道测量和遥测信号的传播带来严重影响。

弹头再入大气层后由于受到风和空气动力以及弹头本身构成的影响,将产生再入散布。因此,仅依据主令关机点的导弹位置和速度来预计再入点位置和估计弹头落点,会出现较大的误差。要求测控系统精确测量再入点附近的弹道参数和低高度的弹道参数,才能精确计算弹头落点。

导弹研制是个复杂的系统工程。在最终产品问世前,需要经过反复设计改进和试验验证。飞行试验是对被试导弹最逼真、最全面的验证。导弹的飞行试验必须在特定的室外试验条件下进行,整个试验场所称为靶场。为达到导弹试验的目的和保证试验的组织实施,除导弹外还必须配置相应的支持保障手段,一般由测试、发射、指挥调度、测控、通信、气象等系统和导弹一起组成特定的试验体系。

导弹测控系统是指对各类导弹飞行器进行测量和控制的系统。通过测控系统检测导弹飞行试验进程,获取飞行试验数据,为导弹性能的分析、评估与改进提供科学依据。导弹测控系统主要用于导弹飞行试验的高精度外弹道测量,也可用于发射卫星时火箭主动段的跟踪测量。

9.2.2 系统任务及特点

1. 任务

在导弹飞行试验中,测控系统的主要任务是为飞行试验任务提供保证支持。主要有以下几个作用。

(1) 为试验分析评定提供依据。首先是为检查验证导弹系统的设计,为此必须了解飞行中弹上设备的工作情况和弹上环境情况,因而需采用遥测手段获取相应信息,为分析评估提供依据;其次是为鉴定导弹的射击精度,为此必须知道实际飞行弹道,因而需采用外测手段获取实际弹道参数,重建飞行弹道,为精度鉴定提供依据;还有是检验导弹突防方案。这是导弹发展到一定阶段,为对抗反导系统的拦截、提高自身生存能力而采取的保护措施,包括施放诱饵、采用隐身技术等;为检验方案的可行性,需采用光学和雷达等测量手段获取真假目标特性参数,以进行分析评估。需要测控系统提供试验评估资料和数据的项目还包括导弹毁伤效应评估、多目标分离与空域分布方案的评估等。

(2) 对试验过程进行监视与控制。导弹飞行试验风险高、影响大,对其过程必须全面监视。其中一项重要任务是进行安全控制。即当导弹发生飞行故障时,为保证航区内人员和重要设施的安全,以及防止残骸落入境外引起纠纷,需选择适当时间将故障弹炸毁。故障的判断、炸毁时间的选择和炸毁指令的传送等都需测控系统完成,这是导弹测控系统的一项特殊作用。

(3) 提供其他相关信息。除了上述主要作用外,在某些场合还需测控系统提供其他相关的信息。例如,反导拦截试验需提供遭遇段的弹道参数和拦截脱靶量参数;在海上进行飞行试验时需提供弹头溅落位置参数;为进行火箭残骸的搜索需提供残骸落点位置;为了解弹头落地或入水情况,需提供触地或入水时间和姿态;为进行再入现象的研究,需提供有关通信"黑障"、表面发光现象、粒子"尾流"等方面的资料等。

2. 导弹测控系统的特点

与以卫星测控为代表的航天测控系统相比,导弹测控系统有下列特点。

(1) 导弹是有动力飞行器,因此不能用动力学法测轨,而需要采用运动学法测轨。

(2) 要求测控精度高。测控系统的主要任务是鉴定导弹的制导精度,因此往往要求测控系统的测量精度要比导弹的制导精度高一个数量级,测控系统测距离差精度可达0.1m,测速精度优于0.01m/s。

(3) 作用距离近。由于对导弹弹道只测量主动段和再入段,飞行的高度也不高,所以测量站到导弹的距离一般不超过2000km。

(4) 测控时间短。由于导弹飞行时间短(射程为1000km的洲际导弹飞行时间也不超过30min),因此对导弹主动段测控时间仅几分钟,而在再入段测控时间会更短。

(5) 实时性强。由于测控系统要提供导弹的实时飞行情况,因此要求把测量数据实时送到安全中心做快速处理,以实时判断导弹的飞行情况,检查导弹的健康状况。

(6) 可靠性高。由于测控设备有效工作时间短,出现了故障来不及修复,所以在有效的工作时间内不能出现故障。因此,要求测控设备应具有较高的可靠性。

(7) 测控设备集中。由于导弹弹体简单,为了保证有效的测控,往往把测控设备相对地集中在发射弹道平面周围。多采用机动站以利于对不同射向的导弹实现最佳布站。

(8) 测控系统具有较高的角跟踪能力。由于导弹在低轨道上飞行,角速度较大,因此要求测控系统的伺服系统具有较高的角跟踪能力。

(9) 有等离子鞘套的影响。导弹在再入段测量中有等离子鞘套电波衰落效应,在导弹各级脱离时有信号中断现象,因此要求外测设备要克服这一影响以完成测控任务。

(10) 以测轨功能为主。导弹测控系统的主要任务是高精度测轨。

9.2.3 系统组成及设备

1. 系统组成

导弹测控系统主要由外测、遥测、目标特性测量、遥控(安控)、信息交换与传输、数据处理、监控显示与指挥调度等分系统组成,如图9-12所示。

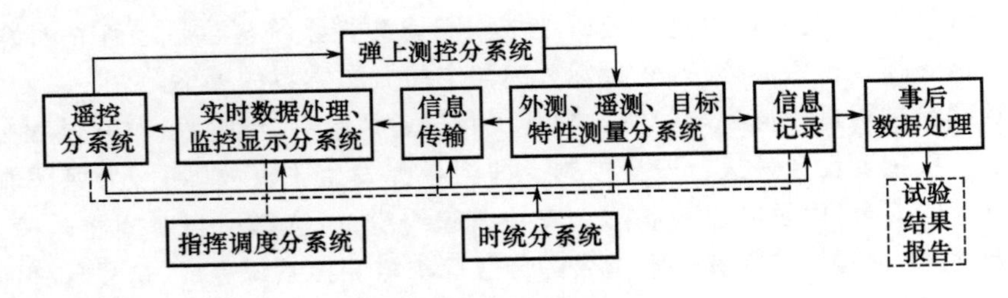

图 9－12　导弹测控系统

(1) 外测分系统。导弹外测指用一定的设备精密测量导弹的轨道参数,如位置、速度、加速度等。测量的数据有的要实时处理后送到安全中心,供指挥员判决导弹的飞行情况;有的要记录在存储媒体上,供飞行结束后用来分析导弹的飞行情况,并鉴定导弹的制导系统。

外测分系统要对主动段和再入段进行测量。在主动段,从发动机点火到发动机关机后的时间内,都要对导弹进行精度跟踪和测量。一般采用光学设备、连续波雷达和单脉冲雷达完成主动段的测量,并以连续波雷达为主。根据测得的数据推导系统误差(如电波、大地测量、时间同步、光速不准等造成的误差)和方法误差。在再入段,一般采用光学测量设备和单脉冲雷达,以单脉冲为主。需要精确测定导弹再入点的位置和速度矢量,用以分离、确定再入误差,即再入散布误差。

(2) 遥测分系统。导弹遥测指用一定的设备测量内部的工作状态、工作参数和侦察参数(相对于外测分系统,这种测量称为"内测")。各种各样的导弹均采用遥测,尤其是近程导弹则更以遥测为主要测量手段。

导弹的飞行路线是由安装在导弹内部的制导系统决定的。但是制导系统的设计是否理想、导弹在飞行中的空气动力学性能是否与理论设计相符,只有在发射试验中通过测量导弹的内部参数和飞行轨道数据才能验证。遥测所得到的一部分参数实时发回地面,由地面设备实时处理,以分析导弹的飞行情况;一部分参数就在飞行器上记录下来,经回收后再进行分析,以便对导弹的质量做出评价。

(3) 遥控分系统。导弹测控系统的遥控分系统也称为"安控"系统。它的任务是为保障发射场及航区的安全,控制炸毁飞行中的故障导弹或火箭。

导弹在制作过程中,制导设备已装在弹体内部以控制导弹按程序飞行。如果设计不当,或导弹上重要部件发生了故障,导弹在飞行时就会偏离正常轨道而落入非预定目标区域,甚至是人口稠密地区,在政治上和经济上造成重大影响和损失。这就需要对导弹的飞行轨道进行实时监测,以了解导弹飞行轨迹。当导弹超出设计允许的范围(安全管道)时,地面即发出指令,将其炸毁以终止飞行,并使残骸落到指定区域,使地面遭受的危害达到最小。这要根据实时处理地面测量的数据进行判断,地面外测设备测量的弹道参数,不断发送给安全中心,当实时处理的参数超出安全管道时,由指挥员通过地面无线电遥控设备在适当的时机向导弹发出指令,把导弹炸毁。这种指令控制称为靶场安全控制,它是遥控的一种。

为了保证导弹的安全飞行,在导弹内部也装有测量设备,检测导弹内部的工作参数,若某些参数超出允许值时,便发出指令把导弹炸毁。这是弹上安全控制系统,也称为弹上自毁系统。

2. 导弹测控设备

导弹测控设备可分为地面测控设备、弹载测控设备和靶场保障设备三部分,如图 9－13 所示。

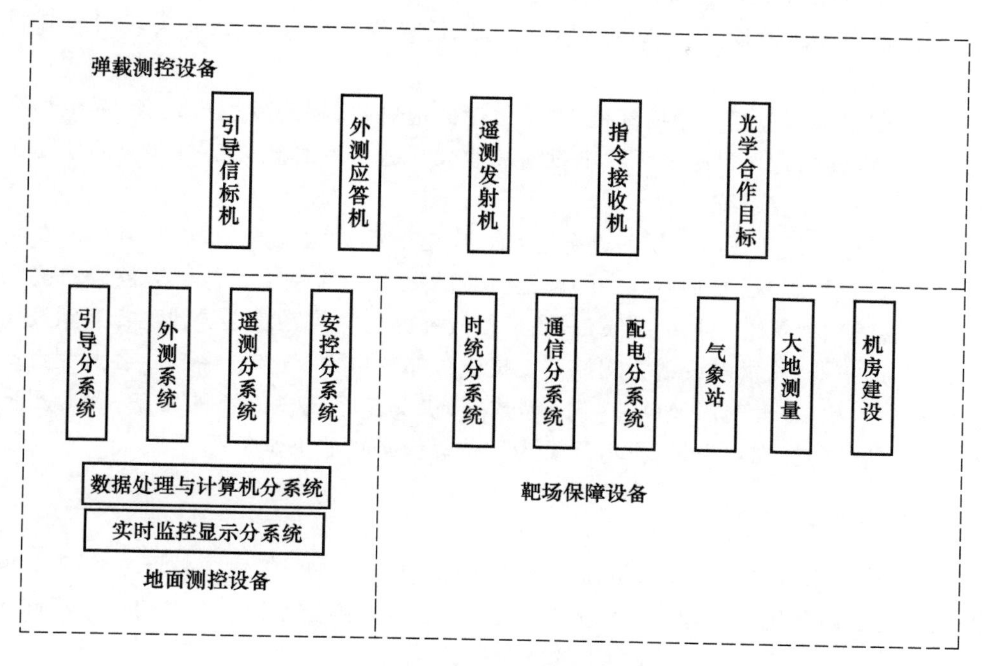

图 9－13　弹道测控系统组成框图

(1) 地面设备。包括光学测量设备及无线电设备。

① 光学测量设备。光学测量主要用于起始段和再入段测量,提供位置(距离和角度)数据。

② 无线电单脉冲雷达。单脉冲雷达由于具有精度高、布站使用方便等特点,在导弹测控中得到了广泛应用,无论是主动段还是再入段,都可作为主要测量设备,用以测量导弹的方位角、俯仰角、距离和速度。在主动段,单脉冲雷达除为安全系统提供实时测量数据外,还为干涉仪系统提供引导数据,用作干涉仪系统的引导雷达。单脉冲雷达反射式工作时,作用距离不小于 500km;应答式工作时,作用距离不小于 2500km。

③ 无线电连续波雷达。无线电连续波雷达主要有多普勒测速雷达、短基测速干涉仪、中长基线干涉仪、长基线连续波雷达、多 $R\dot{R}$ 系统等。它们精密跟踪并测量导弹的距离、方位角、俯仰角、方向余弦、距离、距离差及其变化率。这种雷达的测量精度较高,主要用于主动段的测量,并鉴定导弹的制导系统。

④ 地面遥控设备。导弹测控系统所用的遥控设备主要用于靶场安全系统。一般采用独立信道连续波体制,常用 C 频段和宽波束全向天线,并有定向天线跟踪目标。由于导弹安全性要求高,故采用双机热备份,可靠度要求不低于 0.9997,指令错误率不大于 10^{-5},最大距离可达 900km。遥控设备由监控台、终端机、发射机、天线、伺服、指令接收机等组成。

⑤ 遥测设备。导弹内部的各种工作参数由数据采集设备采集后送编码器编码,由弹上发射机通过天线发向地面,地面接收机收到信号后经数据处理设备的数据解调,翻译出代表导弹内部参数的信息,分不同信道记录在相应的设备上。

⑥ 数据传输设备。将测量设备获取的弹道数据传向安全控制和数据处理中心,并将中心的指令传向各测控设备,同时将引导雷达的信息传向测量天线,将天线引导到目标附近。

(2) 弹载设备。包括引导信标机、测量雷达的应答机、遥测发射机设备、遥控指令接收设备、光学设备的合作目标及无线电设备的收发天线等。弹载设备与相应的地面设备配合,构成完整的测控系统。

(3) 靶场保障设备。时间统一勤务、通信、供电、气象、大地测量、机房等构成靶场保障设备,它是完成测控任务必不可少的设施。时间统一勤务系统为各种测控设备提供绝对时标准、各种频率标准和导弹起飞信号;通信设备完成测控系统在导弹飞行期间及飞行前后的全部通信业务;供电设备为测控系统提供可靠的电力;气象设备提供各监测点地面及高空的温度、湿度、大气压及风力(向)等数据,供测控系统做必要的修正;大地测量为测控站提供精确的标志点坐标;机房建设为设备提供必要的工作条件。

9.2.4 系统技术发展

导弹测控技术是随着导弹试验而发展起来的,20 世纪 40 年代国外开始研制中短程导弹,同时着手研制用于试验观测的光学设备,自此导弹测控作为一个专门技术领域逐步发展起来。

导弹测控技术发展主要体现在下述几个方面。

1. 测控手段由少到多

导弹试验初期,靶场设备很少,只有简单的光学设备对导弹发射过程进行摄影记录。为满足靶场测控的需求,随着技术的发展,靶场测控手段不管是量还是质逐步都得到改善,包括光学设备和无线电设备都渐渐形成设备系列。例如,光学设备按用途可分为光学外测设备、光学实况记录设备、光学目标特性测量设备等,其中各自又按功能和性能分为若干品种,如远程高精度光电经纬仪、中程普通光电经纬仪、近程小型光电经纬仪等。无线电设备按用途区分有无线电外测设备、无线电遥测设备及目标特性测量设备等,同样每一类又可分若干品种,如无线电外测设备包括单脉冲精密测量雷达、连续波雷达、短基线与中长基线干涉仪、相控阵雷达、目标特性测量雷达等,而 GNSS(GPS/ GLONASS/BDS 等)卫星导航系统和数据中继卫星构成的天基测控系统是测控系统的最新发展方向,其应用正在不断推广。

2. 测控功能由弱到强

从导弹测控功能看,可明显看出由弱到强的发展过程。最初只能进行简单的观测记录,后来逐步发展到能保证全弹道的外测和遥测、主动段或全程安控,再入段目标特性测量、海上溅落位置测量、落点参数测量、反导拦截试验测量、毁伤效应测量、电磁环境测量、目标特性测量,突防性能测量等。从关键点和局部段落测控,向试验全程的可测、可视和可控发展,测控的信息量、可靠性和实时性也不断提高。

3. 测量精度由低到高

在导弹试验早期,对于近程和中程导弹,因为其射击精度用落点位置参数可基本确定,如在陆上试验用大地测量方法即可获取精确落点位置参数,对外测精度无须很高的要求。同时因当时采用的测量设备精度较低,也无法获取较高测量精度的数据,定位精度一般在几米的量级。由于没有测速设备,速度参数靠微分平滑求得,其精度相当低,一般为50~100cm/s的量级。在远程导弹测量中,不管是三大段(主动段、自由飞行段、再入段)的误差分离,或是制导系统的工具误差和方法误差分离,都需高精度的外测数据。为此必须研制高精度测量设备和研究相应的处理方法。20世纪60—70年代先后研制出了高精度的远程光电经纬仪、高精度测速的连续波干涉仪系统,使弹道参数的测量精度大大提高,特别是测速精度提高到几厘米每秒。现在有GNSS等天基系统的参与,进一步提高了系统测量精度。

4. 测控范围由小到大

导弹测控最早的对象是短程地对地导弹,主要在发射台两侧布置一些光学设备,进行导弹发射起飞情况的观测记录。其后为中程导弹的测控,其范围扩展为整个主动段,其中为进行制导误差鉴定特别需要获取关机点参数,为此采用光学与无线电设备等多种手段保证。进行远程导弹试验时,由于飞行距离的延伸,而且再入段有一定的试验项目,因而主动段、自由飞行段和再入段都有测控要求,主动段主要是外测、遥测和安控,自由飞行段是遥测与外测监视,再入段的重点在外测、遥测和目标特性测量,同时试验靶场规模也相应扩大,并进行分工,为适应大范围测控的需要,测控手段和方法也相应加强,如建造测量船以保证海上试验测控,建造测控飞机以保证对远程低飞目标(如巡航导弹)的跟飞测控,以及采用天基测控方法等。

5. 逐步形成导弹测控网

导弹试验早期,试验一种型号即需研制一套相应的测控系统,这种体制的缺点是显而易见的。后来确定创建测控网,即统一规划、统筹布局,建设适应多个发射地点、多种射向、多种弹道及多个落区的网状系统,通过测控中心将网中各台站连接起来。另外,因为卫星、飞船等航天器的发射场很多和导弹发射场处在同一地点,有的测控台站,特别是主动段台站,导弹试验和航天器发射均可利用,即导弹和航天器的测控网有的部分是共用的,所以常将测控网总称为导弹与航天器测控网。测控系统逐步由陆基向海、空、天基发展,形成了以地基为主,海基、空基、天基为辅,固定与机动相结合,功能完备、布局合理、实时性强的飞行试验体系,系统的标准化、自动化、智能化和网络化水平不断提高,极大地提升了试验的信息获取、信息传输、信息处理与指挥控制等方面能力,为各型导弹的研制定型与改进奠定了坚实的基础。

下面以美国试验靶场导弹测控系统的发展为例进行说明。

20世纪70年代以前,美国战略导弹的飞行鉴定试验主要在其东部试验靶场进行,建立了高精度的连续波测量雷达,主要有“阿祖塞”、环球跟踪网和“米斯特拉姆”等。从1972年起,东靶场从研制鉴定试验靶场转变为应用性靶场,重点保证航天活动,战略导弹的鉴定试验由西靶场承担。由于西靶场脉冲雷达的测距和测角精度比东部试验靶场的外测系统性能低,因此采用了三站或多站测量方案,充分发挥单脉冲测量雷达测距精度高的优点,实现多站测量。此外,还通过雷达站的组合配置来扩大雷达数据段,提高数据质量。

在再入段测量方面，20世纪六七十年代，美国建设了位于夸贾林岛导弹靶场的基尔南再入测量站，其主要的测量设备是三部高级再入测量雷达，它们是目标分辨和识别试验雷达、高级研究计划局远程跟踪测量雷达和高级研究计划局林肯实验室相干观测雷达。这三部雷达的作用距离比较远，分辨力比较高，可以获得再入体的某些目标特征数据，对于突防和反突防研究具有重要意义。

进入80年代以后，美国国防部组建了三军GPS协调委员会，专门研究GPS用于靶场外弹道测量的潜力，曾进行多次试验，取得很好的结果。他们的结论是，GPS适用于绝大多数靶场试验，是一种有生命力的外弹道测量手段，比现有靶场外测技术成本低、技术先进。

到了21世纪初，美国于2006年提出了未来靶场系统和航天运输系统的发展路线图。未来美国的靶场将由天基(GPS与TDRS卫星)、空基(测控飞机、无人机和飞艇)和地基靶场组成天地一体化靶场系统，通过相互补充和灵活配置，为未来各项航天发射和靶场试验任务提供沿飞行路径的全程测控和监视。

9.3 临近空间测控通信系统

9.3.1 临近空间基本概念

临近空间(Near Space)一般定义为离地球表面20~100km的空域，位于航空领域和航天领域之间，也被称为“近空间”“空天过渡区”“亚太空”“超高空”或“亚轨道”等。从大气层高度的角度，临近空间跨越了平流层和中间层的高空区域(图9-14)，主要包括3个部分，即距离地面20~55km的大部分大气平流层区域、距离地面55~85km的大气中间层区域和距离地面85~100km的少量增温层区域。从大气层电离的角度，临近空间纵跨非电离层和电离层，其中20~60km为非电离层区域，而D层(离地面60~90km)和E层(离地面90~140km)为电离层区域。从大气成分的角度，临近空间内大气的绝大部分成分都为均质大气，其范围为距离地面20~90km的空域，而距离地面90~100km的部分是非均质大气。

临近空间飞行器是指部署在临近空间，用于执行特定区域对地观测/侦察监视、通信中继、导航与定位、气象/天文/海洋监测、抗灾救灾、反卫星与反弹道导弹、实施地面打击与防御，以及进行全球兵力投送等军事/民用任务的飞行平台。按照不同的标准，临近空间飞行器有不同的分类。现阶段国际上根据飞行器的飞行速度和高度，大致将其分为低速飞行器($Ma<0.5$)和高速飞行器($Ma>0.5$)两大类。其中高速飞行器可进一步分为亚音速($Ma=0.5\sim0.8$，高度约20km)、超音速($Ma=1\sim5$，高度20~30km)和高超音速($Ma>5$，高度超过30km)飞行器。从动态角度，国际上又将$Ma<5$的临近空间飞行器称为低动态飞行器，$Ma>5$的称为高动态飞行器。目前国内较一致的看法是，临近空间飞行器包括3种类型，即浮空器(气球、气艇、升浮一体和可操纵浮空器等)、高超声速飞行器、高度位于20km以上的无人机。

临近空间在科学研究和实际应用中都具有重要意义。

(1) 科研价值。临近空间处于比较特殊而复杂的环境，往下与中低层稠密大气之间存在紧密的相互耦合关系，往上则通过电离层接受太阳活动的驱动，并反过来影响低电离

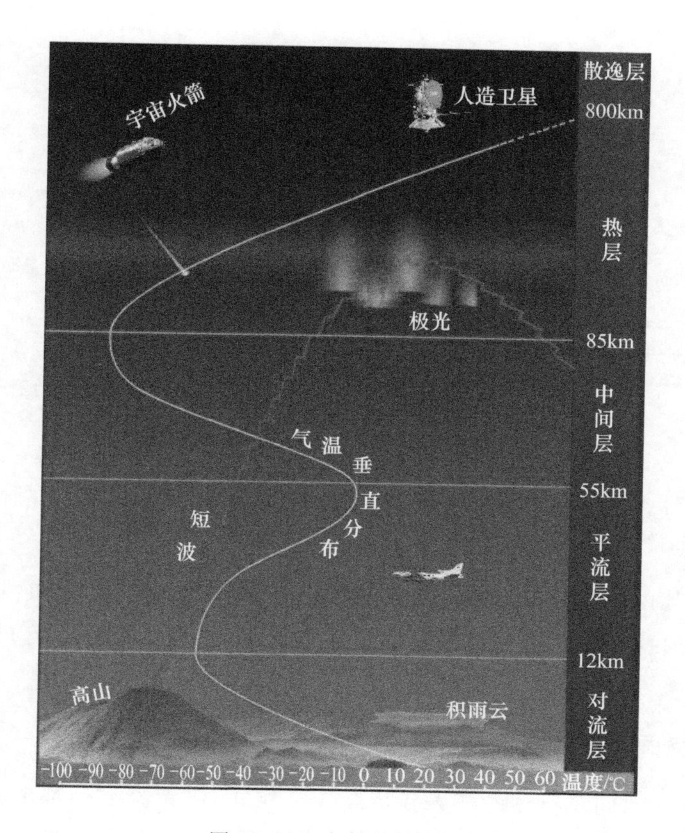

图 9－14　大气空间分层

层的形态。特殊的空间区域使得临近空间具有高辐射、低温、干燥等特点，并受到电磁辐射的极大影响，存在着极光、气辉等特殊现象。对临近空间的特殊现象、太阳物理、空间大气的相关研究具有重要科研价值。

（2）通信价值。利用临近空间平台搭载高空通信中继设备，为平台覆盖区域内的用户提供无缝接入式网络服务的通信方式称为临近空间通信（HAPS）。与地面通信系统相比，临近空间通信具有超大覆盖、抗干扰、低功率、通信质量好等优点；与卫星通信系统相比，HAPS 容量高、频谱利用率高、时延小、路径损耗小。因此，临近空间通信被 ITU 描述为“一种具有远大应用前景、可以颠覆电信产业发展的新技术”。

临近空间平台通信系统利用 Ka 频段或毫米波频段进行通信，频谱资源丰富，能实现大容量或宽带多媒体通信。图 9－15 展示了一个 HAPS 通信系统的基本框架。系统的单元包括临近空间平台、通信地面站、飞行控制地面站以及实现窄带/宽带通信业务的固定和移动用户。

（3）军事价值。临近空间以其特殊的位置而具有重要的军事价值。运行在空间范围内的卫星易受干扰，成本高，部署周期长，损失后不易补充，而运行在航空范围的飞机易受打击，生存力差，损失后不易恢复。相比较而言，临近空间飞行器能够在临近空间进行长期持续飞行或高速巡航，具备航空飞行器和航天飞行器均不具备的优势，如持续工作的时间长，覆盖范围广，生存能力强等，因此在区域情报搜集、监视、侦察、预警、导航和电子压制等方面的应用极具发展潜力。目前，美军为临近空间飞行器确定了多个

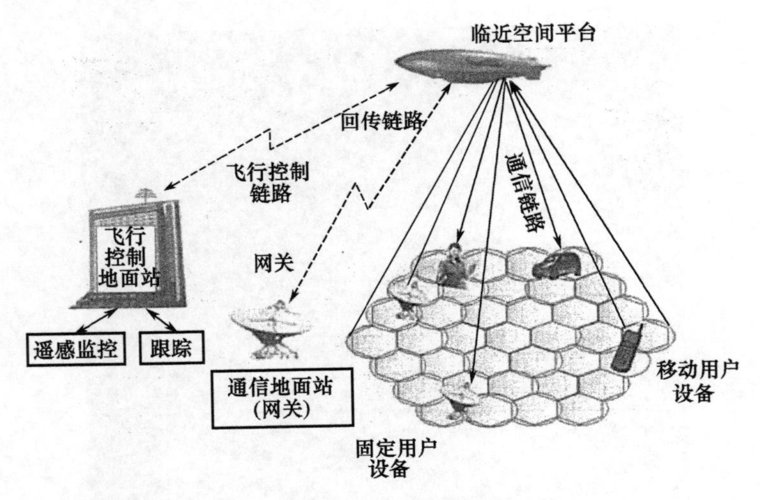

图 9－15　HAPS 通信系统框架

军事应用方向，其中包括战场指挥、控制、通信、计算机、情报、监视和侦察(C^4ISR)，近实时跟踪高价值目标；空间监视(可监视卫星而基本不受天气的影响)，导弹防御和边境控制等。

9.3.2　临近空间测控通信系统特点

尽管各类临近空间飞行器的任务和特点各不相同，但无论哪种都离不开测控与信息传输系统的支持。另外，对临近空间飞行器的信息服务，也拓展了航天测控通信的应用领域。

临近空间飞行器测控通信系统与传统的卫星测控、深空测控、导弹/火箭测控系统等有很大的不同。以高超声速飞行器的测控通信为例，由于其具备长航程及在全球范围内高速连续飞行的能力，且可以进行大范围的机动和快速变轨，因此为保证飞行器可靠飞行，确保飞行器测控通信系统及导航系统的正常工作，地面测控站需对高超声速飞行器进行全天候不间断的测控通信。同时，高超声速飞行器与地面测控站之间复杂的信息传输环境也给飞行器的可靠测控通信带来了巨大挑战。

临近空间飞行器测控通信系统的特殊性主要表现在以下几个方面。

1. 大范围的时空连续覆盖

卫星在空间惯性轨道上无动力飞行时，只需测量一段轨道就能实现动力学定轨，因此卫星测控可不进行连续跟踪。导弹在末级关机点后也是在空间惯性轨道上无动力飞行，因此在关机后至着陆前的飞行段也不需要进行高精度测轨。但临近空间飞行器与二者不同，临近空间飞行器是有动力飞行，不能用动力学定轨而需要进行全过程连续跟踪测量和运动学定轨，测控要求的覆盖范围包括发射场覆盖、飞行轨道覆盖、过顶覆盖和着陆场覆盖。

2. 高动态低信噪比对信号捕获与跟踪的影响

高超声速飞行器与地面测控站 Ma 通信收、发两端的快速相对运动会导致通信信号载波频率上的大多普勒频偏。如当飞行器以 $Ma=20$ 的速度飞行时，Ka 通信频段的多普勒频偏可以达到 1.5MHz,这远远超出了传统无线通信的可容忍范围。并且与传统无线通信不同的是,由于高超声速飞行器的快速变轨和大范围机动性,一般难以利用预补偿方法对多普勒频偏进行预先矫正,从而将多普勒频偏控制在较小的范围内以缓解地面测控站的压力。另外,载波频率会在前述大多普勒频偏的基础上叠加一个非常大的多普勒变化率(可达 200kHz/s),即高动态多普勒信号。

高超声速飞行器测控通信信号同时经历长距离传输大气衰减和等离子鞘套的衰减作用,地面测控站接收信号信噪比低,给测控通信的信号恢复解调带来了很大的难度。再加上大的多普勒频偏以及高动态多普勒的影响,使得对载波信号完成快速且精确的捕获和跟踪较其他测控系统更加困难。

3. “黑障”问题

飞行器在大气层中高超声速飞行时,飞行器周围的气体会被高速飞行产生的超音速激波加热。当 $Ma>10$ 时,由于黏性流和激波的作用,飞行器表面附近的空气分子会因剧烈运动而被电离,激发含有等离子体的高温激波层,形成包裹飞行器的“等离子鞘套”。等离子鞘套内部含有大量的带电粒子和自由电子,对飞行器测控通信信号产生类似于金属的屏蔽效应,使接收信号产生衰减,同时使天线的阻抗特性发生改变、方向图畸变。此外,高超声速飞行器等离子鞘套内部参数存在动态性,会对测控通信信号产生幅度和相位的双重寄生调制效应。由于动态等离子鞘套的变化频率与典型遥测遥控信号的码元速率一般处于同一数量级,因此这种寄生调制效应对 Ka 频段典型调相体制的测控通信信号的相干解调具有非常恶劣的影响,致使其难以完成载波同步,可能造成信号解调失败。这些效应将会导致通信质量恶化,甚至有可能造成导航、遥测遥控等信号的传输中断,即“黑障”现象。

在传统的航天测控中,由于“黑障”现象只在返回式航天器再入阶段出现,因此测控需求矛盾还不算太突出。例如,航天飞机返回再入时存在 16min 左右的“黑障”时间,神舟五号飞船再入过程中“黑障”持续 4min 左右。但临近空间高超声飞行器在飞行过程中可能会持续或者高频率伴随“黑障”现象,因此对测控通信影响巨大,必须要尽可能地克服。

4. 起飞和着陆的测控

导弹和卫星一般都不重复使用,所以不用无线电测控系统来控制它们起飞和着陆,而很多临近空间飞行器则要重复使用。例如,高超声速飞机(如 X-33、X-43 等)、临近空间无人机(如“全球鹰”无人机等)都要重复使用,要求它们像飞机一样的安全起飞和着陆,而这些飞行器又是无人驾驶的,所以要借助无线电遥控、遥测来完成。而在飞行器起飞、着陆时,遥控和遥测天线处于低仰角或打地状态,多径干扰十分严重,会导致遥控指令的误码,所以抗多径干扰是起飞及着陆测控时一个重要的技术问题。而在传统的航天测控系统中,多径干扰的影响一般相对较小。

5. 多目标测控

为了提高飞行器的综合效能,临近空间飞行器常采用编队组成“飞行器群”的飞行方式。多架飞行器编队飞行时,多目标测控就成为其重要技术问题。再如,一些浮空器常采用多浮空器组网方式工作,这时需要用多目标测控与信息传输系统来实现组网、超视距接力传输和站间通信。另外,许多临近空间装备都需要用火箭、飞机等载体空射或施放进入临近空间，此时就需要对飞行器和运载器进行多目标测控。例如，美国 X-43 高超声速飞行器靶场测控系统中，需要对 X-43 飞行器、B-52 飞机、空射助推火箭和测量飞机进行 4 目标测控，因此采用了一个 MOTR 多目标雷达，以及用 4 个分离的遥测站来实现多目标测控。

6. 遥控、安控的重要性增加

导弹靶场测控中有“安控”，卫星测控中有“指令”和“数据注入”两种方式，但由于卫星大部分时间是在地球轨道上无动力飞行，所以遥控只在关键点实施，是间歇的。而临近空间飞行器是有动力飞行，要经常进行实时的“飞行遥控”，要依靠遥控进行“无人驾驶”，它是指挥、控制系统的重要组成部分，所以遥控的地位和重要性较之一般的航天测控系统大大上升。在起飞、着陆时则更显重要，特别是在降落阶段，低时延实时、可靠的遥控是至为关键的，降落指令的错误或延迟会造成飞行器和地面碰撞，造成机毁和设备损坏事故。此外，出于保密的需要，有时也要用“安控”炸毁飞行器。

9.3.3 临近空间测控通信技术

临近空间测控通信涉及通信系统的各个方面，且许多技术目前都处于研究和探索中。本节仅以提高通信覆盖率、削弱“黑障”影响和提高通信效率为例进行简单介绍。

（1）提高通信覆盖率。由于临近空间飞行器的飞行距离较远，其相应的测控系统包括首区测控系统、飞行区测控系统和着陆测控系统。上述覆盖范围要采用地基多站接力或天基测控系统来实现超视距覆盖。

采用地基多站接力实现超视距覆盖的典型例子是美国 Hyper-X 计划的靶场测控通信系统。Hyper-X 计划是一项用于验证先进的高超声速技术的飞行试验。试验所用无人飞行器（HXRV）称为 X-43A。HXRV 与火箭助推器（HXLV）配对形成 HXRV-HXLV 组合，NASA 的 B-52 飞机将此组合携带到 12.192km 高度投放。投放后 HXLV 火箭发动机点火，将组合推进到 33.528km 的高度后，HXRV 与 HXLV 分离。之后 HXRV 上的发动机点火工作，X-43A 开始试验。在发动机关闭后，X-43A 以无动力下降轨迹飞行，落入太平洋。X-43A 的飞行达到 Ma=10，飞行距离长达 1600km。由飞行高度可以计算出其视距为 620km，所以 1600km 已是超视距。为了实现超视距的连续覆盖采用了多站接力方案，即用美国西部航空试验靶场（WATR）和美国海军海上靶场接力测控，并与测控飞机跟踪测量相结合来完成测控。在地面运行期间，Hyper-X 在当地空军基地空域由德莱顿飞行研究中心 DFRC（Dryden Flight Research Center）实施靶场控制。当带有 X-43A 组合的 B-52 飞机飞越太平洋上空的海军空战中心武器部（NAWC-WD）空域时，则由 NAWC-WD 的海上靶场进行测控。X-43A 试验工作段的测控也由海上靶场完成。

美国“全球鹰”无人机的测控与信息传输系统采用了天基测控系统以获得更大的覆盖范围。“全球鹰”无人机飞行高度为 11.8～20km，处于临近空间的底层。“全球鹰”无人机测控与信息传输系统的组成如图 9-16 所示。

从图 9-16 可见，“全球鹰”无人机的“发射与着陆”方舱利用了美国国防部的 UHF 卫星，“任务控制方舱”利用了 Ku 频段的商业卫星来提高测控通信的覆盖率。

此外，美国的长航气球（LDBP）和“猛禽”无人机测控利用了跟踪与数据中继卫星系

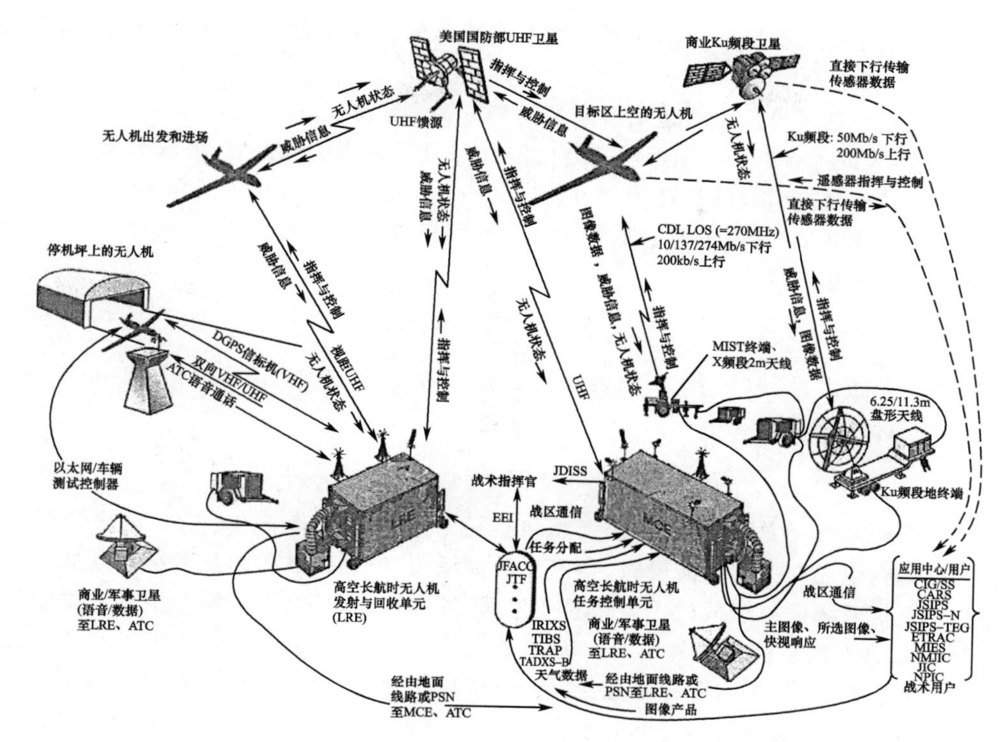

图 9-16 “全球鹰”无人机测控与信息传输系统组成

统来获得测控与信息传输的高覆盖率。

（2）减轻“黑障”的影响。目前针对“黑障”问题的解决方案主要是通过对等离子诊断技术、等离子体的物理化学特性、电磁波的传播特性、飞行器的气动外形、飞行器遥测天线特性以及信号和信道特性等研究而提出的。按工作原理，这些方案可分为等离子体鞘套削弱法和通信适应性方法两类。

等离子体鞘套削弱法主要从等离子体特性角度研究“黑障”问题，相应的解决方法有外加磁场、气动成型和淬火注入法等。外加磁场法的思路是在飞行器的天线附近区域附加一个极强的磁场，改变等离子体中离子的扩散方向，实现等离子体的重新分布，从而减少通信信号在穿透等离子鞘套时的衰减；气动成型法通过改造或设计飞行器的外形来改变飞行器表面等离子体的分布，以使电磁波能够穿透等离子鞘套，且不产生严重衰减；淬火注入法的思路是通过在飞行器表面喷射液态亲电子物质或者使用亲电子的烧烛材料，利用亲电子试剂与等离子体中电子发生化学反应的原理，用飞行器机体自身材料的特性达到降低等离子体电子密度的目的，使得电磁波能够更容易地穿过等离子鞘套，从而减少信号衰减。

通信适应性方法主要研究在等离子体鞘套下信号传输特性，包括电磁波穿过等离子体的透射和反射的相移特性、等离子参数测量、寄生调制效应对测控通信信号影响以及在动态等离子体鞘套的信道特性等，并根据研究结果提出相应的通信缓解措施。主要方法有使用易于穿透等离子鞘套的通信频段、采用高效的编解码、非常规的星座解调方法等。研究表明，Ka 频段电磁波可有效缓解等离子鞘套对信号的衰减作用。

近年来，人们还从通信体制角度提出了采用卫星中继缓解“黑障”的思路。原理是在等离子鞘套较弱的飞行器尾部向天基中继卫星或低轨卫星发射信号，经中继卫星转发至地面测控站。

(3) 提高通信质量。主要包括频率选择和减轻衰减等技术。

① 临近空间通信链路。临近空间通信链路与卫星通信系统类似，传输衰减包括自由空间损耗和其他衰减引起的损耗两部分。

自由空间损耗 L_F 取决于通信距离 r 和通信所使用的电磁波频率 f。临近空间自由空间损耗可以简化表示为

$$L_F = 32.4 + 20\lg r + 20\lg f \tag{9-1}$$

其他的衰减因素，包括多径、雨衰、大气吸收、闪烁等，造成的额外损失由 L_{ex} 表示，则系统总衰减可以表示为

$$L = L_F + L_{ex} \tag{9-2}$$

在通信频率选择方面，主要考虑衰减和多径干扰对通信带来的影响。电磁波通过有很多微小颗粒组成的大气对流层时，会产生两种耗损，分别是散射衰减和吸收衰减。造成临近空间通信系统散射衰减的主要微粒是雨滴、雾和云，这种衰减通称为雨衰。雨衰对工作在10GHz以上的系统有明显影响。吸收衰减随系统频率提高而增加，在60GHz附近，大气吸收衰减非常明显，因此在临近空间通信中应尽量避免使用57～60GHz频段。在远距离、低倾角测控以及飞行器着陆和上升时，由于地面反射将产生严重的多径干扰。多径引起的影响还包括多普勒效应和时间弥散现象。对于低频信号(如2.1GHz频段)，其多径效应比高频段(10GHz以上)更严重。遵循不与其他用户相互干扰和基本频率保护原则，ITU－R对HAPS可用频谱的建议为2GHz、28/38GHz和47/49GHz。其中Ka频段的带宽较大，相比S频段能够提供更高的数据传输速率，且Ka频段天线的波束宽度随工作频率增加而减少，降低了对相邻信道的失真干扰，同时可以使用小口径天线，因此Ka频段有望成为未来高超声速飞行器的主要测控通信频段。

信道模型主要用于在信号传播期间精确地描述信号的传播特性。对基于HAPS的链路，需要考虑信道的统计衰落特性。根据接收用户的仰角和不同的衰落特性，临近空间信道通常建模为莱斯(Rice)信道、瑞利(Rayleigh)信道或对数正态分布信道。在视距情况下，其衰落特性可以用莱斯分布描述；在非视距的多径情况下，其衰落特性可以用瑞利分布描述；最后，如果信号受到地物干扰，传播路径被遮挡，则可以利用对数正态分布来描述影响信号的阴影衰落特性，如图9－17所示。

② 减少衰减的技术。在临近空间测控通信中，常使用的降低衰减的技术有合理选择通信频段、功率控制、采用变速率前向纠错编码、降低传输速率、分集接收、自适应方法等。

通信频段的选择如上一小节所述。功率控制是指在给定的衰减动态范围内，增加HAPS上的传输功率，使系统性能保持在一定的水平。应用变速率信道编码和信息传输能够减缓上行和下行链路的衰落效应，变速率信道编码通过引入附加码比特位，确保误码率在规定的范围内，以此来补偿链路的衰落，同样通过改变调制方案也可使系统具有更强的抗衰落特性，从而衰落出现时单位符号可以使用更小的功率。降低传输速率能保证在给定的带宽条件下，误码率能符合特定的服务质量要求。分集技术包括空间分集和频率

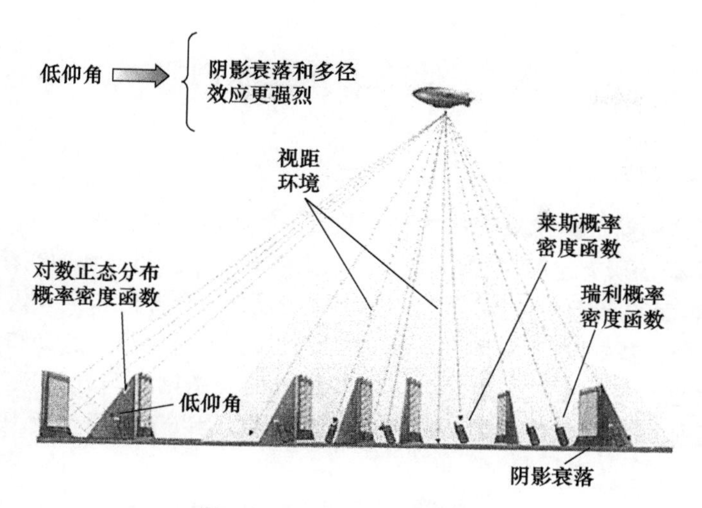

图 9－17　临近空间信道建模

分集。频率分集是选择平台上不同的载荷以不同频率传输信息，HAPS 会选择受信道环境影响小的频率。空间分集是指信息通过一个受信道环境影响较小的链路传输。自适应方法主要有自适应编码、自适应调制以及自适应编码调制（ACM）等。以下以自适应编码调制为例进行说明。

自适应编码调制方案能够根据信道状态信息，改变调制方式和编码效率等参数来适应信道变化。其优点在于方案的频带利用率取决于实际信道条件，而不是最坏的信道条件。

自适应编码调制技术的一个应用实例是 R－S（255，223）码与 QPSK 调制的组合，如图 9－18 所示。这个串联系统有两种操作模式：模式 A，系统运行在较好的信道条件下时，只具有 QPSK 调制特性；模式 B，系统运行的信道条件较差，调制和编码都存在。系统的状态是好还是差，一般通过估计接收信号功率的平均值来确定。因此，需要事先设定参考功率阈值。如果接收功率大于这个阈值，信道被归类于“好”的状态，系统在模式 A 状态下运行；否则信道被称为“差信道”，系统采用 B 模式运行。

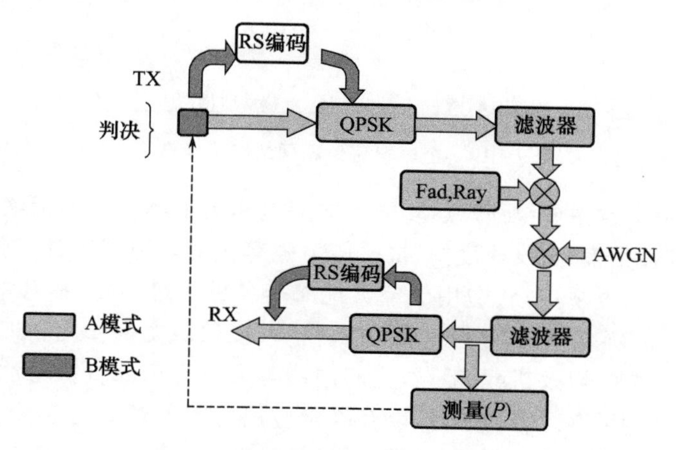

图 9－18　自适应编码调制示意图

9.4 低轨卫星互联网

9.4.1 卫星互联网

随着信息通信和航天技术及产品的日趋进步,全球信息化发展领域已全面拓展到人类生产、生活和科研的所有空间,包括陆地、海洋、天空和太空。目前地面网络只覆盖陆地面积的20%、地球表面的5%。打造覆盖全球的立体、多层次、全方位和全天候的信息网络,为全球提供互联网公共基础设施,对国家发展和人类发展具有重要战略意义和普惠意义。

全球覆盖信息网络是由空间卫星节点互联组成的天基网络与地面网络构成的,其结构如图9-19所示。图中天基网络又称为卫星互联网,是以卫星通信为基础构建的通信互联网。

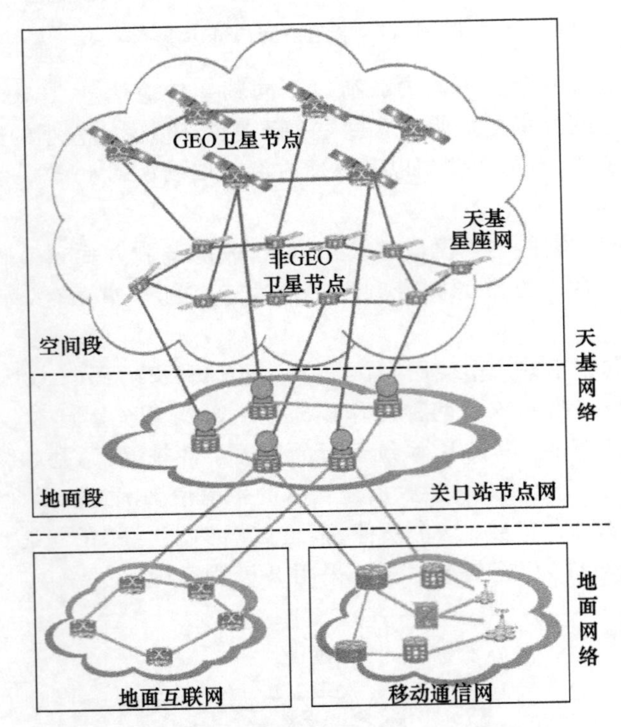

图9-19 全球覆盖信息网络结构示意图

卫星通信是以太空中围绕地球运转的人造卫星作为中继节点的无线通信方式,具有覆盖地域广、业务种类多、建设速度快、抗毁能力强等优势。可用于骨干传输、远程接入、移动通信、固定通信、电视广播,适用于空天地海等各种环境,在广播和电信公网以及政府、交通、能源、军事、应急等专网中一直发挥着不可或缺的支撑作用。近年来,随着互联网、物联网的普及发展,以及机载、船载、空间中继等通信需求的日益增加,卫星通信进入以高通量卫星(HTS)星座系统为平台、以互联网应用为服务对象的卫星互联网发展新阶段,出现了灵活性载荷、激光通信、在轨服务、量子保密通信等新的技术热点。

卫星互联网的结构与传统的地面光纤网络和移动无线网有所不同。卫星互联网系统主要由空间部分、地面部分和用户部分组成。空间部分主要是指卫星星座。卫星星座是指具有相似功能的卫星分布在同一轨道或者互补轨道上，按照共同约束规则运行，协作形成逻辑上统一的网络系统，各个卫星通过相关路由技术（星间、星地）实现数据传输。卫星按构成一般分为平台和载荷，平台具有通用性，载荷可根据需要进行配置。地面部分包括运营中心、关口站、测控站（移动式与固定式）等，主要实现卫星互联网的管理与运营。运营中心是整个卫星互联网系统的大脑，实现整个系统的管理。关口站为卫星互联网接入所在国因特网的入口，可以为所在国进行互联网监管提供切入点。测控站主要用于卫星跟踪测量，确定其轨道和位置状态等。用户部分主要包括接入网及接入终端，接入网形式包括机载、船载、车载及便捷式等，接入终端包括移动手机、计算机等设施。

卫星星座包括 GEO（对地静止轨道）和非 GEO（非对地静止轨道，包括 MEO 中地球轨道中低轨和 LEO 低地球轨道）卫星。GEO 卫星节点在赤道上空距地面 35800km 的轨道上运行，理论上用 3 颗 GEO 卫星节点即可以实现全球覆盖，GEO 卫星系统结构简单、覆盖有效性好，但传输时延长。非 GEO 卫星通信星座采用运行在中、低地球轨道的卫星群提供宽带互联网接入等通信服务，具有低时延、信号强、可批量生产和成本低等特点，能够进一步满足人们对全球无缝覆盖的宽带网络服务需求。截至 2020 年 4 月，全球在轨卫星数量约为 2600 颗，其中约 1900 颗是低轨卫星，占比超过 70%，为国防、军事以及商业领域提供通信、导航、遥感、气象等服务。

未来，高、中、低轨卫星都将在天地一体信息网络中发挥各自的作用，并与地面无线通信以及短距离直接通信等系统相结合，将通信与计算、导航、感知和人工智能等技术融为一体，为信息通信市场和应用提供更广阔的创新空间。本章重点介绍低轨卫星互联网的通信应用。

9.4.2 高通量卫星星座

为满足宽带接入、基站中继、高清/超高清视频等应用带来的带宽增长需求，基于多点波束和频分复用的高通量卫星星座应运而生。自 2004 年以来，全球超过半数的卫星通信运营商合计部署了 150 多颗高通量卫星（HTS）。HTS 包括 GEO 专用或搭载、MEO、LEO 等形式。

1. GEO HTS

GEO HTS 是目前应用较多的 HTS 系统。比较有代表性的系统如表 9－1 所列。

表 9－1　全球代表性的 GEO HTS

卫星	KaSat－1	ViaSat－1	Inmarsat－5	Echostar－19	ViaSat－2	SES－17	Echostar－24	ViaSat－3
运营商	Eutelsat	ViaSat	Inmarsat	Echostar	ViaSat	SES	Echostar	ViaSat
发射时间	2010 年 12 月	2011 年 10 月	2013 年 12 月	2016 年 12 月	2017 年 6 月	2021 年	约 2022 年	约 2022 年
制造商	ADS	SS/L	Boeing	SS/L	Boeing	TAS	SS/L	Boeing
容量/（Gb/s）	70	140	30	220	300	80	500	1000

在这些 GEO HTS 当中，北美 ViaSat 公司 ViaSat－2 和 EchoStar 公司 EchoStar－19 两颗在轨 HTS 的容量分别达到 300Gb/s 和 220Gb/s，在建的 ViaSat－3 和 EchoStar－24 容量

将分别达到 1Tb/s 和 500Gb/s,而传统通信卫星容量只有 1Gb/s 左右。

在一些 GEO HTS 努力向更大容量迈进的同时,一些卫星运营商将目光转向针对小国家的、容量在 100Gb/s 以下、质量在几百千克到 2000kg 之间的小型 GEO HTS,其重量的减少源于可再编程软件定义有效载荷和电推进等技术的应用。

2. NGEO HTS

GEO HTS 虽然容量大、结构简单,但是传输延时长、覆盖面有限,无法满足 5G 时代低延时、广覆盖等应用的需要,而 NGEO HTS 星座恰好具有这样的优势。例如,ViaSat 公司为了弥补 GEO HTS 服务能力的不足,于 2016 年提出了一个由 24 颗卫星组成的 MEO HTS 星座计划。该 MEO 星座采用 Ka、V 频段,卫星分布于 3 个轨道面,每轨道面 8 颗(再加 1 颗备份星),轨道高度 8200km,轨道面与赤道倾角为 87°,可为美国本土、夏威夷、阿拉斯加、波多黎各和美国维尔京群岛的用户提供宽带通信服务。迄今为止,全球新推出的 MEO 和 LEO 星座计划有 20 个左右,其中以美国和中国居多,占比接近 7 成。典型的 NGEO HTS 项目有:美国的 Kuiper、OneWeb、Athena、波音、O3b、Iridium(铱星);中国的银河、鸿雁星座、虹云星座、蜂群星座;加拿大的 Telesat、Kepler;卢森堡的 LeoSat;韩国的三星星座和俄罗斯的 Yaliny 等。

目前,大部分的卫星互联网项目还处在规划研究阶段,少部分已经发射了试验卫星,进入试验验证阶段,如 Starlink、虹云星座等。也有少数项目已进入业务应用组网阶段,如工作于赤道轨道的 O3b 系统。该系统初期规模是 20 颗卫星,目的是为南北纬 40°之间的 30 亿人口提供互联网服务。

NGEO HTS 的星座轨道主要在低地球轨道,不同星座的卫星数量差异较大。LEO 成为卫星互联网项目的卫星主要分布区域,但也有只运行在 MEO 的卫星星座,如 O3b。从卫星的数量来看,不同卫星互联网项目列出的所需卫星数量差异非常大,最多者接近 1.2 万颗,即 SpaceX 公司的 Starlink 项目;最少的 O3b 仅 42 颗。表 9-2 列出了一些典型卫星互联网项目的卫星轨道和卫星数量情况。

表 9-2　一些典型卫星互联网项目的卫星轨道和卫星数量

项目名称	卫星轨道	卫星数量/颗
Kuiper	LEO:590km、610km、629km	3236
Starlink	LEO:1100km、340km	11943
OneWeb	LEO:1200km	650
O3b	LEO:8000km	42
Iridium	LEO:778km	81
银河 Galaxy	LEO:1200km	900
鸿雁星座	LEO:1100km	320
虹云星座	LEO:1000km	156
蜂群星座	LEO:1000km、600km	272
Telesat	LEO:1000km	117
Kepler	LEO:1432km	120~140
LeoSat	LEO:1400km	140

从通信频段来看,大多数卫星互联网星座预期使用 Ka 频段(26.5~40 GHz)和 Ku 频段(12.4~18.0GHz)来进行通信,如 OneWeb 和 Iridium 等,也有部分星座使用 V 频段(50~75GHz)进行通信,如 Telesat。为方便卫星互联网内的数据高速传输,大部分星座都采用激光或微波等方式的星间链路来建立卫星间的路由网络,进行信息的高速传递,如 Starlink、虹云星座等。也有一些星座项目不提供星间链路,而是采用其他方式,如透明传输等方式进行传递,如 OneWeb 和 O3b 等。表 9-3 列出了一些项目的频段申请及星间链路使用情况。

表 9-3 一些卫星互联网频段申请及星间链路

项目名称	频段申请	是否使用星间链路技术
Starlink	Ku,Ka,V	是(激光)
OneWeb	Ku,Ka	否
O3b	Ka,V	否
Iridium	Ka	是(微波)
鸿雁星座	L/Ka	是
虹云星座	Ka	是(激光)
Telesat	V	是(激光)
Kepler	Ka	是(激光)
LeoSat	Ka	是(激光)

9.4.3 铱星卫星通信系统

本节以铱星卫星通信系统为例,介绍基于 LEO 星座的卫星互联网的基本组成和工作模式。

铱星卫星通信系统是美国摩托罗拉公司于 1987 年提出的一种低轨道全球卫星移动通信系统方案(后被称为"铱星"一代系统)。系统最显著的特点是星际链路和极地轨道,最大的优势是达到真正的全球覆盖(含南、北两极),目标是做到用手机实现任何人在任何时间、任何地方、可以用任何方式与任何人进行通信,可以为在海上、空中作业的个人、企业以及从事石油天然气开采、采矿、建筑、伐木救灾抢险、野外旅游等野外作业的个人和组织提供电话、传真、数据和寻呼等业务服务。

"铱星"一代系统 1996 年开始试验发射,1998 年投入业务运营。"铱星"系统经历了 2001 年的破产重组后,为取代逐渐进入寿命终期的"铱星"一代星座,铱星公司 2005 年启动了"铱星"二代(Iridium Next)系统的部署。

"铱星"二代系统是一个基于 IP 的宽带网络,与现行体系和星座分布基本相同,可实现向后兼容。系统采用最新的卫星技术和无线通信技术,卫星节点提供 L 频段速度高达 1.5Mb/s 和 Ka 频段 8Mb/s 的高速数据服务。2019 年 1 月,铱星公司推出了 Iridium Certus 350 宽带服务,可为用户提供 352kb/s 的数据通信速度。2020 年 2 月,Iridium Certus 700 正式上线,最高下载数据速度可达 702kb/s。"铱星"二代将提供最高速率可达 1.4Mb/s 的卫星宽带网络服务,从而弥补了"铱星"一代系统通信速率低的短板。同时系统又推出突发短数据、铱星对讲机、组网铱星等多种新型业务,可向全球航空、海上、陆地、物联网、政府用户提供 Iridium Certus 宽带业务。

1. 系统结构

铱星卫星通信系统是基于卫星的无线通信网络，系统基本组成包括空间段、系统控制站（SCS）、关口站（GW）和各种铱星用户终端（ISU），如图 9－20 所示。

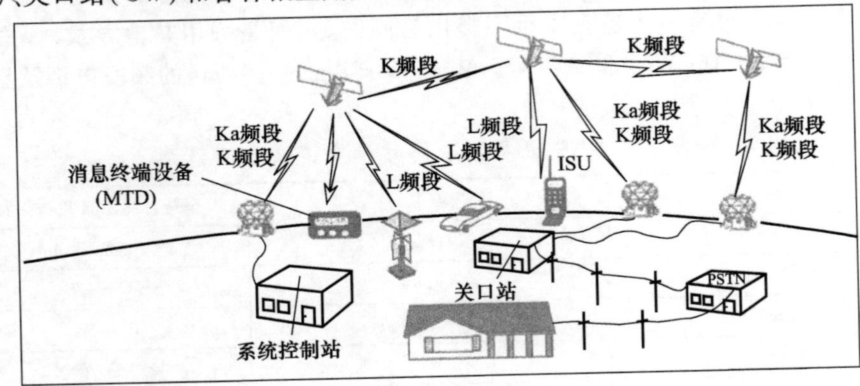

图 9－20　铱星系统结构

1）空间段

“铱星”一代系统空间段由 66 个重量较轻的小型卫星节点和数个备用卫星节点组成，运行在高度 780km、倾角为 86.4°的低轨道上，使用 Ka 频段与关口站进行通信，使用 L 频段和终端用户进行通信交互。“铱星”二代系统包括 81 颗卫星，即 66 颗运行的低地球轨道卫星、9 颗在轨备份卫星和 6 颗地面备份卫星。卫星从 2017 年开始布置，单个卫星节点的质量为 860kg，设计在轨使用寿命为 15 年，运行高度和倾角与一代系统相同。卫星的轨道周期约为 100min28s，同向运动的轨道面之间间隔 31.6°，反向运动的轨道面之间间隔为 22.1°。

卫星星座组成一个覆盖全球的 L 频段蜂窝小区（波束）群，用于向用户终端提供通信业务。铱星卫星通信系统具有复杂的星上处理能力，用以支持星际链路操作。星上具有交换功能，使得信息的选路更加方便，并可减少从主叫到被叫的信息传播过程中使用中继地球站的次数。卫星星座网络为接入信令提供铱星用户终端到关口站链路，为网络信令提供关口站到关口站链路，为系统管理提供关口站到系统控制站链路。卫星星座网络中的每颗卫星天线 K 频段的容量为 960 个同步语音信道。当通信呼叫从一个波束切换到另一个波束时，每颗卫星负责处理用户的接入请求并为其分配信道。

2）系统控制站

系统控制站管理和控制铱星网络的所有组成单元，负责控制卫星星座，并向卫星提供频率计划和路由信息，可动态控制无线信道的分配，以适应某地域的信道使用需求。

系统控制站有 3 个主要构成部分，即跟踪、遥测和控制中心（TTAC）站点、运行支持网络（OSN）和运行中心（OCs）。系统控制站与所有卫星和关口站之间的主要链接是通过整个卫星星座的 K 频段馈线链路和交叉链路实现的。每个关口站的备份链接则通过现有的商业链路实现，如图 9－21 所示。

（1）跟踪、遥测和控制中心。铱星卫星通信系统有 3 个 TTAC，主要功能是监测星座，并为系统控制设备提供必要的遥测、跟踪信息。这 3 个 TTAC 位于夏威夷、加拿大东部和

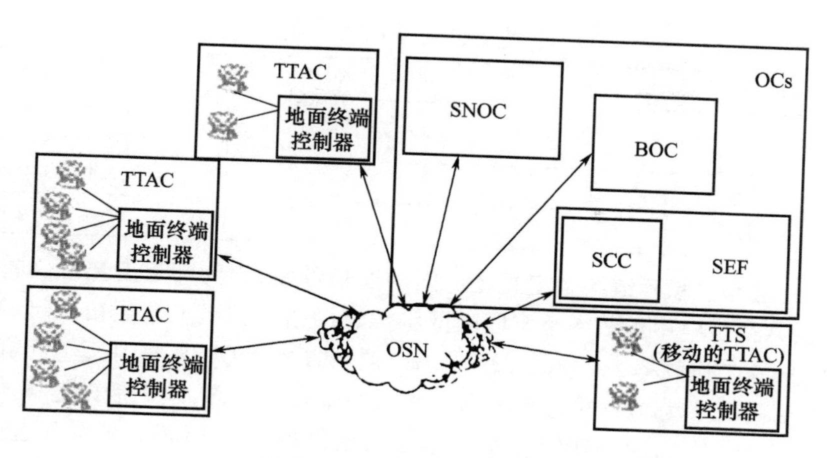

图 9-21　系统控制站结构

加拿大西部，此外还有一个移动的 TTAC 可根据需求展开工作。

(2) 系统控制设备运行中心(OC)，包括卫星网络运行中心(SNOC)、备份运行中心(BOC)、卫星通信控制中心(SCC)和卫星通信工程设备(SEF)。

(3) 运行支持网络(OSN)。运行支持网络是一个分立的通信系统，用于跟踪、遥测和控制中心与系统控制设备之间的连接，采用商业同步轨道卫星通信链路。

3) 关口站

关口站负责将陆地 PSTN 与铱星卫星星座进行连接。关口站是支持铱星网络的陆地基础设施，可提供基础电话呼叫服务。关口站的主要特点是对漫游用户的支持和管理，以及铱星网络与 PSTN 的互联。关口站还为自身的网络单元，以及自身内部和外部的链路提供网络管理功能。

关口站与卫星星座的连接是用工作在 Ka 频段的高增益抛物面跟踪天线实现的；与 PSTN 的连接是经过国际交换中心的中继线实现的，在该中继线上使用 PCM 传输和 7 号信令或多频互控响应信令。

4) 用户终端

铱星系统的用户终端包括移动终端和固定单元两种。移动终端是一种双模式个人电话，用户使用它直接接入铱星卫星通信系统，也可以接入标准蜂窝系统。常见的终端包括手持型、车载型、船用型和航空型等。固定单元是一种连接到铱星系统的专用自动交换机，主要用在边远地区，为本地区的用户提供通信服务。

用户通过用户终端能够在世界上任一地点获得系统提供的语音、数据、传真、寻呼等基本业务，语音信箱、电话会议、呼叫转移等增值业务，以及 Iridium Certus 等新型业务。

2. 无线接口

铱星卫星通信系统是一个网络状的通信系统，卫星和关口站都是信息交换节点，通过星上处理、交换及星际链路，移动用户之间可直接利用卫星网络进行通信。在铱星卫星通信系统中，包括星际链路、馈电链路和用户链路，如表 9-4 所列。无线接口采用了 FDMA、TDMA、SDMA 和 TDD 混合技术体制，工作频段包括 L 频段、K 频段、Ka 频段。

表9-4 铱星系统无线链路

应用通信链路	工作频段	频率范围
馈电链路	K/Ka	下行:19.4~19.6GHz 上行:29.1~29.3GHz
星际链路	Ka	23.1~23.4GHz
用户链路	L	1616~1626.5MHz

(1)星际链路。星际链路指卫星星座间的通信链路,它为邻近卫星之间提供可靠且高速的通信,从而在空中组成一个牢固的网状信息网络。铱星卫星通信系统的星际链路采用Ka频段,其工作频率为23.1~23.4GHz。调制方式为QPSK,采用垂直极化方式。该链路使用了编码效率为1/2的卷积编码的软判决维特比译码,编码后的速率为25Mb/s。多址方式为分组化的TDM/FDMA。每颗铱星卫星包括4条15MHz带宽的星际链路,星际链路的使用可以使得在地球上的任何地方设置关口站而不会影响系统的操作与用户的使用,用户终端可以通过多条路径与系统中的关口站进行通信,多条路径的存在也进一步提高了系统的牢固性和可靠性。

(2)馈电链路。馈电链路是指卫星星座与地面关口站之间的通信链路,它采用K/Ka频段,用于关口站与系统控制设备的通信,其频率为19.4~19.6GHz(下行K频段)和29.1~29.3GHz(上行Ka频段)。该链路的多址方式为TDM/DMA,调制方式为QPSK,上行和下行链路均采用右旋圆极化方式,使用了编码效率为1/2的卷积编码,编码后的数据速率为6.25Mb/s。馈电链路通信的覆盖范围为与当前地面关口站建立连接的卫星覆盖范围,为保证关口站与卫星星座之间的通信不中断,关口站必须要在中断与正在消失卫星的连接之前建立与正到达卫星的新连接。每个地面关口站至少应有3个卫星地面跟踪设备(ET),一个ET用于与正在其上空的卫星进行通信,另一个ET用于准备与将到达的卫星建立通信,还有一个ET用于备份。

(3)用户链路。用户链路是指移动用户与卫星之间的通信链路采用L频段,频率范围为1616~1626.5MHz,该链路的多址方式为FDMA/TDMA/TDD/SDMA,调制方式为DBPSK、DQPSK,采用右旋圆极化方式,使用分组编码,编码后的数据速率为25kb/s,用户链路采用点波束体制,每颗卫星有48个点波束,每个点波束区域的覆盖直径约为667km,整个系统可提供3168个点波束,利用2150个点波束即可覆盖全球。

3. 信道类型

用户链路分为公共信道和通信信道两种。公共信道按照逻辑功能可分为振铃信道、广播信道、申请信道和通信信道。

各信道的参数如表9-5所列。

表9-5 铱星系统信道参数

信道类型	调制方式	突发脉冲持续时间/ms	信道重复周期/ms	调制速率/(ks/s)	每个突发脉冲所含符号数
振铃	DQPSK	7.04/8.32	4320	25	176/208
广播	DQPSK	8.24	180	25	206
申请	DBPSK	4	随机	25	100
通信	DQPSK	8.28	90	25	207

4. 通信流程

铱星卫星通信系统的通信流程包括捕获、接入(位置测定、用户参数下载和接入允许)、注册、鉴权、呼叫建立、呼叫维持和呼叫释放等几个过程,以及在低轨道卫星通信过程中的切换过程,如图9-22所示。

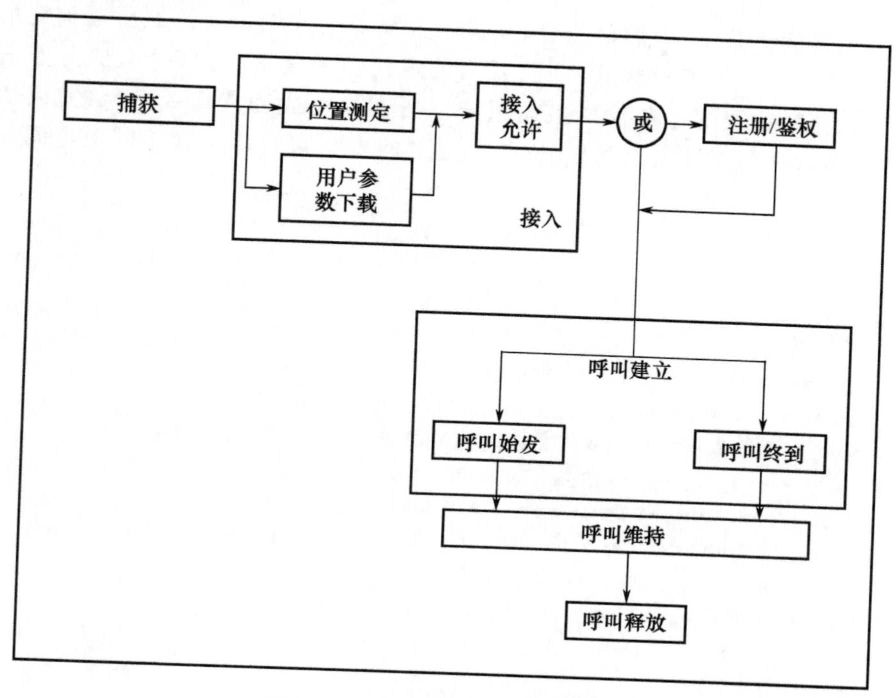

图9-22 铱星系统通信流程框图

捕获是铱星用户终端获得铱星卫星通信系统服务的第一个步骤,用来建立用户终端和当前服务卫星之间的通信链路。当铱星网络接收到用户终端的接入请求信息后,首先进行用户的位置测定,然后系统基于用户终端的地理位置以及其他服务限制等来控制其接入网络服务。用户终端要想获得铱星业务服务,必须先注册到铱星的关口站。鉴权过程用于保证铱星用户终端和SIM的有效性。呼叫建立根据用户终端主叫和被叫的不同而有不同的过程。当呼叫建立后,则进入呼叫维持过程,铱星网络在此过程中负责维持各通信节点的连接,包括数据路由、切换等。呼叫释放过程发生在连接双方挂起或网络检测到呼叫终止错误时。

由于铱星卫星星座的高速运动,通信中需约1min来切换一个点波束,需5~9min切换一颗卫星。同时为了满足频率复用的要求,铱星卫星通信系统的终端在通信过程中需要进行切换。

铱星卫星通信系统的切换策略主要是最低接收阈值策略和点波束优选策略。预先设定一个当前通信信道的最低接收阈值,在通信过程中同时对该通信信道的信号质量进行监测。当发现当前通信信道的信号质量低于该最低接收阈值时,对当前所处的所有点波束信号进行检测和优选,进而向系统提出切换请求信息,开始切换过程。

铱星卫星通信系统的信道切换采用"硬切换"技术,即"先断开、后建立",是指通信在不同的频道之间切换。切换的发起方一般为卫星通信终端。由于低轨卫星星座相对地球的高速运动,卫星通信终端可能已经处于当前为其提供服务的卫星某点波束的边缘,当前使用的通信业务信道的信号质量已不能满足其接收终端的正常接收阈值,因此需要向下一个到来的点波束进行切换。需要信道切换的卫星通信终端提出切换请求信息,由系统根据其当前所处的位置为其分配新的通信业务信道,并将新分配的信道参数(包括信道频率、时隙等信息)发送给卫星通信终端。当该卫星通信终端收到系统发送的新分配的信道参数后,即断开当前通信业务信道,在新分配的业务信道上建立通信,并在新分配的业务信道上向系统发送切换完成确认信令信息,完成切换过程。切换类型可分为点波束内切换、同一卫星下的点波束间切换和不同卫星间的点波束切换。

参考文献

[1] 陈善广. 载人航天技术[M]. 北京:中国宇航出版社,2018.

[2] 李征航,黄劲松. GPS 测量与数据处理[M]. 2 版. 武汉:武汉大学出版社,2010.

[3] 成求青,李波,等. 导弹测控系统总体设计原理与方法[M]. 北京:清华大学出版社,2014.

[4] 夏南银,张守信,穆鸿飞. 航天测控系统[M]. 北京:国防工业出版社,2002.

[5] 刘嘉兴. 外弹道测量体制中的若干问题(上)[J]. 电讯技术,2001,41(3):9-14.

[6] ARAGÓN-ZAVALA A,CUEVAS-RUIZ J L,DELGADO-PENIN J A. 基于临近空间平台的无线通信[M]. 陈树新,程建,张艺航,等译. 北京:国防工业出版社,2014.

[7] 何彦峰. 浅析临近空间平台的军事应用[J]. 国防科技大学学报,2007(6):33-34.

[8] 冯伟,方轶,孙垒,等. 基于临近空间飞行器的测控通信系统实现[J]. 通信技术,2018,51(7):1637-1643.

[9] 黄学德,成求青. 导弹测控系统[M]. 北京:国防工业出版社,2000.

[10] 于志坚. 载人航天测控通信系统[J]. 宇航学报,2004,25(3):247-250.

[11] 于志坚,侯金宝. 大数据时代的航天靶场遥测思考[J]. 遥测遥控,2015,36(3):1-5.

[12] 李小平,刘彦明,谢楷,等. 高速飞行器等离子鞘套电磁波传播理论与通信技术[M]. 北京:科学出版社,2018.

[13] 柴霖. 临近空间测控系统技术特征分析[J]. 宇航学报,2010,31(7):1697-1705.

[14] 北京米波通信技术有限公司. 现代商用卫星通信系统[M]. 北京:电子工业出版社,2019.

[15] 吴巍. 天地一体化信息网络发展综述[J]. 天地一体化信息网络,2020,9(1):1-16.